机电专业"十三五"规划教材

电路设计与制作

主　编　王志凌　吴　玲　赵　林
副主编　陈　薇　田小琴

电子科技大学出版社

图书在版编目（CIP）数据

电路设计与制作 / 王志凌，吴玲，赵林主编. -- 成
都：电子科技大学出版社，2018.1
ISBN 978-7-5647-5645-1

Ⅰ. ①电… Ⅱ. ①王… ②吴… ③赵… Ⅲ. ①印刷电
路—计算机辅助设计—应用软件—教材 Ⅳ. ①TN410.2

中国版本图书馆 CIP 数据核字（2018）第 022882 号

电路设计与制作
王志凌 吴玲 赵林 主编

策划编辑　　万晓桐
责任编辑　　万晓桐

出版发行　电子科技大学出版社
　　　　　成都市一环路东一段 159 号电子信息产业大厦九楼　　邮编 610051
主　　页　www.uestcp.com.cn
服务电话　028-83203399
邮购电话　028-83201495

印　　刷　廊坊市广阳区九洲印刷厂
成品尺寸　185mm×260mm
印　　张　23.5
字　　数　601 千字
版　　次　2018 年 1 月第一版
印　　次　2024 年 1 月第二次印刷
书　　号　ISBN 978-7-5647-5645-1
定　　价　58.00 元

前　言

电子设计自动化（Electronic Design Automation，EDA）技术是现代电子工程领域的一门新技术，它提供了基于计算机和信息技术的电路系统设计方法。EDA 在教学和产业界的技术推广是当今业界的一个技术热点，也是现代电子工业中不可缺少的一项技术，掌握这项技术是通信电子类高校学生就业的一个基本条件。Altium Designer Summer 09 是 Altium Designer 系列版本的经典之作，其工作稳定，功能强大，能满足绝大多数电路板的设计要求，是桌面环境下以设计管理和协作技术（PDM）为核心的一个优秀的印制电路板设计系统。

为了使读者迅速掌握 Altium Designer Summer 09 软件入门的要点与难点，特组织专家和一线骨干教师根据各自多年使用 Altium Designer 进行印制电路板的设计的实践经验和相应地教学经验编写了《电路设计与制作》。本书以 Altium Designer Summer 09 版本为操作平台，详细介绍了 Altium Designer Summer 09 的基本功能、操作方法和实用操作技巧。全书选用大量典型实例，重点讲解电路原理图、印制电路板的特色环境和具体功能实现，同时对信号的完整性分析也进行了较为详细的介绍，以满足读者实际的应用需求。

本书共 11 章。第 1 章电子设计基本知识，第 2 章 Altium Designer Summer 09 设计环境，第 3 章电路原理图设计基础，第 4 章原理图设计，第 5 章层次化原理图的设计，第 6 章创建元件库及元件封装，第 7 章印制电路板设计基础，第 8 章印制电路板设计，第 9 章电路仿真，第 10 章信号完整性分析，第 11 章综合实例。本书各章每个知识点都通过典型的例题来说明其功能和用法，并给出重要的选项设置含义，由浅入深、图文并茂、全面剖析 Altium Designer 软件的功能及其在电子设计领域的应用方法，可以作为初学者的入门教材，也可以作为相关行业工程技术人员及各院校相关专业师生的学习参考。

本书由南京航空航天大学金城学院的王志凌、吴玲和广西电力职业技术学院的赵林担任主编，由南京航空航天大学金城学院的陈薇、田小琴担任副主编。本书在编写过程中得到了南航金城学院领导和自动化系主任刘文波教授的大力支持和帮助。本书的相关资料和售后服务可扫封底的微信二维码或登录 http://www.bjzzwh.com 下载获得。

本书可作为应用型本科院校、职业院校、技工学校电工电子类及相关专业的教材，也可作为电子类相关专业技术人员的自学和培训用书。

由于编写时间仓促，加上作者水平有限，书中不足之处在所难免，望广大读者批评指正。

编　者

目 录

第1章 电子设计基本知识

【本章导读】

本章首先介绍了电子系统设计技术的发展现状、Altium Designer 软件的历史、功能和特点，然后又对 Altium Designer Summer 09 的安装和激活的方法进行了说明，最后讲解了有关 Altium Designer Summer 09 电路板设计的布局规则、布局技巧和基本步骤，后面的各章节的内容都将围绕电路板的这个设计步骤展开。

【本章目标】

➢ 了解电子系统设计技术的发展现状。
➢ 掌握 Altium Designer Summer 09 基本知识。
➢ 掌握电路板设计的基本知识。

1.1 电子系统设计技术的发展现状

当今世界科技发展日新月异，技术创新层出不穷，但绝大多数行业都离不开电子设计，可以说电子设计制造技术是一个国家工业发展、经济繁荣的强大技术基础和根本研发动力。随着电子技术的飞速发展和印制电路板加工工艺不断提高，大规模和超大规模集成电路的不断涌现，现代电子线路系统已经变得非常复杂。

电子产品的智能化程度与日俱增，加工精度越来越高，这就要求设计工具和设计理念要与时俱进。正因为如此，对印制电路板的设计和制作要求也越来越高。快速、准确完成电路板的设计对电子线路工作者而言是一个挑战，同时也对设计工具提出了更高要求，像 Cadence、PowerPCB 以及 Protel 等电子线路辅助设计软件应运而生。其中 Protel 在国内使用最为广泛。本书所有讲解均使用 Altium Designer Summer 09（Protel 新版本）。

随着电子工业和微电子设计技术与工艺飞速发展，电子信息类产品的开发明显地出现了两个特点：一是开发产品的复杂程度加深，即设计者往往要将更多的功能、更高的性能和更丰富的技术含量集成于所开发的电子系统之中；二是开发产品的上市时限紧迫，减少延误，缩短系统开发周期以及尽早推出产品上市是十分重要的。

通常，人们会将电子设计等同于设计电路印制板——一个基于特定产品内的电子元件集合。因此，设计 PCB（Printed Circuit Board，印制电路板）工具和方法的演变取决于电子元件应用技术的发展进程。从分立式元件到集成电路元件，再从微处理器元件到可编程器件，元件设计技术越来越向高度集成、微型封装、高时钟频率、可配置等方向发展。

当前，电子设计三大主要工作为板级设计、可编程逻辑设计和嵌入式软件设计，如果设计工具能有效实现三者之间的进一步融合，则设计者把几个重要"零件"组合起来就能完成产品，便能有效解决电子系统开发的复杂程度与上市时限性的矛盾。

1.1.1　系统级设计

设计人员按照"自上向下"的设计方法，对整个系统进行方案设计和功能划分，系统的关键电路用一片或几片专用集成电路（Application Specific Integrated Circuits，ASIC）实现，然后采用硬件描述语言（Hardware Description Language，HDL）完成系统行为级设计，最后通过综合器和适配器生成最终的目标器件。

1.1.2　电路级设计

设计师接受系统设计任务后，首先确定设计方案，同时要选择能实现该方案的合适元器件，然后根据具体的元器件设计电路原理图，进行第一次仿真分析，包括数字电路的逻辑模拟、故障分析、模拟电路的交直流分析、瞬态分析等。系统在进行仿真时，必须要有元件模型库的支持，计算机上模拟的输入/输出波形代替了实际电路调试的信号源和示波器等仪器，这一次仿真主要是检验设计方案在功能方面的正确性。

仿真通过后，根据原理图产生的电气连接网络表进行 PCB 板的自动布局布线。在制作 PCB 板之前还可以进行后分析，包括热分析、噪声及窜扰分析、电磁兼容分析、可靠性分析等，并且可以根据分析后的结果参数，进行第二次仿真，也称为后仿真，这一次仿真主要是检验 PCB 板在实际工作环境中的可行性。

由此可见，电路级的 EDA 技术使电子工程师在实际的电子系统产生前，就可以全面的了解系统的功能特性和物理特性，从而将开发风险消灭在设计阶段，缩短开发时间，降低了开发成本。

1.1.3　物理级设计

物理级设计主要指 ASIC、PLD 器件设计、PCB 板加工等，一般由半导体器件和 PCB 制造厂家完成。

现代电子产品的复杂度日益加深，一个电子系统可能由数万个中小规模集成电路构成，这就带来了体积大、功耗大、可靠性差的问题，解决这一问题的有效方法就是采用 ASIC 芯片进行设计。按照 ASIC 设计方法的不同可分为全定制 ASIC、半定制 ASIC、可编程 ASIC。

1.2　Altium Designer 的基本知识

Altium Designer 系统是 Altium 公司于 2006 年年初推出的一种电子设计自动化（Electronic Design Automation，EDA）设计软件。该软件提供了电子产品一体化开发所需的所有技术和功能。Altium Designer 在单一设计环境中集成了板级和 FPGA 系统设计、基于 FPGA 和分立处理器的嵌入式软件开发，以及 PCB 设计、编辑和制造，并集成了现代设计数据管理功能，使得 Altium Designer 成为电子产品开发的完整解决方案。

1.2.1　Altium Designer 的发展历史

电子工业的飞速发展和电子计算机技术的广泛应用，促进了电子设计自动化技术日新月异。Protel 是目前 EDA 行业中使用得最方便，操作最快捷，人性化界面最好的辅助工具，深受电子设计工程师的喜爱。Protel 系列软件作为印制电路板设计的主流软件，也不断顺应潮流，推陈出新。

Altium（前身为 Protel 国际有限公司）由 Nick Martin 于 1985 年始创于澳大利亚塔斯马尼亚州的首府霍巴特，该公司主要开发基于计算机的软件来辅助进行印制电路板（PCB）设计的软件，并在随后的时间推出了第一套 DOS 版本的 PCB 设计工具，并被澳大利亚电子行业广泛接受。在 1986 年中期，Altium 通过经销商将设计软件包出口到美国和欧洲。随着 PCB 设计软件包的成功，Altium 公司开始扩大其产品范围，包括原理图输入、PCB 自动布线和自动 PCB 器件布局软件。

20 世纪 80 年代末期，由于电子计算机操作系统 Windows 的出现，Altium 公司意识到在开发利用 Microsoft Windows 作为平台的电子设计自动化（EDA）软件方面存在商机。虽然 Windows 平台在处理性能和可靠性上取得了进步，但当时很少有用于 Windows 平台的电子设计自动化软件，而当时越来越多的设计工程师使用基于 Windows 的操作系统。于是，在 1991 年 Altium 公司发布了世界上第一个基于 Windows 的 PCB 设计系统——Advanced PCB。后来又相继推出了 Protel for Windows 1.0、Protel for Windows 1.5 等版本。这些版本的可视化功能给用户设计电子线路带来了很大的方便，设计者不用再记一些烦琐的命令，这也让用户体会到资源共享的乐趣。凭借各种新产品附加功能和增强功能所带来的好处，Altium 公司也逐渐站稳了 EDA 软件的创新开发商的地位。

20 世纪 90 年代中期，Windows 95 出现，Protel 也紧跟潮流，推出了基于 Windows 95 的 3.X 版本。3.X 版本的 Protel 加入了新颖的主从式结构，但在自动布线方面却没有什么出众的表现，另外，由于 3.X 版本的 Protel 是 16 位和 32 位的混合型软件，所以不太稳定。

1998 年，Protel 公司推出了给人全新感觉的 Protel 98，Protel 98 以其出众的自动布线能力获得了业内人士的一致好评。

1999 年 Protel 公司推出了 Protel 99，Protel 99 既有原理图的逻辑功能验证的混合信号仿真，又有 PCB 信号完整性分析的板级仿真，从而构成了从电路设计到真实板分析的完整体系。

2000 年 Protel 公司推出了 Protel 99SE，其性能进一步提高，对设计过程有更大的控制力。

2000 年前后，Altium 公司先后收购了 ACCEL Technologies、Metamor、Innovative CAD Software 和 TASKING BV 等公司。拥有了这些公司的技术，Altium 公司开始进入 FPGA 设计和合成市场。随后，在 2001 年 Altium 公司开始进入嵌入软件开发市场。

2001 年 8 月 6 日，Protel International 公司更名为 Altium 公司有限公司（Altium

Limited)。新公司的主要品牌的设计用来代表所有产品品牌并为未来的发展提供统一的平台。2002 年，Altium 公司重新设计了 Design Explorer（DXP）平台，简称 Protel DXP。随着 Protel DXP 的上市，出现了第一个在新 DXP 平台上使用的产品，它是 EDA 行业内第一个可以在单个应用程序中完成所有板设计处理的工具。2004 年，Altium 公司又推出了功能更加完善的 Protel DXP 2004 电路板设计软件平台，简称 Protel DXP 2004。

2006 年年初，公司推了 Protel 系列的高端版本 Altium Designer 6.0。并在以后的几年分别推出 Altium Designer 6.3、6.5、6.7、6.8、6.9、7.0、7.5 和 8.0 等版本。

2008 年 12 月，Altium 公司推出了 Altium Designer Winter 09，此版本引入新的设计技术和理念，以帮助电子产品设计创新，提出一个产品的任务设计更快地获得走向市场的方便。全三维 PCB 设计环境，避免出现错误和不准确的模型设计。

2009 年 7 月，Altium 公司在全球范围内推出 Altium Designer Summer 09。Altium Designer Summer 09 的诞生延续了新特性和新技术的应用过程，Altium 的一体化设计结构将硬件、软件和可编程硬件集合在一个单一的环境中，令用户自由地探索新的设计构想。Altiurn Designer Summer 09 提供了一款统一的电子产品开发软件，综合了电子产品一体化开发的所有必需技术和功能。Altium Designer Summer 09 在单一设计环境中集成了板级和 FPGA 系统设计、基于 FPGA 和分立处理器的嵌入式软件开发及 PCB 板图设计、编辑和制造，并集成了现代设计数据管理功能，使得 Altium Designer Summer 09 成为电子产品开发的完整解决方案，一个既满足当前，也满足未来开发需求的解决方案。

1.2.2　Altium Designer 的功能与特点

Altium Designer Summer 09 从功能上分为以下几个部分：电子电路原理图（SCH）设计、电子电路原理图仿真、印制电路板（PCB）设计、电子电路实现前后的信号完整性分析和可编程逻辑器件（FPGA）设计等。本书作为 Altium Designer Summer 09 的原理图与印制电路板设计的使用教程，着重讲述原理图编辑器、印制电路板编辑器和库编辑器的使用。

Altium Designer 作为最佳的电子开发解决方案，将电子产品开发的所有技术与功能完美地融合在一起，其所提供的设计流程效率是传统的点式工具开发技术无法比拟的。Altium Designer 的主要功能与特点如下。

1.　一体化的设计流程

Altium Designer 将原理图编辑、PCB 的绘制及打印等功能有机地结合在一起，形成了一个集成的开发环境。在这个环境中，原理图编辑就是指电子电路的原理图设计通过原理图编辑器来实现，原理图编辑器为用户提供了高速、智能的原理图编辑手段，由它生成的原理图文件为印制电路板的设计做准备。PCB 的绘制就是指印制电路板的设计通过 PCB 编辑器来实现，由它生成的 PCB 文件将直接应用到印制电路板的生产中。Altium Designer 的输出格式为标准的 Windows 输出格式，支持所有的打印机和绘图仪的 Windows 驱动程序，支持页面打印设置、打印预览等功能，输出质量很高。

2. 增强的数据兼容功能

Altium Designer 完全兼容了 Protel 的各种版本，并提供对 Protel 99SE 下创建的 DDB 和库文件的导入功能，同时可以导入 P-CAD、OrCAD、AutoCAD、PADS PowerPCB 等软件的设计和库文件，能够无缝地将大量原有单点工具设计产品转换到 Altium Designer 设计环节中。其智能 PDF 向导则可以帮助用户把整个项目或所选定的设计文件打包成可移植的 PDF 文档，便于团队之间的灵活合作。

3. 高度的同步更新功能

Altium Designer 可以通过原理图编辑器的设计同步器实现与 PCB 的同步。采用设计同步器更新目标 PCB，用户不必处理网络表文件的输出和载入，并且在信息向 PCB 的传递过程中，设计同步器会自动地在 PCB 的文件中更新电气连接的信息（如元件的封装形式及元件之间的连接等），对修改过程中出现的错误还会提供报警信息。类似的，在 PCB 的设计过程中，通过印制电路板编辑器内的设计同步器也能更新原理图设计。

4. 全面的设计规则定义

Altium Designer Summer 09 提供了综合的、精密的设计规则定义，涵盖了板卡设计流程的各个方面，从电气、布线直到信号完整性等，用户可以快速、高效的定义所有的设计条件，灵活控制设计中的关键参数。此外，编辑器还提供了元件的交互布局和多种布线模式，可以大量减少布局工作的负担，适合不同情况的需要。

5. 强大的查错功能

在 PCB 设计完成后，可以通过设计法则检查（DRC）来保证 PCB 完全符合设计要求。Altium Designer 原理图中的 ERC（电气规则检查）工具和 PCB 的 DRC（设计规则检查）工具能够帮助设计者更快地查出和改正错误。特别是 Altium Designer Summer 09 版本改进了在线实时及批量 DRC 检测中显示的传统违规的图形化信息，其涵盖了主要的设计规则。

6. 可编程器件的充分利用

使用高容量可编程器件，可以把更多的设计从硬连接的平台转移到软环境中，从而节省设计时间，简化板卡设计，降低最终的制造成本。Altium Designer 系统克服了可编程逻辑设计中的障碍，延伸了可编程设计的支持功能，使用原理图和 HDL 源文件的组合来进行 FPGA 设计，用户可利用块级设计输入系统结构，同时保留了使用 HDL 定义逻辑块的灵活性；增强的 JTAG 器件浏览器可以使用户在调试电路时实时查看 JTAG 器件（如 FPGA）的引脚状态，而不需要从物理上对该器件进行探测；可配置的逻辑分析器则可以用来检测 FPGA 设计内部多重节点的状态。

7. 面向各种处理器的嵌入式软件设计

Altium Designer 提供了多功能的 32 位 RISC 软处理器——TSK 3000 和一系列的通用 8 位软处理器，这些软处理器内核均独立于目标和 FPGA 供应商。增强了对更多的 32 位微处理的支持，对每一种处理器都提供完备的开发调试工具，并提供了处理器之间的硬件和 C 语言级别的设计兼容性，从而提高了嵌入式软件设计在特殊软处理器、FPGA 内部的桥接的硬处理器和连接到单个 FPGA 的分立处理器之间的可移植性。广泛支持 Wishbone Open Bus 互联标准，简化了处理器到外设和存储器之间的连接，可以在页面上快速地添加外设器件，并且方便地加以配置。

8. 丰富的元件库

自带丰富的原理图组件库和 PCB 封装库，并且利用软件提供的封装向导程序还可以快速地进行新的器件的设计，而且支持以前低版本的元件库，向下兼容。Altium Designer Summer 09 还新增了两个元器件供应商 Newark 和 Farnell 公司信息的实时数据连接，通过供应商数据查找面板内的供应商条目，用户现在可以向目标元件库（SchLib、DbLib、SVNDELib）或原理图内的元件中导入元件的参数、数据手册链接信息、元件价格和库存信息等。另外，用户还可以在目标库内从供应商条目中直接创建一个新的元件。

9. 其他新增特性

（1）Altium Designer Summer 09 电路板设计中：用户可自定制 PCB 布线网络颜色；PCB 板新增了 16 个机械层定义,总的机械层定义达到了 32 层；PCB 应用中增强了 DirectX 图形引擎的功能，加快了图形重建的速度。

（2）Altium Designer Summer 09 软件设计中，可支持 C++高级语法格式的软件开发，包括软件编译和调试功能；新增了一款基于 Wishbone 协议的探针仪器（WB_PROBE）；新增了一种在 FPGA 内利用脚本编程实现可定制虚拟仪器的功能。在 Altium Designer summer 09 版本中，用户将看到一种全新的虚拟存储仪器（MEMORY_INSTRUMENT）。在虚拟仪器内部，可提供一个可配置存储单元区。利用这个功能可实现从其他逻辑器件、相连的 PC 和虚拟仪器面板中观察及修改存储区数据。

1.2.3 安装与激活 Altium Designer Summer 09

Altium Designer Summer 09 的文件大小大约为 1.8GB，用户可以与当地的 Altium 销售和支持中心联系，或者登录 Altium 公司英文网站（http://www.altium.com/），中文网站（http://www.altium.com.cn/）下载全功能的 Altium Designer Summer 09，创建一个 Altium 账户并可申请获得一个为期 30 天的试用许可证。

1. Altium Designer Summer 09 对系统的要求

为了能可靠和高效地运行 Altium Designer Summer 09，应当满足一定的硬件和软件条件。其中，硬件基本配置和推荐配置要求如表 1-1 所示。满足基本要求的系统可以实现 Altium Designer Summer 09 的正常运行，但是在软件的运行速度上无法保证。一般情况下，为了保证 Altium Designer Summer 09 的高效运行，应超过推荐的配置要求。

表 1-1　Altium Designer Summer 09 配置要求

硬件	最低配置	推荐配置
CPU	英特尔奔腾 1.8 GHz 处理器	英特尔酷睿 2 双核\四核 2.66GHz
主存储器\RAM	1GB	2GB
硬盘可存储空间	3.5GB	10GB
显卡	128MB	256MB
分辨率	1280×1024	1680×1050

Altium Designer Summer 09 还要满足一定的软件要求，操作系统最低 Windows XP SP2 的 Professional 版本，推荐使用 Windows XP SP2 专业版或更新版本。

在最佳的系统性能配置和最低的系统性能配置中均不建议使用集成显卡。此外，要实现 Altlum Designer 的 FPGA 设计功能，还需要安装相应的第三方器件供应商工具，这些工具可以免费从器件供应商网站内下载获取。

2. 安装 Altium Designer Summer 09

Altium Designer Summer 09 系统软件是基于 Windows 的应用程序，其安装或卸载过程与其他 Windows 操作系统下的应用软件基本相同。只需双击 setup.exe 文件，即可启动安装程序，按照提示一步一步执行下去即可安装成功。

Step 01　双击安装目录中的【setup.exe（启动）】文件，软件开始安装，系统弹出如图 1-1 所示的 Altium Designer Summer 09 安装界面。

Step 02　单击【Next】按钮，进入软件许可界面，如图 1-2 所示。

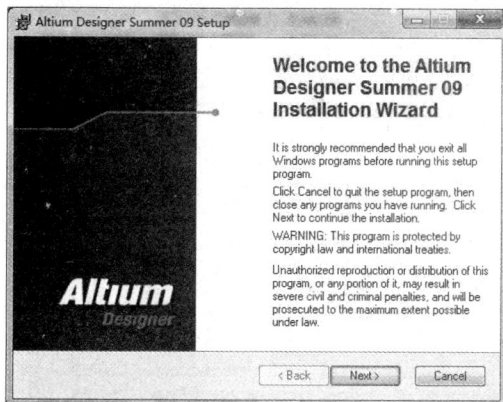

图 1-1　安装向导窗口图
图 1-2　【注册协议许可】对话框

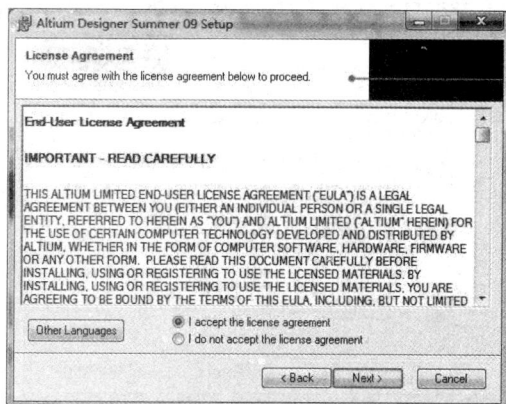

Step 03　选中 I accept the license agreement（接受授权协议）单选按钮，单击【Next】按

钮，进入用户信息登记界面，如 1-3 所示。

Step 04 填写完毕后，单击【Next】按钮，进入图 1-4 所示的选择安装路径界面。系统默认安装路径是【C\Program Files\Altium Designer Summer 09\】。如果需要更改安装路径，可以单击【Browse（浏览）】按钮，在打开的目录对话框中加以指定。

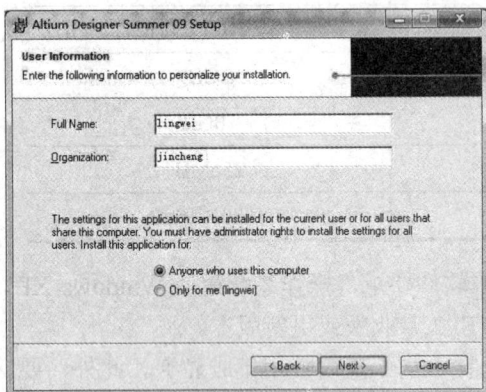

图 1-3　【用户信息登记】对话框　　　　图 1-4　【选择安装路径】对话框

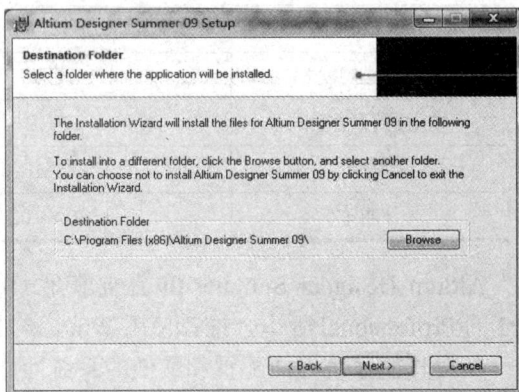

Step 05 选择安装路径后，单击【Next】按钮，进入如图 1-5 所示的界面，供用户选择是否安装 Board-Level Libraries（板级设计集成库）。在该对话框中选中【Install Board-Level Libraries（安装板级设计集成库）】前面的复选框，这样在安装程序的同时也将板层库进行了安装，这点与较早版本的 Altium Designer 程序不同。

Step 06 单击【Next】按钮，进入准备过程就绪界面，如图 1-6 所示。这是 Altium Designer Summer 09 收集完安装信息后的【安装向导】对话框，提示用户可以开始安装了。如果要改变之前设置的内容，只要单击【Back】按钮返回上一步重新设置即可。

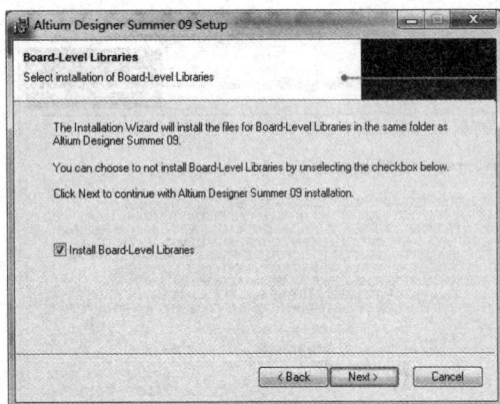

图 1-5　【板层库安装】对话框　　　　图 1-6　【准备过程就绪】对话框

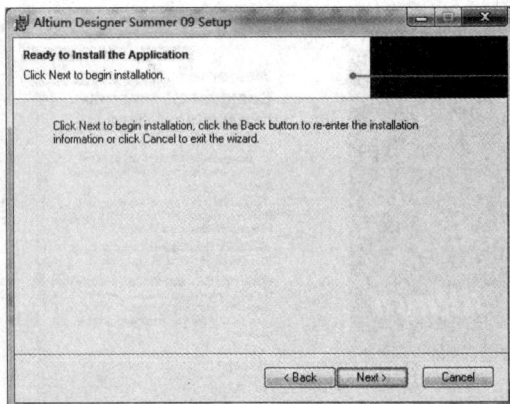

Step 07 单击【Next】按钮，系统开始安装。此时将弹出安装进程窗口，安装进度条将

实时显示安装过程，如图 1-7 所示。

Step 08　安装过程可能需要几分钟，安装完毕后将弹出对话框提示安装成功，即【Altium Designer Summer 09 has been successfully installed（已经安装成功）】，如图 1-8 所示。单击【Finish（完成）】按钮，即完成了 Altium Designer Summer 09 软件的安装。

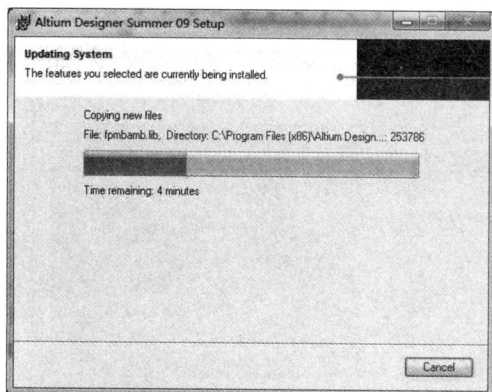

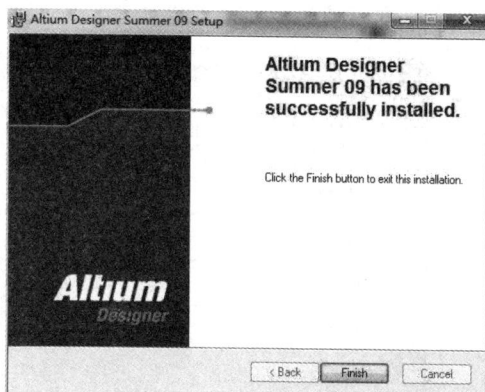

图 1-7　安装进程窗口　　　　　　　　图 1-8　安装成功信息显示窗口

3. 激活 Altium Designer Summer 09

Altium Designer Summer 09 系统安装完成后，安装程序自动在开始菜单中放置一个启动 Altium Designer Summer 09 的快捷方式命令。单击【Altium Designer Summer 09】按钮，即可启动 Altium Designer Summer 09 软件。

Step 01　启动 Altium Designer Summer 09 软件时，启动界面会显示系统版本和许可认证等信息，如图 1-9 所示。此时，在画面右侧显示【Unlicensed（未许可）】，表示软件尚未被激活。

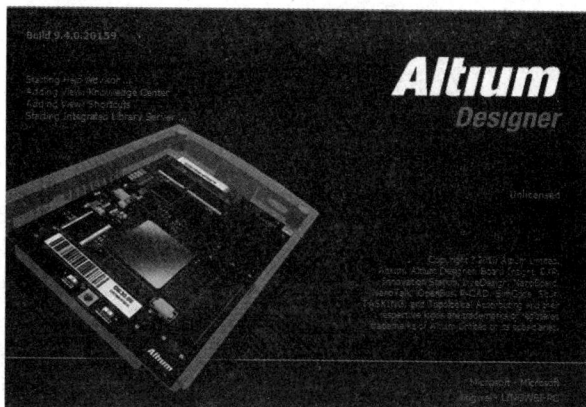

图 1-9　激活前的 Altium Designer Summer 09 启动画面

Step 02 进入【My Account（用户账户）】菜单，如图 1-10 所示，启动 Altium Designer Summer 09 许可管理界面，如图 1-11 所示。红色显示【You are not using a valid license. Select a license blow and click Use or Activate（你没有使用一个有效的许可证。选择一个许可证单击使用或激活）】，提示用户尚未使用有效许可激活软件。用户可以通过 Internet 或销售商等方式获得软件使用许可，按要求注册后方可使用。

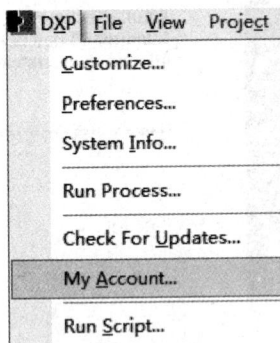

图 1-10　My account 菜单

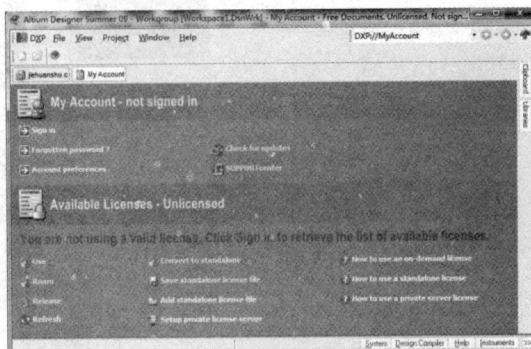

图 1-11　Altium Designer Summer 09 许可管理界面

Step 03 激活账号。登录成功后，用户可以在【Available License（有效许可）】栏目看到名下的许可证，如图 1-12 所示。

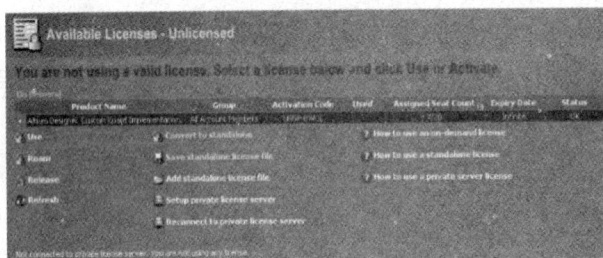

图 1-12　未激活状态

Step 04 在菜单中点击【Activate（激活）】选项。此时红色提示消失，用户获得有效许可，软件被激活，如图 1-13 所示。

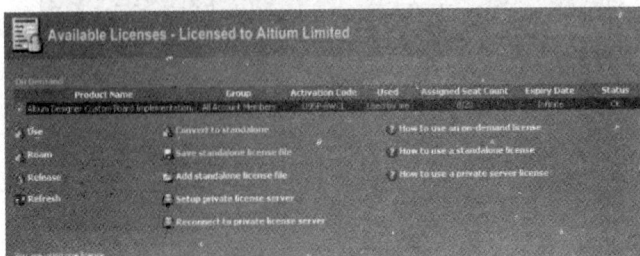

图 1-13　已激活状态

Step05 单击【Product Name（产品名称）】下方的【Save standalone license file（保存独立的许可证文件）】链接，选择合适路径，备份一个单机许可证文件。

1.3　电路板设计的基本知识

印制电路板的设计是以电路原理图为根据，实现电路设计者所需要的功能。优秀的版图设计可以节约生产成本，达到良好的电路性能和散热性能。简单的版图设计可以用手工实现，复杂的版图设计需要借助计算机辅助设计（CAD）实现。

设计在不同阶段需要进行不同的各点设置，在布局阶段可以采用大格点进行器件布局；对于 IC、非定位接插件等大器件，可以选用 50～100mil 的格点精度进行布局，而对于电阻电容和电感等无源小器件，可采用 25mil 的格点进行布局。大格点的精度有利于器件的对齐和布局的美观。

1.3.1　电路板的布局规则

通常，电路板的布局有以下几个规则。

（1）在通常情况下，所有的元件均应布置在电路板的同一面上，只有顶层元件过密时，才能将一些高度有限并且发热量小的器件，如贴片电阻、贴片电容、贴片 IC 等放在底层。

（2）在保证电气性能的前提下，元件应放置在栅格上且相互平行或垂直排列，以求整齐、美观，在一般情况下不允许元件重叠；元件排列要紧凑，元件在整个版面上应分布均匀、疏密一致。

（3）电路板上不同组件相临焊盘图形之间的最小间距应在 1mm 以上。

（4）离电路板边缘一般不小于 2mm。电路板的最佳形状为矩形，长宽比为 3∶2 或 4∶3，电路板面尺大于 200mm×150mm 时，应考虑电路板所能承受的机械强度。

1.3.2　电路板的布局技巧

在 PCB 的布局设计中要分析电路板的单元，依据起功能进行布局设计，对电路的全部元器件进行布局时，要符合以下几点要求。

（1）按照电路的流程安排各个功能电路单元的位置，使布局便于信号流通，并使信号尽可能保持一致的方向。

（2）以每个功能单元的核心元器件为中心，围绕它来进行布局。元器件应均匀、整体、紧凑的排列在 PCB 上，尽量减少和缩短各元器件之间的引线和连接。

（3）在高频下工作的电路，要考虑元器件之间的分布参数。一般电路应尽可能使元器件并行排列，这样不但美观，而且装焊容易，易于批量生产。

1.3.3 电路板设计的基本步骤

印制电路板的设计是所有设计步骤的最终环节。电路原理图设计等工作只是从原理上给出了电气连接关系，其功能的最后实现依赖于 PCB 图的设计，因为制板时只需要向制板商提供 PCB 图，而不是原理图。为了让读者对电路设计过程有一个整体的认识和理解，下面介绍 PCB 电路板设计的总体设计流程。在通常情况下，从接到设计要求到最终制做出 PCB 电路板，主要经历以下几个步骤。

（1）案例分析。这个步骤严格来说并不是 PCB 电路板设计的内容，但对后面的 PCB 电路板设计又是必不可少的。案例分析的主要任务是决定如何设计原理图电路，同时其也影响到 PCB 电路板如何规划。

（2）电路仿真。设计电路原理图之前，有时候会对某一部分电路设计并不十分确定，因此需要通过电路仿真来验证，还可以用于确定电路中某些重要元器件的参数。

（3）绘制原理图元器件。Altium Designer Summer 09 虽然提供了丰富的原理图元器件库，但不可能包括所有元器件，必要时需要动手设计原理图元器件，建立自己的元器件库。

（4）绘制电路原理图。找到所有需要的原理图元器件后，就可以开始绘制原理图了。根据电路复杂程度决定是否需要使用层次原理图。在有些特殊情况下，例如电路比较简单，可以不进行原理图设计而直接进入印制电路板设计。在设计 PCB 图前，一定要设计其原理图。完成原理图后，用 ERC（电气规则检查）工具查错，找到出错原因并修改原理图电路，重新查错到没有原则性错误为止。

（5）规划印制电路板和设置环境参数。这是印制电路板设计的前期工作。规划印制电路板包括根据电路的复杂程度、应用场合等因素，选择电路板是单面板、双面板，还是多面板，选取电路板的尺寸，电路板与外界的接口形式，以及接插件的安装位置和电路板的安装方式等；设置环境参数也是印制电路板设计中非常重要的步骤，主要设置电路板的结构、尺寸和板层参数。

（6）绘制元器件封装。与原理图元器件库一样，Altium Designer Summer 09 不可能提供所有元器件的封装，需要时自行设计并建立新的元器件封装库。

（7）绘制印制电路板。在网络表、设计规则和原理图引导下布局和布线。网络表是原理图和印制电路板之间连接的纽带；元器件布局分为自动布局和手工布局。一般情况下，自动布局很难满足要求。元器件布局应当从机械结构、散热、电磁干扰、布线方便等方面进行综合考虑；布线规则是设置布线时的各种规范（如安全间距、导线宽度等），这是自动布线的依据。Altium Designer Summer 09 自动布线的功能比较完善，也比较强大。如果参数设置合理，布局妥当，一般都会成功完成自动布线。自动布线后，在某些方面会发现布线不尽合理，这时就必须进行手工调整以满足设计要求。

（8）敷铜。对各布线层中放置的布线网络进行敷铜，以增强设计电路的抗干扰能力。另外，需要过大电流的地方也可采用敷铜的方法加大过电流的能力。

（9）DRC 校验。对完成布线的电路板做 DRC 校验，以确保印制电路板图符合设计规则和所有网络均已正确连接。

（10）信号完整性分析。信号完整性是指在信号线上传输的信号质量。主要的信号完整性问题包括反射、振铃、地弹和串扰等。设计人员想要设计出优秀的电路板，就必须考虑 PCB 的信号完整性。

　　（11）文档整理和输出。在印制电路板设计完成后，还有必须完成的工作，如保存设计原理图、PCB 图及元器件清单等各种文件，以便以后维护、修改；打印输出或文件输出（包括 PCB 文件）等。

本章小结

　　通过本章的学习，读者应该能够独立安装 Altium Designer Summer 09 软件，并对 Altium Designer Summer 09 系统应用和功能特点有一个初步的了解。在后面的章节中，本书将详细介绍有关 Altium Designer Summer 09 软件的操作方法。

本章练习

　　1．上机安装 Altium Designer Summer 09 软件，熟悉其安装过程。
　　2．启动 Altium Designer Summer 09，安装许可证文件。
　　3．简述 Altium Designer Summer 09 的功能和特点。
　　4．简述电路板的布局原则。
　　5．简述电路板设计的基本步骤。

第 2 章　Altium Designer Summer 09 设计环境

【本章导读】

　　Altium Designer Summer 09 的集成开发环境就是用户设计工作的环境，从设计环境中启动原理图编辑器、PCB 编辑器等。本章主要介绍 Altium Designer Summer 09 的设计环境、资源配置及面板和窗口的管理。

【本章目标】

- ➢ 掌握 Altium Designer Summer 09 工程及文件管理。
- ➢ 掌握 Altium Designer Summer 09 的工作面板和窗口管理。

2.1　Altium Designer Summer 09 主窗口与系统参数设置

　　首次启动 Altium Designer Summer 09 软件，系统打开的是初始界面，如图 2-1 所示。初始界面有时也称为软件的主窗口，用户可以在该窗口中进行工程文件的操作，如创建新工程、打开文件等。主窗口类似于 Windows 的界面风格，主要包括菜单栏、工具栏、工作窗口、工作面板、状态栏及导航栏 6 个部分。

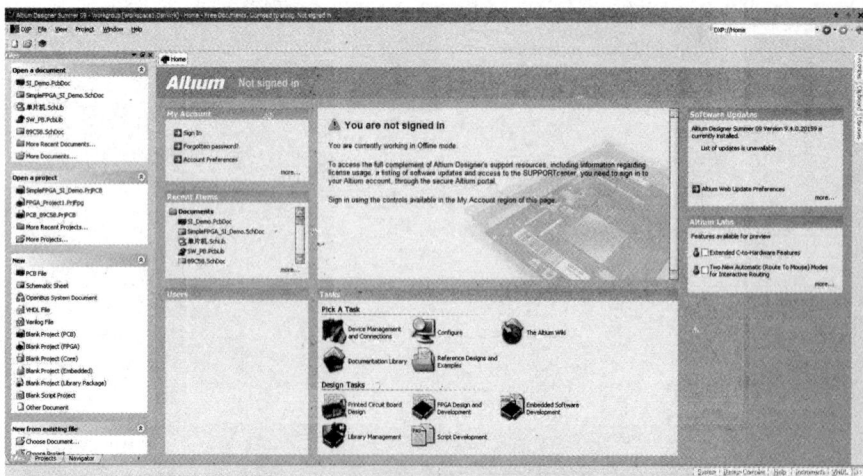

图 2-1　Altium Designer Summer 09 的主窗口

Altium Designer Summer 09 在正常关闭时有自动保存设计环境信息的功能，下一次启动时仍会进入上次关闭时的设计环境。

2.1.1　菜单栏

菜单栏包括一个用户配置按钮DXP（系统）、File（文件）、View（视图）、Project（工程）、Window（窗口）和Help（帮助）六个菜单，如图2-2所示。

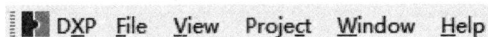

图 2-2　菜单栏

各主菜单命令功能如下。

1．DXP（系统）菜单

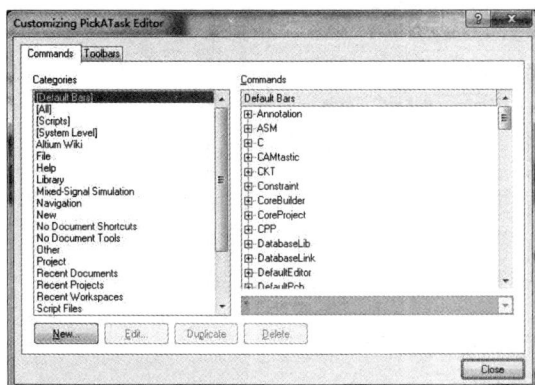

单击该【DXP】按钮会弹出系统菜单，该菜单包含一些用户配置命令，如图2-3所示。

➢ **【Customize...（用户定制）】命令：**用于自定义用户界面，如移动、删除、修改菜单栏或菜单选项，创建或修改快捷键等。单击该命令弹出的【Customizing PickATask Editor（定制原理图编辑器）】对话框如图2-4所示。

图 2-3　DXP 菜单

➢ **【Preferences...（优选参数设置）】命令：**用于设置 Altium Designer 的系统参数，包括资料备份和自动保存设置、字体设置、工程面板的显示、环境参数设置等。单击该命令将弹出如图 2-5 所示的【Preferences（优选参数设置）】对话框。

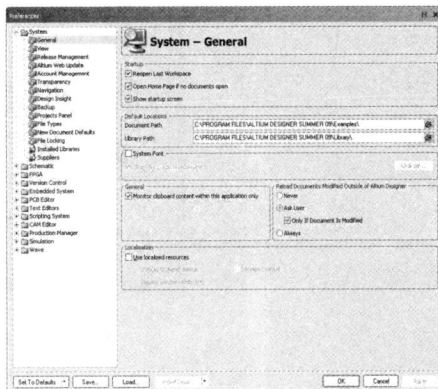

图 2-4　【Customizing Pick ATask Editor】对话框　　　图 2-5　【Preferences】对话框

Altium Designer Summer 09 支持多国语言（中文、英 文、德文、法文、日文），用户可以切换到自己熟悉的语言环境。此时弹出【参数选项】对话框，勾选【Localization

（本地化）】分组框中的【Use localized resources（使用本地资源）】选项，如图 2-6 所示，此时会弹出一个警告窗口，提示设置只有重新启动设计环境才有效，单击【OK】按钮关闭警告窗口。 单击参数选项对话框的【Apply（应用）】按钮，使设置生效。单击【OK】按钮关闭对话框。然后关闭 Altiurn Designer Summer 09，重新启动后，设计环境会变为中文环境，本书主要介绍英文环境。

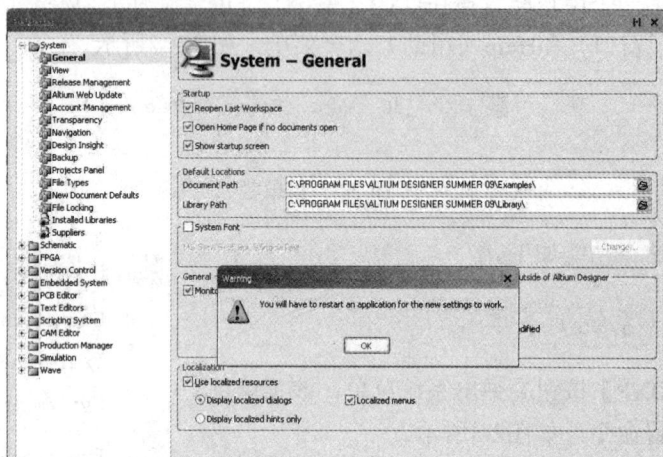

图 2-6　参数选择对话框

➢　【System Info…（系统信息）】命令：列出了 Altium Designer Summer 09 的系统信息，包括各种功能模块及它们的当前状态。单击该命令弹出的【EDA Servers（EDA 服务器）】对话框如图 2-7 所示。

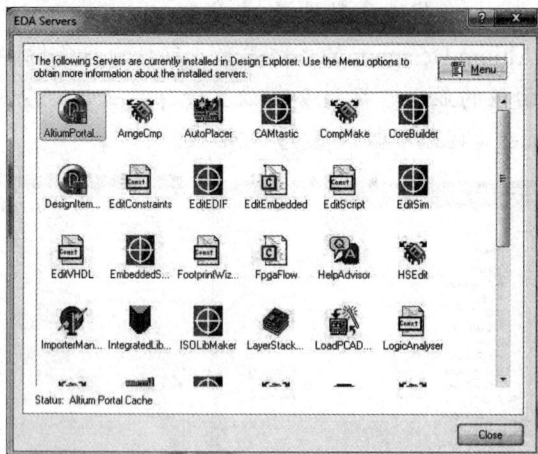

图 2-7　【EDA Servers】对话框

➢　【Run Process…（运行进程）】命令：提供了以命令行方式启动某个进程的功能，可以启动系统提供的任何进程。单击该命令弹出【Run Process（运行进程）】对话框，单击其中的【Browse（浏览）】按钮弹出【Process Browser（进程浏览器）】对话框如图 2-8 所示。

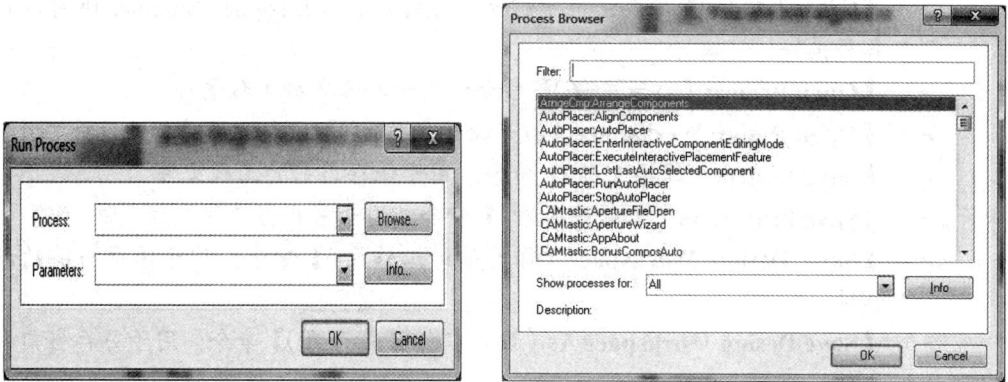

图 2-8　【Run Process】对话框和【Process Browser】对话框

➢ 【Check For Update…（检查更新）】命令：用于查看软件升级信息。
➢ 【My Account…（用户帐户）】命令：用于管理用户授权协议，如设置授权许可的方式和数量。
➢ 【Run Script…（运行脚本）】命令：用于运行各种脚本文件，如用 Delphi、VB、Java 等语言编写的脚本文件。

2. File（文件）菜单

【File（文件）】菜单主要用于文件的新建、打开和保存等，如图 2-9 所示。下面详细介绍【File（文件）】菜单中各命令及其功能。

➢ 【New（新建）】命令：用于新建一个文件，其子菜单如图 2-9 所示。

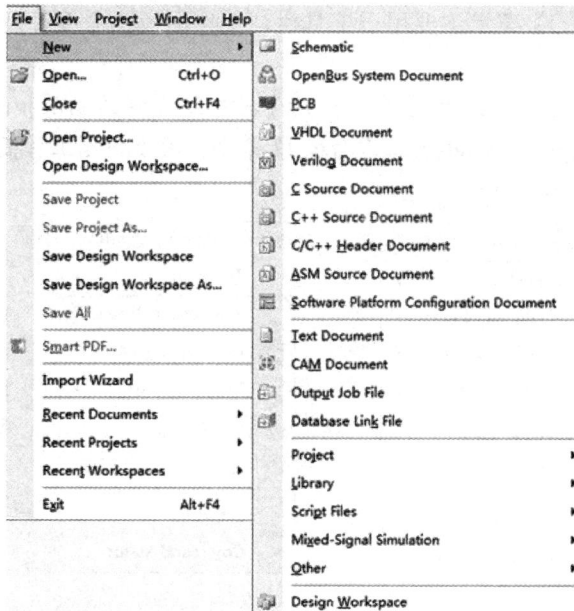

图 2-9　File 菜单

> 【**Open（打开）**】**命令**：用于打开已有的Altium Designer Summer 09可以识别的各种文件。
> 【**Open Project（打开工程）**】**命令**：用于打开各种工程文件。
> 【**Open Design Workspace（打开设计工作区）**】**命令**：用于打开设计工作区。
> 【**Save Project（保存工程）**】**命令**：用于保存当前的工程文件。
> 【**Save Project As（工程另存为）**】**命令**：用于另存当前的工程文件。
> 【**Save Design Workspace（保存设计工作区）**】**命令**：用于保存当前的设计工作区。
> 【**Save Design Workspace As（设计工作区另存为）**】**命令**：用于另存当前的设计工作区。
> 【**Save All（全部保存）**】**命令**：用于保存所有文件。
> 【**Smart PDF（智能PDF）**】**命令**：用于生成PDF格式设计文件的向导。
> 【**Import Wizard（导入向导）**】**命令**：用于将其他EDA软件的设计文档及库文件导入Altium Designer的导入向导，如Protel 99SE、CADSTAR、Orcad、P-CAD等设计软件生成的设计文件。
> 【**Recent Documents（最近的文件）**】**命令**：用于列出最近打开过的文件。
> 【**Recent Projects（最近的工程）**】**命令**：用于列出最近打开过的工程文件。
> 【**Recent Workspaces（最近的工作区）**】**命令**：用于列出最近打开过的设计工作区。
> 【**Exit（退出）**】**命令**：用于退出Altium Designer Summer 09。

3. View（视图）菜单

【**View（视图）**】菜单主要用于工具栏、工作面板、命令行及状态栏的显示和隐藏，如图2-10所示。
> 【**Toolbars（工具栏）**】**命令**：用于控制工具栏的显示和隐藏。
> 【**Workspace Panels（工作面板）**】**命令**：用于控制工作面板的打开与关闭，其子菜单如图2-11所示。

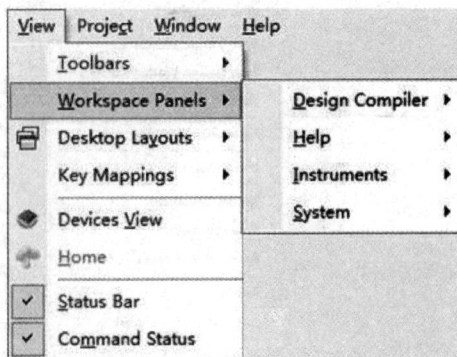

图 2-10　View 菜单　　　　　图 2-11　Workspace Panels 命令子菜单

【**Design Compiler（设计编译器）**】**命令**：用于控制设计编译器相关面板的打开与关闭，包括编译过程中的差异、编译错误信息、编译对象调试器及编译导航等面板。

【**Help（帮助）**】**命令**：用于控制帮助面板的打开与关闭。

【**Instruments（设备）**】**命令**：用于控制设备机架面板的打开与关闭，其中包括 Nanoboard 控制器、软件设备和硬件设备 3 个部分。

【**System（系统）**】**命令**：用于控制系统工作面板的打开和隐藏。其中，【Libraries（元件库）】【Messages（信息）】【Files（文件）】和【Projects（工程）】工作面板比较常用，后面章节将详细介绍。

➢ 【**Desktop Layouts（桌面布局）**】**命令**：用于控制桌面的显示布局，其子菜单如图 2-12 所示。

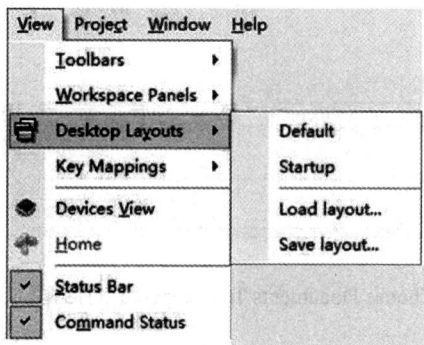

图 2-12　Desktop Layouts 命令子菜单　　　　图 2-13　设备视图窗口

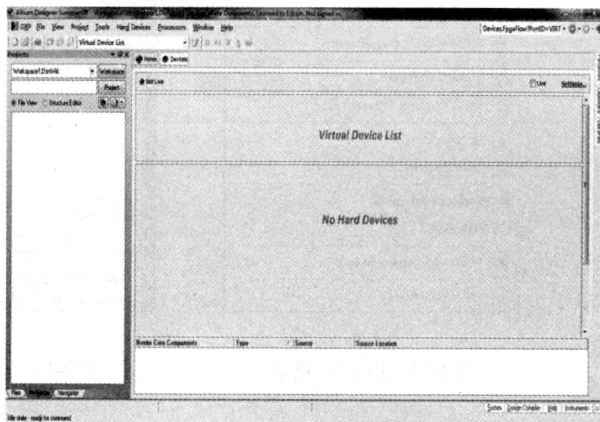

【**Default（默认）**】**命令**：用于设置 Altium Designer Summer 09 为默认桌面布局。

【**Startup（启动）**】**命令**：用于当前保存的桌面布局。

【**Load Layout（载入布局）**】**命令**：用于从布局配置文件中打开一个 Altium Designer Summer 09 已有的桌面布局。

【**Save Layout（保存布局）**】**命令**：用于保存当前的桌面布局。

➢ 【**Key Mapping（映射）**】**命令**：用于快捷键与软件功能的映射，提供了两种映射方式供用户选择。

➢ 【**Devices View（设置视图）**】**命令**：用于打开设备视图窗口，如图 2-13 所示。

➢ 【**Home（主页）**】**命令**：用于打开主页窗口，一般与默认的窗口布局相同。

➢ 【**Status Bar（状态栏）**】**命令**：用于控制工作窗口下方状态栏上标签的显示与隐藏。

➢ 【**Command Status（命令状态）**】**命令**：用于控制命令行的显示与隐藏。

4. Project（工程）菜单

主要用于工程文件的管理，包括工程文件的编译、添加、删除、显示工程文件的差异和版本控制等命令，如图 2-14 所示。这里主要介绍【Show Differences（显示工程文件的差异）】和【Version Control（版本控制）】两个命令。

> **【Show Differences(显示差异)】命令：** 单击该命令将弹出如图2-15所示的【Choose Documents To Compare（选择文档比较）】对话框。勾选【Advanced Mode（高级模式）】复选框，可以进行文件之间、文件与工程之间、工程之间的比较。

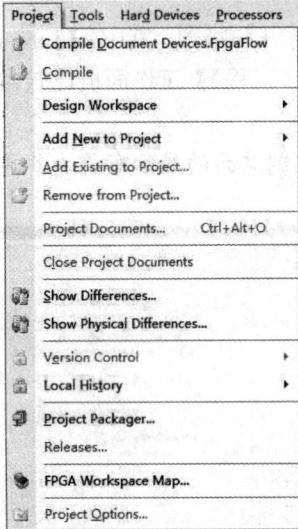

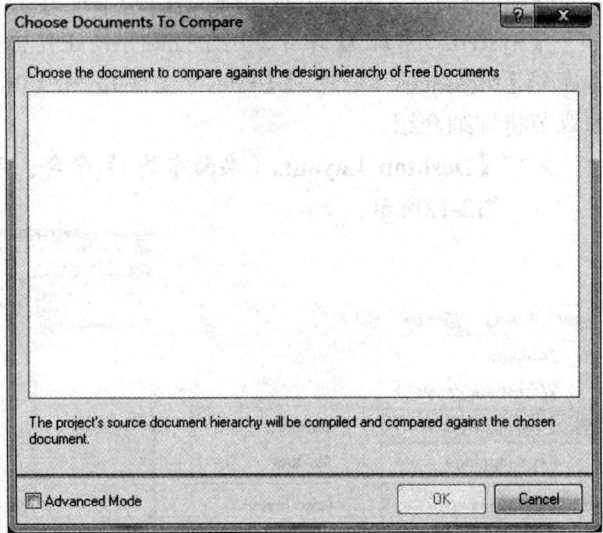

图 2-14 Project 菜单   图 2-15 【Choose Documents To Compare】对话框

> **【Version Control（版本控制）】命令：** 单击该命令可以查看版本信息，可以将文件添加到【Version Control（版本控制）】数据库中，并对数据库中的各种文件进行管理。

5. Window（窗口）菜单

用于对窗口进行纵向排列、横向排列、打开、隐藏及关闭等操作。

6. Help（帮助）菜单

用于打开各种帮助信息。

2.1.2 工具栏

工具栏中只有 3个按钮，分别用于新建文件、打开已存在的文件和打开设备视图页面。

2.1.3 设计任务区域

Altium Designer Summer 09的Home初始页面是一个综合导航支持页面。通过单击页面中的名称，可以执行相应的任务命令。Task区域包含了Altium Designer Summer 09的主要任务模块，如图2-16所示。

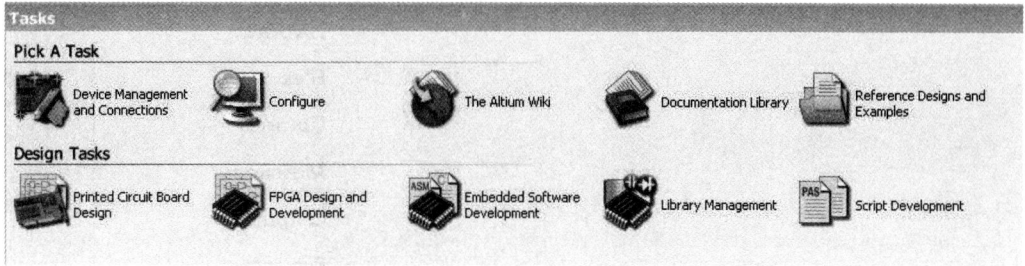

图 2-16　Task 区域

1. Pick A Task（任务选项）区域

➢ （**Device Management and Connections设备管理和连接**）：用于对设备进行管理和连接。
➢ （**Configure配置**）：用于DXP配置。
➢ （**The Altium Wiki维基百科**）：用于查看升级信息。
➢ （**Documentation Library文档库**）：用于打开文档库。
➢ （**Reference Designs and Examples参考设计和实例**）：用于参考设计和例程。

2. Design Tasks （设计任务）区域

➢ （**Printed Circuit Board Design印制电路板设计**）：用于设计印制电路板。
➢ （**FPGA Design and Development FPGA设计和开发**）：用于FPGA设计与开发。
➢ （**Embedded Software Development嵌入式软件开发**）：用于开发嵌入式软件。
➢ （**Library Management库管理**）：用于DXP库的管理。
➢ （**Script Development脚本开发**）：用于开发脚本程序。

2.1.4　工作面板标签

Altium Designer Summer 09系统为用户提供了丰富的工作面板，通过它可以方便地操作文件和查看信息，还可以提高编辑的效率。工作面板按类分属不同的面板标签，单击工作面板标签，可以选择每个标签中相应的工作面板窗口，工作面板标签位于状态栏的最右端，初始界面中共有4个工作面板标签，如图2-17所示。

工作面板标签是一种快速打开工作面板的入口，如单击System（系统）标签，则会出现如图2-18所示的面板选项。可以从弹出的选项中打开自己所需要的工作面板，也可以通过选择菜单选项【View（视图）】\【Workspace Panels（工作面板）】中的可选项打开工作面板。

Clipboard

Favorites

Files

Libraries

Messages

Projects

Snippets

Storage Manager

Supplier Search

To-Do

| System | Design Compiler | Help | Instruments |

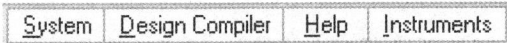

图 2-17　工作面板标签　　　　图 2-18　System 的面板选项

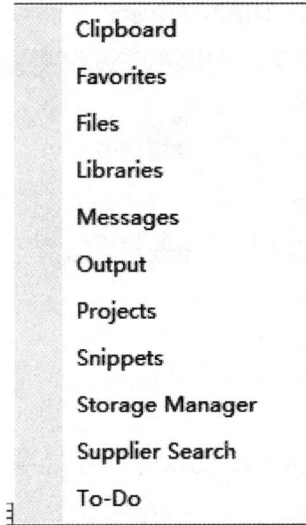

2.1.5　Altium Designer Summer 09 系统的参数设置

系统参数设置在Altium Designer Summer 09的DXP系统菜单中进行，将影响后续所有的设计操作。也可以启动各个编辑器中的【Project Options…（工程管理选项）】或【Document Option…（文件选项）】设置系统参数，但此时的设置只影响当前的文件，这是与在DXP系统菜单中设置的区别。在Altium Designer Summer 09的DXP系统菜单中进行设置后，在系统关闭时，设置参数不会丢失，而在各个编辑器中设置时会丢失设置参数。

系统参数设置按类型分为15大类，与先前的Altium Designer版本（如Altium Designer 6.0等）相比，System模块中增加了4个选项卡：【Release Management（发布管理）】【Account Management（账户管理）】【Design Insight（设计浏览）】【Suppliers（供应商）】。如图2-19所示，左侧的树状结构导航区，单击目录名称即可打开相应的参数设置对话框。经过修改的参数设置，其导航区中的名称上会出现一个【*】号，单击【Apply（运行）】按钮，使修改有效并保存设置。单击【OK】按钮，同样使修改有效并保存设置，同时会关闭系统参数设置对话框。或者单击【save（保存）】按钮，指定路径和名称将保存配置文件，以后可以用【Load…（加载）】按钮加载这个配置文件。

【Set To Defaults】按钮的功能是使设置参数恢复到默认设置状态。直接单击按钮或单击下拉按钮从下拉列表中选择Default（Page），恢复当前页；单击下拉按钮从下拉列表中选择 Default（All），恢复所有页。

【Import From…】按钮的功能是导入其他版本的系统参数设置，前提是本机或网络用户中安装有其他版本，否则该按钮不会激活。单击该按钮，从弹出的版本指示中选择要加载的版本，加载完成后会显示有关的警告信息提醒用户。

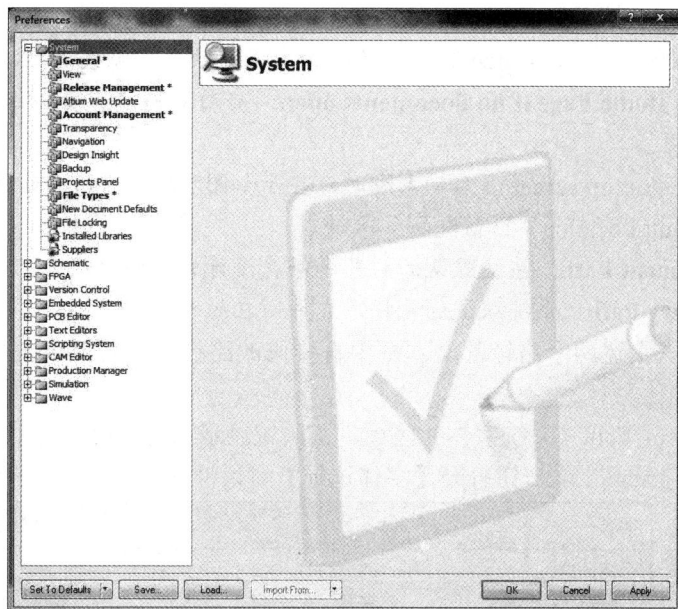

图 2-19   【系统参数设置】对话框

1.   System-General（系统常规）参数设置

系统常规参数设置包括5部分内容：Started（启动）、Default Location（默认配置）、System Font（系统字体）、General（常规）和Localization（本地化），如图2-20所示。

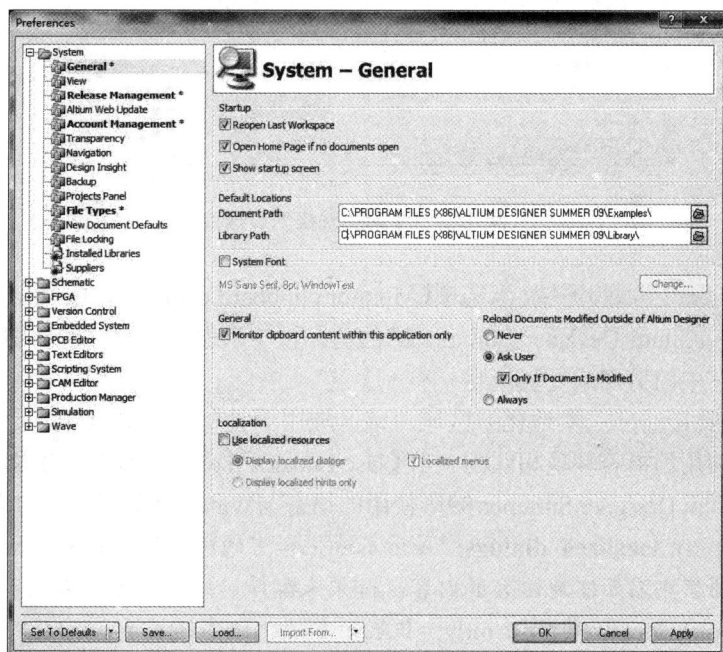

图 2-20   【系统常规参数设置】对话框

（1）Startup（启动）区域。

➢ **Reopen Last Workspace:** 启动系统时打开上次关闭系统时所在的工作区界面。

➢ **Open Home Page if no documents open:** 启动系统时如果没有打开的文件，则打开主页。

➢ **Show startup screen:** 启动系统时，显示如图2-20所示的启动界面。

（2）Default Location（默认配置）区域。

➢ **Document Path:** 系统默认的打开和保存设计文件的路径。

➢ **Library Path:** 系统默认的元件库文件所在的路径。

用户可以在上述两个路径的文本框中直接修改路径，也可以单击右侧的 图标选择路径。

（3）System Font（系统字体）区域。该区域显示当前系统所使用的字体信息，可以单击右侧的【Change…】按钮打开【字体选择】对话框选择字体，如图2-21所示。

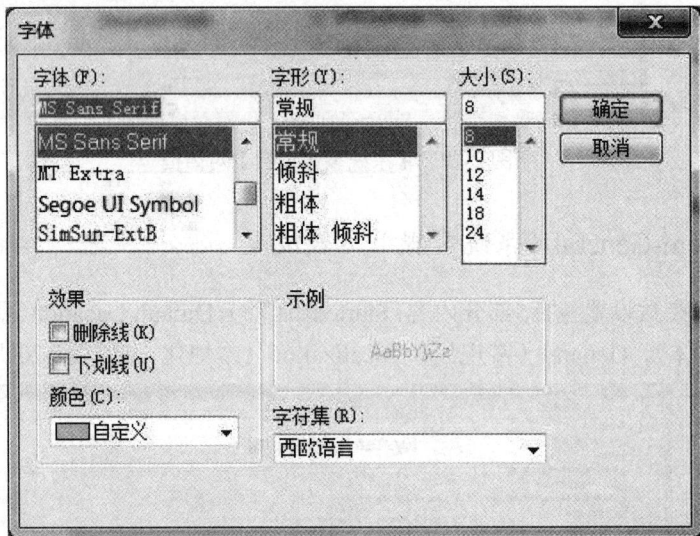

图 2-21 【字体选择】对话框

（4）General（常规）区域。当选项【Monitor clipboard content within this application only】勾选有效时，Altium Designer Summer 09的剪贴板中只保存本软件的剪切或复制内容，不保存其他软件中的剪切或复制内容。

（5）Localization（本地化）区域。该区域用于设置系统语言环境是否本地化，即和操作系统所使用的语言环境相匹配。当【Use Localized resources（使用本地资源）】项勾选有效时，Altium Designer Summer 09所使用的语言与Windows系统当前的语言相同。

➢ **Display localized dialogs:** 显示本地化语言的对话框，如果对话框已经翻译为本地语言则显示本地语言的内容，如果未翻译，则仍显示原来的英文内容。

➢ **Display localized hints only:** 仅显示本地化语言的提示。

➢ **Localized menus:** 使用本地化语言的菜单。

2. System-View（系统显示）参数设置

系统显示参数设置对话框中可以设置系统显示的相关参数，如图2-22所示。

（1）Desktop（桌面）区域。

➤ **Autosave desktop:** 自动保存桌面，即自动保存软件的界面布局。

➤ **Restore open documents:** 恢复打开文件，系统启动时，恢复上次关闭时打开的文件。

➤ **Exclusions:** 排除文本框中可以填写上述两项功能不必支持的文件类别，可以有多种类型设置。单击右侧的【...】图标，打开【选择文件类别】对话框，如图2-23所示。从中选择要排除的文件类别。单击【OK】按钮完成选择。

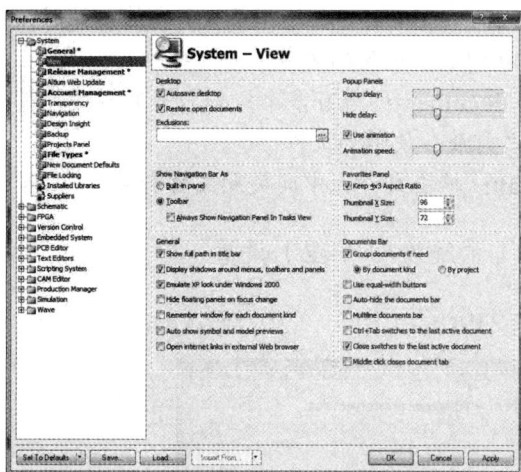

图 2-22　【系统显示参数设置】对话框　　　　图 2-23　【选择文件类型】对话框

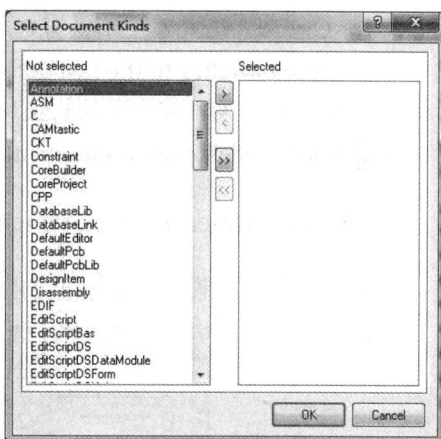

（2）Show Navigation Bar As（导航条的显示模式）区域。

➤ **Built-in panel:** 内置面板模式。该模式有效时，导航条以内置面板的形式出现在编辑区的上部（即图纸的顶端）。

➤ **Toolbar:** 工具栏模式。该模式有效时，导航条以工具栏的形式显示，通常出现在设计界面的右上角。导航工具栏中显示当前文件的路径。

➤ **Always Show Navigation Panel In Tasks View:** 导航面板总是出现在编辑窗口。

（3）General（常规）区域。

➤ **Show full path in title bar:** 在标题栏内显示当前文件的完整路径。

➤ **Display shadows around menus Toolbars and panels:** 在菜单、工具栏和面板周围显示阴影。此功能针对处于浮动状态的面板和工具栏，处于固定状态的菜单和工具栏只有光标指向时才出现阴影。

➤ **Emulate XP look under Windows 2000:** 在Windows 2000操作系统中仿真XP外观。

➤ **Hide floating panels on focus change:** 当聚焦变化时隐藏浮动的面板。

➤ **Remember window for each document kind:** 为每种文件记忆窗口。

➤ **Auto snow symbol and model previews:** 自动显示符号和模型预览。

（4）Popup Panels（弹出面板）区域。

（5）Favorites Panel（收藏夹面板）区域。

（6）Documents Bar（文件栏）区域。文件栏是指在编辑区打开的文件上方以文件名称出现的矩形小框，也称为文件标签。

➤ **Group document if need:** 必要时将文件分组。有两种分组方法，即By document kind（按文件种类）和By project（按工程）。

➤ **Use equal-width buttons:** 使用等宽按钮。

➤ **Auto-hide the documents bar:** 自动隐藏文件栏。

➤ **Multiline documents bar:** 多行文件栏。

➤ **Ctrl + Tab switches to the last active document:** 当有多个文件打开时，组合键<Ctrl> + <Tab>可使编辑窗口切换到最后使用的文件。

➤ **Close switches to the last active document:** 当有多个文件打开时，关闭其中一个文件时，编辑窗口自动切换到之前最后使用的文件。

➤ **Middle click closes Document tab:** 单击文件栏中间关闭文件标签。

3. System-Release Management（系统发布管理）设置

【系统发布管理设置】对话框如图2-24所示。

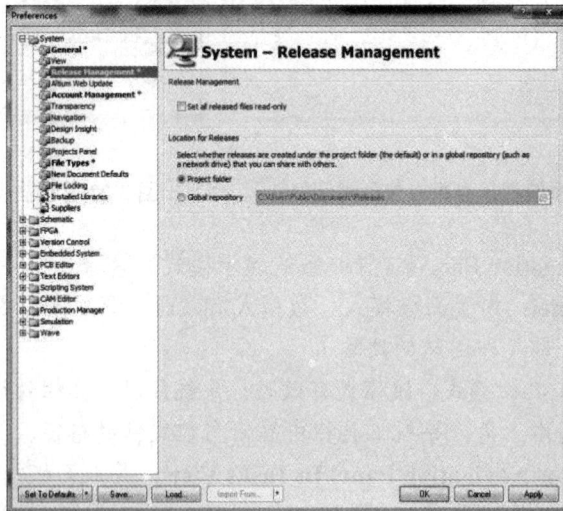

图2-24 【系统发布管理设置】对话框

（1）Release Management 区域。通常将所有发布的文件设置为只读形式，这样用户可以及时看到信息的发布，但对发布的信息不能进行修改。

（2）Location for Releases 区域。在系统默认情况下是将信息发布的位置设置为Project folders（工程文件夹），也可以放在 Global repository（全局知识库）中，全局知识库的位置可以单击右侧的 ◎ 按钮进行设置。

4. System-Altium Web Update（系统升级参数）设置

在系统升级参数设置对话框中可以设置升级源文件的路径、升级文件保存的路径及自动检查升级的周期，如图 2-25 所示。

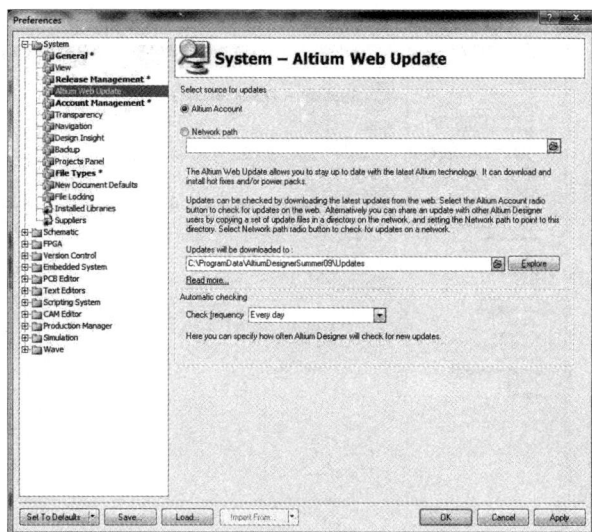

图 2-25　系统升级参数设置对话框

5. System-Account Management（系统账户管理）设置

在【账户管理设置】对话框中可以设置是否与 Altium 公司进行网络连接，以及是否在使用 Altium Designer Summer 09 软件时进行账户的登录，也可以对 Altium Account Management Servers 进行设置，如图 2-26 所示。

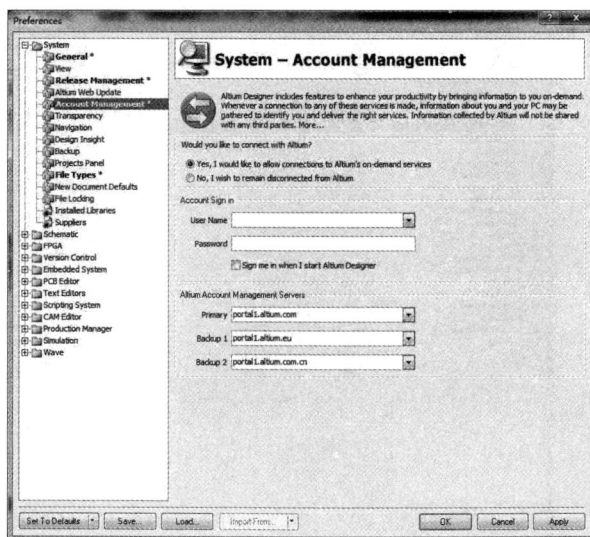

图 2-26　【系统账户管理设置】对话框

6. System-Transparency（系统浮动视窗透明度）参数设置

【系统浮动视窗透明度参数设置】对话框用来设置浮动窗体的透明度。当工作区有浮动窗体时，改变透明度参数，可以改变在工作区进行操作时浮动窗体的透明程度，如图 2-27 所示。

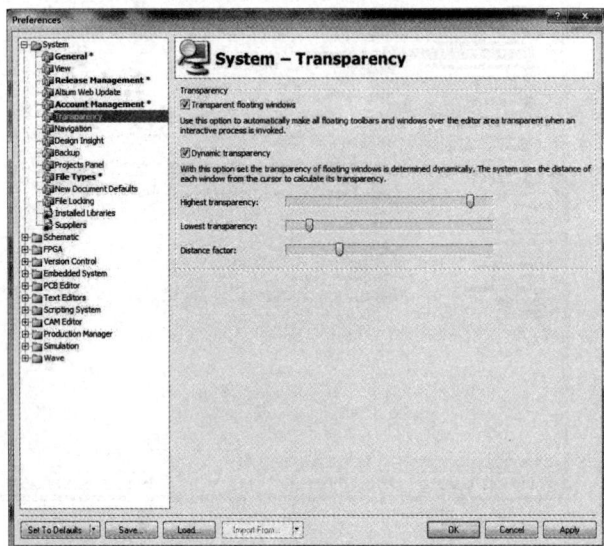

图 2-27   【系统浮动视窗透明度参数设置】对话框

7. System-Navigation（系统导航）参数设置

【系统导航参数设置】对话框中的参数主要针对导航面板，共有 3 个区域，如图 2-28 所示。

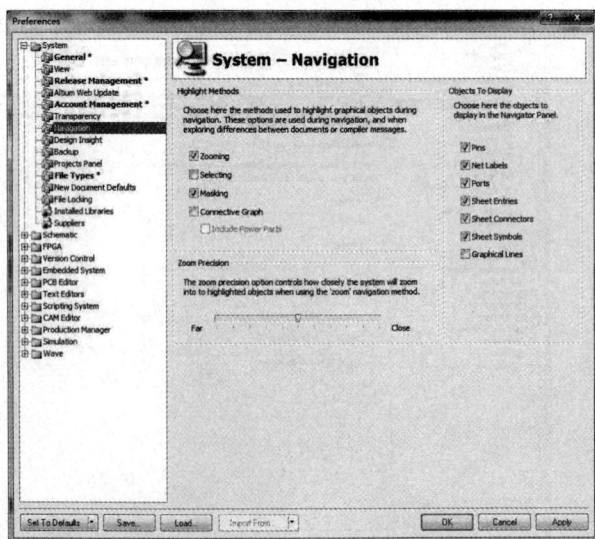

图 2-28   【系统导航参数设置】对话框

（1）Highlight Methods（高亮方法）区域。勾选其中的选项，确定在导航时高亮显示对象的方法。

（2）Zoom Precision（缩放精度）区域。缩放精度滑块调节缩放的精度，Far 为远焦缩放，Close 为近焦缩放。

（3）Objects To Display（显示对象）区域。该区域共有 7 类对象可供选择，选择的对象类型将在导航面板中显示，否则导航面板中不显示，实际上是确定导航面板中的内容。

8.　System-Design Insight（系统设计浏览）参数设置

【系统设计浏览参数设置】对话框中可以设置浏览特性，如图 2-29 所示。

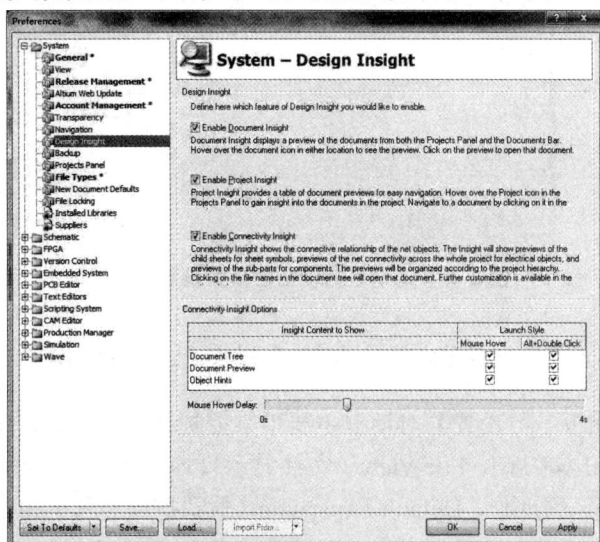

图 2-29　【统设计浏览参数设置】对话框

➤ **Enable Document Insight:** 该项勾选时，使工程面板和文件列表中都可以显示文件列表，用鼠标单击它们中的文件图标，就可以打开要浏览的文件。

➤ **Enable Project Insight:** 该项勾选时，工程浏览器提供了一个便于文件浏览的表格，鼠标放在工程图标上就可以浏览该工程所包含的所有文件，单击工程图标打开要浏览的文件。

➤ **Enable Connectivity Insight:** 显示对象的连接关系。

9.　System-Backup（系统自动备份）参数设置

【系统自动备份参数设置】对话框主要用来设置自动备份的时间间隔、保存的版本数和备份文件存储的路径，如图 2-30 所示。当 Auto Save every 选项被选中时，将激活自动保存功能。Auto Save every 选项右侧的数字调节框，用来调整自动保存的间隔时间，单位为分钟。Number of versions to keep 选项的含义是保存的版本个数，即自动备份时可存储的文件版本数。如图 2-30 所示中的设置，表示每隔 30 分钟备份一次，共存储 5 个版本的文件。

自动保存版本数设置得越高，保存间隔越短，可恢复的设计越准确，但所需的存储空间也越大，用户可根据自己的硬件情况设置。

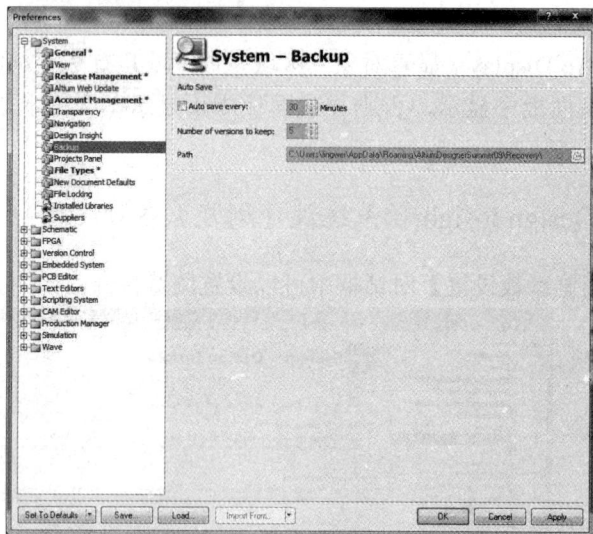

图 2-30　【系统自动备份参数设置】对话框

10. System‐Projects Panel（系统工程面板）参数设置

【系统工程面板参数设置】对话框主要用来控制系统面板窗口中有关的显示参数，包括 7 类：General（常规）、File View（文件显示）、Structure View（结构显示）、Sorting（排序）、Grouping（分组）、Default Expansion（默认扩展名称）和 Single Click（单击），如图 2-31 所示。

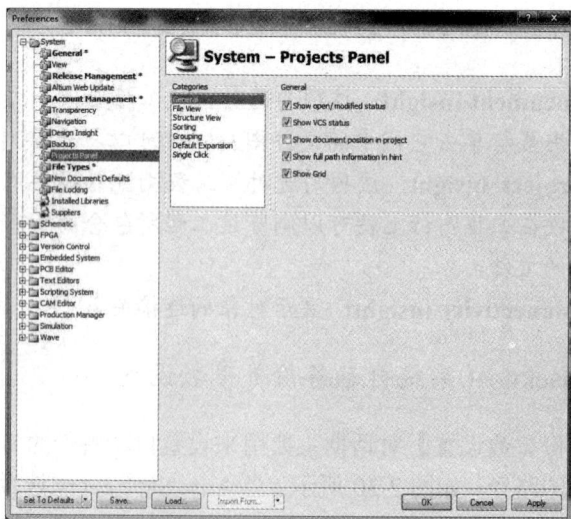

图 2-31　【系统工程面板参数设置】对话框

11.　System-File Types（系统文件类型）参数设置

【系统文件类型参数设置】对话框主要用来设置系统所支持的文件类型，一般单击
【All On（全选）】按钮将所有的选项勾选有效。右侧的功能按钮可以帮助用户快速设置
相关参数，均是勾选有效，如图 2-32 所示。

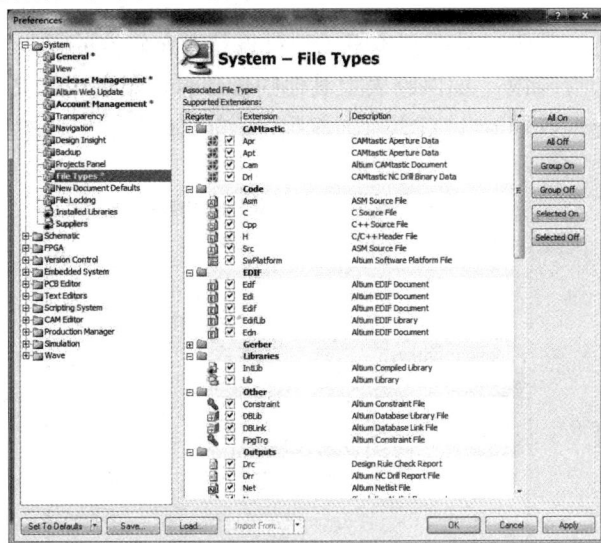

图 2-32　【系统文件类型参数设置】对话框

12.　System-New Document Defaults（系统新建文件默认）参数设置

【系统新建文件默认参数设置】对话框主要用于设置新建文件的默认参数（如布线
规则）与被指定的已有文件参数相同，如图 2-33 所示。

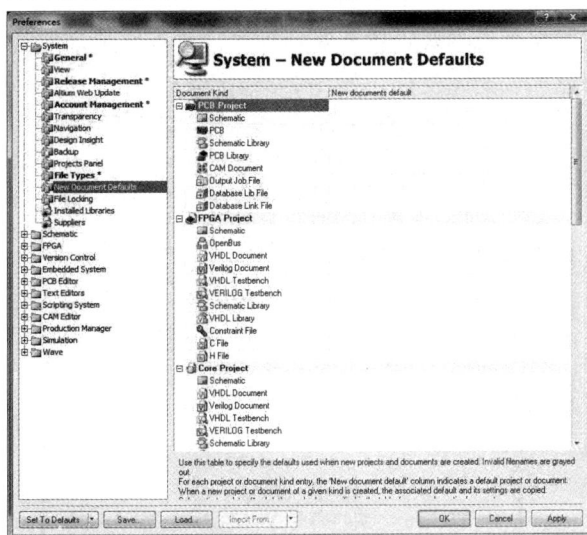

图 2-33　【系统新建文件默认参数设置】对话框

设置方法是在文件类型处单击鼠标左键,对应的 New Document Defaults 栏中的文本输入框被激活，用户可以直接输入所要参考文件的路径及文件名，也可以单击文本框右侧的选择按钮【…】，从弹出的文件选择框中选择相应的文件。

13. System-File Locking（系统文件锁定）参数设置

文件锁定勾选有效时，只有在本机的工程设计者有修改的权限（工程面板中文件打开标志图标上会出现绿锁），而网络表上其他的设计者如果调用该文件时（工程面板中文件打开标志上会出现红锁），只有浏览的权限，不能编辑修改。该参数主要针对网络版的用户，单机版用户可不必设置，如图 2-34 所示。

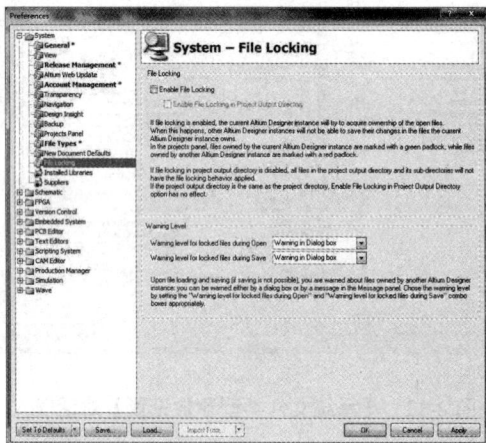

图 2-34　【系统文件锁定参数设置】对话框

14. System-Installed Libraries（系统已加载的文件库参数）设置

【系统已加载的文件库参数设置】对话框中，可以安装（加载）库文件、删除（卸载）库文件和排序已加载的库文件，如图 2-35 所示。

图 2-35　【系统已加载的文件库参数设置】对话框

该对话框主要作用是集中处理那些无用的库文件（卸载），而库文件的加载建议用户利用库文件面板的搜索功能进行加载。当然，对于特别熟悉 Altium Designer Summer 09 库文件的用户，也可以在此对话框中加载库文件。

15. System-Suppliers（系统供应商）参数设置

【系统供应商参数设置】对话框可以对系统供应商参数进行设置，如图 2-36 所示。

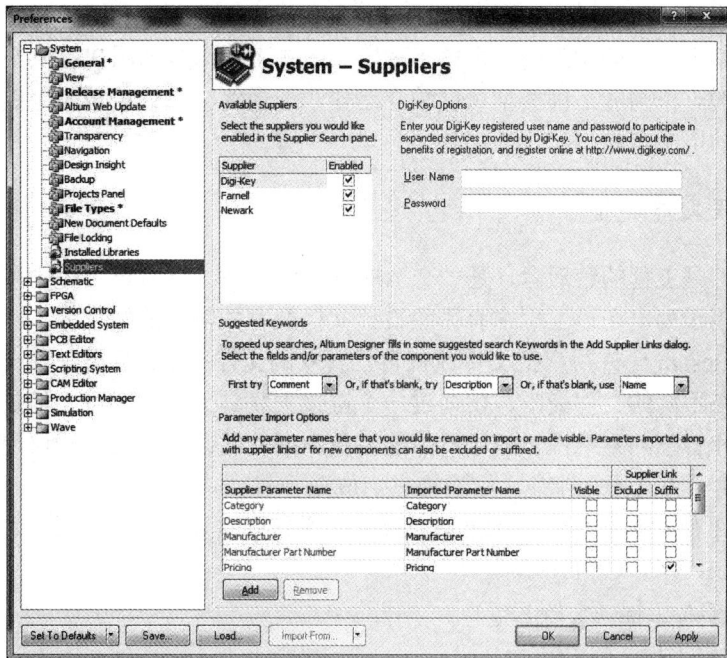

图 2-36　【系统供应商参数设置】对话框

2.2　Altium Designer Summer 09 工程及文件管理

Altium Designer Summer 09 支持多种文件类型，对每种类型的文件都提供了相应的编辑环境，如原理图文件有原理图编辑器，PCB 库文件有 PCB 库编辑器，而对于 VHDL、脚本描述、嵌入式软件的源代码等文本文件则有文本编辑器。当用户新建一个文件或者打开一个现有文件时，将自动进入相应的编辑器中。

在 Altium Designer 中，这些设计文件通常会被封装成工程，一方面是便于管理，另一方面是为了易于实现某些功能需求，如设计验证、比较以及同步等。工程内部对于文件的内容以及存放位置等没有任何限制，文件可以放置在不同的目录下，必要时使用 Windows Explorer 来查找，直接添加在工程中即可。这样，同一个设计文件可以被不同的工程所共用，而当一个工程被打开时，所有与其相关的设计信息也将同时被加载。

2.2.1 工程及工程文件

Altium Design 中，任何一项开发设计都被看作是一项工程。在该工程中，建立了与该设计有关的各种文档的链接关系并保存了与该设计有关的设置，而各个文档的实际内容并没有真正包含到工程中。

在电子产品开发的整体流程中，Altium Design 系统提供了创建和管理所有不同工程类型的一体化环境，包括 PCB 工程、FPGA 工程、内核工程、集成库、嵌入式工程和脚本工程等，其中的 FPGA 工程、内核工程、嵌入式工程均是为用户提供不同的 FPGA 设计方法使用的。不同的工程类型可以独立运作，但最终会被系统逻辑地链接在一起，从而构成完整的电子产品。

1. 工程文件类型

工程文件是工程的管理者，是一个 ASCII 文本文件，含有该工程中所有设计文件的链接信息，用于列出在该工程中有哪些设计文档及有关输出的配置等。

Altium Design 允许用户把文件放在自己喜欢的文件夹中，甚至是同一个工程的设计文件分别放在不同的文件夹中，仅通过一个链接关联到工程中即可。但是为了设计工作的可延续性和管理的系统性，便于日后能够更清晰地阅读、更改，建议用户在设计一个工程时，新建一个设计文件夹，尽量将它们放在一起。

工程文件有多种类型，在 Altium Designer 系统中主要有以下几种工程。

（1）PCB 工程（*.PrjPcb）。

（2）FPGA 工程（*.PrjFPg）。

（3）内核工程（*.PrjCor）。

（4）嵌入式工程（*.PrjEmb）。

（5）集成元件库（*.LibPkg）。

（6）脚本工程（*.PrjScr）。

2. 创建新工程

创建新工程有以下 3 种方法。

（1）单击链接创建。在主页的任务链接区域，单击相应链接，即可进入创建一个新的工程。

（2）菜单创建。执行【Files（文件）】\【New（新建）】\【Project（工程）】命令，在弹出的菜单中列出了可以创建的各种工程类型，单击选择即可。

（3）Files 面板创建。打开 Files 面板，在【New】栏中列出了各种空白工程，如图 2-37 所示，单击选择即可。

对于各种类型的工程来说，创建一个新工程的步骤都是基本相同的，这里以创建一个新的 PCB 工程为例来说明。

Step 01　选择【File（文件）】\【New（新建）】\【Project（工程）】\【PCB Project（PCB工程）】命令，弹出【Project（工程）】面板，系统自动在当前的工作区下面添

加一个新的 PCB 工程，默认名为【PCB_Project1.PrjPcb】，并在该项目下列出【No Documents Added】文件夹，如图 2-37 所示。

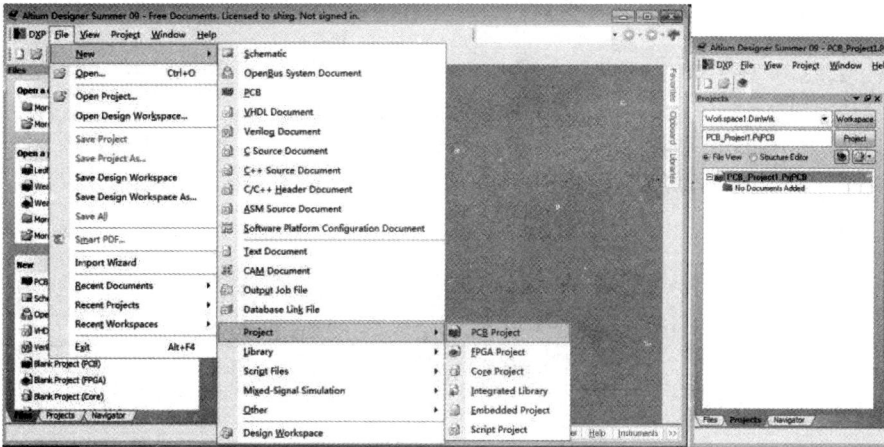

图 2-37　新建一个 PCB 工程

或者，选择 Files 标签中的【New】\【Blank Project（PCB）】命令，也可以建立一个新的 PCB 工程，如图 2-38 所示。

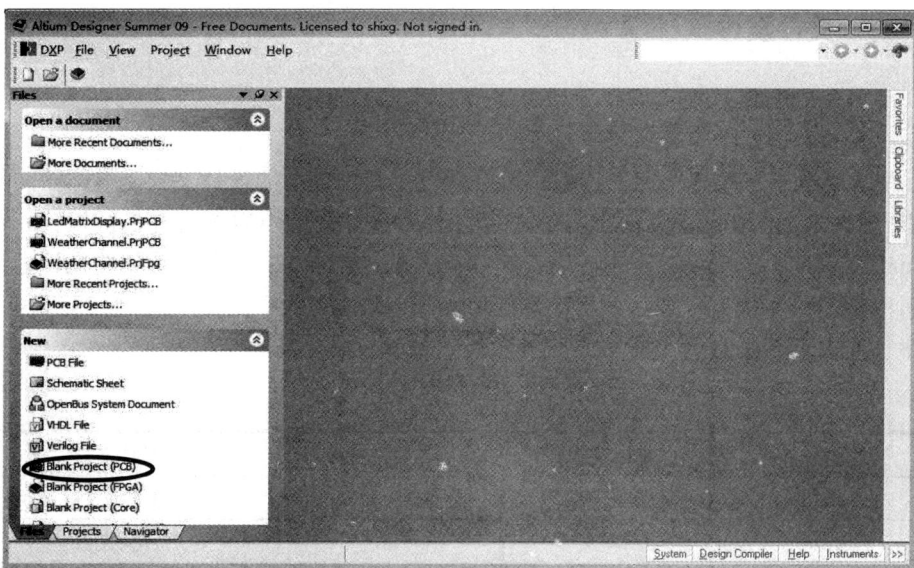

图 2-38　新建工程

Step 02　选择【Files（文件）】\【Save Project As（保存为）】命令或者在工程文件【PCB_Project1.PrjPcb】上右击，在弹出的快捷菜单中选择【Save Project As】命令，打开如图 2-39 所示的【保存工程】对话框。

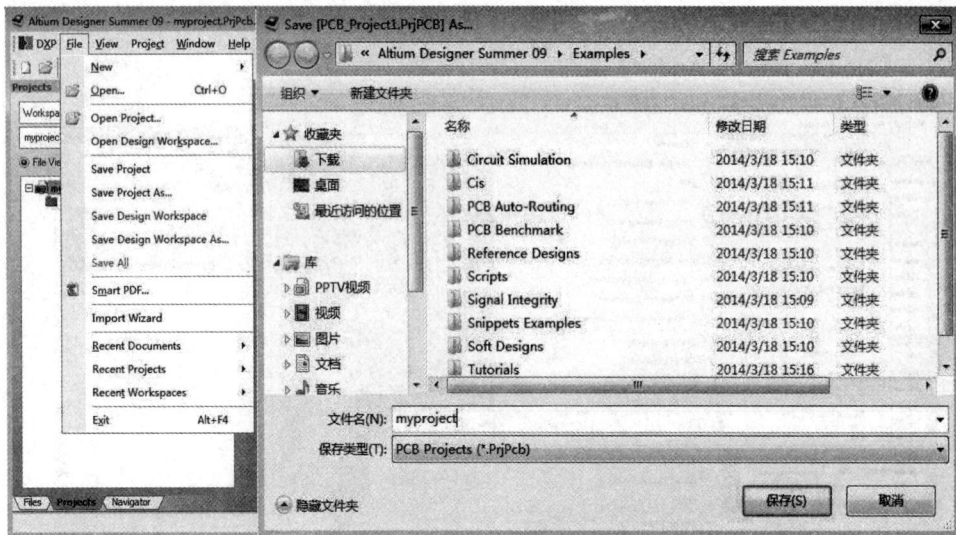

图 2-39　【保存工程】对话框

Step 03　选择保存路径并键入工程名，如【Myproject】。单击【保存】按钮后，即建立了自己的 PCB 工程【MyProject. PrjPcb】。

2.2.2　设计文件及导入

1. 常用设计文件

在 Altium Designer 的每种工程中，都可以包含多种类型的设计文件，具体的文件类型及相应的扩展名在 File Types 选项卡中被一一列举，用户可以参看并进行设置。在使用 Altium Designer Summer 09 进行电子产品开发的过程中，用户经常用到的几种主要设计文件，如表 2-1 所示。

表 2-1　常用设计文件

文件扩展名	设计文件	文件扩展名	设计文件
*.Schdoc	原理图文件	*.cpp	C＋＋源文件
*.Schlib	原理图库文件	*.h	C 语言头文件
*.Pcbdoc	PCB 文件	*.asm	ASM 源文件
*.Pcblib	PCB 库文件	*.Txt	文本文件
*.Vhd	VHDL 文件	*.Cam	CAM 文件
*.V	Verilog 文件	*.OutJob	输出工作文件
*.c	C 语言源文件	*.DBLink	数据库链接文件

此外，由于 Altium Designer Summer 09 系统具有超强的兼容功能，因而还支持许多

第三方软件的文件格式。

2. 可导入的文件类型

除了 Altium Designer 先前版本中的各类文件以外，Summer 09 系统中还可导入如下一些格式的设计文件。

（1）Protel 99 SE 数据库文件（*.DDB）。

（2）P-CAD V16 或 V17 ASCII 原理图文件（*. Sch）。

（3）P-CAD V16 或 V17 ASCII 原理图库文件（*.lia，*. lib）。

（4）P-CAD V15、V16 or V17 ASCII PCB 文件（*. Pcb）。

（5）P-CAD PDIF 格式文件（*. Pdf）。

（6）CircuitMaker 2000 设计文件（*.ckt）。

（7）CircuitMaker 2000 二进制用户库文件（*.lib）。

（8）OrCAD PCB 版图 ASCII格式文件（*.max）。

（9）OrCAD 封装库文件（*.llb ）。

（10）OrCAD 原理图文件（*.dsn）。

（11）OrCAD 库文件（*.olb）。

（12）OrCAD CIS 格式文件（*.dbc）。

（13）PADS PCB ASCII 格式文件（*.asc）。

（14）SPECCTRA 格式设计文件（*.dsn）。

（15）CadenceAllegro 设计文件（*.alg）。

（16）AutoCAD DWG\DXF 格式文件（*. DWG，*. DXF）。

3. 文件的导入

文件导入的具体实现可以采用两种方式：一种是在主菜单中执行【File（文件）】\【Open（打开）】命令，在弹出的【Choose Document to Open（选择打开的文档）】对话框中通过文件类型过滤器找到需要导入文件，打开即可进行导入；另外一种则是通过执行【File（文件）】\【Import Wizard（导入向导）】命令，直接使用系统提供的导入向导功能进行导入。

对于上面所列出的各种外部文件，大多数都可采用两种命令进行导入，但也有一些文件，如 AutoCAD DWG\DXF 格式文件、Cadence Allegro 设计文件等，只能直接通过导入向导转换到 Altium Designer 环境中。下面以一个具体的实例来说明文件的导入过程。

【例】Protel 99 SE 数据库文件的导入。

Step01　执行【File（文件）】\【Import Wizard（导入向导）】命令，进入如图 2-40 所示的系统【Import Wizard（导入向导）】对话框。

Step02　单击【Next（下一步）】按钮，进入文件类型选择界面。该界面中列出了多种可导入的文件类型，用户可以对应选择。这里选择【99SE DDB Files】选项，如图 2-41 所示。

图 2-40 【Import Wizard】对话框   图 2-41 选择导入文件的类型

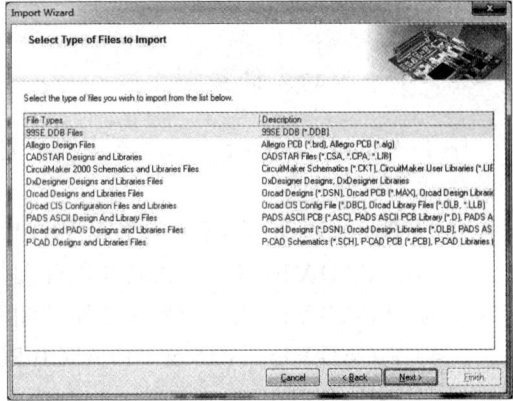

Step 03 单击【Next（下一步）】按钮，进入相应的 99 SE 导入向导中的【Choose files or folders to import（选择导入的文件或文件夹）】界面，如图 2-42 所示。

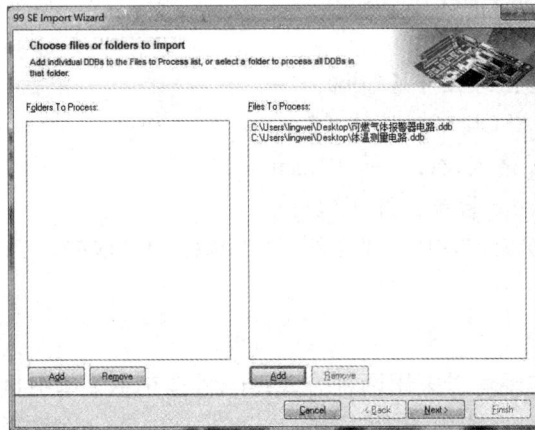

图 2-42 【选择导入文件或文件夹】对话框

该界面用于设置需要导入的文件，如果需要批量导入文件，可单击左侧的【Add（添加）】按钮，在打开的【浏览文件夹】对话框中，选择需要批量导入的文件所在的目录，添加在【Folders To Process（文件夹处理）】列表框中，这样可将该目录下所有的 DDB 文件一次全部导入；或者单击右侧的【Add（添加）】按钮，将多个 DDB 文件逐个添加在【Files To Process（文件处理）】列表框中。

Step 04 单击【Next（下一步）】按钮，进入【Set file extraction options（设置文件提取选项）】界面。该界面用于设置导入后文件的保存位置，如图 2-43 所示。

Step 05 单击【Next（下一步）】按钮，进入【Set Schematic conversion options（原理图转换设置）】界面，如图 2-44 所示。该界面用于设置原理图导入的一些选项，本例中没有涉及原理图，因此不需要进行设置。

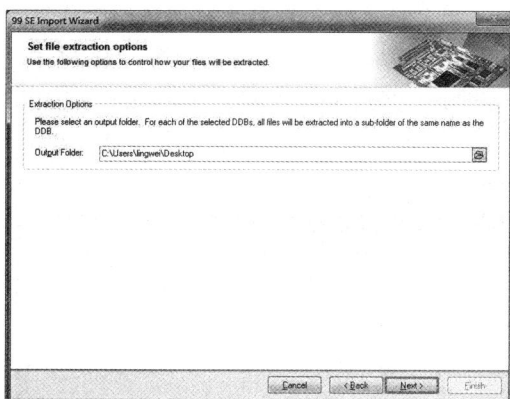

图 2-43　【文件输出设置】对话框　　　　　图 2-44　【原理图转换设置】对话框

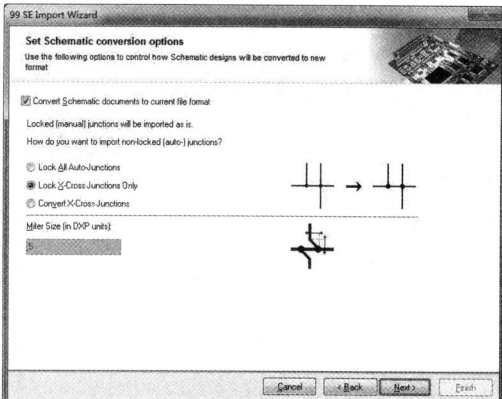

Step 06　单击【Next（下一步）】按钮，进入【Select design files to import（选择导入的设计文件）】界面。该界面用于设置是为每个 DDB 创建一个 Altium Designer 工程，还是为每个 DDB 文件夹创建一个 Altium Designer 工程，以及在所创建的工程中是否可包含一些非 Protel 文件，用户可按照自己的实际需要选择设置。

Step 07　单击【Next】按钮，进入【Select design files to import（选择导入的设计文件）】对话框，对需要导入的文件再次选择确认，如图 2-45 所示。

Step 08　确认无误后，单击【Next（下一步）】按钮，进入【Review project creation（预览工程创建）】对话框，如图 2-46 所示。该对话框显示了导入的 Protel 99 SE 文件将被映射为 Altium Design 内的 PCB 工程。

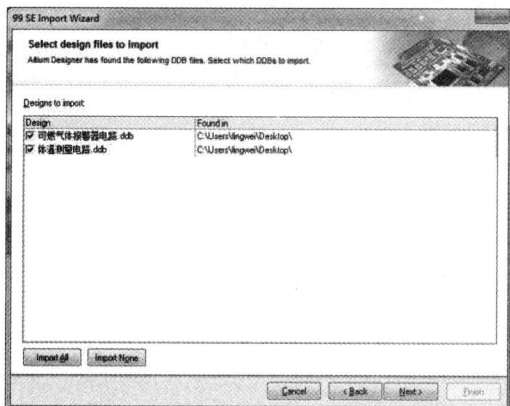

图 2-45　【导入文件及导入文件所在文件夹】对话框　　　图 2-46　【预览工程创建】对话框

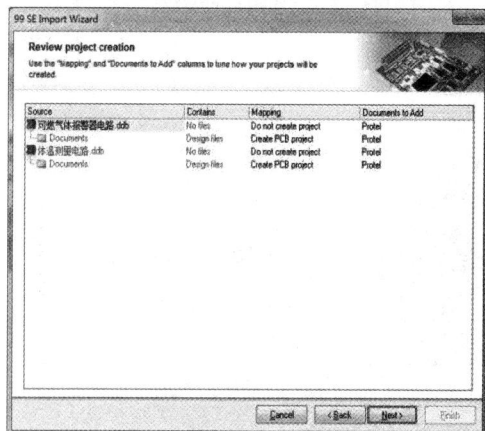

Step 09　单击【Next（下一步）】按钮，进入【Import summary（导入总结）】界面，该界面显示有一个 DDB 文件导入，导入过程将创建一个 PCB 工程、一个工作区，如图 2-47 所示。

Step 10　单击【Next（下一步）】按钮，进入【Choose workspace to open（选择打开工作

空间）】界面。系统显示导入已经完成，用户可选择是否打开新创建的工作区，同时弹出【Messages（信息）】面板，显示了相应的一些信息，如图2-48所示。

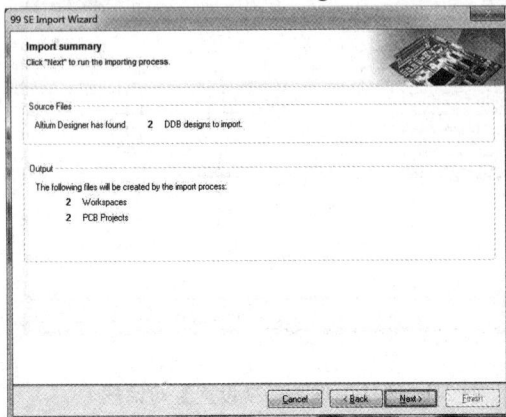

图 2-47　【导入总结】对话框　　　　图 2-48　【导入完成显示打开工作空间】对话框

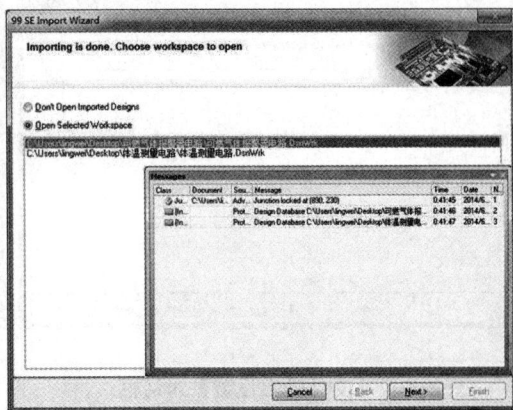

Step 11　系统默认设置为打开被选工作台。在此状态下，选择列表内新建的工作区，单击【Next（下一步）】按钮，系统弹出如图2-49所示的导入完成界面。

Step 12　单击【Finish（完成）】按钮，系统自动打开导入过程所创建的PCB工程及工作区，显示在【Projects（工程）】面板上，如图2-50所示。

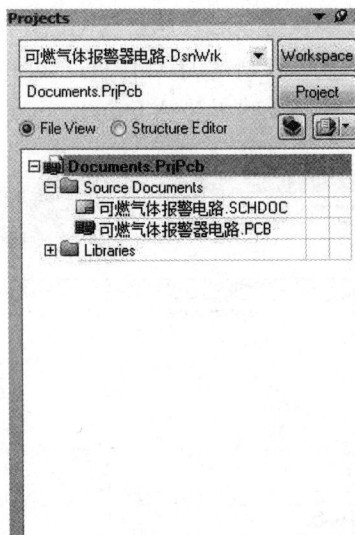

图 2-49　【导入完成】对话框　　　　图 2-50　导入的 Protel 99 SE 文件映射为 PCB 工程

2.2.3　设计文件的管理

随着电子产品开发整体流程的运行，大量的设计文档也将随之产生，特别是当设计复杂性增加时。对于这些设计文档，需要系统能够及时地跟踪、存储和维护，以实现对文档的完善管理。

Altium Designer 系统为用户提供了以下几种文件存储及管理功能。

1. 自动保存备份

执行【DXP】\【Preferences（参数选择）】，在【System（系统）】对话框中，使用【System-Backup（系统备份）】选项卡中的自动保存功能，系统会按照设定的时间间隔，为当前打开的所有文件进行多个版本的自动保存。如图 2-51 所示，自动保存的文件会在文件名后面加上某一数字来加以标识，如文件【MyPcb. PcbDoc】会被自动保存为【MyPcb.~（1）.PcbDoc】【MyPcb.~（2）.PcbDoc】等。

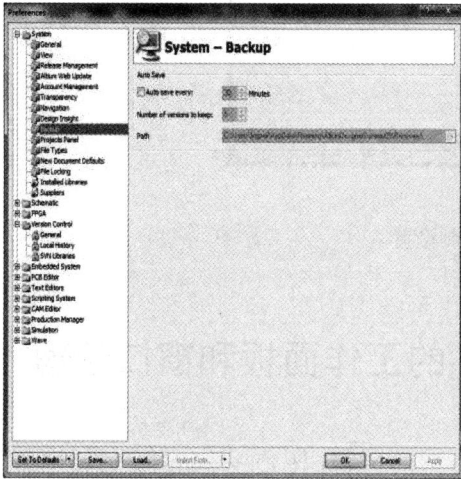

图 2-51　【System-Backup】对话框

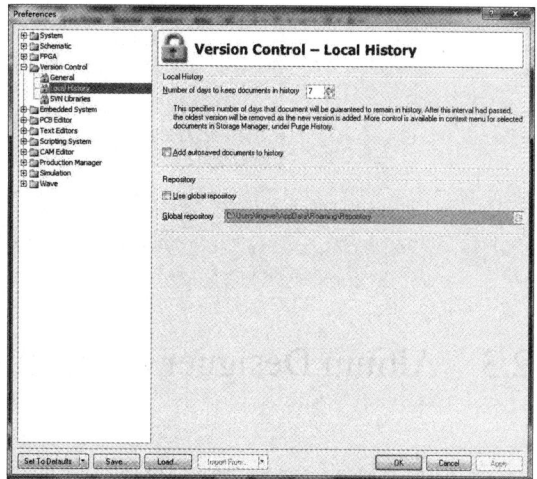

图 2-52　本地历史设置

2. Local History（本地历史）

本地历史管理是在用户每次保存文件时，系统自动对保存之前的文件进行一次备份，所有的备份将放在与工程文件相同目录下的 History 目录中，为 Zip 格式的压缩文件。具体保存天数可以在【System（系统）】对话框的【Version Control-Local History（本地历史设置）】选项卡中进行设置，图 2-52 所示。

一个文件的历史在指定的天数内会得到持续的维护，之后旧的版本被删除，新的版本被保存。

3. 外部版本控制

Altium Designer 系统还提供了采用外部版本控制来管理各类电子设计文档的功能，既可以选择一个与 SCCI （源代码控制接口）兼容的 VCS （并发版本系统），也可以直接与 CVS 或者 SVN 这样的版本控制系统接口。有关设置可在【System（系统）】对话框的【Version Control-General（外部版本控制）】选项卡中完成，如图 2-53 所示。

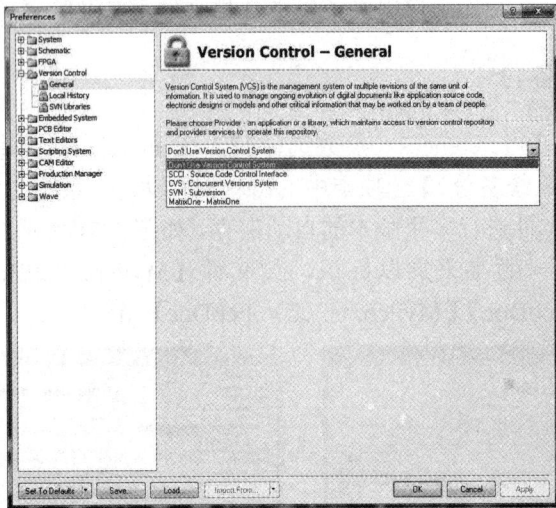

图 2-53　外部版本控制设置

2.3　Altium Designer Summer 09 的工作面板和窗口管理

在 Altium Designer Summer 09 的工作面板和窗口与 Protel 软件以前的版本有较大的不同，对其管理有特别的方法，而且熟练地掌握工作面板和窗口管理能够极大地提高电路设计的效率。

2.3.1　工作面板的管理

在 Altium Designer Summer 09 中大量的使用工作窗口面板，可以通过工作窗口面板方便地实现打开文件、访问库文件、浏览每个设计文件和编辑对象等各种功能。

1.　激活面板

单击 Altium Designer Summer 09 主窗口右下角的面板标签栏中的面板名称，相应的面板当即显示在窗口中，该面板被激活。

为了方便，Altium Designer Summer 09 可以将多个面板激活，激活后的多个面板既可以分开摆放也可以叠放，还可以用标签的形式隐藏在当前窗口的上方。面板显示方式设置，如图 2-54 所示。将光标放在面板的标签栏上，单击右键后，会出现一个下拉菜单，在子菜单 Allow Dock 中，有两个选 Horizontally 和 Vertically 只选中前者，面板的自动隐藏和锁定显示方式将水平显示在窗口中；只选中后者，该面板的自动隐藏和锁定显示方式将垂直显示在窗口中；若两者都选，则该面板既可以水平显示在窗口中，也可以垂直显示在窗口中，由用户拖动面板在窗口的位置决定。

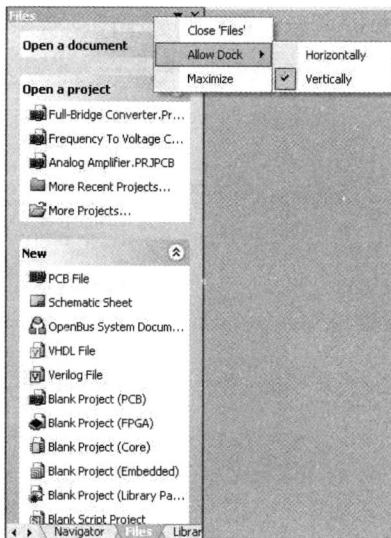

图 2-54　面板的显示方式设置

2. 面板的工作状态

每个面板都有 3 种工作状态：弹出/隐藏、锁定和浮动。

（1）弹出/隐藏状态：如图 2-55 所示的 Files 面板处于弹出/隐藏状态。在面板的标题栏上有一个滑轮按钮，这就意味着该面板可以滑出/滑进，即弹出/隐藏。单击滑轮图标，可以改变面板的工作状态。

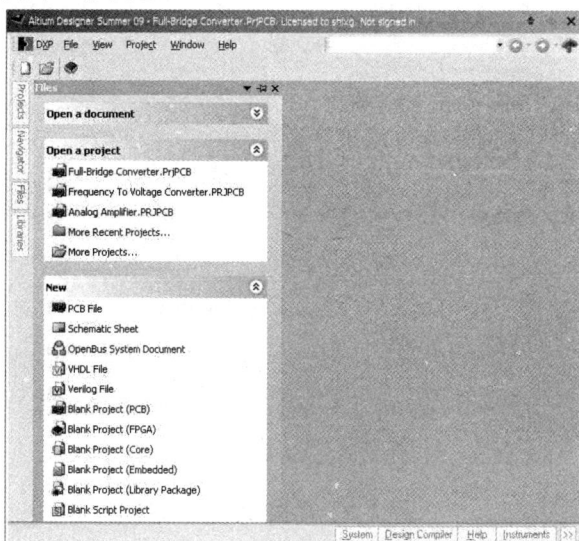

图 2-55　面板的弹出/隐藏状态

（2）锁定状态：如图 2-56 所示的 Files 面板处于锁定状态。在面板的标题栏上有一个图钉按钮，这就意味着该面板被图钉固定，即锁定状态。单击按钮，可以改变面板的作状态。

（3）浮动状态：如图 2-57 所示的面板均处于浮动状态。

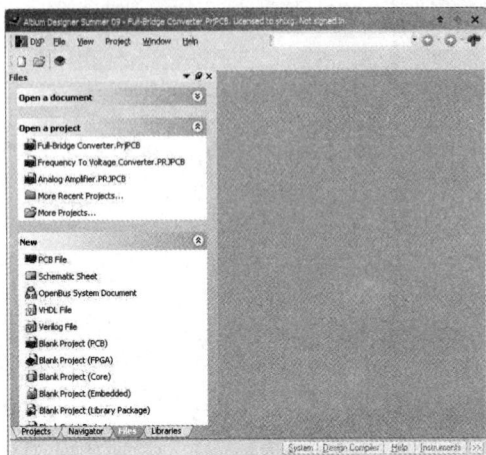

图 2-56　面板的锁定状态　　　　图 2-57　面板的浮动状态

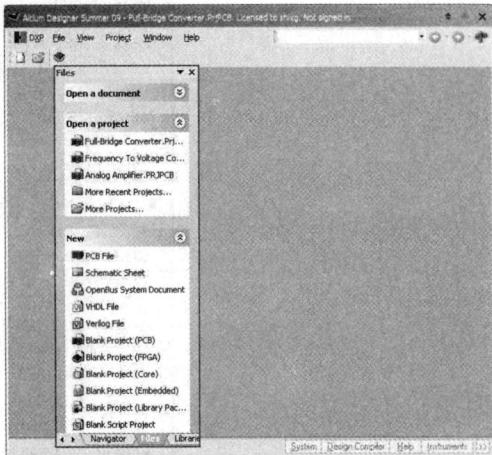

3.　面板的选择及状态的转换

（1）面板的选择。当多个工作区面板处于弹出/隐藏状态时，若选择某一面板，可以单击编辑窗口上相应的标签，该面板就会自动弹出；如果几个面板是叠放在一起的，则可以单击工作窗口面板上的图标，就会弹出如图 2-58 所示的激活面板菜单，选中相应的面板，该面板即将叠放在最上层。

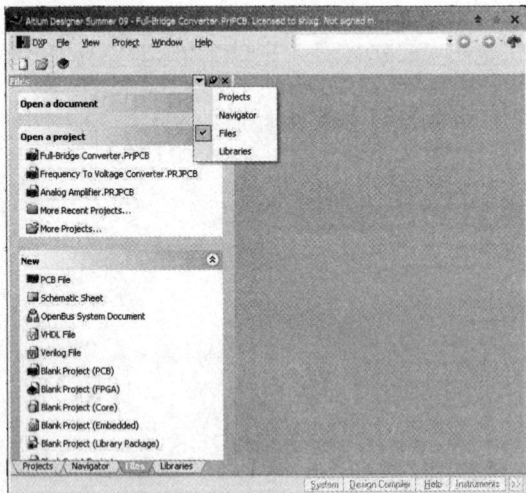

图 2-58　面板的选择

（2）状态的转换。

① 隐藏状态与锁定状态的相互转换：当面板处于锁定状态时，单击图钉按钮，可以使该图标变成滑轮按钮，从而使该面板由锁定状态变成弹出/隐藏状态；当面板处于弹出隐藏状态时，单击滑轮按钮，也可以使该图标变成图钉按钮，从而使该面板由弹出/隐藏状态变成锁定状态。

② 弹出/隐藏状态或者锁定状态转变为浮动状态，只需要用鼠标将面板拖到工作窗口中所希望放置出地方即可；而要使面板由浮动显示方式转变为自动隐藏或者锁定显示方式，则要用鼠标将面板拖至工作窗口的左侧或右侧，使其变为隐藏标签，再进行相应的操作即可。

2.3.2　窗口管理

在进行电路设计时，有时候需要同时打开或查看多个文件，因此需要对多个窗口进行管理。

在 Altium Designer Summer 09 中同时打开多个窗口时，可设置将这些窗口按照不同的方式显示。对窗口的管理可以通过【Window（窗口）】菜单进行，如图 2-59 所示。

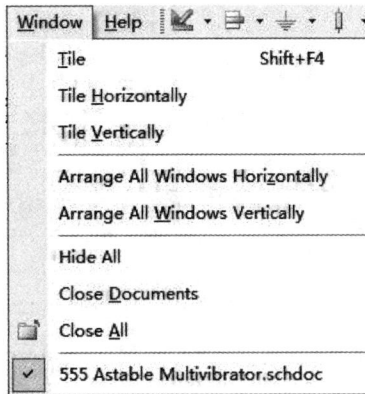

图 2-59　Window 菜单

1. 平铺窗口

执行【Window（窗口）】\【Tile（平铺）】菜单命令，即可将当前所有打开的窗口平铺显示，如图 2-60 所示。

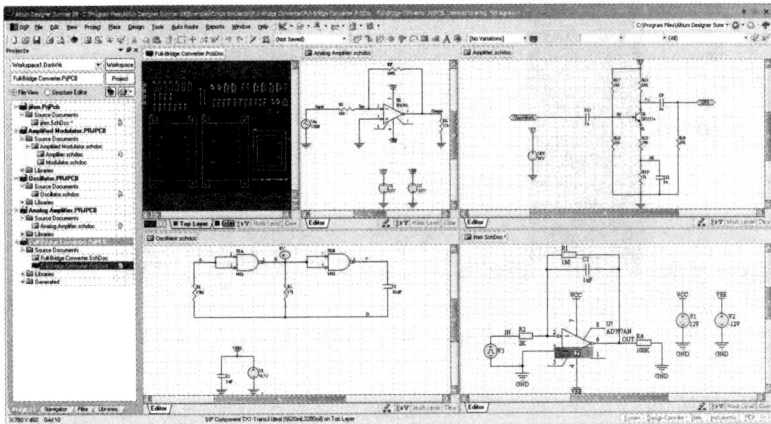

图 2-60　平铺窗口

2. 水平平铺窗口

执行【Window（窗口）】\【Tile Horizontally（水平平铺）】菜单命令，系统将当前所有打开的窗口水平平铺显示，如图 2-61 所示。

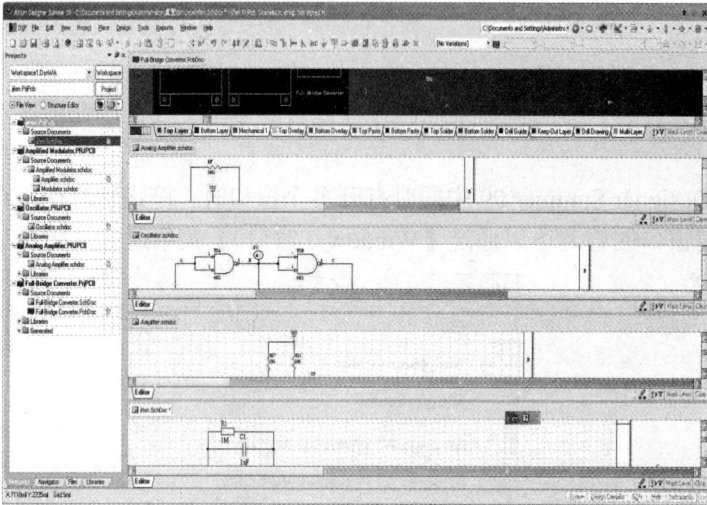

图 2-61　水平平铺窗口

3. 垂直平铺窗口

执行【Window（窗口）】\【Tile Vertically（垂直平铺）】菜单命令，或者在窗口显示模式右键菜单中选择【Split Vertically（分垂直）】命令（此功能只针对相邻的两个窗口，且只有在层叠窗口才有效），系统将当前所有打开的窗口水平平铺显示，如图 2-62 所示。

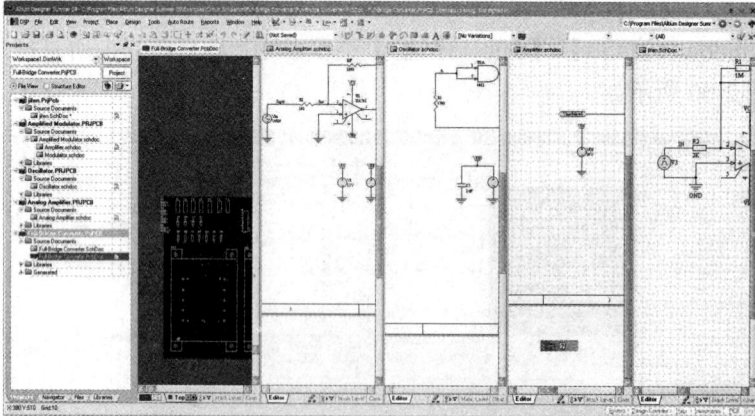

图 2-62　垂直平铺窗口

4. 关闭所有窗口

执行菜单命令【Window（窗口）】\【Close A11（关闭所有）】，可以关闭当前所有打

开的窗口，也可以选择菜单命令【Window（窗口）】\【Close Documents（关闭文档）】
关闭当前所有打开的文件。

5. 窗口切换

可以单击窗口的标签切换窗口，也可以在【Window（窗口）】菜单中选中各个窗口
的文件名称来切换。此外，也可以用鼠标右键单击工作窗口的标签栏，在弹出的菜单中
对窗口进行管理，如图 2-63 所示。

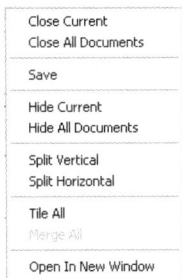

图 2-63　窗口管理菜单

6. 合并所有窗口

用鼠标右键单击一个窗口的标签，在弹出的菜单中执行【Merge All（合并所有）】
命令，可以合并所有窗口，即只显示一个窗口。

7. 在新的窗口打开文件

用鼠标右键单击一个窗口的标签，在弹出的菜单中执行【Open In New Window（在
新的窗口打开）】命令，即可另外启动一个窗口，在该窗口中打开文件。

本章小结

通过本章的学习，使读者会使用 Altium Designer Summer 09 软件进行系统参数的设
置，能够迅速、正确地建立一个工程文件，实现 Altium Designer Summer 09 软件的工作
面板和窗口的管理。

本章练习

1. 建立一个 FPGA 新工程，并改名为【JC. PrjFPg】。
2. 练习将一个 Protel 99SE 元器件库导入 Altium Designer 中。

第 3 章　电路原理图设计基础

【本章导读】

原理图编辑器主要用来绘制和编辑电路原理图，电路原理图是电子产品设计的灵魂所在，它的正确与否，直接影响设计的成败。本章介绍了关于原理图设计的一些基础知识，具体包括启动原理图编辑器的方法、原理图编辑器的界面、原理图画面管理和图纸的设计信息模板的制作与调用。

【本章目标】

- ➢ 掌握原理图画面管理方法。
- ➢ 掌握原理图设计信息区域模板的设计方法。
- ➢ 掌握调用图纸模板的方法。

3.1　启动原理图编辑器

原理图编辑器主要完成原理图的绘制、编辑及网络表的生成，为最终产品 PCB 的设计提供数据。在绘制电路原理图之前，首先要启动原理图编辑器。

启动原理图编辑器的方法有 3 种，从 Files 面板启动、从主页 Home 中启动和从主菜单启动。

3.1.1　从 Files 面板启动原理图编辑器

首先启动 Altium Designer Summer 09，然后单击系统面板标签【System（系统）】，在弹出的菜单中选择 Files（文件），打开 Files 面板，如图 3-1 所示。

方法一：在 Files 面板的 Open a document（打开一个文件）区域中双击原理图文件名称，启动原理图编辑器，打开一个已有的原理图文件。

方法二：在 Files 面板的 Open a project（打开一个工程）区域中双击项目名称，弹出 Projects（项目）面板，如图 3-2 所示，在项目面板中双击原理图文件名称，启动原理图编辑器，打开一个已有项目中的原理图文件。

方法三：在 Files 面板的 New 区域中单击 Schematic Sheet（原理图图纸）选项，启动原理图编辑器，同时新建一个默认名称为 Sheet1.SchDoc 的原理图文件。

图 3-1　【Files】面板

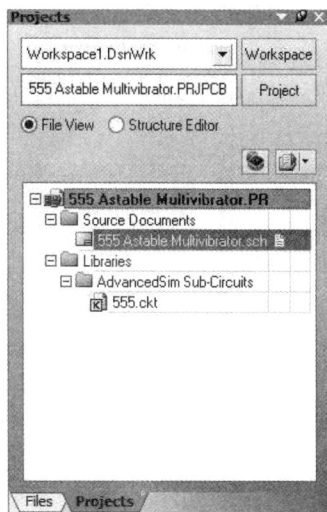

图 3-2　【Project】面板

3.1.2　从主页 Home 中启动原理图编辑器

从主页 Home 中启动原理图编辑器，必须先建立 PCB 项目。其操作步骤如下。

Step 01　启动 Altium Designer Summer 09，在主页 Home 的 Pick a task（选择一个任务）栏中单击 Printed Circuit Board Design（印制电路板设计），打开印制电路板设计对话框，如图 3-3 所示。

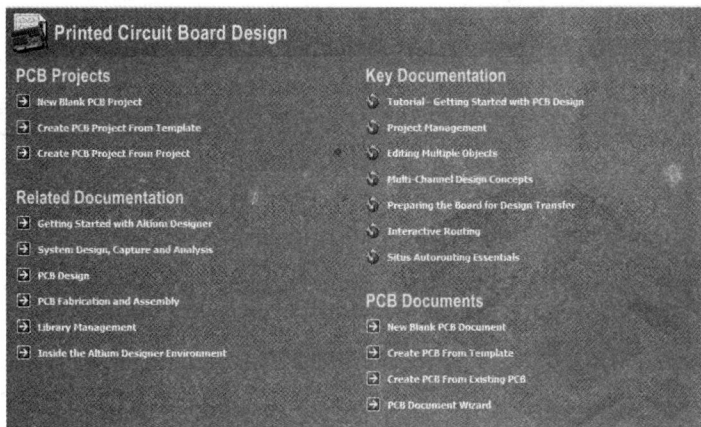

图 3-3　印制电路板设计对话框

Step 02　在印制电路板设计窗口中，PCB Project 区域提供了 3 中建立 PCB 项目的途径，在此使用第一种方法，即单击【New Blank PCB Project（新建空白 PCB 工程）】，弹出 Projects 面板，并在 Project 面板中系统自动建立了一个默认名称为 PCB_Project1.PrjPCB 的项目文件，如图 3-4 所示，此时该项目文件中并没有任何原理图文件。

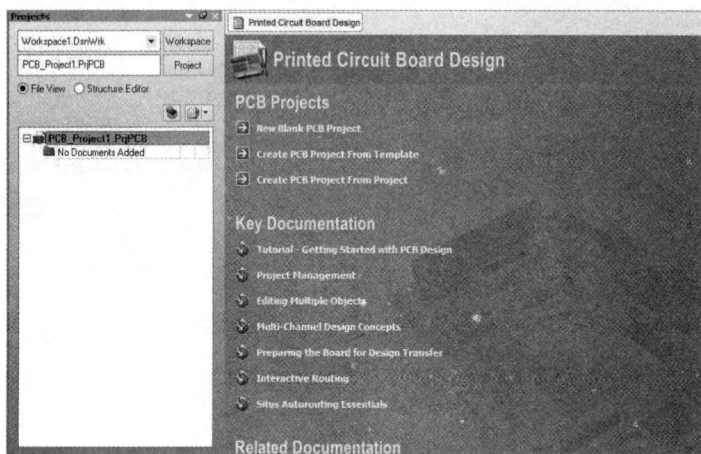

图 3-4　Projects 面板中新建的项目文件

Step03　单击 Projects 面板中的【Project】按钮或者在 Projects 面板的空白处单击鼠标右键，在弹出的菜单中选择【Add New to Project（在工程中增加新文件）】\【Schematic（原理图）】选项，如图 3-5 所示，启动原理图编辑器，同时系统自动在 PCB_Project1.PrjPCB 项目下建立一个默认名称为 Sheet1.SchDoc 的原理图文件。

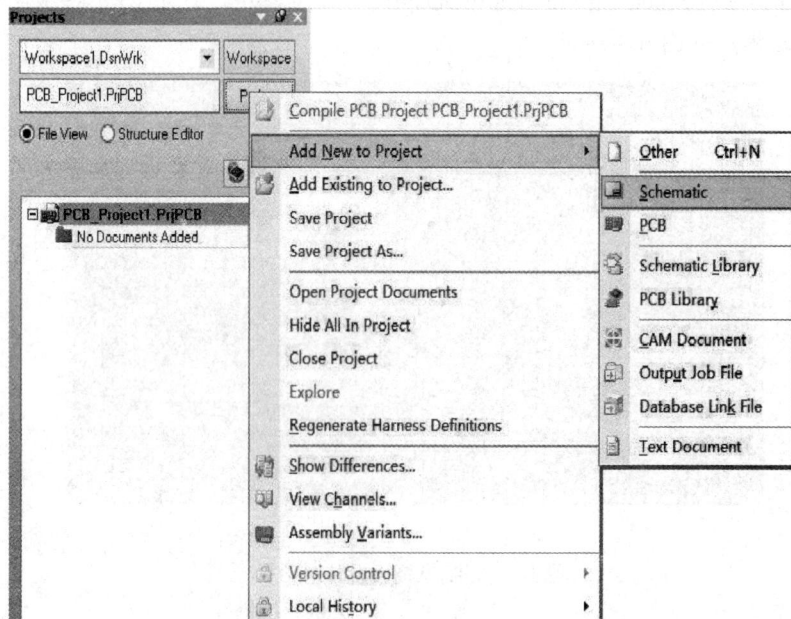

图 3-5　给新建项目添加原理图文件

3.1.3　从主菜单启动原理图编辑器

从主菜单中启动原理图编辑器通常有以下 3 种方法。

方法一：执行菜单命令【File（文件）】\【New（新建）】\【Schematic（原理图）】，新创建一个原理图设计文件，同时启动原理图编辑器。

方法二：执行菜单命令【File（文件）】\【Open（打开）】，在弹出的如图 3-6 所示的【选择打开文件】对话框中双击原理图设计文件，启动原理图编辑器，打开一个已有的原理图文件。

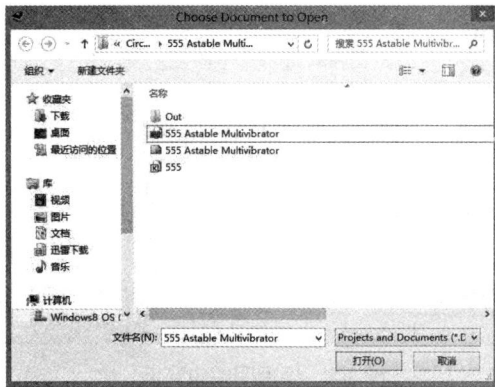

图 3-6　【选择打开文件】对话框

方法三：执行菜单命令【File（文件）】\【Open Project...（打开工程）】，在弹出的如图 3-7 所示的【选择打开项目】对话框中双击项目文件，弹出项目面板，在项目面板中，单击原理图文件，启动原理图编辑器，打开已有项目中的原理图文件。

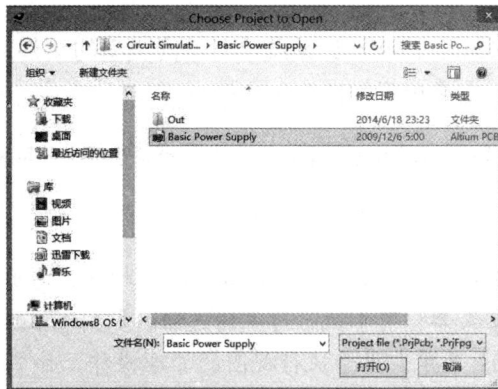

图 3-7　【选择打开项目】对话框

3.2　原理图编辑器的界面简介

在打开一个原理图设计文件或创建新原理图文件时，Altium Designer Summer 09 的原理图编辑器将被启动，即打开了原理图的编辑环境，如图 3-8 所示，界面包括主菜单、工具栏、工作区、工作面板、状态栏、面板标签等内容。

下面简单地介绍该编辑环境的主要组成部分。

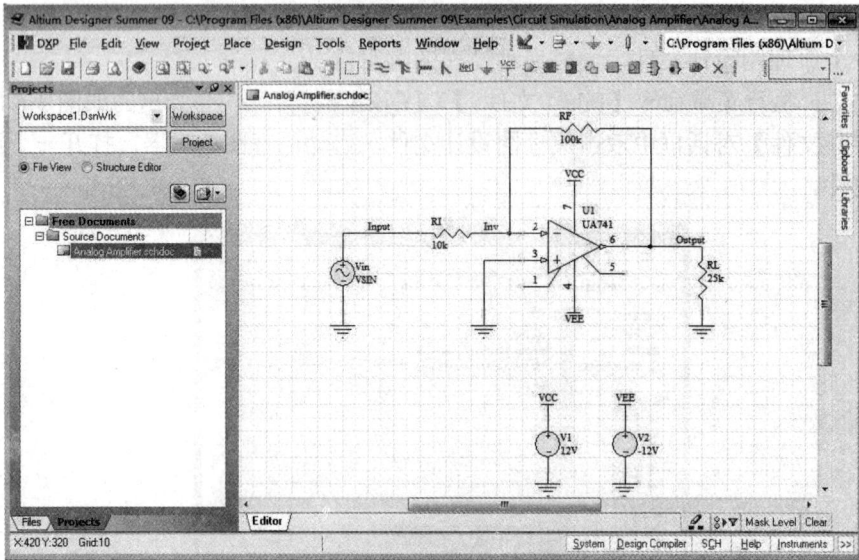

图 3-8　原理图编辑环境

3.2.1　主菜单

主菜单和工具栏是原理图绘制过程中最常用到的，原理图绘制的所有操作都可以通过主菜单中操作完成，但是对一些常用的操作，为了绘制方便，软件将其放入工具栏中，以便用户绘制时使用。

在 Altium Designer Summer 09 设计系统中对不同类型的文件进行操作时，菜单栏的内容会发生相应的改变。主菜单栏如图 3-9 所示。

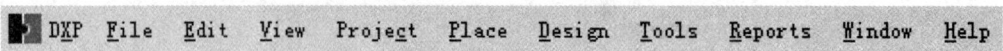

图 3-9　主菜单栏

- ➢ 【File（文件）】菜单：用于执行文件的新建、打开、关闭、保存和打印等操作。
- ➢ 【Edit（编辑）】菜单：用于执行对象的选取、复制、粘贴、删除和查找等操作。
- ➢ 【View（视图）】菜单：用于执行视图的管理操作，如工作窗口的放大与缩小，各种工具、面板、状态栏及节点的显示与隐藏等。
- ➢ 【Project（工程）】菜单：用于执行与项目有关的各种操作，如项目文件的建立、打开、保存与关闭、工程项目的编译及比较等。
- ➢ 【Place（放置）】菜单：用于放置原理图的各种组成部分。
- ➢ 【Design（设计）】菜单：用于对元件库进行操作、生成网络报表等操作。
- ➢ 【Tools（工具）】菜单：用于为原理图设计提供各种操作工具，如元件快速定位等操作。

> ➤　【**Reports（报告）**】菜单：用于执行生成原理图各种报表的操作。
> ➤　【**Window（窗口）**】菜单：用于对窗口进行各种操作。
> ➤　【**Help（帮助）**】菜单：　用于打开帮助菜单。

3.2.2　工具栏

单击菜单栏中的【View（视图）】\【Toolbars（工具栏）】\【Customize（自定义）】命令，系统将弹出【Customizing DefaultEditor Editor（自定义原理图编辑器）】对话框，如图 3-10 所示。在该对话框中可以对工具栏中的功能按钮进行设置，以便用户创建自己的个性工具栏。

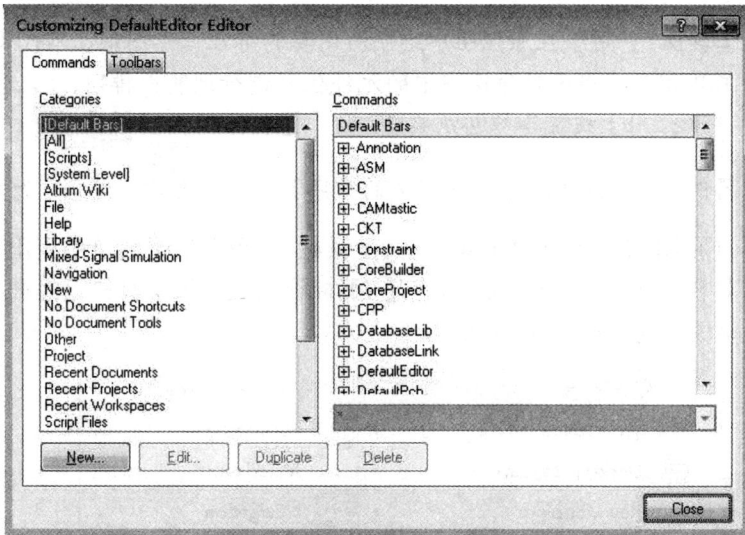

图 3-10　【Customizing DefaultEditor Editor】对话框

在原理图的设计界面中，Altium Designer Summer 09 提供了丰富的工具栏，其中绘制原理图常用的工具栏介绍如下。

1. 标准工具栏

标准工具栏中为用户提供了一些常用的文件操作快捷方式，如打印、缩放、复制、粘贴等，以按钮图标的形式表示出来，如图 3-11 所示。如果将光标悬停在某个按钮图标上，则该图标按钮所要完成的功能就会在图标下方显示出来，便于用户操作。

图 3-11　标准工具栏

2. 连线工具栏

连线工具栏主要用于放置原理图中的元件、电源、接地、端口、图纸符号、未用引脚标志等，同时完成连线操作，如图 3-12 所示。

图 3-12　连线工具栏

3. 实用工具栏

实用工具栏如图 3-13 所示，该工具栏包含以下工具。

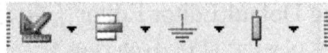

图 3-13　实用工具栏

➤ 实用工具 ：用于在原理图中绘制所需要的标注信息图形，不代表电气联系。
➤ 排列工具 ：用于对原理图中的元件位置进行调整、排列。
➤ 电源 ：用于放置各种电源端口。
➤ 数字器件 ：用于放置一些常用的数字器件，如与门、非门、反相器等。

在【View（视图）】菜单下【Toolbars（工具栏）】命令的子菜单中列出了所有原理图设计中的工具栏，在工具栏名称左侧有【√】标记则表示该工具栏已经被打开了，否则该工具栏是被关闭的，如图 3-14 所示。

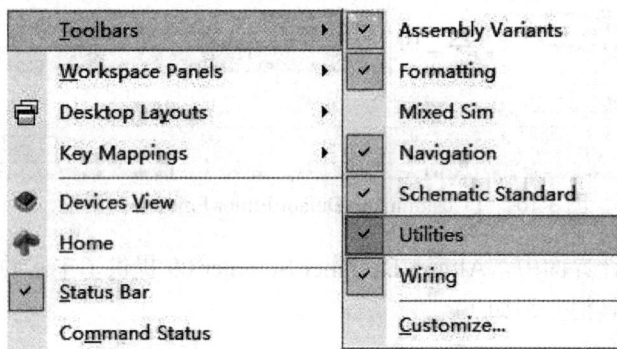

图 3-14　【Toolbars】命令子菜单

4. 面板标签

用于开启或关闭原理图编辑环境中的各种常用工作面板，如【Libraries（元件库）】面板、【Filter（过滤器）】面板、【Inspector（检查器）】面板、【List（列表）】面板以及快捷键等。如图 3-15 所示。

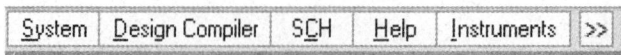

图 3-15　面板标签

3.2.3　工作窗口和工作面板

工作窗口是进行电路原理图设计的工作平台。在该窗口中，用户可以新绘制一个原理图，也可以对现有的原理图进行编辑和修改。

在原理图设计中常用的工作面板有【Projects（工程）】面板、【Libraries（元件库）】面板及【Navigator（导航）】面板。

1.　Projects 面板

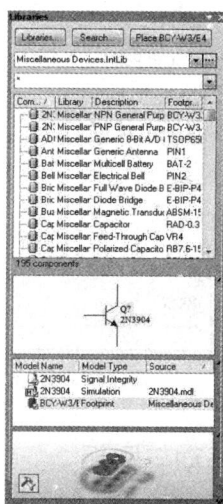

【Projects（工程）】面板如图 3-16 所示。在该面板中列出了当前打开项目的文件列表及所有的临时文件，提供了所有关于项目的操作功能，如打开、关闭和新建各种文件，以及在项目中导入文件、比较项目中的文件等。

2.　Libraries 面板

【Libraries（元件库）】面板如图 3-17 所示。该面板为浮动面板，当光标移动到其标签上时，就会显示该面板，也可以通过单击标签在几个浮动面板间进行切换。在该面板中可以浏览当前加载的所有元件库，可以在原理图上放置元件，还可以对元件的封装、3D 模型、SPICE 模型和 SI 模型进行预览，同时还能查看元件供应商、单价、生产厂商等信息。

图 3-16　【Projects】面板　　　　图 3-17　【Libraries】面板

3.　Navigator 面板

【Navigator（导航）】面板能够在分析和编译原理图后提供关于原理图的所有信息，通常用于检查原理图。

3.3 原理图画面管理

电路原理图在编辑状态时，有时候需要对原理图局部进行操作，有时候有需要观察整体设计的情况，有时候需要观察某一部分的设计，有时候要清除画面上的一些操作痕迹，这就需要对原理图画面进行放大、缩小、移动和刷新等操作。

3.3.1 原理图的放大与缩小

在设计过程中，经常需要对图纸仔细观察，并希望做进一步的调整和修改，修改后有需要了解图纸的全局情况，此过程反复进行，因此图纸的放大与缩小经常用到。

选择【View（视图）】\【Zoom In/Out（放大或缩小）】命令，或者在工作区空白处右击，在弹出的快捷菜单中选择【View（视图）】\【Zoom In/Out（放大或缩小）】命令，或者用快捷键 PageUp/PageDn，或者按住鼠标左键，并滚动鼠标中键可对原理图进行放大或缩小。除此之外，主菜单【View（视图）】选项还有许多对原理图进行缩放的命令，如图 3-18 所示。

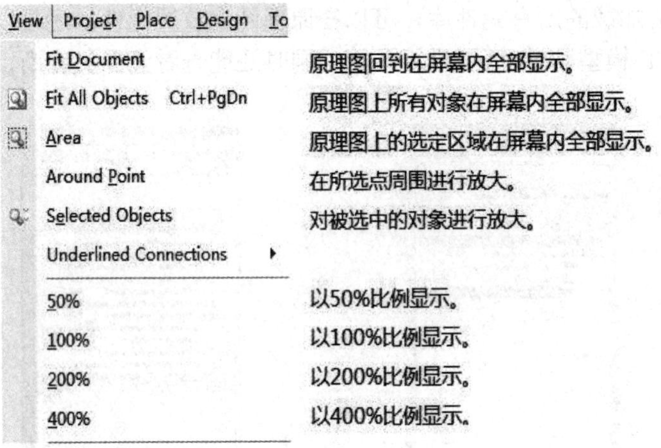

图 3-18　原理图的缩放

3.3.2 原理图的移动与刷新

在设计过程中，往往需要知道最新设计结果或者会在画面上留下一些操作痕迹，此时就要用到【Refresh（刷新）】命令；如果要详细观察原理图的某个部分时，需要移动原理图。选择【View（视图）】\【Refresh（刷新）】命令或者用快捷键 End 可对原理图进行刷新。

原理图的移动有多种方式，拖动工作窗口的水平和垂直滚动条可以移动窗口；选择【View（视图）】\【Pan（摇镜头）】命令或者用快捷键 Home 也可以移动窗口，或者按住鼠标右键进行图纸移动。还可以使用原理图观察器移动，选择【View（视图）】\【Workspace Panels（工作区面板）】\【SCH（原理图）】\【Sheet（图纸）】命令打开原理图观察器，如图 3-19 所示，拖动原理图观察器上的红色矩形窗口，可以相应地观察到所需要的电路，配合放大与缩小操作可以方便地对电路进行设计。

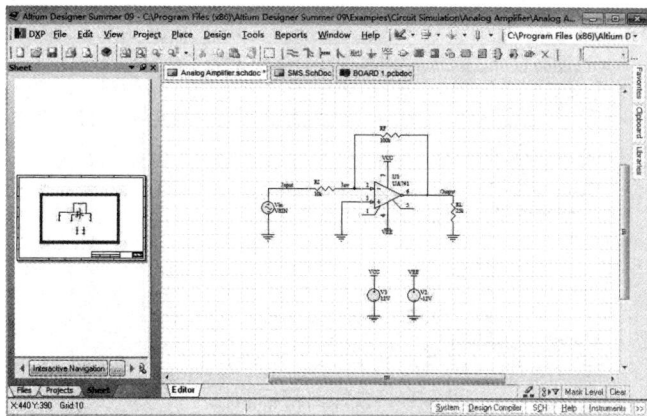

图 3-19 原理图的移动

3.4 图纸的设计信息模板的制作和调用

3.4.1 原理图模板的制作

Altium Designer Summer 09 软件自带比较丰富的原理图模板。但是很多工程师喜欢追求个性化的原理图文档风格，同时由于每个公司或者项目有各自的 LOGO，也有审核、校对、项目名称及编号之类的，因此建立一个符合自己的设计习惯的模板图纸可使审核存档方便规范。

Step01 新建原理图。单击菜单【File（文件）】\【New（新建）】\【Schematic（原理图）】建立原理图文件，如图 3-20 所示。

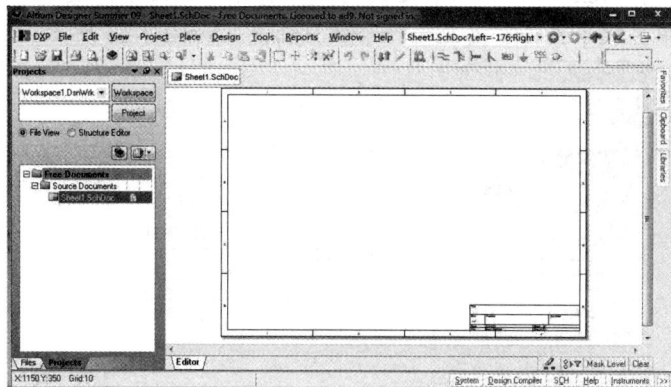

图 3-20 新建原理图文件

Step02 取消文档系统自带的原理图标题块。单击菜单【Design（设计）】\【Document

Options（文档选项）】打开【文档选项设置】对话框，从【Sheet Options（图纸
选项）】选项卡中将 Title Block 选项取消勾选，这时原理图中系统默认的标题块
消失，如图 3-21 所示。

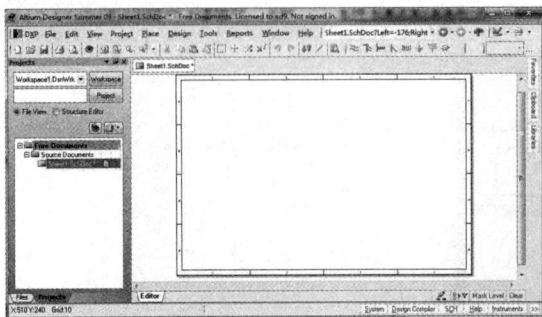

图 3-21　去掉自带标题栏

Step 03　自绘制文档标题块表格。单击菜单【Place（放置）】\【Drawing Tools（绘图工
具）】\【Line（线）】直线绘制工具绘制好一个文档标题块，如图 3-22 所示。

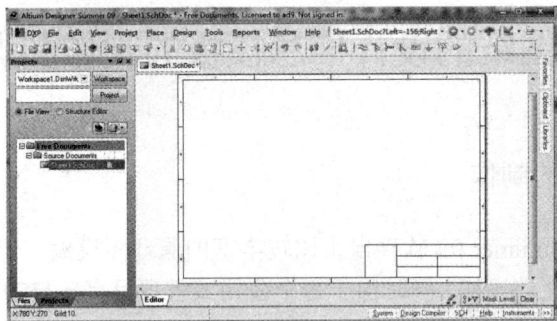

图 3-22　自绘制标题块

Step 04　设计标题块中栏目的定义。单击菜单【Place（放置）】\【Text String（字符串）】
进入放置字符串功能状态，这时在按下键盘 Tab 键进入【Text String 属性设置】
对话框，在 Text 栏内输入要定义的栏目名称，单击【OK】后在自绘制的标题
块表格中再次单击即可定义好一个栏目信息，如图 3-23 所示。

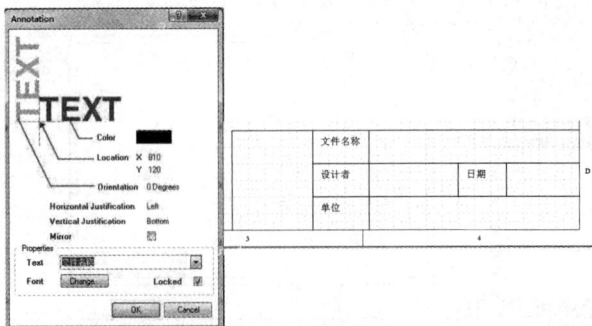

图 3-23　定义标题栏目信息

Step 05　定义栏目参数。栏目定义好后，在其后面的表格中还需要定义该栏对应的参数。

再次单击菜单【Place（放置）】\【Text String（字符串）】进入放置字符串功能状态，按下 Tab 键进入【属性设置】对话框，在 Text 栏内单击右边的下拉展开按钮，从中选择系统定义好的关键字（如本例中相应选择 DocumentName，Drawnby，Date，CompanyName）。单击【OK】后在定义好的参数栏后面放置相应的关键字，放置好之后除了原理图名关键字显示当前的原理图名之外，其他全部显示为【*】，表示利用系统自定义的关键字，如图 3-24 所示。

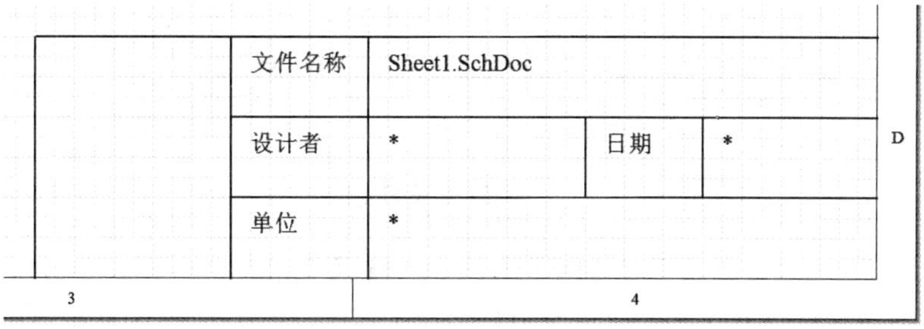

图 3-24　设置栏目关键字

Step 06　添加公司标志。在标题栏中除了可以放置基本的文字信息外，还可以放置公司或者单位的图标信息。单击【Place（放置）】\【Drawing Tools（绘图工具）】\【Graphic...（图像）】，在合适的位置放置，打开【选择文件】对话框，选择图片文件，调整合适的大小，即可插入图片信息。如图 3-25 所示。

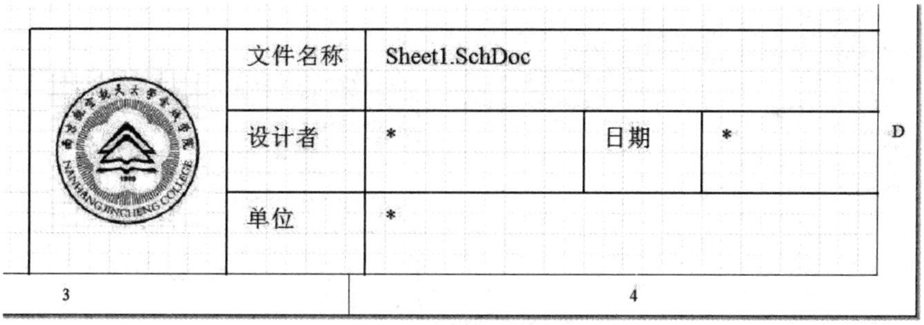

图 3-25　标题块最终效果

Step 07　保存为模板文件。单击【File（文件）】\【Save As...（另存为）】，选择模板类型为【Advanced Schematic template(*.SchDot)】并命名为 model。

3.4.2　设计模板的调用

当新建一张原理图后，在默认情况下，软件使用系统自定义的模板，若要应用自己做好的模板时需要为当前的原理图加载指定的模板。

Step 01　新建原理图。单击菜单【File（文件）】\【New（新建）】\【Schematic（原理图）】新建一张原理图，如图 3-26 所示。

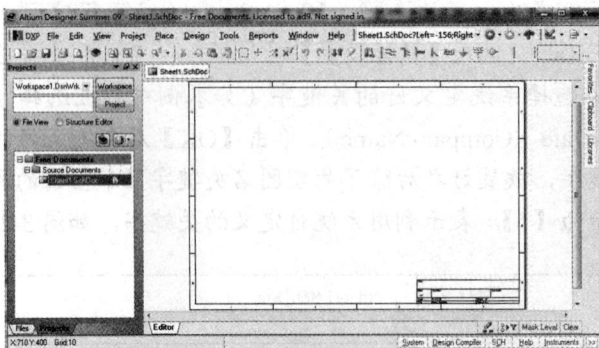

图 3-26　新建原理图文件

Step02　加载模板文件。单击菜单【Design（设计）】\【Template（模板）】\【Set Template File Name...（设置模板文件名）】进入【模板设置】对话框，在弹出的对话框中选择自己做好的原理图模板，单击【OK】将进入【更新模板选择】对话框，如图 3-27 所示。选择好参数后再次单击【OK】，则新建的原理图已经按模板的格式进行了更改，如图 3-28 所示。

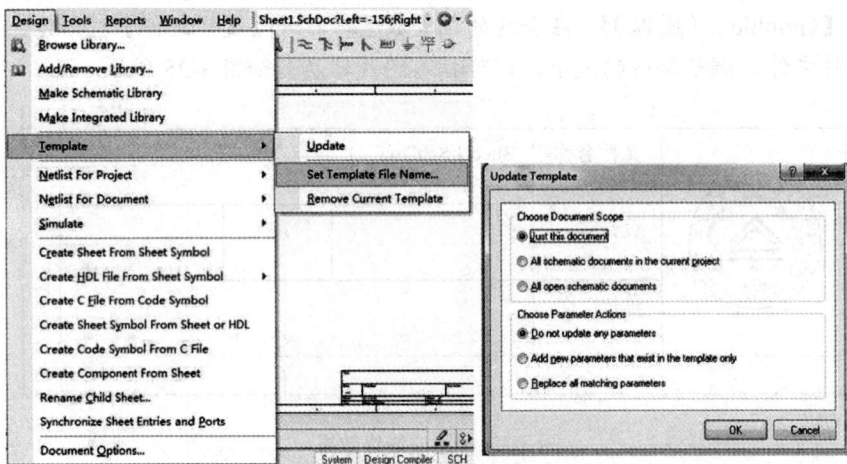

图 3-27　加载模板文件

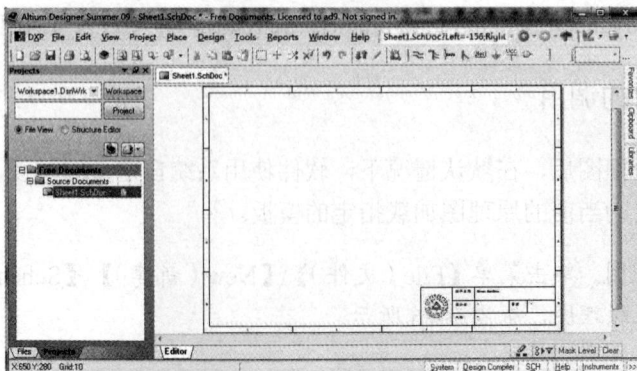

图 3-28　加载模板文件后

创建模板后，还可以将该模板文件设置为默认模板，打开【Tools（工具）】\【Schematic Preferences...（原理图参数）】，点击 Template 右边的 Browse...，选中刚设置的模板文件，若要取消该文档作为默认模板，选择【Clear（清除）】即可。这样下次新建原理图文件时就可默认选择该文档了，如图 3-29 所示。

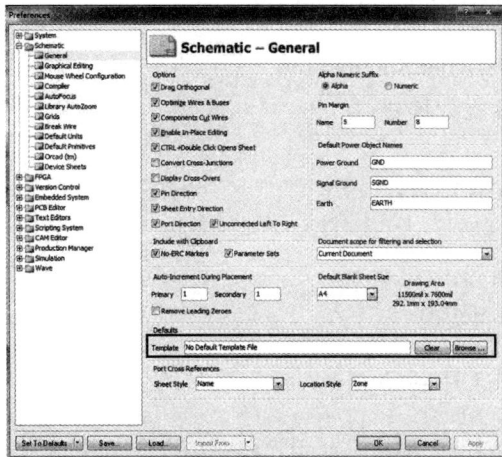

图 3-29　设置默认模板文件

Step 03　设置原理图参数。单击菜单【Design（设置）】\【Document Options（文件选项）】打开【文档选项设置】对话框，从 Parameters 选项卡中将模板中对应的栏中输入自定义的参数，如图 3-20 所示。单击【OK（确认）】后原理图标题块中对应的栏参数将显示设置的参数，如图 3-21 所示。

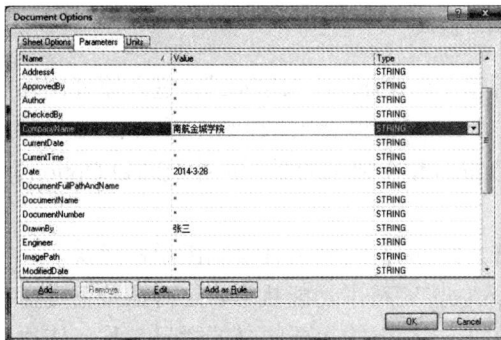

图 3-30　设置原理图参数

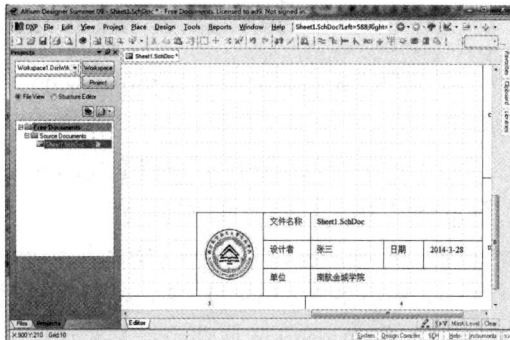

图 3-31　显示设置参数

本章小结

本章内容是原理图设计的基础，是读者绘制原理图需要掌握的内容，也是 Altium Designer Summer 09 学习的一个基本环节，为今后进行原理图的绘制打下坚实的基础。通过本章的学习，读者可以掌握原理图画面管理和图纸模板的设计与调用。

本章练习

1. 认识 Altium Designer Summer 09

（1）启动 Altium Designer Summer 09；

（2）创建一个 PCB 设计项目；

（3）保存项目文件；

（4）关闭和打开 PCB 项目；

（5）启动原理图编辑器；

（6）启动 PCB 编辑器；

（7）不同编辑器之间切换。

2. 原理图图纸的设计与应用

制作如图 3-32 所示的设计模板。要求：栏目内文字为宋体，五号字体。并填写相应的信息。

		标题：*		单位：*
制图人：*		学号：*		
时间：*		图号：*		
	文件名：*			系部：*

图 3-32　图纸信息模板

（1）启动 Altium Designer Summer 09，新建文件【sheet1.SchDoc】，进入原理图编辑界面。

（2）单击菜单命令【Design】\【Document Option】，在弹出的对话框中【Sheet Option】的【Option】中的标题块前的勾取消。

（3）单击菜单【Place】\【Drawing Tools】\【Line】绘制工具绘制图示标题块。

（4）单击菜单【Place】\【Text String】进入放置字符串功能状态，这时在按下键盘 Tab 键进入【Text String 属性设置】对话框，在 Text 栏内输入要定义的栏目名称，依次添加其他栏目信息。

（5）单击菜单【Place】\【Text String】进入放置字符串功能状态，按下 Tab 键进入【属性设置】对话框，在 Text 栏内单击右边的下拉展开按钮，从中选择系统定义好的关键字设置栏目关键字。

（6）单击菜单【File】\【Save As…】保存模板文件到 C:\Program Files\Altium Designer Summer 09\Templates 目录下，保存类型为【*.SchDot】。

（7）新建原理图文件【sheet1.SchDoc】，调用创建好的模板文件。

第4章　原理图设计

【本章导读】

本章首先介绍了原理图总体设计过程、原理图图纸设置和原理图工作环境设置。然后详细介绍了元件库的加载、元件放置、对象编辑、电路绘制及原理图的后续处理等内容，最后以一个原理图绘制的实例来让读者学习电路图的设计技巧。在 Altium Designer Summer 09 中，只有设计出符合需要和规则的电路原理图后，才能对其顺利进行仿真，最终变为可以用于生产的 PCB 印制电路板文件。

【本章目标】

> ➤ 熟悉原理图的总体设计流程。
> ➤ 掌握原理图图纸的参数设置方法。
> ➤ 掌握原理图工作环境设置。
> ➤ 掌握原理图元件放置的技巧。
> ➤ 掌握原理图元件属性的设置技巧。
> ➤ 掌握原理图元件电气连接方法。
> ➤ 掌握实用的绘图工具。
> ➤ 掌握原理图的后续处理。

4.1　原理图的设置

4.1.1　原理图总体设计流程

原理图的设计流程图如图 4-1 所示，一般包括如下几个步骤。

（1）启动原理图编辑器。原理图的设计是在原理图编辑器中进行的，只有启动原理图编辑器才能绘制原理图，并且编辑。

（2）创建工程。在进行原理图设计时，一般先建立工程，在工程下再建立所要设计的原理图文件、PCB 文件等不同类型的文件。

（3）新建原理图文件。原理图的设计要在原理图文件下进行，在进行原理图设计之前必须新建或打开原理图文件。

（4）设置图纸。原理图文件建好以后，需要对原理图图纸的大小、采用的单位、网格的大小等参数进行设置，以便更好地绘制原理图。

（5）规划设计层次。复杂的设计要求进行层次设计，对工程进行分析、规划，形成合理的设计方案。

（6）放置元件。以上工作完成以后，就可以对原理图进行绘制了，元件的放置、导线的连接等工作需要完成。

（7）编辑调整原理图。设计过程中需要对原理图进行反复调整、修改，以达到设计目标。

（8）检查原理图。原理图设计完成后要对其进行电气规则检查，这是原理图设计的重要步骤。

（9）仿真。对原理图进行仿真，发现是否存在其他问题，只有确保无误后方可制作电路板。

（10）输出报表。利用原理图编辑器提供的各种报表功能，输出各种报表，如：网络表等，为下一步设计做准备。

（11）打印、输出。原理图的输出和打印。

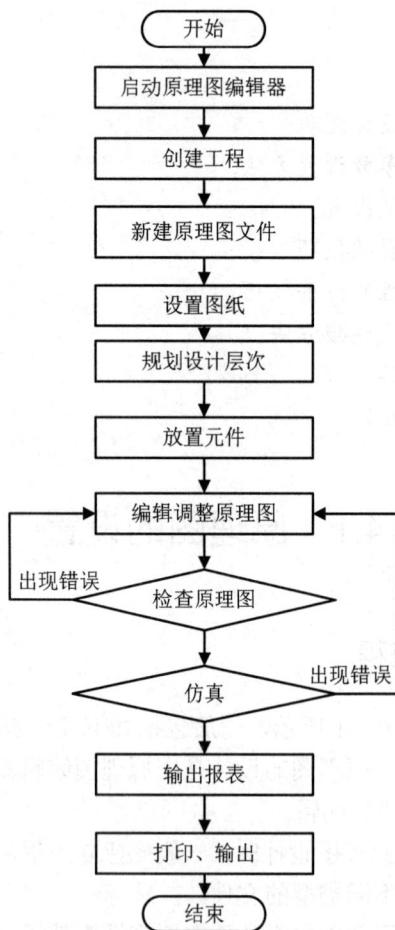

图 4-1　原理图设计流程

4.1.2　原理图的图纸设置

在进行原理图绘制之前，根据所设计工程的复杂程度，首先应对图纸进行设置。虽然在进入电路图编辑环境时，Altium Designer summer 09 系统会自动给出默认的图纸相关参数，但是在大多是情况下，这些默认的参数不一定符合用户要求，尤其是图纸尺寸的大小。设计者应根据自己的实际需求对图纸的大小及其他相关参数重新定义。

单击菜单栏中的【Design（设计）】\【Document Options（文档选项）】命令，或在编辑窗口中右击，在弹出的右键快捷菜单中单击【Option（选项）】\【Document Option（文档选项）】命令，或按快捷键<D>＋<O>，系统将弹出【Document Options（文档选项）】对话框，如图 4-2 所示。在该对话框中，有 Sheet Option、Paramenters 和 Units3 个选项卡。

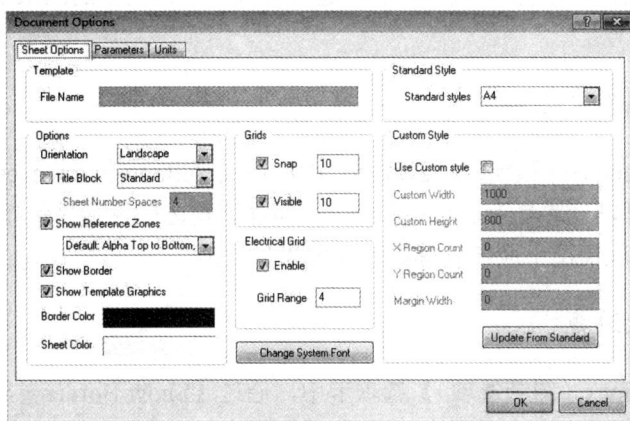

图 4-2　【Document Options】对话框

1. 设置图纸尺寸

单击【Sheet Options（图纸选项）】选项卡，这个选项卡的右半部分为图纸尺寸的设置区域。Altium Designer Summer 09 给出了两种图纸尺寸的设置方式。一种是 Standard Style，单击其右侧的 按钮，在下拉列表框中可以选择已定义好的图纸标准尺寸，包括公制图纸尺寸（A0～A4）、英制图纸尺寸（A～E）、CAD 标准尺寸（CADA～CADE）及其他格式（Letter、Legal、Tabloid 等）的尺寸。然后，单击对话框右下方的【Update From Standard（更新标准）】按钮，对目前编辑窗口中的图纸尺寸进行更新。

另一种是自定义样式，勾选【Use Custom Style（使用自定义样式）】复选框，则自定义功能被激活，在 Custom Width、Custom Heigh、X-Region Count、Y-Region Count 及 Margin Width5 个文本框中可以分别输入自定义的图纸尺寸。

用户可以根据设计需要选择这两种设置方式，默认的格式为标准格式。

在设计过程中，除了对图纸的尺寸进行设置外，还需要对图纸的其他选项进行设置，如图纸的方向、标题栏样式和图纸的颜色等。这些设置可以在如图 4-2 所示左侧的【Options（选项）】选项组中完成。

2. 设置图纸方向

图纸方向可通过【Orientation（方向）】下拉列表框设置，可以设置为水平方向（Landscape）即横向，也可以设置为垂直方向（Portrait）即纵向。一般在绘制和显示时设为横向，在打印输出时可根据需要设为横向或纵向。

3. 设置图纸标题栏

图纸标题栏（明细表）是对设计图纸的附加说明，可以在该标题栏中对图纸进行简单的描述，也可以作为以后图纸标准化时的信息。在 Altium Designer Summer 09 种提供了两种预先定义好的标题栏格式，即 Standard（标准格式）和 ANSI（美国国家标准格式）。勾选【Title Block（标题栏）】复选框，即可进行格式设计，相应的图纸编号功能被激活，可以对图纸进行编号。

4. 设置图纸参考坐标

在【Sheet Options（图纸选项）】选项卡中，通过【Show References Zones（显示参考坐标）】复选框可以设置是否显示参考坐标。勾选该复选框表示显示参考坐标，否则不显示参考坐标。一般情况下应该选择显示参考坐标。

5. 设置图纸边框

在【Sheet Options（图纸选项）】选项卡中，通过【Show Border（显示边框）】复选框可以设置是否显示边框。勾选该复选框表示显示边框，否则不显示边框。

6. 设置显示模版图形

在【Sheet Options（图纸选项）】选项卡中，勾选【Show Template Graphics（显示模版图形）】复选框可以设置是否模版图形。勾选该复选框表示显示模版图形，否则表示不显示模版图形。所谓显示模版图形，就是显示模版内的文字、图形、专用字符串等，如自己定义的标志区块或者公司标志。

7. 设置边框颜色

在【Sheet Options（图纸选项）】选项卡中，单击【Border Color（边框颜色）】显示框，然后在弹出的【Choose Color（选择颜色）】对话框中选择边框的颜色，如图 4-3 所示，单击【OK】按钮即可完成修改。

8. 设置图纸颜色

在【Sheet Options（图纸）】选项卡中，单击【Sheet Color（图纸颜色）】显示框，然后在弹出的【Choose Color（选择颜色）】对话框中选择图纸的颜色，单击【OK】按钮即可完成修改，如图 4-3 所示。

9. 设置图纸网格点

进入原理图编辑环境后，编辑窗口的背景是网格型的，这种网格就是可视网格，是可以改变的。网格为元件的放置和线路的连接带来了极大的方便，使用户可以轻松地排列元件、整齐地走线。Altium Designer Summer 09 提供了 Snap（捕获网格）、Visible（可视网格）和 Electrical Grid（电气网格）3 种网格。

在如图 4-2 所示的【Document Options（文档选项）】对话框中，【Grids（网格）】和【Electrical Grid（电气网格）】选项组用于对网格进行具体设置，如图 4-4 所示。

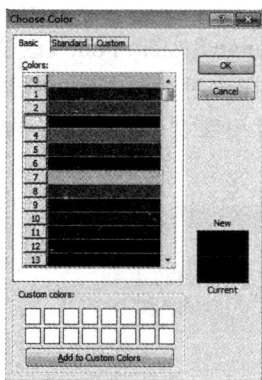

图 4-3　【Choose Color】对话框　　　　图 4-4　网格设置

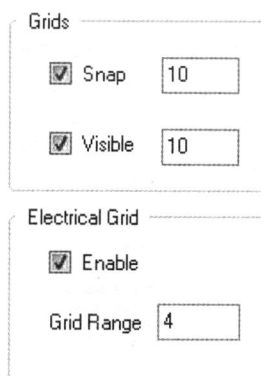

> **【Snap（捕捉）】复选框：** 用于控制是否启用捕获网格。所谓捕获网格，就是光标每次移动的距离大小。勾选该复选框后，光标移动时，以右侧文本框的设置值为基本单位，系统默认值为 10 个像素点，用户可根据设计的要求输入新的数值来改变光标每次移动的最小间隔距离。若不选中该复选框，则光标移动时，以 1 个像素点为基本单位。

> **【Visible（可视）】复选框：** 用于控制是否启用可视网格，即在图纸上是否可以看到的网格。勾选该复选框后，可以对图纸上网格间的距离进行设置，系统默认值为 10 个像素点。若不勾选该复选框，则表示在图纸上将不显示网格。

> **【Electrical Grid（电气网格）】复选框：** 用来引导布线，该项设置非常有用，当我们进行画线操作或对元件进行电气连接时，此功能可以让我们非常轻松地捕捉到起始点或元器件引脚。

> **【Enable（有效）】复选框：** 如果勾选了该复选框，则在绘制连线时，系统会以光标所在位置为中心，以"Grid Range"文本框中的设置值为半径，向四周搜索电气节点。如果在搜索半径内有电气节点，则光标将自动移到该节点上，并在该节点上显示一个圆亮点，搜索半径的数值可以自行设定。如果不勾选该复选框，则取消了系统自动寻找电气节点的功能。

单击菜单栏中的【View（视图）】\【Grid（网格）】命令，其子菜单中有用于切换 3 种网格启用状态的命令，如图 4-5 所示。单击其中的【Set Snap Grid（设置捕捉网格）】命令，系统将弹出【Choose a snap grid size（选择捕捉网格尺寸）】对话框，如图 4-6 所示。在该对话框中可以输入捕获网格的参数值。

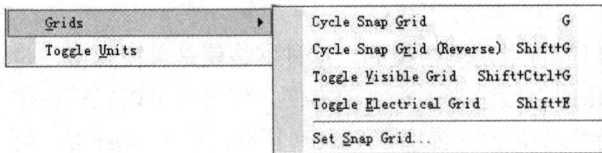

图 4-5   【Grid】命令子菜单

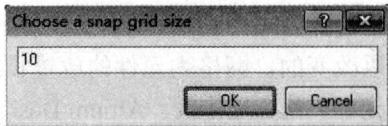

图 4-6   【Choose a snap size】对话框

10. 设置图纸所用字体

在【Sheet Options（图纸）】选项卡中，单击【Change System Font（改变系统字体）】按钮，系统将弹出【字体】对话框，如图 4-7 所示。在该对话框中对字体进行设置，将会改变整个原理图中的所有文字，包括原理图中的元件引脚文字和原理图的注释文字等。通常字体采用默认设置即可。

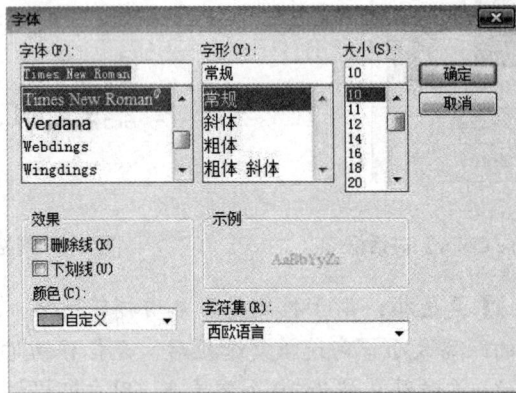

图 4-7   【字体设置】对话框

11. 设置图纸参数信息

图纸的参数信息记录了电路原理图的参数信息和更新记录。这项功能可以使用户更系统、更有效地对自己设计的图纸进行管理。

在【Document Options（文档选项）】对话框中，单击【Parameters（参数）】选项卡，即可对图纸参数信息进行设置，如图 4-8 所示。

在要填写或修改的参数上双击或选中要修改的参数后单击【Edit（编辑）】按钮，系统会弹出相应的参数属性对话框，用户可以在该对话框中修改各个设定值。如图 4-9 所示是【DocumentName（文档名字）】参数【Parameter Properties（参数属性）】对话框，在【Value（值）】选项组中填入文件名后，单击【OK（确认）】按钮，即可完成该参数的设置。

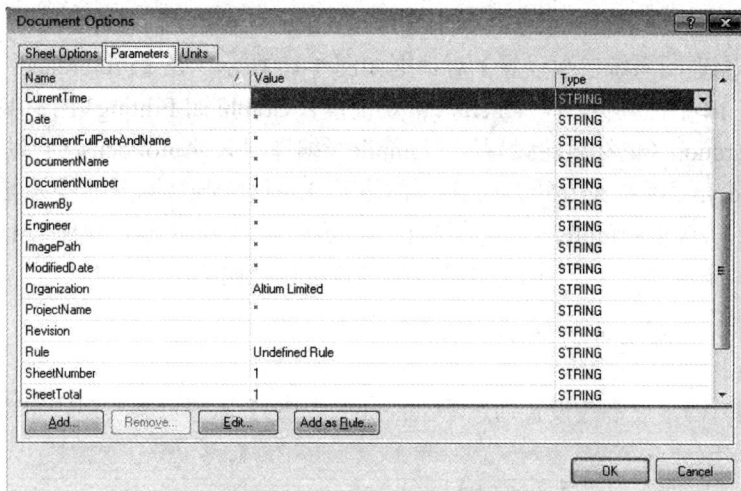

图 4-8　【Parameters】选项卡

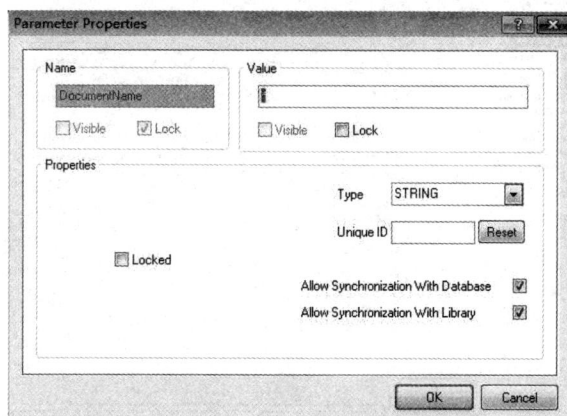

图 4-9　【Parameter Properties】对话框

完成图纸设置后，单击【Document Options（文档选项）】对话框中的【OK（确认）】按钮，进入原理图绘制的流程。

4.1.3　原理图的工作环境设置

在原理图的绘制过程中，其效率和正确性，与环境参数的设置有着密切的关系。参数设置的合理与否，直接影响到设计过程中软件的功能是否能得到充分的发挥。

在 Altium Designer Summer 09 电路设计软件中，启动【原理图系统参数设置】对话框的方法有如下几种。

单击菜单命令【DXP】\【Preferences...（参数）】，或者单击菜单栏中的【Tools（工具）】\【Schematic Preferences...（原理图参数）】命令，或在编辑窗口中右击，在弹出的右键快捷菜单中单击【Options（选项）】\【Schematic Preferences...（原理图参数）】命令，或按快捷键<T>＋<P>，系统将弹出【Preferences（参数）】对话框。

启动的【原理图系统参数设置】对话框如图4-10所示。在【Preferences（参数）】对话框中主要有12个标签页，即General（常规设置）、Graphical Editing（图形编辑）、Mouse Wheel Configuration（鼠标滚轮设置）、Compile（编译器）、AutoFocus（自动获得焦点）、Library AutoZoom（库扩充方式）、Grid（网格）、Break Wire（断开连线）、Default Units（默认单位）、Default Primitives（默认图元）、OrcadTM（Orcad端口操作）、Device Sheets（设备图纸）。下面对这12个标签页的具体设置进行说明。

1. 原理图编辑器常规参数设置

原理图编辑器常规参数设置通过【General（常规）】标签页来实现，如图4-10所示。

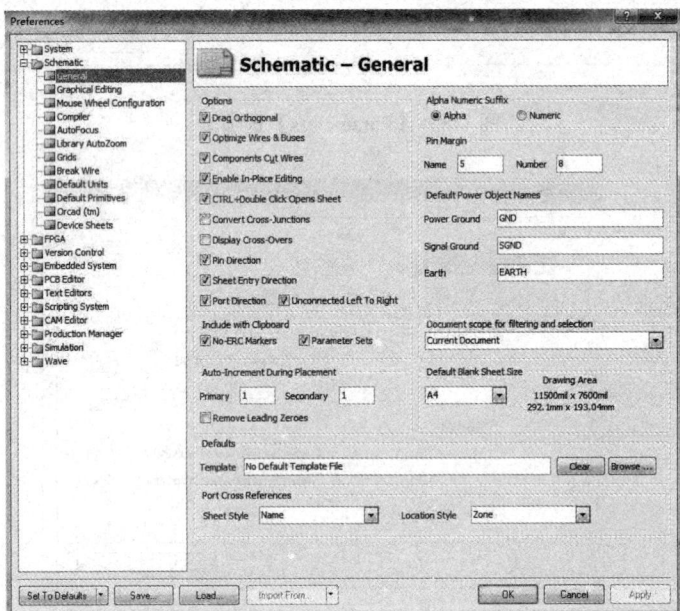

图4-10　【原理图常规参数设置】对话框

（1）Options（选项）选项组。该区域中的各个选项功能，用来设置绘制原理图时的一些自动功能。

➢ 　**【Drag Orthogonal（直角拖拽）】复选框：**勾选该复选框后，在原理图上拖动元件时，与元件相连接的导线只能保持直角。若不勾选该复选框，则与元件相连接的导线可以呈现任意的角度。

➢ 　**【Optimize Wire & Buses（优化导线和总线）】复选框：**勾选该复选框后，在进行导线和总线的连接时，系统将自动选择最优路径，并且可以避免各种电气连线和非电气连线的相互重叠。此时，下面的【Components Cut Wires（元件割线）】复选框也呈现可选状态。若不勾选该复选框，则用户可以自己选择连线路径。

➢ 　**【Components Cut Wires（元件割线）】复选框：**勾选该复选框后，会启动元件分割导线的功能。即当放置一个元件时，若元件的两个引脚同时落在一根导线上，则该导线将被分割成两段，两个端点分别自动与元件的两个引脚相连。

➢ **【Enable In-Place Editing（使能在线编辑）】复选框：**勾选该复选框后，在选中原理图中的文本对象时，如元件的序号、标注等，双击后可以直接进行编辑、修改，而不必打开相应的对话框。

➢ **【CTRL + Double Click Opens Sheet（Ctrl + 双击打开图纸）】复选框：**勾选该复选框后，按下<Ctrl>键的同时双击原理图文档图标即可打开该原理图。

➢ **【Convert Corss-Junctions（转换交叉节点）】复选框：**勾选该复选框后，用户在绘制导线时，在相交的导线处自动连接并产生节点，同时终止本次操作。若没有勾选该复选框，则用户可以任意覆盖已经存在的连线，并可以继续进行绘制导线的操作。

➢ **【Display Cross-Overs（显示交叉节点）】复选框：**勾选该复选框后，非电气连线的交叉点会以半圆弧显示，表示交叉跨越状态。

➢ **【Pin Direction（引脚方向）】复选框：**勾选该复选框后，单击元件某一引脚时，会自动显示该引脚的编号及输入/输出特性等。

➢ **【Sheet Entry Direction（图纸入口方向）】复选框：**勾选该复选框后，在顶层原理图的图纸符号中会根据子图中设置的端口属性显示输出端口、输入端口或其他性质的端口。图纸符号中相互连接的端口部分不随此项设置的改变而改变。

➢ **【Port Direction（端口方向）】复选框：**勾选该复选框后，端口的样式会根据用户设置的端口属性显示输出端口、输入端口或其他性质的端口。

➢ **【Unconnected Left To Right（不连接的端口从左指向右）】复选框：**勾选该复选框后，由子图生成顶层原理图时，左右可以不进行物理连接。

（2）Include With Clipboard（包含剪贴板）选项组
➢ **【No-ERC Markers（忽略 ERC 检查符号）】复选框：**勾选该复选框后，在复制、剪切到剪贴板或打印时，均包含图纸的忽略 ERC 检查符号。

➢ **【Parameter Sets（参数设定）】复选框：**勾选该复选框后，使用剪贴板进行复制操作或打印时，包含元件的参数信息。

（3）Auto-Increment During Placement（放置期间的自动增量）选项组。该选项组用于设置元件标识序号及引脚号的自动增量数。
➢ **【Primary（主要的）】文本框：**第一个参数增量，用于设定在原理图上连续放置同一种元件时，元件标识序号的自动增量数，系统默认值为 1。

➢ **【Secondary（次要的）】文本框：**第二个参数增量，用于设定创建原理图符号时，引脚号的自动增量数，系统默认值为 1。

（4）Defaults（默认）选项组。该选项组用于设置默认的模板文件。可以单击右侧的【Browse（浏览）】按钮来选择模板文件，选择后，模板文件名称将出现在 Template 文本框中。每次创建一个新文件时，系统将自动套用该模板。也可以单击【Clear（清除）】按钮来清除已经选择的模板文件。如果不需要模板文件，则 Template 文本框中显示 No

Default Template File。

（5）Alpha Numeric Suffix（字母数字后缀）选项组。该选项组用于设置某些元件中包含多个相同子部件的标识后缀，每个子部件都具有独立的物理功能。在放置这种复合元件时，其内部的多个子部件通常采用【元件标识：后缀】的形式来加以区别。

> **【Alpha（字母）】单选钮：** 点选该单选钮，子部件的后缀以字母表示，如 U：A，U：B 等。

> **【Numeric（数字）】单选钮：** 点选该单选钮，子部件的后缀以数字表示，如 U：1，U：2 等。

（6）Pin Margin（引脚边缘）选项组。

> **【Name（名称）】文本框：** 用于设置元件的引脚名称与元件符号边缘之间的距离，系统默认值为 5mil。

> **【Number（编号）】文本框：** 用于设置元件的引脚编号与元件符号边缘之间的距离，系统默认值为 8mil。

（7）Default Power Object Names（默认电源对象名称）选项组。

> **【Power Ground（电源地）】文本框：** 用于设置电源地的网络标签名称，系统默认为 GND。

> **【Signal Ground（信号地）】文本框：** 用于设置信号地的网络标签名称，系统默认为 SGND。

> **【Earth（大地）】文本框：** 用于设置大地的网络标签名称，系统默认为 EARTH。

（8）Document scope for filtering and selection（过滤和选择的文档范围）选项组。该选项组中的下拉列表框用于设置过滤器和执行选择功能时默认的文件范围，包含以下两个选项。

> **【Current Document（当前文档）】选项：** 表示仅在当前打开的文档中使用。

> **【Open Document（打开文档）】选项：** 表示在所有打开的文档中都可以使用。

（9）Default Blank Sheet Size（默认空白图纸尺寸）选项组。该选项组用于设置默认空白原理图的尺寸，可以从下拉列表框中选择适当的选项，并在旁边给出了相应尺寸的具体绘图区域范围，以帮助用户进行设置。

（10）Port Cross References（端口参照）选项组。用于设置端口参照类型，包括图纸类型和位置类型两项内容，可单击右侧的下拉按钮进行设置。

2. 原理图编辑器图形编辑参数设置

原理图图形编辑参数设置通过【Graphical Editing（图形编辑）】标签页来实现，如图 4-11 所示。该标签页主要用来设置与绘图有关的一些参数。

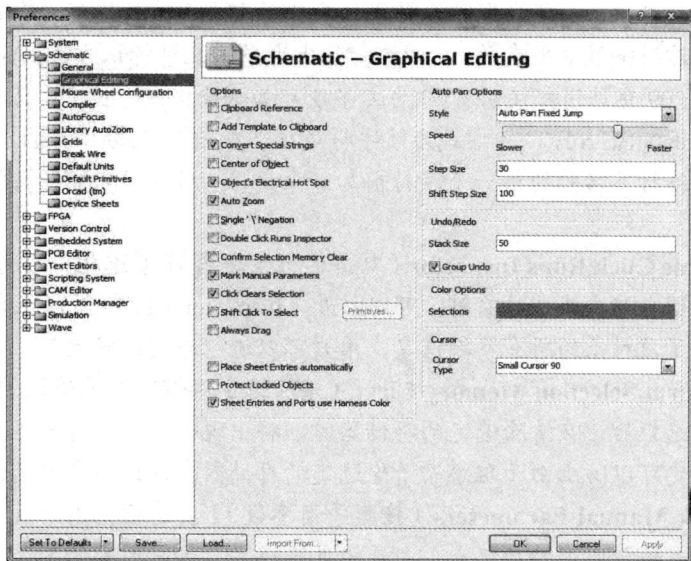

图 4-11　【原理图图形编辑参数设置】对话框

（1）Options（选项）选项组。

➢ **【Clipboard Reference（剪贴板参考）】复选框：** 勾选该复选框后，在复制或剪切选中的对象时，系统将提示确定一个参考点。建议用户勾选该复选框。

➢ **【Add Template to Clipboard（添加模板到剪贴板）】复选框：** 勾选该复选框后，用户在执行复制或剪切操作时，系统将会把当前文档所使用的模板一起添加到剪贴板中，所复制的原理图包含整个图纸。建议用户不勾选该复选框。

➢ **【Convert Special Strings（转换特殊字符串）】复选框：** 勾选该复选框后，用户可以在原理图上使用特殊字符串，显示时会转换成实际字符串，否则保持原样。

➢ **【Center of Object（对象中心）】复选框：** 勾选该复选框后，在移动元件时，光标将自动跳到元件的参考点上（元件具有参考点时）或对象的中心处（对象不具有参考点时）。若不勾选该复选框，则移动对象时光标将自动滑到元件的电气节点上。

➢ **【Object's Electrical Hot Spot（对象的电气热点）】复选框：** 勾选该复选框后，当用户移动或拖动某一对象时，光标自动滑到离对象最近的电气节点（如元件的引脚末端）处。建议用户勾选该复选框。如果想实现勾选【Center of Object（对象中心）】复选框后的功能，则应取消对【Object's Electrical Hot Spot（对象的电气热点）】复选框的勾选，否则移动元件时，光标仍然会自动滑到元件的电气节点处。

➢ **【Auto Zoom（自动缩放）】复选框：** 勾选该复选框后，在插入元件时，电路原理图可以自动地实现缩放，调整出最佳的视图比例。建议用户勾选该复选框。

➢ **【Single '\' Negation（逻辑非符号'\'）】复选框：** 使用单一 '\' 符号表示低

电平有效标识，一般在电路设计中，我们习惯在引脚的说明文字顶部加一条横线表示该引脚低电平有效，在网络标签上也采用此种标识方法。Altium Designer Summer 09 允许用户使用 "\" 为文字顶部加一条横线。例如，RESET 低有效，可以采用 "\R\E\S\E\T" 的方式为该字符串顶部加一个横线。勾选该复选框后，只要在网络标签名称的第一个字符前加一个 "\"，则该网络标签名将全部被加上横线。

- 【Double Click Runs Inspector（双击运行检查器）】复选框：勾选该复选框后，在原理图上双击某个对象时，可以打开【Inspector（检查器）】面板。在该面板中列出了该对象的所有参数信息，用户可以进行查询或修改。
- 【Confirm Selection Memory Clear（清除选定存储时需要确认）】复选框：勾选该复选框后，在清除选定的存储器时，将出现一个确认对话框。通过这项功能的设定可以防止由于疏忽而清除选定的存储器。建议用户勾选该复选框。
- 【Mark Manual Parameters（掩膜手册参数）】复选框：用于设置是否显示参数自动定位被取消的标记点。勾选该复选框后，如果对象的某个参数已取消了自动定位属性，那么在该参数的旁边会出现一个点状标记，提示用户该参数不能自动定位，需手动定位，即应该与该参数所属的对象一起移动或旋转。
- 【Click Clears Selection（单击清除选择）】复选框：勾选该复选框后，通过单击原理图编辑窗口中的任意位置，就可以解除对某一对象的选中状态，不需要再使用菜单命令或者【Schematic Standard（原理图标准）】工具栏中的 按钮。建议用户勾选该复选框。
- 【Shift Click To Select（按 Shift 键并单击选择）】复选框：勾选该复选框后，只有在按下<Shift>键时，单击才能选中图元。此时，右侧的【Primitives（元素）】按钮被激活。单击【Primitives（元素）】按钮，弹出【Must Hold Shift To Select（必须按住 Shift 选择）】对话框，如图 4-12 所示。可以设置哪些图元只有在按下<Shift>键时，单击才能选择。使用这项功能会使原理图的编辑很不方便，建议用户不必勾选该复选框，直接单击选择图元即可。
- 【Always Drag（始终跟随拖曳）】复选框：勾选该复选框后，移动某一选中的图元时，与其相连的导线也随之被拖动，以保持连接关系。若不勾选该复选框，则移动图元时，与其相连的导线不会被拖动。
- 【Place Sheet Entries Automatically（自动放置原理图入口）】复选框：勾选该复选框后，系统会自动放置图纸入口。
- 【Protect Locked Objects（保护锁定对象）】复选框：勾选该复选框后，系统会对锁定的图元进行保护。若不勾选该复选框，则锁定对象不会被保护。
- 【Sheet Entries and Ports use Harness Color（图纸入口和端口使用 Harness 颜色）】复选框：图纸入口和端口都使用与总线相同的颜色。

（2）Auto Pan Options（自动摇镜选项）选项组。该选项组主要用于设置系统的自动摇镜功能，即当光标在原理图上移动时，系统会自动移动原理图，以保证光标指向的位置进入可视区域。

➤ 　**【Style（样式）】下拉列表框:** 用于设置系统自动摇镜的模式。有 3 个选项可以供用户选择，即 Auto Pan Off（关闭自动摇镜）、Auto Pan Fixed Jump（按照固定步长自动移动原理图）、Auto Pan Recenter（移动原理图时，以光标最近位置作为显示中心）。系统默认为 Auto Pan Fixed Jump（按照固定步长自动移动原理图）。

➤ 　**【Speed（速度）】滑块:** 通过移动滑块，可以设定原理图移动的速度。滑块越向右，速度越快。

➤ 　**【Step Size（步进步长）】文本框:** 用于设置原理图每次移动时的步长。系统默认值为 30，即每次移动 30 个像素点。数值越大，图纸移动越快。

➤ 　**【Shift Step Size（Shift 步进步长）】文本框:** 用于设置在按住<Shift>键的情况下，原理图自动移动的步长。该文本框的值一般要大于【Step Size（步进步长）】文本框中的值，这样在按住<Shift>键时可以加快图纸的移动速度。系统默认值为 100。

（3）Undo/Redo（撤销/重复）选项组。

➤ 　**【Stack Size（堆栈尺寸）】文本框:** 用于设置可以取消或重复操作的最深层数，即次数的多少。理论上，取消或重复操作的次数可以无限多，但次数越多，所占用的系统内存就越大，会影响编辑操作的速度。系统默认值为 50，一般设定为 30 即可。

（4）Color Options（颜色选项）选项组。该选项组用于设置所选中对象的颜色。单击【Selections（选择）】颜色显示框，系统将弹出如图 4-13 所示的【Choose Color（选择颜色）】对话框，在该对话框中可以设置选中对象的颜色。

图 4-12　【Must Hold Shift To Select】对话框　　　图 4-13　【Choose Color】对话框

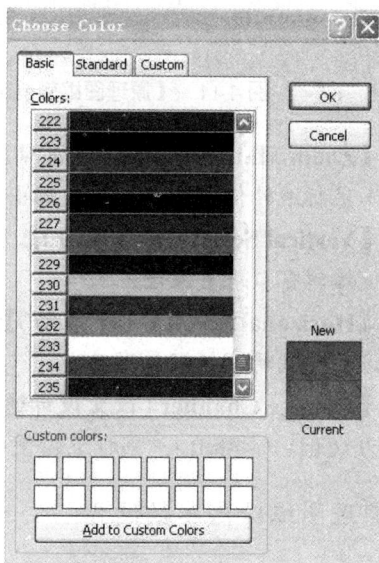

（5）Cursor（光标）选项组。该选项组主要用于设置光标的类型。在【Cursor Type（光标类型）】下拉列表框中，包含【Large Cursor 90（大光标 90）】【Small Cursor 90（小光标 90）】【Small Cursor 45（小光标 45）】【Tiny Cursor 45（微小光标 45）】4 种光标类型。系统默认为【Small Cursor 90（小光标 90）】类型。

3. 原理图编辑器鼠标滚轮配置参数设置

【原理图编辑器鼠标滚轮配置参数设置】对话框如图 4-14 所示。

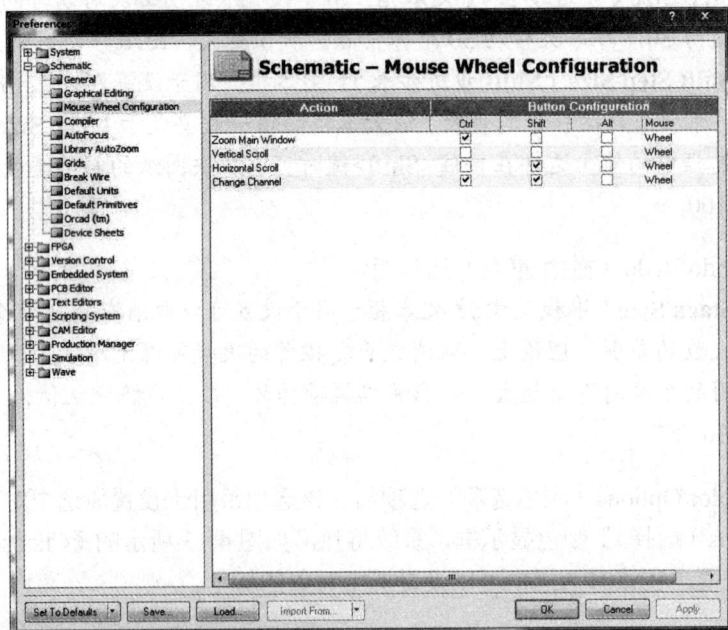

图 4-14　【原理图编辑器鼠标滚轮配置参数设置】对话框

> 【Zoom Main Window（主窗口变焦）】：主窗口即编辑窗口，默认设置为<Ctrl>＋鼠标滚轮使主窗口放大或缩小。

> 【Vertical Scroll（垂直滚动）】：编辑窗口垂直滚动，默认设置为直接使用滚轮使编辑窗口垂直滚动。

> 【Horizonal Scroll（水平滚动）】：编辑窗口水平滚动，默认设置为 Shift＋鼠标滚轮使编辑窗口视屏滚动。

> 【Change Channel（改变设计通道）】：即切换多通道设计中的通道，默认设置为<Ctrl>＋<Shift>＋鼠标滚轮使通道切换。

4. 原理图编译器参数设置

【原理图编译器参数设置】对话框如图 4-15 所示。

（1）Errors & Warnings（错误和警告）区域。主要设置编译器编译时所产生的错误级别和警告是否显示以及显示的颜色。

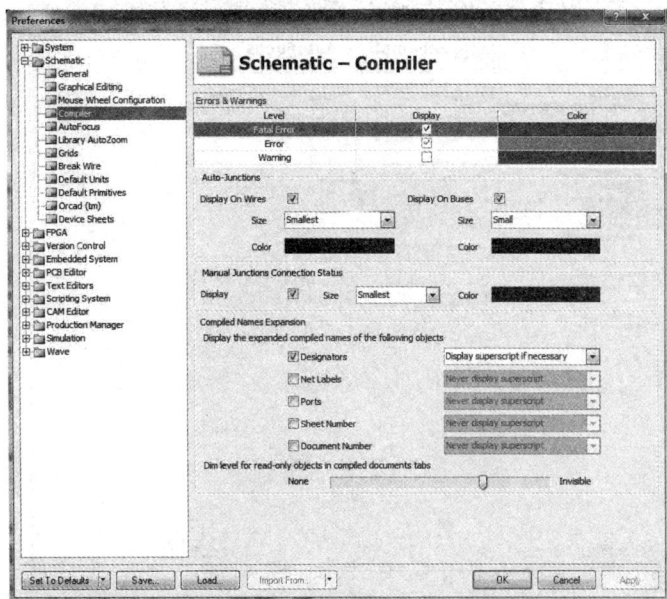

图 4-15　【原理图编译器参数设置】对话框

（2）Auto-Junctions（自动节点）区域。当【Display On Wires（显示在线上）】选项选中时，选择适当的【Size（尺寸）】和【Color（颜色）】，在放置连接导线时，只要导线的起点或终点在另一条导线上（T 形连接时）、元件引脚与导线 T 形连接或几个元件的引脚构成 T 形连接时，系统就会在交叉点上自动放置一个节点。如果是跨过一条导线（十字形连接），系统在交叉点不会自动放置节点。所以两条十字交叉的导线，如果需要连接，必须手动放置节点。如果没有选中自动放置节点的选项，系统不会自动放置电气节点，需要时，设计者必须手动放置节点。

选中【Display On Buses（显示在总线上）】选项，放置总线时，T 形连接处会自动放置节点。

（3）Manual Junctions Connection Status（手动放置节点状态）区域。选中 Display 选项，可以手动放置已设定的大小和颜色的节点。

（4）Complied Names Expansion（编译器名称扩展）区域为选中的对象显示扩展的编译名称。

➢ **Designators**：标识符。
➢ **Net Labels**：网络标签。
➢ **Ports**：端口。
➢ **Sheet Number**：图纸编号参数。
➢ **Document Number**：文件编号参数。

5. 原理图编辑器自动聚焦参数设置

原理图编辑器自动聚焦参数设置对话框如 4-16 所示。设置在放置、移动和编辑对象是否使图纸显示自动聚焦等功能。

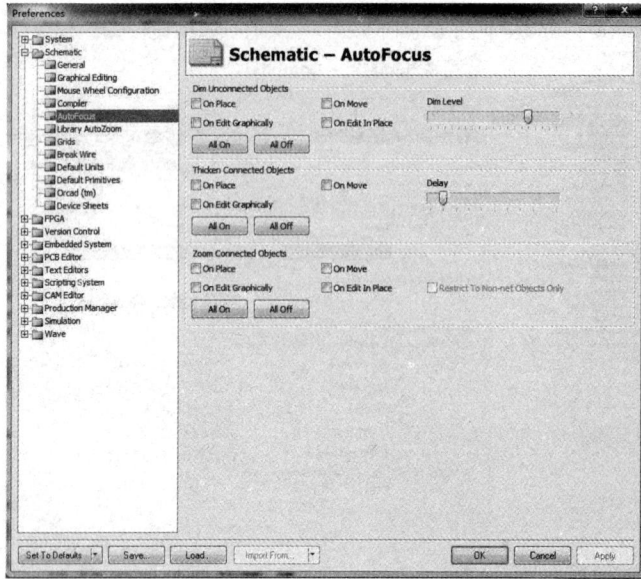

图 4-16　【原理图编辑器自动聚焦参数设置】对话框

（1）Dim Unconnected Objects（非连接对象变暗）区域。非连接对象变暗区域中设置非关联对象在有关的操作中是否变暗和变暗程度，选中有效。

➢ **On Place：**在放置时非关联对象变暗。

➢ **On Move：**在移动时非关联对象变暗。

➢ **On Edit Graphically：**编辑图形时非关联对象变暗。

➢ **On Edit In Place：**编辑对象时非关联对象变暗。

该项设置可以通过【All On】按钮全部选定，【All Off】按钮全部不选。

（2）Thicken Connected Objects（连接对象高亮）区域。连接对象高亮区域中设置关联对象在有关的操作中是否变为高亮。Delay 用于调节延迟时间。

（3）Zoom Connected Objects（缩放连接对象）区域。缩放连接的对象中设置关联的操作中是否自动变焦显示。

6. 库自动变焦参数设置

【库自动变焦参数设置】对话框如 4-17 所示。设置在库编辑器原理图元件符号时，编辑窗口自动变焦功能。

➢ **Do Not Change Zoom Between Components：**即在元件之间不改变变焦。

➢ **Remember Last Zoom For Each Component：**即存储各个元件最后的变焦参数。

➢ **Center Each Component In Editor：**即元件位于编辑器编辑窗口中心。

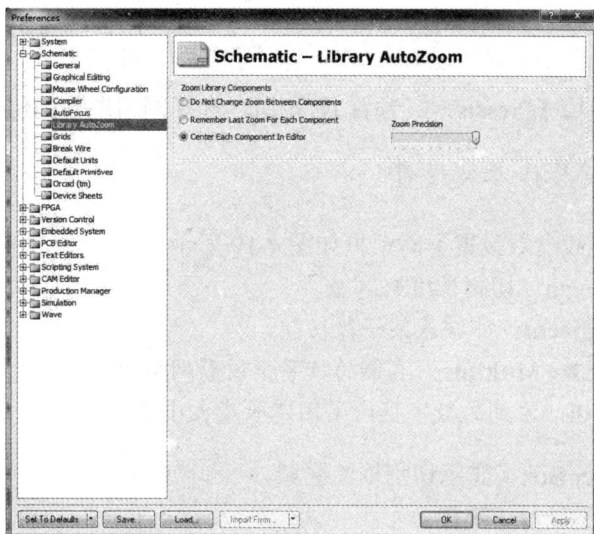

图 4-17　【库自动变焦参数设置】对话框

7. 原理图网格参数设置

原理图网格参数设置对话框如图 4-18 所示。网格参数设置主要是设置图纸网格参数。

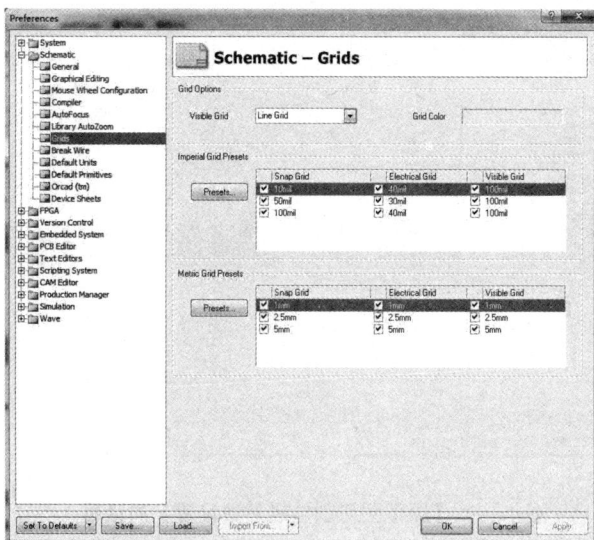

图 4-18　【原理图网格参数设置】对话框

（1）Grid Options（网格选项）区域。设置图纸网格线的线型和颜色。

（2）Imperial Grid Presets（英制网格预置）区域。英制长度单位网格参数预置区域，设置以 mil 为单位时捕获网格（Snap Grid）、电气网格（Electrical Grid）和显示网格（Visible Grid）的预置参数。

（3）Metric Grid Presets（公制网格预置）区域。公制长度单位网格参数预置区域，设置以 mm 为单位时捕获网格（Snap Grid）、电气网格（Electrical Grid）和显示网格（Visible Grid）的预置参数。

在设置中可以使用【Presets...（预置）】按钮，选择网格参数的组合方式。

8. 原理图切割导线参数设置

【原理图切割导线参数设置】对话框如图 4-19 所示。

（1）Cutting Length（切割长度）区域。

➢ **Snap To Segment：** 即捕获某一段功能。

➢ **Snap Grid Size Multiple：** 右侧的数字框设置网格大小。

➢ **Fixed Length：** 右侧的数字框设置固定长度大小。

（2）Show Cutter Box（显示切割框）区域。

➢ **Never：** 从不显示切割框。

➢ **Always：** 总是显示切割框。

➢ **On Wire：** 光标在导线上时显示切割框。

显示端点标记，即显示切割框两端的长竖线标记。

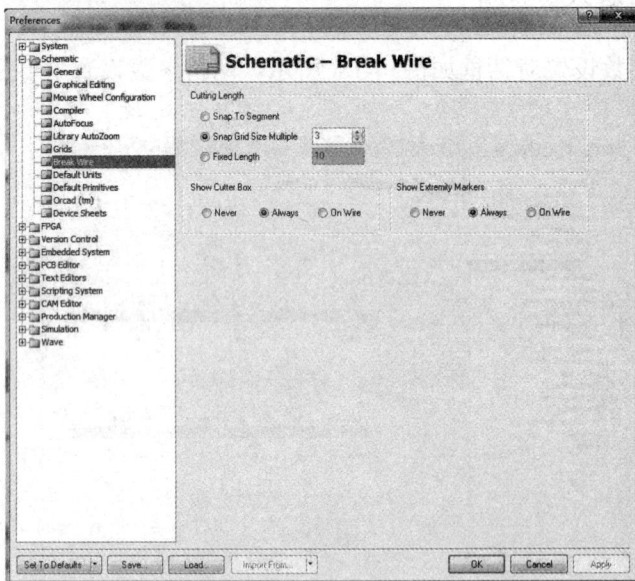

图 4-19　【原理图切割导线参数设置】对话框

9. 原理图默认长度单位参数设置

【原理图默认长度单位参数设置】对话框如图 4-20 所示。

（1）Imperial Unit System（英制单位系统）区域。英制单位区域中可以选择的英制单位有 mils、inches，本系统默认的是 10mils 和 Auto-Imperial。如果选择 Auto-Imperial，只要长度为 500mils 的倍数，系统自动将单位切换到 inches。

（2）Metric Unit System（公制系统）区域。公制单位区域可选择的公制单位有 mm、

cm、m 和 Auto-Metric。如果选择 Auto-Metric，只要长度为 100mm 的倍数，系统自动将单位切换到 cm；只要长度为 100cm 的倍数，系统自动将单位切换到 m。

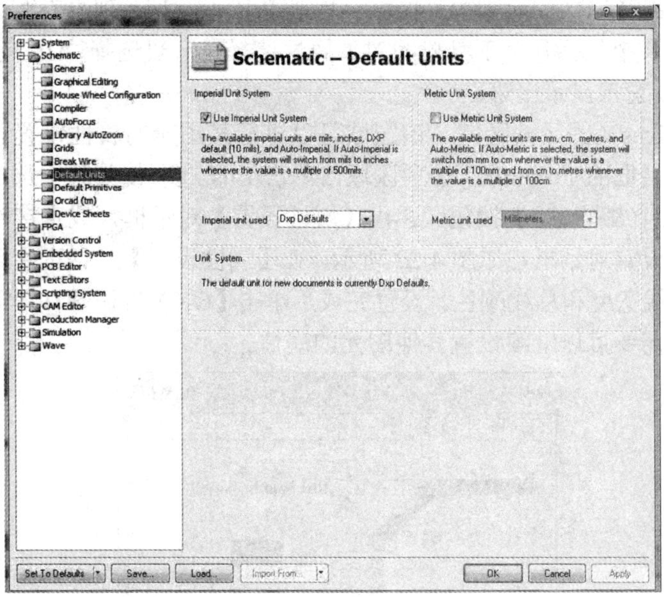

图 4-20　【原理图默认长度单位参数设置】对话框

10. 原理图常用图元默认值参数设置

【原理图常用图元默认值参数设置】对话框如图 4-21 所示。图元是指在原理图编辑器中可使用的各种图形元素，几乎涵盖能够放置的所有对象，一般常用【对象】来代替。

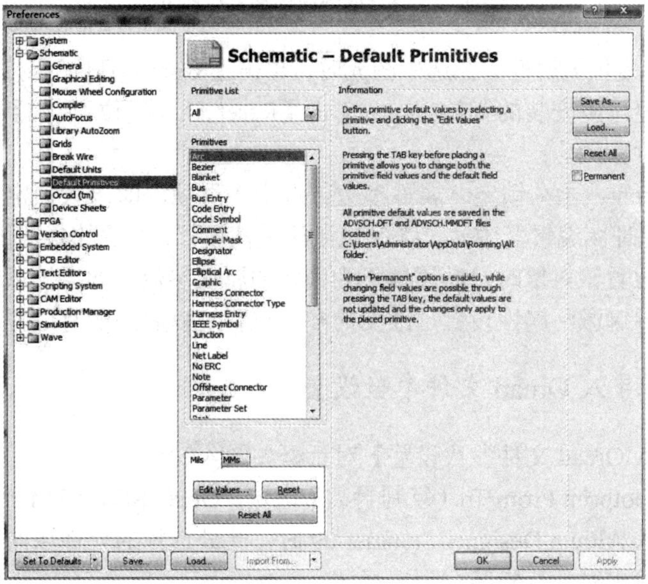

图 4-21　【原理图常用图元默认值参数设置】对话框

常用图元默认值参数的设置针对所有原理图绘制过程中可能用到的对象，在对话框下部有两个长度单位选择标签：Mils 代表单位 mils（1/1000 英寸），MMs 代表单位 mm。

（1）Primitive List（图元列表）区域。单击 Primitive List 列表右侧的下拉按钮弹出一个下拉列表，其中包括几个工具栏的对象属性选择，一般选择 All，包括全部对象都可以在 Primitives 窗口显示出来。

（2）Primitives（图元）区域。该区域可以进行某图元的属性设置。如果在【默认值参数设置】对话框的 Primitives 选项区域内单击 Bus 选项使其处于选中状态，然后单击【Edit Values...（编辑值）】按钮，弹出【属性设置】对话框，或直接双击 Bus 选项也可以启动其属性设置对话框，如图 4-22 所示。在【属性设置】对话框中可以修改设置有关的参数，如总线宽度和总线颜色。设置完成后单击【OK】按钮确认，将退回到图 4-21 所示界面，如果需要可以继续设置其他图元的属性。

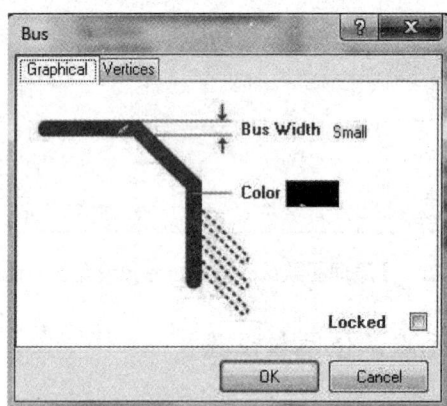

图 4-22 【Bus 属性设置】对话框

（3）Reset（复位）属性。在选中图元时，单击【Reset（复位）】按钮，将复位图元的属性参数，即复位到安装的初始状态。单击【Reset All（复位所有）】按钮，将复位所有图元对象的属性参数。

（4）Permanent（永久锁定）属性参数。选中该选项，即永久锁定了属性参数。该选项有效时，在原理图编辑器中通过 Tab 键激活属性设置，改变的参数仅影响当前放置，即取消放置后再放置该对象时，其属性仍为锁定的属性参数。如果该项无效，在原理图编辑器中通过 Tab 键激活属性设置，改变的参数将影响以后的所有放置。

11. 原理图导入 Orcad 文件参数设置

【原理图导入 Orcad 文件参数设置】对话框如图 4-23 所示。

（1）Copy Footprint From/To（复制封装）区域。Orcad SDT（TM）封装名称存储在元件域中，在导入 Altium Designer Summer 09 时，此处选择的元件域的内容将被复制到封装域，并且在输出时是从封装域到选择域。

（2）Orcad Ports（Orcad 端口）区域。Orcad 端口长度，通过端口名包含的字符数来决定（以固定 Orcad 字符宽度为基础）。为模仿这种行为并确保网络表经导入或输出后仍然正确，应选中 Mimic Orcad Ports 选项，使模仿 Orcad 端口选项有效。当此选项有效后，现有端口将以它们名称的字符为基础自动重新计算它们的宽度，并且它们将不能改变图形尺寸。

12. 原理图设备子块参数设置

【原理图设备子块参数设置】对话框如图 4-24 所示。可以对原理图设备子块所在的文件夹信息进行添加，并对其显示信息进行控制。

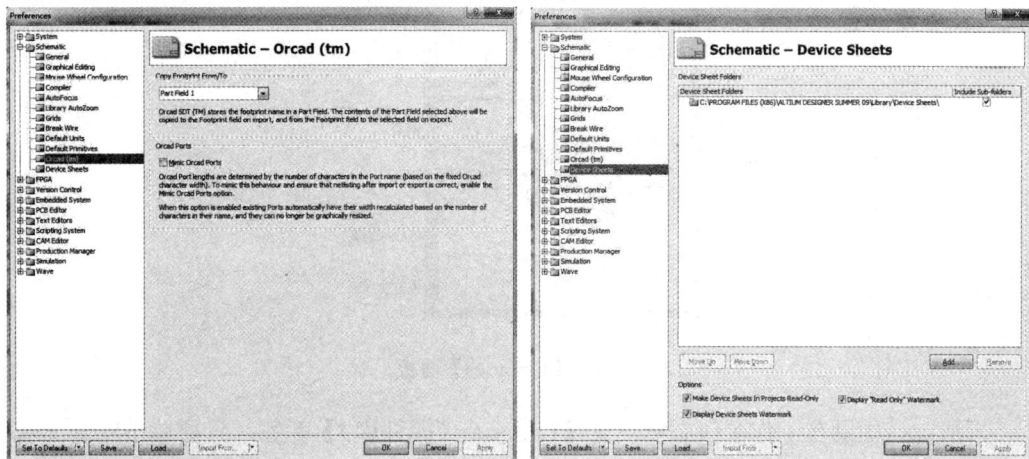

图 4-23　【原理图导入 Orcad 文件参数设置】对话框　　图 4-24　【原理图设备子块参数设置】对话框

4.2　元件库的加载

电路原理图就是各种元件的连接图，绘制一张电路原理图首先要完成的工作就是把所需要的各种元件放置在设置好的图纸上。Altium Designer Summer 09 系统中，元件数量庞大、种类繁多，一般是按照生产商及其类别功能的不同，将其分别存放在不同的文件内，这些专用于存放元件的文件就称为库文件。

为了使用方便，一般应将包含所需元件的库文件载入内存中，这个过程就是元件库的加载。但是，内存中若载入过多的元件库，又会占用较多的系统资源，降低应用程序的执行效率。所以，如果暂时用不到某一元件库中的元件，应及时将该元件库从内存中移除，这个过程就是元件库的卸载。

4.2.1　打开元件库面板

打开【Libraries（元件库）】面板的方法如下。

方法一：将光标箭头放置在工作窗口右侧的【Libraries（元件库）】标签上，此时会自动弹出【Libraries（元件库）】面板，如图 4-25 所示。

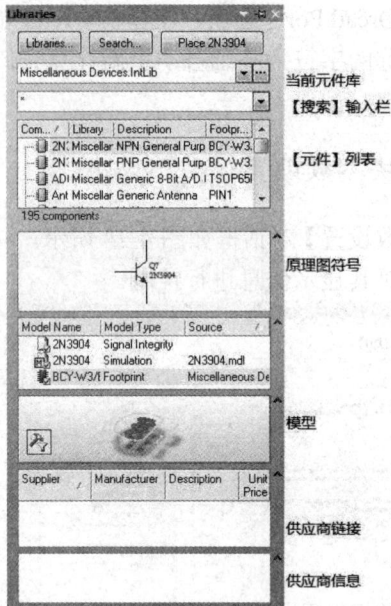

图 4-25　【Libraries】面板

方法二：如果在工作窗口右侧没有【Libraries（元件库）】标签，只要单击底部面板控制栏中的【System\Libraries（系统\元件库）】，在工作窗口右侧就会出现【Libraries（元件库）】标签，并自动弹出【Libraries（元件库）】面板。

【Libraries（元件库）】面板主要由下面几部分组成。

➤ **当前元件库**：该文本栏中列出了当前已加载的所有库文件。单击右侧的 按钮，可打开下拉列表进行选择；单击 按钮，再打开元件样式窗口，如图 4-26 所示，即【Components（元件）】【Footprints（封装）】和【3D Models（3D 模式）】，根据是否选中来控制【Libraries（元件库）】面板是否显示相关信息。

➤ **【搜索】输入栏**：用于搜索当前库中的元件，并在下面的元件列表中显示出来。其中【*】表示显示库中的所有元件。

➤ **【元件】列表**：用于列出满足搜索条件的所有元件。

➤ **原理图符号**：该窗口用于显示当前选择的元件在原理图中的外形符号。

➤ **模型**：该窗口用于显示当前元件的各种模型，如 3D 模型、PCB 封装及仿真模型等。显示封装形式时，单击左下角的 图标，在打开的小窗口中可以选择设置是否显示 3D 模型、3D 实体模型、SETP 模型，如图 4-27 所示。

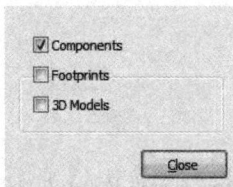

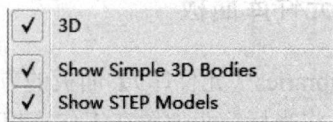

图 4-26　选择库中元件样式　　　　　　　图 4-27　模型显示设置

➤ **供应商链接和供应商信息:** 用于显示与所选元件有关的一些供应商信息。

【Libraries（元件库）】面板提供了所选元件的各种信息，包括原理图符号、PCB 封装、3D 模型及供应商等，使用户大致地了解所选用的元件。另外，该面板还提供了元件的快速查找、元件库的加载、元件的放置等多种便捷而又全面的功能。

4.2.2　加载元件库

打开【Libraries（元件库）】面板时，Altium Designer Summer 09 系统已经默认加载了两个集成元件库，即通用元件库（Miscellaneous Devices.IntLib）和通用接插件库（Miscellaneous Connectors.IntLib），包含了常用的各种元器件和接插件，如电阻、电容、单排接头、双排接头等。设计过程中，如果还需要其他的元件库，用户可随时进行选择加载，同时卸载不需要的元件库，以减少 PC 的内存开销。

1. 直接加载元件库

如果用户已经知道选用的元件所在的元件库名称，就可以直接对元件库进行加载。

Step 01 单击菜单栏中的【Design（设计）】\【Add/Remove Libraries（添加/移除元件库）】命令，或者在如图 4-25 所示的【Libraries（元件库）】面板左上角中单击【Libraries…（库）】按钮，系统将弹出如图 4-28 所示的【Available Libraries（现有元件库）】对话框。可以看到此时系统已经装入的元件库，包括通用元件库（Miscellaneous Devices IntLib）和通用接插件库（Miscellaneous Connectors.IntLib）。在【Available Libraries（现有元件库）】对话框中,【Move Up】和【Move Down】按钮是用来改变元件库排列顺序的。

Step 02 在【Available Libraries（现有元件库）】对话框中有 3 个选项卡。【Project（工程）】选项卡列出的是用户为当前项目自行创建的库文件,【Installed（安装）】选项卡列出的是系统中可用的库文件。

Step 03 在【Installed（安装）】选项卡中，单击右下角的【Installed（安装）】按钮，系统将弹出如图 4-29 所示的【打开】对话框。在该对话框中选择特定的库文件夹，然后选择相应的库文件，单击【打开】按钮，所选中的库文件就会出现在【Available Libraries（现有元件库）】对话框中。

Step 04 重复上述操作就可以把所需要的各种库文件添加到系统中，作为当前可用的库文件。加载完毕后，单击【Close（关闭）】按钮，关闭【Available Libraries（现有元件库）】对话框。这时所有加载的元件库都显示在【Libraries（元件库）】面板中，用户可以选择使用。

Step 05 在【Available Libraries（现有元件库）】对话框中选中一个不需要的库文件，单击【Remove（移除）】按钮，即可将该元件库卸载。

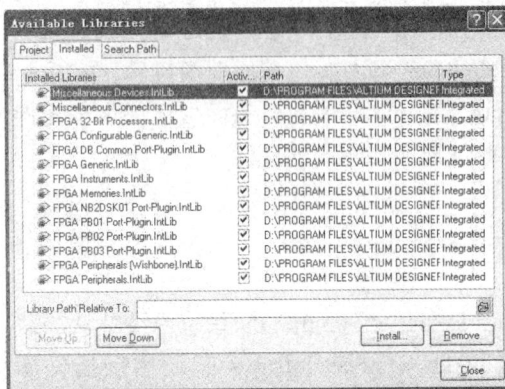

图 4-28 【Available Libraries】对话框   图 4-29 【打开】对话框

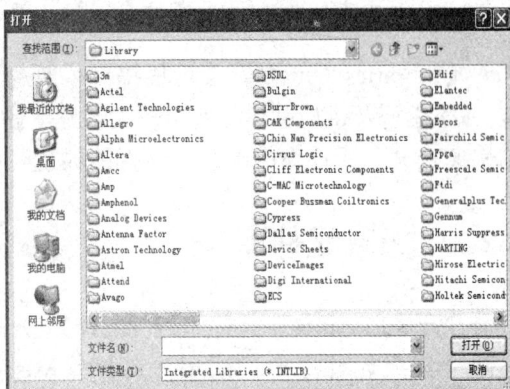

2. 查找元件并加载元件库

如果用户只知道所需元件的名称，并不知道该元件处于哪个元件库中，此时可以利用系统所提供的快速查询功能，来查找元件并加载相应的元件库。查找元件并加载元件库的操作步骤如下。

Step 01 单击【Tools】\【Find Component…（查找元件）】命令或者在【Libraries（库）】面板上单击【Search（搜索）】按钮，系统将弹出如图 4-30 所示的【Libraries Search（元件库搜索）】对话框。

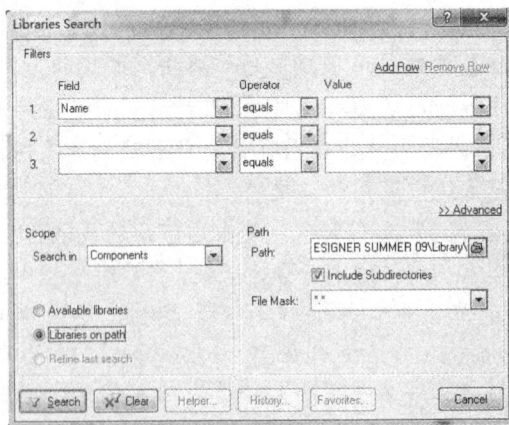

图 4-30 【Libraries Search】对话框

在【Libraries Search（元件库搜索）】对话框中，通过设置查找的条件、范围及路径，可以快速找到所需的元件。该对话框主要包括如下几部分内容。

（1）【Filters（过滤器）】栏。该栏用于设置需要查找的元件应满足的条件，最多可以设置 10 个，单击【Add Row（增加行）】超链接，可以增加；单击【Remove Row（移除行）】超链接，可以删除。

> ➤ 　【**Field（域）**】该列表框中列出了查找的范围。
> ➤ 　【**Operator（运算符）**】该列表框中列出了 equals、contains、starts with 和 ends with 4 种运算符，可选择设置。
> ➤ 　【**Value（值）**】该列表框用于输入需要查找元件的型号名称。

（2）【Scope（范围）】栏。该栏用于设置查找的范围。

> ➤ 　【**Search in(搜索)**】单击 按钮，在弹出的下拉列表中有 4 种类型，即 Component（元件）、Footprints(PCB 封装)、3D Models(3D 模型)和 Database Components（数据库元件）。
> ➤ 　【**Avaliable libraries（可用库）**】选中该单选按钮，系统将在指定的路径中进行查找。
> ➤ 　【**Libraries on path（库文件路径）**】选中该单选按钮，系统将在指定的路径中进行查找。
> ➤ 　【**Refine last search（精确搜索）**】该单选按钮仅在有查找结果时才被激活。选中后，只在查找结果中进一步搜索，相当于网页搜索中的 "在结果中查找"。

（3）【Path（路径）】栏。该栏用于设置查找元件的路径，只有在选中【Libraries on path（路径中包含的库文件）】单选按钮时才有效。

> ➤ 　【**Path（路径）**】单击右侧的 按钮，系统会弹出【浏览文件夹】窗口，供用户选择设置搜索路径。若选中下面的【Include Subdirections（包含子目录）】复选框，则包含在指定目录中的子目录也会被搜索。
> ➤ 　【**File Mask（文件屏蔽）**】用于设定查找元件的文件匹配域，【*】表示匹配任何字符串。
> ➤ 　如果需要进行更高级的搜索，单击（高级）超链接，出现如图 4-31 所示对话框。在空白的文本编辑栏中，可以输入表示查找条件的过滤语句表达式，有助于系统更快捷、更准确地查找。

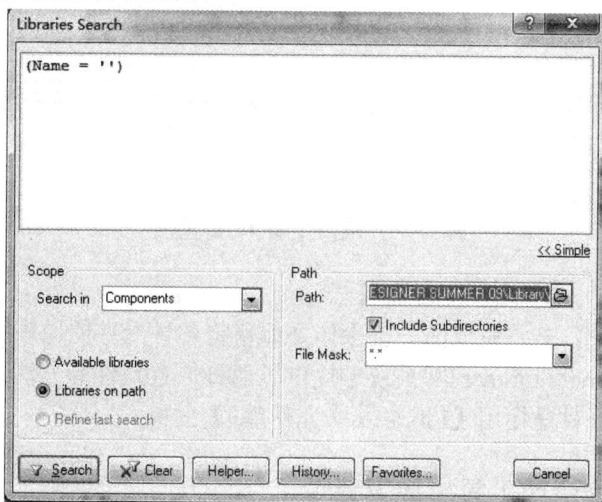

图 4-31　【Libraries Search】Advanced 对话框

Step 02 在【Field（域）】列表框的第一行选择 Name（名称）选项，在【Operator（运算法）】列表框中选择 contains（包含）选项，在【Value（值）】列表框中输入元件的全部或者部分名称，如：AD9955。设置【Search in（搜索）】类型为 Components（元件），选中【Libraries on path（路径中包含的库文件）】单选按钮，此时【Path（路径）】文本框中显示系统所提供的默认路径【C:\Program files\Altium designer summer 09\Library\】，单击【Search（搜索）】按钮后，系统开始查找，查找结束后，【Libraries（元件库）】面板如图 4-32 所示。可以看到，符合搜索条件的元件名、描述、所属库文件及封装形式在该面板上被一一列出，供用户浏览参考。

Step 03 单击【Libraries(元件库)】面板右上方的【Place AD9955KS6(放置 AD9955KS6)】按钮，系统弹出如图 4-33 所示提示框，单击【Yes（确认）】按钮，则元件库【AD RF and IF Frequency Synthesiser.IntLib】被加载。

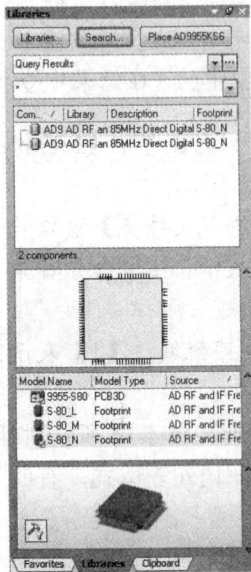

图 4-32　查找结果显示

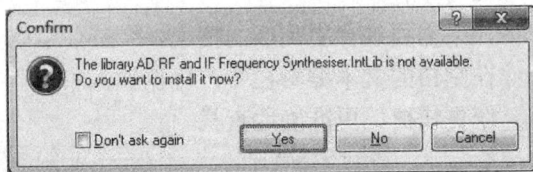

图 4-33　加载元件库提示框

4.3　元件的放置

原理图的绘制中，需要完成的关键操作是如何将各种元件的原理图符号进行合理放置。在 Altium Designer Summer 09 系统中提供了两种放置元件的方法：一种是利用菜单命令或工具栏；另一种是使用【Libraries（元件库）】面板。

4.3.1　利用菜单命令或工具栏放置元件

如果用户已经确切知道元件的名称，则可以直接使用菜单命令或工具图标进行放置，或者先浏览选择后再进行放置。利用菜单命令或工具栏放置元件的操作步骤如下。

Step 01　单击【Place（放置）】\【Part...（元件）】命令，或者单击连线工具栏中的 图标，还可以在原理图中单击鼠标右键，在弹出的快捷菜单中执行【Place/Part...（放置/元件）】命令，系统将弹出如图 4-34 所示的【Place Part（放置元件）】对话框。在该对话框中，显示了最近一次放置元件的信息，可以重新设置放置元件的有关属性。

该对话框中主要包含如下几部分内容。

➢　**【Logical Symbol（逻辑符号）】文本框**：用于设置该元件在库中的名称。

➢　**【Designator（标号）】文本框**：用于设置被放置元件在原理图中的标号。

➢　**【Comment（注释）】文本框**：用于设置被放置元件的说明。

➢　**【Footprint（封装）】下拉列表框**：用于选择被放置元件的封装。如果元件所在的元件库为集成元件库，则显示集成元件库中该元件对应的封装，否则用户还需要另外给该元件设置封装信息。

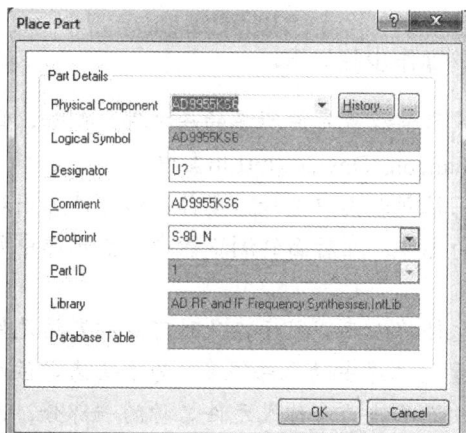

图 4-34　【Place Part】对话框　　　　　图 4-35　【Browse Libraries】对话框

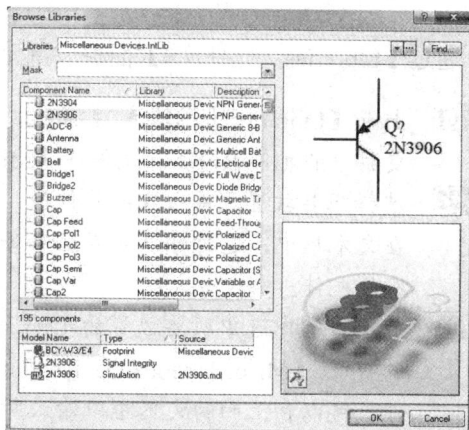

Step 02　单击【Physical Component（物理元件）】下拉列表右侧的 按钮，系统将弹出如图 4-35 所示的【Browse Libraries（浏览元件库）】对话框。用户可以浏览系统当前可用的元件库中所有元件的名称、封装形式、3D 模型等，从而选择需要的元件。例如，在元件库【Miscellaneous Devices.IntLib】中选择元件【2N3906】。

Step 03　单击【OK（确认）】按钮，返回【Place Part（放置元件）】对话框，此时，元件的信息已经自动更新，如图 4-36 所示。

Step 04　完成设置后，单击【OK（确认）】按钮，相应元件即出现在原理图编辑窗口中，并随鼠标拖动，如图 4-37 所示。在合适的位置，单击鼠标左键即可完成该元件的一次放置，连续操作，可以放置多个相同的元件，单击鼠标右键可退出放置。

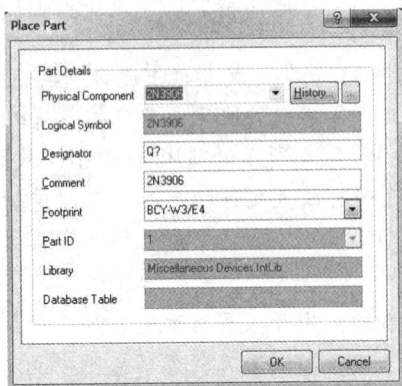

图 4-36　选择元件

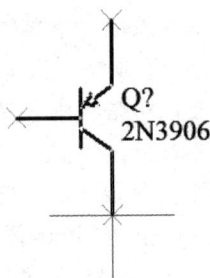

图 4-37　放置元件

4.3.2　利用元件库面板放置元件

通过【Libraries（元件库）】面板放置元件的操作步骤如下。

Step 01　打开【Libraries（元件库）】面板，载入所要放置元件所属的库文件。例如，需要放置的元件 RES2 在元件库【Miscellaneous Devices.IntLib】中。

Step 02　选择想要放置元件所在的元件库。在下拉列表框中选择该文件，该元件库出现在文本框中，这时可以放置其中含有的元件。在后面的浏览器中将显示库中所有的元件。

Step 03　在浏览器中选中所要放置的元件，该元件将以高亮显示，此时可以放置该元件的符号。【Miscellaneous Devices.IntLib】元件库中的元件很多，为了快速定位元件，可以在上面的文本框中输入所要放置元件的名称或元件名称的一部分，包含输入内容的元件会以列表的形式出现在浏览器中。这里所要放置的元件为 RES2，因此输入【RES2】字样。该元件将出现在浏览器中，如图 4-38 所示。

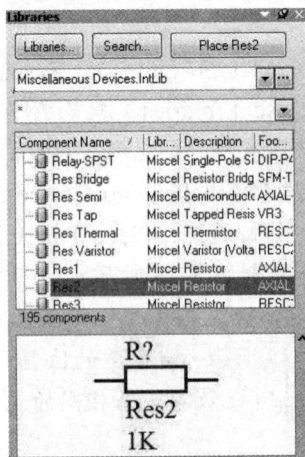

图 4-38　选中需要的元件

Step 04 选中元件后，在【Libraries（元件库）】面板中将显示元件符号和元件模型的预览。确定该元件是所要放置的元件后，单击该面板上方的【Place Res2（放置 Res2）】按钮，或者直接双击选中的元件【RES2】即可在编辑窗口中进行该元件的放置。

此外，在连线工具栏和实用工具栏中，系统还提供了一些常用规格的电阻、电容、电源端口、数字器件等，用户只需要单击相应的图标，即可进行快捷放置。

4.4　元件的属性编辑

在原理图上放置的所有元件都具有自身的特定属性，在放置好每一个元件后，应该对其属性进行正确的编辑和设置，以免使后面的网格表生成及 PCB 的制作产生错误。

4.4.1　手动设置元件属性

手动设置元件属性的操作步骤如下。

Step 01 双击原理图中的元件，或者单击菜单栏中的【Edit】\【Change】命令，在原理图的编辑窗口中，光标变成十字形，将光标移到需要设置属性的元件上单击，系统会弹出相应的属性设置对话框。如图 4-39 所示是 RES2 的属性设置对话框。

Step 02 用户可以根据自己的实际情况进行设置，完成后，单击【OK】按钮。或者在编辑窗口中直接双击元件的标识符或其他参数，在弹出的【Parameter Properties（参数属性）】对话框中也可以进行属性编辑，如图 4-40 所示。

Step 03 若在图 4-10 所示的【General（常规）】标签页中选择了【Enable In-Place editing】复选框，则在原理图编辑窗口内，对需要修改的参数直接进行编辑即可。

图 4-39　【Component Properties】对话框　　图 4-40　【Parameter Properties】对话框

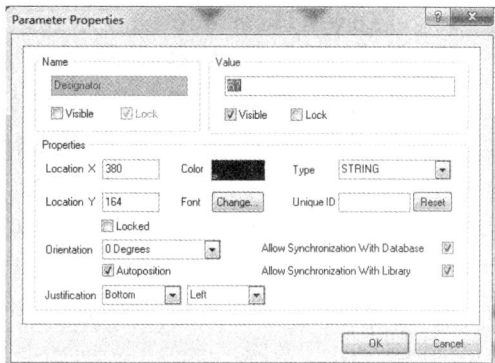

4.4.2　自动设置元件属性

在电路原理图比较复杂，存在很多元件的情况下，如果以手动方式逐个设置元件的标识,不仅效率低,而且容易出现标识遗漏、跳号等现象。此时,可以使用 Altium Designer Summer 09 系统所提供的自动标识功能来轻松地完成对元件的设置。

1. 设置元件自动标号的方式

单击菜单栏中的【Tools（工具）】\【Annotate Schematics（注释原理图）】命令,系统将弹出如图 4-41 所示的【Annotate（注释）】对话框。

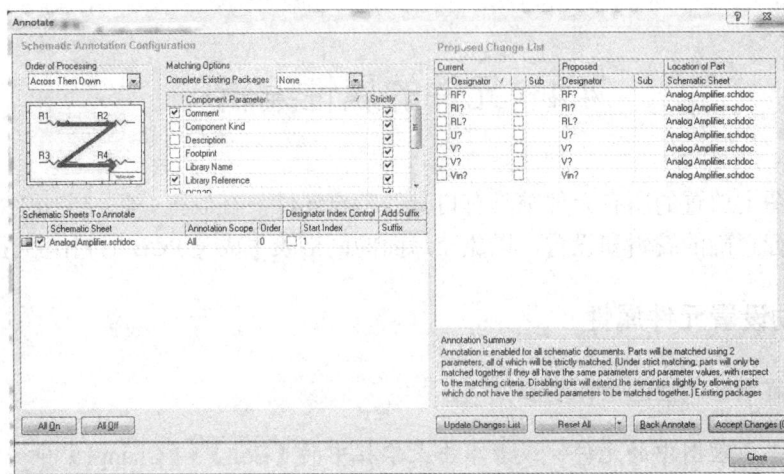

图 4-41　【Annotate】对话框

【Annotate（注释）】对话框主要由如下部分组成。

（1）【Order of Processing（处理顺序）】下拉列表框:用于设置元件标号的处理顺序。包含以下 4 个选项。

> 　**【Up Then Across（上而后右）】**按照元件在原理图上的排列位置,先按自下而上,再按自左到右的顺序自动进行标号。
> 　**【Down Then Across（下而后右）】**按照元件在原理图上的排列位置,先按自上而下,再按自左到右的顺序自动进行标号。
> 　**【Across Then Up（右而后上）】**按照元件在原理图上的排列位置,先按自左到右,再按自下而上的顺序自动进行标号。
> 　**【Across Then Down（右而后下）】**按照元件在原理图上的排列位置,先按自左到右,再按自上而下的顺序自动进行标号。

（2）【Matching Options（匹配选项）】选项组:用来设置查找需要自动标识的元件的范围和匹配条件,其中,【Complete Existing Packages（完善现有的包）】用于设置需要自动标识的作用范围,单击下拉列表,包含以下 3 个选项。

> **None:** 无设定范围。
> **Per Sheet:** 单张原理图。
> **Whole Project:** 整个项目。

（3）【Schematic Sheets To Annotate（注释的原理图纸）】区域:该区域用于选择要标识的原理图,并确定注释范围、起始索引值及后缀字符等。

- **Schematic Sheet:** 用于选择要标识的原理图文件。可以直接单击【All On（全选）】按钮选中所有文件，也可以单击【All Off（全部取消）】按钮取消选择所有文件，然后勾选所需文件前面的复选框。
- **Annotation Scope:** 用于设置选中的原理图要标注的元件范围。有【All（所有）】【Ignore Selected Parts（忽略选中元件）】【Only Selected Parts（仅仅选择元件）】3 种选择。
- **Order:** 用于设置同类型元件标识序号的增量数。
- **Start Index:** 用于设置起始索引值。
- **Suffix:** 用于设置标识的后缀。

（4）【Proposed Change List（提议更改列表）】列表框：用于显示元件的标号在改变前后的情况，并指明元件所在的原理图文件。

2. 执行元件自动标号操作

执行元件自动标号操作步骤如下。

Step 01 单击【Annotate（注释）】对话框中的【Reset All（复位所有）】按钮，然后在弹出的对话框中单击【OK】按钮确定复位，系统会使元件的标号复位，即变成标识符加问号的形式。

Step 02 单击【Update Changes List（更新更改列表）】按钮，系统会根据配置的注释方式更新标号，并显示在【Proposed Change List（提议更改列表）】列表框中。

Step 03 单击【Accept Changes（Create ECO）（接受更改创建 ECO）】按钮，系统将弹出【Engineering Change Order（工程更改顺序）】对话框，显示出标号的变化情况，如图 4-42 所示。在该对话框中，可以使标号的变化有效。

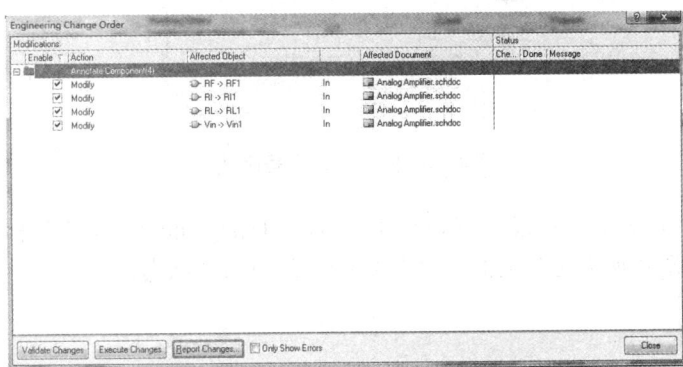

图 4-42　【Engineering Change Order】对话框

Step 04 在【Engineering Change Order（工程更改顺序）】对话框中，单击【Validate Changes（生效更改）】按钮，可以对标号变化进行有效性验证，但此时原理图中的元件标号并没有显示出变化。单击【Execute Changes（执行更改）】按钮，原理图中元件标号会显示出变化。

Step 05 单击【Report Changes（报告更改）】按钮，以预览表方式报告变化，如图 4-43

所示。

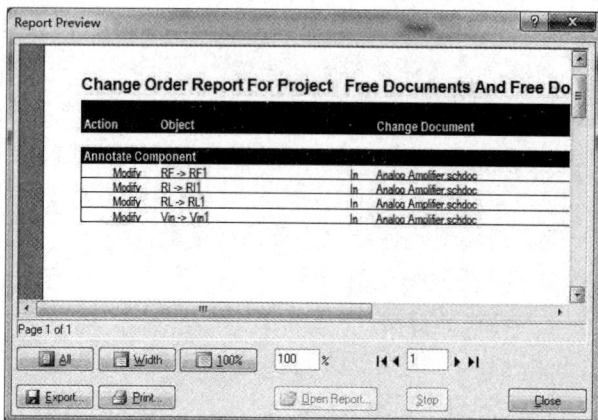

图 4-43　更新预览表

4.4.3　快速自动编号与恢复

快速自动编号与恢复的操作步骤如下。

Step 01　选择【Tools（工具）】\【Annotate Schematics Quietly...（静态注释）】，系统会按照【注释】对话框中的最近一次设置，对当前的原理图进行快速自动标号，如图 4-44 所示。

Step 02　单击【Yes（确定）】按钮后，即完成自动标识。

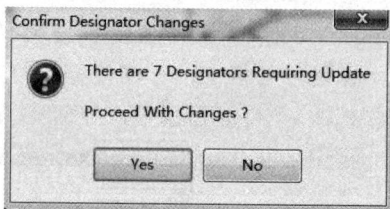

图 4-44　快速自动标号确认

Step 03　选择【Tools（工具）】\【Reset Schematic Designators...（复位标号）】，则将当前原理图中所有元件的标识复位到标识前的初始状态。

4.5　元件的调整

4.5.1　元件位置的调整

每个元件被放置时，其初始位置并不是很准确。在进行连线前，需要根据原理图的整体布局对元件的位置进行调整。这样不仅便于布线，也使所绘制的电路原理图清晰、美观。元件位置的调整实际上就是利用各种命令将元件移动到图纸上指定的位置，并将元件旋转为指定的方向。

1. 元件的移动

在 Altium Designer Summer 09 中，元件的移动有两种情况：一种是在同一平面内移动，称为【平移】；另一种是，当一个元件把另一个元件遮住时，需要移动位置来调整它们之间的上下关系，这种元件间的上下移动称为【层移】。

对于元件的移动，系统提供了相应的菜单命令。单击菜单栏中的【Edit（编辑）】\【Move（移动）】命令，其子菜单如图 4-45 所示。

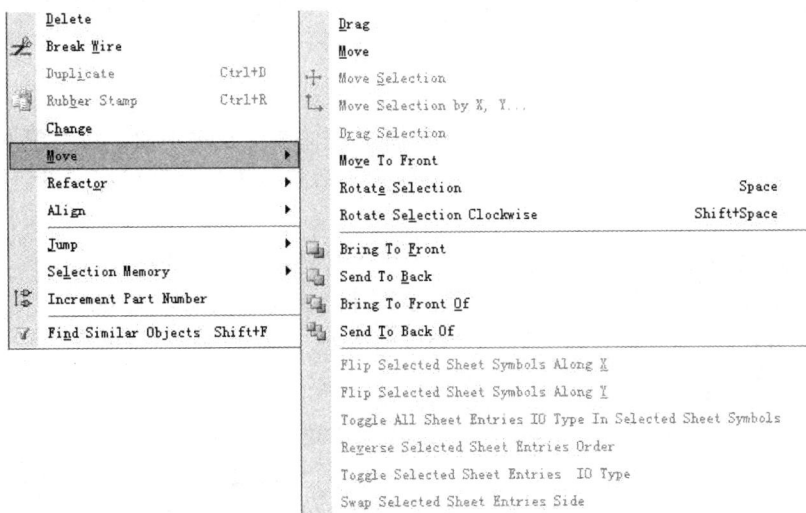

图 4-45 【Move】命令子菜单

除了使用菜单命令移动元件外，在实际原理图的绘制过程中，最常用的方法是直接使用鼠标来实现元件的移动。

（1）使用鼠标移动未选中的单个元件。将光标指向需要移动的元件（不需要选中），按住鼠标左键不放，此时光标会自动滑到元件的电气节点上。拖动鼠标，元件会随之一起移动。到达合适的位置后，释放鼠标左键，元件即被移动到当前光标的位置。

（2）使用鼠标移动已选中的单个元件。如果需要移动的元件已经处于选中状态，则将光标指向该元件，同时按住鼠标左键不放，拖动元件到指定位置后，释放鼠标左键，元件即被移动到当前光标的位置。

（3）使用鼠标移动多个元件。需要同时移动多个元件时，首先应将要移动的元件全部选中，然后在其中任意一个元件上按住鼠标左键并拖动，到达合适的位置后，释放鼠标左键，则所有选中的元件都移动到了当前光标所在的位置。

（4）使用 ✛（移动选中的元件）按钮移动元件。对于单个或多个已经选中的元件，单击【Schematic Standard（标准）】工具栏中的 ✛（移动选中的元件）按钮后，光标变成十字形，移动光标到已经选中的元件附近，单击，所有已经选中的元件将随光标一起移动，到达合适的位置后，再次单击，完成移动。

（5）使用键盘移动元件。元件在被选中的状态下，可以使用键盘来移动元件。

➢ **<Ctrl> + <Left>键：** 每按一次，元件左移 1 个网格单元。

➢ **<Ctrl> + <Right>键：** 每按一次，元件右移 1 个网格单元。

➢ **<Ctrl> + <Up>键：** 每按一次，元件上移 1 个网格单元。

➢ **<Ctrl> + <Down>键：** 每按一次，元件下移 1 个网格单元。

➢ **<Shift> + <Ctrl> + <Left>键：** 每按一次，元件左移 10 个网格单元。

➢ **<Shift> + <Ctrl> + <Right>键：** 每按一次，元件右移 10 个网格单元。

➢ **<Shift> + <Ctrl> + <Up>键：** 每按一次，元件上移 10 个网格单元。

➢ **<Shift> + <Ctrl> + <Down>键：** 每按一次，元件下移 10 个网格单元。

2. 元件的旋转

（1）单个元件的旋转。单击要旋转的元件并按住鼠标左键不放，将出现十字光标，此时，按下面的功能键，即可实现旋转。旋转至合适的位置后放开鼠标左键，即可完成元件的旋转。

➢ **<Space>键：** 每按一次，被选中的元件逆时针旋转 90°。

➢ **<Shift> + <Space>键：** 每按一次，被选中的元件顺时针旋转 90°。

➢ **<X>键：** 每按一次，被选中的元件左右对调。

➢ **<Y>键：** 每按一次，被选中的元件上下对调。

（2）多个元件的旋转。在 Altium Designer Summer 09 中，还可以将多个元件同时旋转。其方法是：先选定要旋转的元件，然后单击其中任何一个元件并按住鼠标左键不放，再按功能键，即可将选定的元件旋转，放开鼠标左键完成操作。

3. 元件的排列

在布置元件时，为使电路图美观以及连线方便，应将元件摆放整齐、清晰，这就需要使用 Altium Designer Summer 09 中的排列与对齐功能。

单击菜单栏中的【Edit（编辑）】\【Align（对齐）】命令，其子菜单如图 4-46 所示。其中各命令说明如下。

➢ **Align Left：** 将选定的元件向左边的元件对齐。

➢ **Align Right：** 将选定的元件向右边的元件对齐。

➢ **Align Horizontal Center：** 将选定的元件向最左边元件和最右边元件的中间位置对齐。

➢ **Distribute Horizontally：** 将选定的元件向最左边元件和最右边元件之间等间距对齐。

➢ **Align Top：** 将选定的元件向最上面的元件对齐。

➢ **Align Bottom：** 将选定的元件向最下面的元件对齐。

➢ **Align Center Vertical：** 将选定的元件向最上面元件和最下面元件的中间位置对齐。

➢ **Distribute Vertically：** 将选定的元件在最上面元件和最下面元件之间等间距

对齐。

➢ **Align To Grid:** 将选中的元件对齐在网格点上，便于电路连接。

4. 元件的对齐

单击如图 4-46 所示子菜单中的【Align（对齐）】命令，系统将弹出如图 4-47 所示的【Align Objects（对齐对象）】对话框。

【Align Objects（对齐对象）】对话框中的各选项说明如下。

（1）Horizontal Alignment（水平对齐）选项组。

➢ **No Change:** 点选该单选钮，则元件保持不变。

➢ **Left:** 作用同 Align Left。

➢ **Centre:** 作用同 Align Horizontal Center。

➢ **Right:** 作用同 Align Right。

➢ **Distribute equally:** 作用同 Distribute Horizontally。

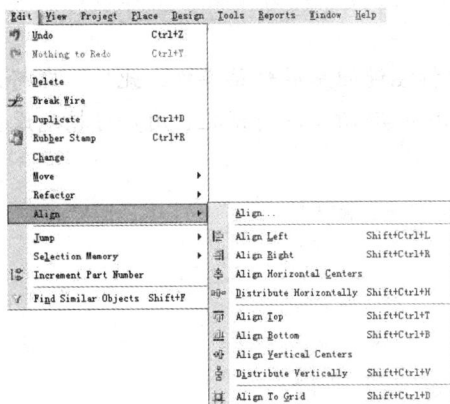

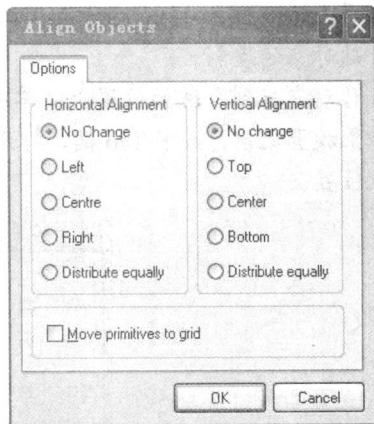

图 4-46　【Align】命令子菜单图　　　　图 4-47　【Align Objects】对话框

（2）Vertical Alignment（垂直对齐）选项组。

➢ **No change:** 点选该单选钮，则元件保持不变。

➢ **Top:** 作用同 Align Top。

➢ **Center:** 作用同 Center Vertical。

➢ **Bottom:** 作用同 Align Bottom。

➢ **Distribute equally:** 作用同 Distribute Vertically。

➢ **Move primitives to grid:** 勾选该复选框，对齐后，元件将被放到网格点上。

5. 元件的删除

删除多余的元件有以下两种方法。

（1）选中元件，按<Delete>键即可删除该元件。

（2）单击菜单栏中的【Edit（编辑）】\【Delete（删除）】命令，或者按<E>+<D>

键进入删除操作状态，光标箭头上会悬浮一个十字叉，将光标箭头移至要删除元件的中心，单击即可删除该元件。

4.5.2 元件的复制与粘贴

1. 基本复制与粘贴

Altium Designer Summer 09 系统中使用了 Windows 操作系统的共同剪贴板，便于用户在不同的应用程序之间进行各种对象的复制、剪切与粘贴等操作，极大地提高了设计效率。其操作步骤如下。

Step 01 选取需要复制的某一组对象，单击标准工具栏上的复制图标■，或单击鼠标右键，执行快捷菜单中的【Copy（复制）】命令，将选取对象复制到剪贴板上。

Step 02 打开目标原理图文件，单击标准工具栏上的粘贴图标■，或执行快捷菜单中的【Paste（粘贴）】命令，此时光标变成十字形，并带有一个矩形框，框内为粘贴对象的虚影。

Step 03 移动光标到合适的位置上，单击鼠标左键即完成粘贴操作。此外，在将复制对象放置之前，按下 Tab 键，打开如图 4-48 所示的对话框，用户可精确设置粘贴位置。

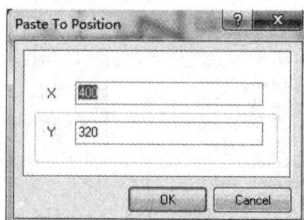

图 4-48　设置粘贴位置

2. 智能粘贴

智能粘贴是 Altium Designer Summer 09 系统为了进一步提高原理图的编辑效率而新增的一项功能。该功能允许用户在 Altium Designer Summer 09 系统中，或者其他应用程序中选择一组对象，如 Excel 数据、VHDL 文本文件中的实体说明等，将其粘贴在 Windows 剪贴板上，根据设置，再将其转换为不同类型的其他对象，并最终粘贴在目标原理图中，有效地实现了不同文档之间的信号连接以及不同应用中的工程信息转换。

其操作步骤如下。

Step 01 首先在源应用程序中选取需要粘贴的对象。

Step 02 执行【Edit（编辑）】\【Copy（复制）】命令，将其粘贴在 Windows 剪贴板上。

Step 03 打开目标原理图，执行【Edit（编辑）】\【Smart Paste（智能粘贴）】命令，则系统弹出如图 4-49 所示的【Smart Paste（智能粘贴）】对话框。

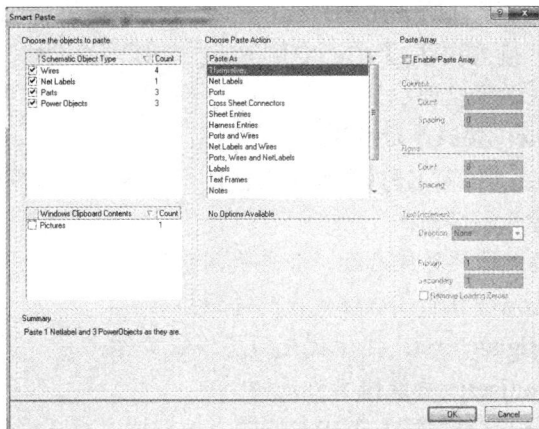

图 4-49 【Smart Paste】对话框

在该对话框中，可以完成将备份对象进行类型转换的相关设置。对话框中主要包括以下几个部分。

（1）【Choose the object to paste（选择粘贴对象）】用于选择需要粘贴的备份对象。

➢ **Schematic Object Type:** 显示原理图中本次选取的各种类型备份对象：端口、连线、网络标号、元件、总线等。

➢ **Count:** 各种类型备份对象的数量。

➢ **Windows Clipboard Contents:** 显示 Windows 剪贴板上保存的以往内容信息：图片、文本等。设置时，【Schematic Object Type（原理图对象类型）】和【Windows Clipboard Contents （Windows 剪贴板内容）】中的选项最好不要同时选中。

（2）【Choose Paste Action（选择粘贴动作）】用于选择、设置通过粘贴转换成的对象类型。在【Paste As（粘贴为）】列表框中列出了 14 种类型，分别介绍如下。

➢ **Themselves:** 即粘贴时不需要类型转换。

➢ **Net Labels:** 粘贴时转换为网络标号。

➢ **Ports:** 粘贴时转换为端口。

➢ **Cross Sheet Connectors:** 粘贴时转换为 T 形图纸连接器。

➢ **Sheet Entries:** 粘贴时转换为图纸入口。

➢ **Harness Entries:** 粘贴时转换为线束入口。

➢ **Ports and Wires:** 粘贴时转换为带线（总线或导线）端口。

➢ **Net Labels and Wires:** 粘贴时转换为端口、导线和网络标号。

➢ **Labels:** 粘贴时转换为标签文字，不具有电气属性，只起标注作用。

➢ **Text Frame:** 粘贴时转换为文本框。

➢ **Notes:** 粘贴时转换为注释。

➢ **Harness Connector:** 粘贴时转换为线束连接器。

➢ **Harness Connector and Port:** 粘贴时转换为线束连接器和端口。

➢ **Code Entries:** 粘贴时转换为代码页。

对于选定的每一种类型，在下面的区域中都提供了相应的文本编辑栏，供用户按照需要进行详细的设置，主要有如下几种。

（1）【Sort Order（排列次序）】单击右侧的下拉按钮，有两种选择。

➤ **By Location:** 按照空间位置。

➤ **Alpha-numeric:** 按照字母顺序。

（2）【Signal Names（信号名称）】单击右侧的下拉按钮，有 5 种选择。

➤ **Keep:** 保持原来的名称。

➤ **Expand Buses:** 扩展总线名称，即单线网络标号。

➤ **Group Nets-Lower first:** 低位优先的总线组名称。

➤ **Group Nets-Higher first:** 高位优先的总线组名称。

➤ **Inverse Bus Indices:** 总线组名称反向。

（3）【Port Width（端口宽度）】单击右侧的下拉按钮，有 3 中选择。

➤ **Use Default Size:** 使用系统默认尺寸。

➤ **Set Width To Widest:** 设置为最大宽度。

➤ **Set Width To Fit:** 设置为适当的宽度。

（4）【Wire Length（线长度）】连线长度设置，用户可以输入具体数值。

3. 阵列粘贴

在系统提供的智能粘贴中，还包含了阵列粘贴的功能。阵列粘贴能够一次性按照设定参数，将某一对象或对象组重复地粘贴到图纸上，在原理图中需要放置多个相同对象时很有用。

在【Smart Paste（智能粘贴）】对话框的右侧有一个【Paste Array（阵列粘贴）】区域，选中【Enable Paste Array（使能阵列粘贴）】复选框，则阵列粘贴功能被激活，如图 4-50 所示，需要设置的参数如下。

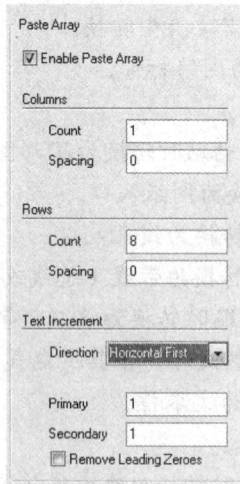

图 4-50 阵列粘贴参数

（1）【Colums（列）】栏。

➤ **Count:** 需要阵列粘贴的列数设置。

> ➢ **Spacing:** 相邻两列之间的间距设置。

（2）【Rows（行）】栏。

> ➢ **Count:** 需要阵列粘贴的行数设置。

> ➢ **Spacing:** 相邻两行之间的间距设置。

（3）【Text Increment（文字增量）】栏。

> ➢ **Direction:** 增量方向设置。有 3 种选择，即 None（不设置）、Horizontal First（先从水平方向开始增量）和 Vertical First（先从垂直方向开始增量）。选中后两项时，下面的文本框被激活，需要输入具体增量数值。

> ➢ **Primary:** 用来指定相邻两次粘贴之间有关标识的数字递增量。

> ➢ **Secondary:** 用来指定相邻两次粘贴之间元件引脚号的数字递增量。

4.5.3　文本的查找与替换

1.　Find Text（文本查找）

该命令用于在电路图中查找指定的文本，通过此命令可以迅速找到包含某一文字标识的图元。下面介绍该命令的使用方法。

单击菜单栏中的【Edit（编辑）】\【Find Text（查找文本）】命令，或者用快捷键<Ctrl>＋<F>，系统将弹出如图 4-51 所示的【Find Text（查找文本）】对话框。

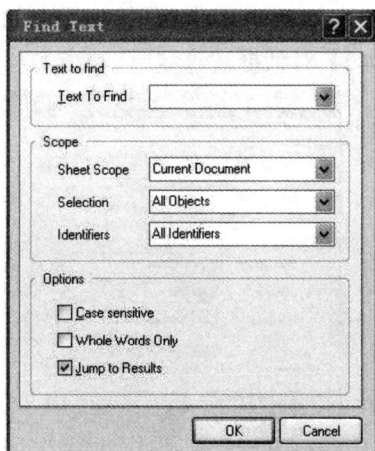

图 4-51　【Find Text】对话框

【Find Text（查找文本）】对话框中各选项的功能如下。

> ➢ **【Text to Find（查找文本）】**用于输入需要查找的文本。

> ➢ **【Scope（范围）】选项组：**包含 Sheet Scope（图纸范围）、Selection（选择）和 Identifiers（标示符）3 个下拉列表框。Sheet Scope（图纸范围）下拉列表框用于设置所要查找的电路图范围，包含 Current Document（当前文档）、Project Document（工程文档）、Open Document（打开的文档）和 Document On Path（指定路径的文档）4 个选项。Selection（选择）下拉列表框用于设置需要查找的文本对象的范围，包含 All Objects（所有对象）、Selected Objects（选中对象）和

Deselected Objects（非选择对象）3 个选项。All Objects（所有对象）表示对所有的文本对象进行查找，Selected Objects（选中对象）表示对选中的文本对象进行查找，Deselected Objects（非选中对象）表示对没有选中的文本对象进行查找。Identifiers（标示符）下拉列表框用于设置查找的电路图标识符范围，包含 All Identifiers（所有标示符）、Net Identifiers Only（仅网络标示符）和 Designators Only（仅标号）3 个选项。

➢ **【Options（选项）】选项组：**用于匹配查找对象所具有的特殊属性，包含 Case sensitive（敏感案例）、Whole Words Only（仅完全字）和 Jump to Results（跳至结果）3 个复选框。勾选 Case sensitive（区分大小写）复选框表示查找时要注意大小写的区别；勾选 Whole Words Only（仅完全字）复选框表示只查找具有整个单词匹配的文本，要查找的网络标识包含的内容有网络标号、电源端口、I/O 端口、方块电路 I/O 口；勾选 Jump to Results（跳至结果）复选框表示查找后跳到结果处。

用户按照自己的实际情况设置完对话框的内容后，单击【OK】按钮开始查找。

2．Replace Text（文本替换）

该命令用于将电路图中指定文本用新的文本替换掉，该操作在需要将多处相同文本修改成另一文本时非常有用。首先单击菜单栏中的【Edit（编辑）】\【Replace Text...（替换文本）】命令，或按用快捷键<Ctrl>＋<H>，系统将弹出如图 4-52 所示的【Find and Replace Text（查找和替换文本）】对话框。

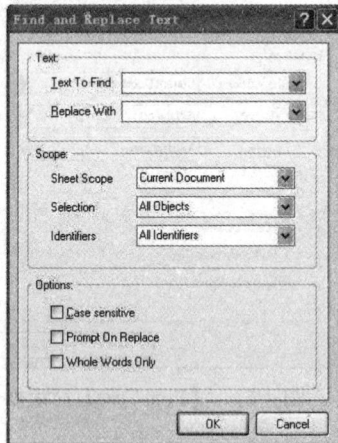

图 4-52 【Find and Replace Text】对话框

图 4-51 和图 4-52 所示的两个对话框非常相似，对于相同的部分，这里不再赘述，读者可以参看【Find Text（查找文本）】命令，下面只对上面未提到的一些选项进行解释。

➢ **【Replace With（替换）】文本框：**用于输入替换原文本的新文本。

➢ **【Prompt On Replace（提示替换）】复选框：**用于设置是否显示确认替换提示对话框。如果勾选该复选框，表示在进行替换之前，显示确认替换提示对话框，反之不显示。

3. Find Next（查找下一处）

该命令用于查找【Find Text（查找文本）】对话框中指定的文本，也可以用快捷键<F3>来执行该命令。

4.5.4　元件的全局编辑

Altium Designer Summer 09 的全局编辑功能可以实现对当前文件或所有打开文件（包括已打开项目）中具有相同属性的对象同时进行属性编辑的功能。

1. 原理图元件的全局编辑

在原理图编辑器中可通过查找相似对象的命令来启动全局编辑功能。有两种方法：一种是执行菜单命令【Edit（编辑）】\【Find Similar Objects（查找相似对象）】，出现十字光标，移动光标在编辑对象上单击鼠标左键，进入如图 4-53 所示的【Find Similar Objects（查找相似对象）】对话框；另一种是在编辑对象上单击鼠标右键，执行右键菜单中的【Find Similar Objects（查找相似对象）】命令，也可以进入【Find Similar Objects（查找相似对象）】对话框，在该对话框中列出了该对象的一系列属性。通过对各项属性进行匹配程度的设置，可决定搜索的结果。

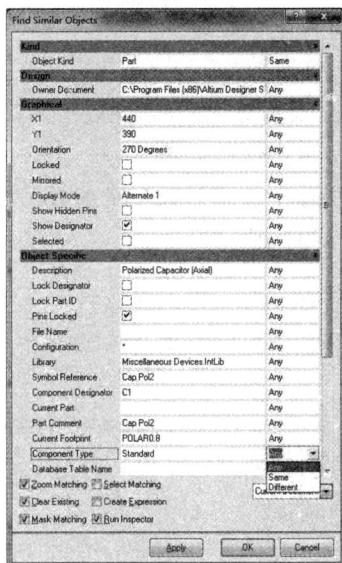

图 4-53　【Find Similar Objects】对话框

下面对对话框中各项参数介绍如下。

（1）【Kind（类型）】选项组：显示对象类型。

（2）【Design（设计）】选项组：显示对象所在的文档。

（3）【Graphical（图形）】选项组：显示对象图形属性。

➢　**X1**：X1 坐标值。

➢ **Y1:** Y1 坐标值。

➢ **Orientation:** 放置方向。

➢ **Locked:** 确定是否锁定。

➢ **Mirrored:** 确定是否镜像显示。

➢ **Show Hidden Pins:** 确定是否显示隐藏引脚。

➢ **Show Designator:** 确定是否显示标号。

（4）【Object Specific（对象特性）】选项组：显示对象特性。

➢ **Description:** 对象的基本描述。

➢ **Lock Designator:** 确定是否锁定标号。

➢ **Lock Part ID:** 确定是否锁定元件 ID。

➢ **Pins Locked:** 锁定的引脚。

➢ **File Name:** 文件名称。

➢ **Configuration:** 文件配置。

➢ **Library:** 库文件。

➢ **Symbol Reference:** 符号参考说明。

➢ **Component Designator:** 对象所在的元件标号。

➢ **Current Part:** 对象当前包含的元件。

➢ **Part Comment:** 关于元件的说明。

➢ **Current Footprint:** 当前元件封装。

➢ **Current Type:** 当前元件类型。

➢ **Database Table Name:** 数据库中表的名称。

➢ **Use Library Name:** 所用元件库名称。

➢ **Use Database Table Name:** 当前对象所用的数据库表的名称。

➢ **Design Item ID:** 元件设计 ID。

在选中元件的每一栏属性后都另有一栏，在该栏上单击将弹出下拉列表框，在下拉列表框中可以选择搜索时对象和被选择的对象在该项属性上的匹配程度，包含以下 3 个选项。

➢ **Same:** 被查找对象的该项属性必须与当前对象相同。

➢ **Different:** 被查找对象的该项属性必须与当前对象不同。

➢ **Any:** 查找时忽略该项属性。

这里以更换全部电阻元件符号为例，介绍全局编辑功能的使用。

（1）在电容实体（如 C1）上单击右键，选择菜单命令【Find Similar Objects...（查找相似对象）】，即可打开【Find Similar Objects（查找相似对象）】对话框，如图 4-53 所示。设置有关选项，在【Part Comment（元件注释）】和【Current Footprint（当前封装）】属性上设置为【Same（相同）】，其余保持默认设置即可。6 个复选框的选择与否可有多种组合，不同的组合会产生不同的运行结果，各选项的意义如下。

➢ **Zoom matching:** 放大匹配项；

➢ **Select Matching:** 选中匹配项；

> ➢ **Clear Existing:** 清除存在项；
> ➢ **Create Expression:** 创建表达式；
> ➢ **Mask Matching:** 屏蔽非匹配项；
> ➢ **Run Inspector:** 运行检查器。

（2）单击【Apply（应用）】按钮执行，不关闭对话框，再单击【Apply（应用）】按钮关闭对话框，打开检查器。在工作窗口中将屏蔽所有不符合搜索条件的对象，符合条件的元件被选中，如图 4-54 所示。

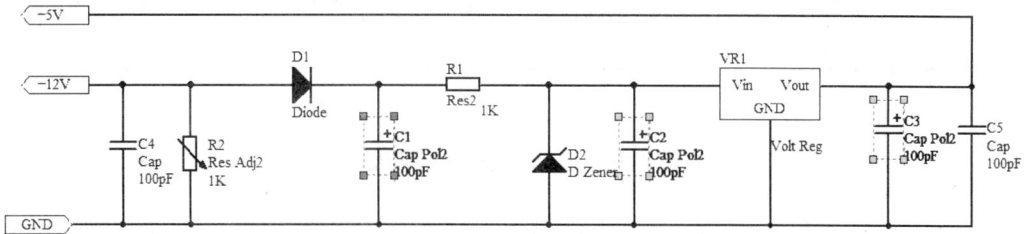

图 4-54　查找相似对象结果

（3）此时【SCH Inspector（原理图检查器）】面板也处于打开状态，如图 4-55 所示。单击【Symbol Reference（参考符号）】行的任意处，激活参数文本框。用户可以在文本框中直接修改库元件名称，也可以单击文本框右侧的 按钮，打开【Smart Edit（智能编辑）】对话框，如图 4-56 所示。

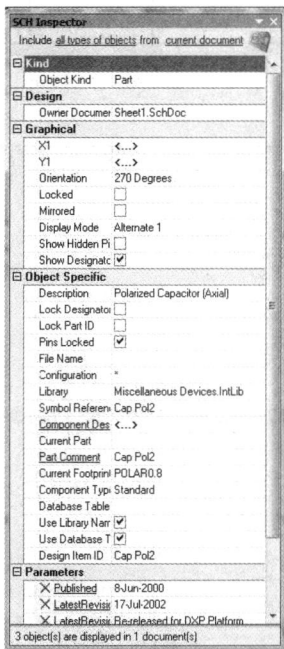

图 4-55　【SCH Inspector】面板

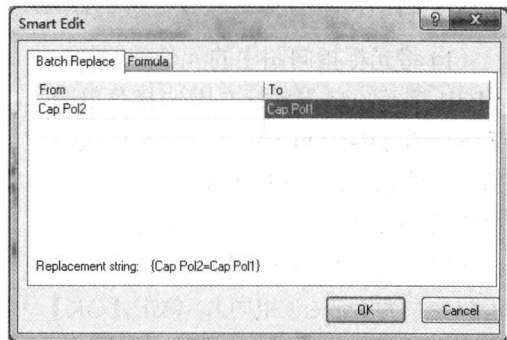

图 4-56　【Smart Edit】对话框

在【Smart Edit（智能编辑）】对话框中，修改 To 列表中的库元件名称为 Cap Pol1，单击【OK】按钮，图纸中的所有库元件名称为 Cap Pol2 的电容更换为 Cap Pol1。再次单击 Part Comment（元件标称值）行，更改元件注释为 Cap Pol1。

（4）修改完成后，原理图中选中的元件将按修改后的参数值更改，如图 4-57 所示。手动关闭原理图检查器。

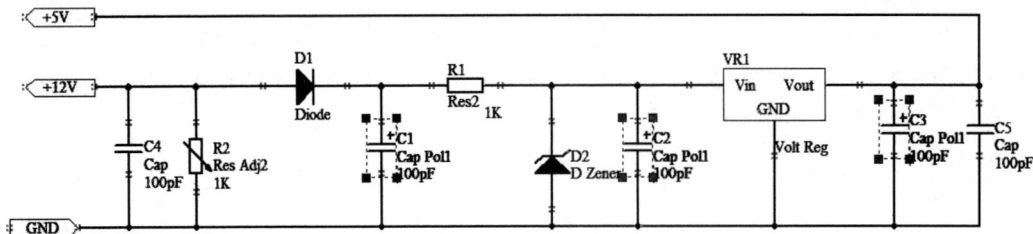

图 4-57　全局修改电容符号结果

（5）单击编辑器右下角的清除按钮【Clear（清除）】，取消过滤器，使窗口恢复正常，如图 4-58 所示。

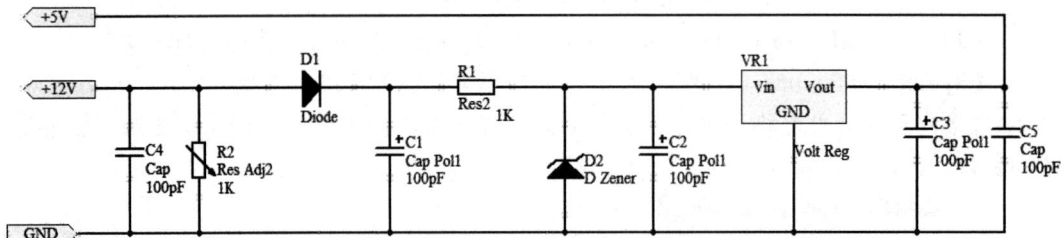

图 4-58　全局编辑后的电路图

2. 字符的全局编辑

相同类型的字符也可以进行全局编辑，如隐藏、改变字体等。下面介绍将所有元件注释隐藏的方法。

（1）将光标指向图中的元件符号，如 Cap Pol1 字符，单击鼠标右键选择菜单命令【Find Similar Objects...（查找相似对象）】，打开【Find Similar Objects（查找相似对象）】对话框，如图 4-59 所示。

（2）在对话框中选择【Fontld（字体）】的匹配关系为 Same（相同），单击【OK】按钮选中所有元件注释，如图 4-60 所示，并打开【SCH Inspector（原理图检查器）】面板，如图 4-61 所示。

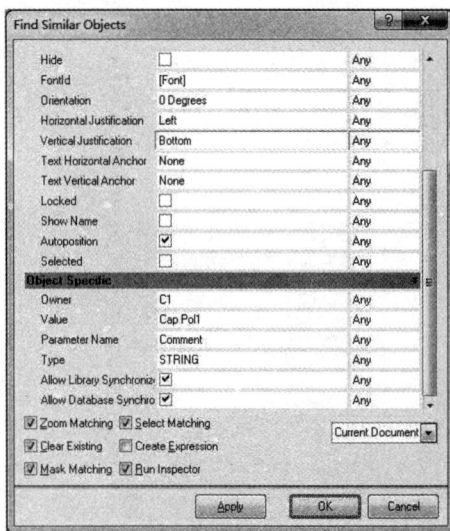

图 4-59　【Find Similar Objects】对话框

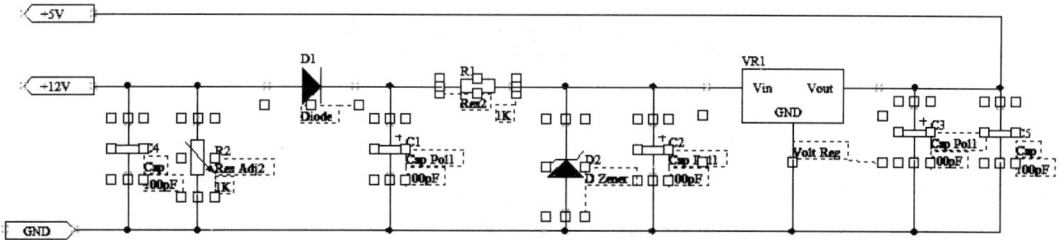

图 4-60　查找相似对象的结果

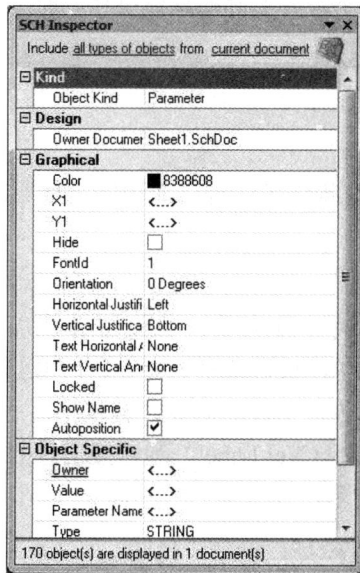

图 4-61　【SCH Inspector】面板

（3）在【SCH Inspector（原理图检查器）】面板中的 Graphical（图形）列表中勾选 Hide（隐藏）选项，系统将选中字符隐藏。隐藏字符不影响元件的属性，而且使图纸显示得干净、整洁，如图 4-62 所示。

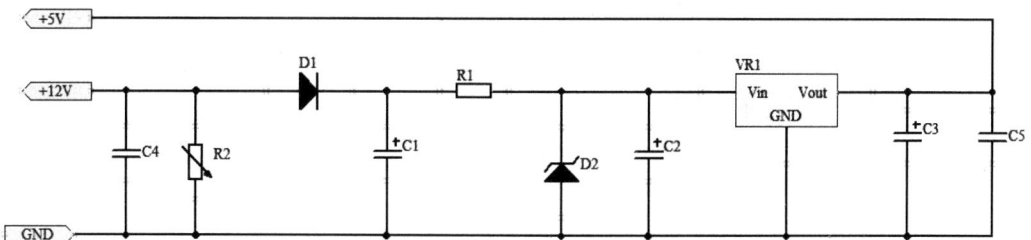

图 4-62　隐藏注释文字和标称值的结果

改变字体的方法类似，在此不再赘述。

4.6 元件的电气连接

在图纸上放置好电路设计所需的各种元件并对它们的属性进行相应的设置之后，根据电路设计的具体要求，就可以着手将各个元件连接起来，以建立并实现电路的实际连通性。这里所说的连接，指的是具有电气意义的连接，即电气连接。

电气连接有两种实现方式：一种是【物理连接】，即直接使用导线将各个元件连接起来；另一种是【逻辑连接】，即不需要实际的连线操作，而是通过设置网络标号使元件之间具有电气连接关系。

4.6.1 原理图连接工具

Altium Designer Summer 09 提供了 3 种对原理图进行连接的操作方法，具体如下。

1. 使用菜单命令

执行菜单栏中的【Place（放置）】命令，弹出如图 4-63 所示的菜单。在该菜单中，经常使用的有 No ERC（忽略 ERC 检查符号）命令、PCB Layout（PCB 布线指示符号）命令等。菜单中，提供了放置各种元件的命令，也包括对总线（Bus）、总线入口（Bus Entry）、导线（Wire）、网络标号（Net Label）等连接工具的放置命令。其中，Directives（指示符）子菜单如图 4-64 所示。

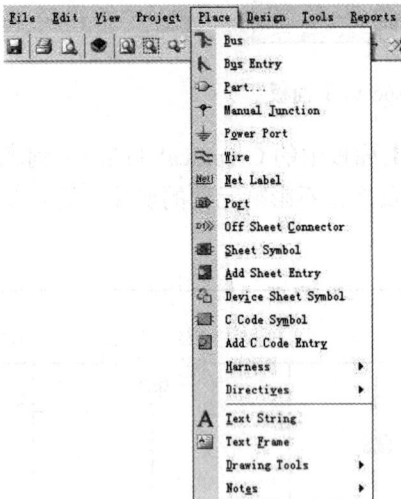

图 4-63　【Place】菜单　　　　　图 4-64　【Directives】子菜单

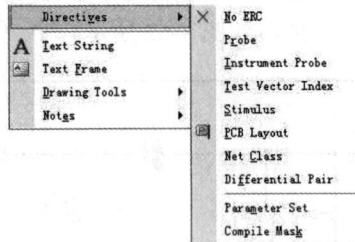

2. 使用连线工具栏

【Place（放置）】菜单中，各项命令分别与【Wiring（连线）】工具栏中的按钮一一对应，直接单击该工具栏中的相应按钮，即可完成相同的功能操作。

3. 使用快捷键

上述各项命令都有相应的快捷键操作，由字符 P 加上每一命令后面的字符即可。例如，设置网络标号的快捷键是<P>+<N>，绘制总线入口的快捷键是<P>+<U>等。使用快捷键可以大大提高操作速度。

4.6.2 绘制导线与设置属性

元件之间电气连接的主要方式是通过导线来连接的。导线是电路原理图中最重要也是用得最多的图元，它具有电气连接的意义，不同于一般的绘图工具。绘图工具没有电气连接的意义。

1. 导线的一般绘制

导线是电气连接中最基本的组成单元，放置导线的操作步骤如下。

Step 01 单击菜单栏中的【Place（放置）】\【Wire（连线）】命令，或单击【Wiring（连线）】工具栏中的图标，或使用快捷键<P>+<W>，此时光标变成十字形状并附加一个交叉符号。

Step 02 将光标移动到想要完成电气连接的元件的引脚上，单击放置导线的起点。由于启用了自动捕捉电气节点（electrical snap）的功能，因此，电气连接很容易完成。出现红色的符号表示电气连接成功。移动光标，多次单击可以确定多个固定点，最后放置导线的终点，完成两个元件之间的电气连接。此时光标仍处于放置导线的状态，重复上述操作可以继续放置其他的导线。

Step 03 导线的拐弯模式。如果要连接的两个引脚不在同一水平线或同一垂直线上，则在放置导线的过程中需要单击确定导线的拐弯位置，并且可以通过按<Shift>+<Space>键来切换导线的拐弯模式。有直角、45°角和任意角度 3 种拐弯模式，如图 4-65 所示。导线放置完毕，右击或按<Esc>键即可退出该操作。

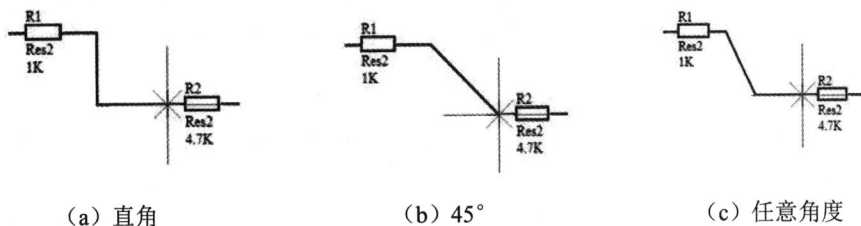

（a）直角　　　　　　（b）45°　　　　　　（c）任意角度

图 4-65　导线的拐弯模式

Step 04 设置导线的属性。双击导线或光标处于放置导线的状态时按<Tab>键，弹出如图 4-66 所示的【Wire（连线）】对话框，在该对话框中可以对导线的颜色、线宽参数进行设置。

➢ 【Color(颜色)】单击该颜色显示框，系统将弹出如图 4-67 所示的【Choose Color

（选择颜色）】对话框。在该对话框中可以选择并设置需要的导线颜色。系统默认为深蓝色。

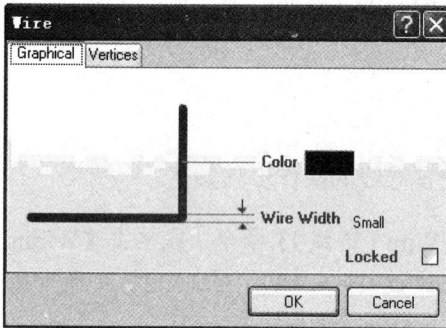

图 4-66　【Wire】对话框　　　　　图 4-67　【Choose Color】对话框

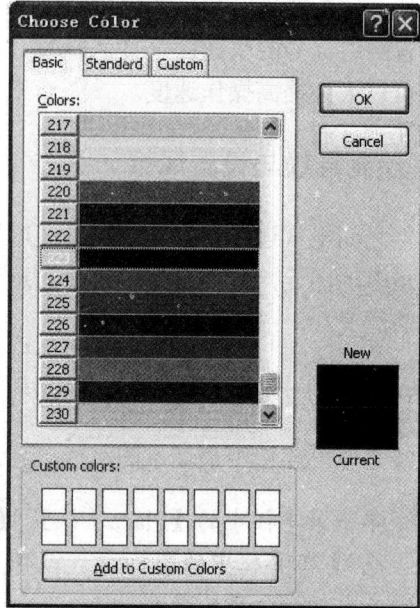

> **【Wire Width（导线宽度）】**在该下拉列表框中有 Smallest（最小）、Small（小）、Medium（中等）和 Large（大）4 个选项可供用户选择。系统默认为 Small（小）。在实际中应该参照与其相连的元件引脚线的宽度进行选择。

2. 导线的点对点自动绘制

绘制导线时，使用<shift>＋空格键进行模式切换，当在原理图编辑器窗口下面的状态栏中显示【Shift＋Space to change mode：Auto Wire（Tab for Options）（Shift＋空格键改变模式：自动连线（Tab 键进行选项设置））】时，可进行导线的点对点自动绘制。具体操作如下。

Step 01 执行绘制导线命令后，使用<Shift>＋空格键进行模式切换，进入导线的点对点自动绘制状态。

Step 02 在元件某一引脚上单击鼠标左键确定导线的起点，之后将光标指向另一元件的需要连接的引脚，作为导线终点，如图 4-68 所示。

Step 03 单击鼠标左键，系统将自动绕开中间的对象，在两个引脚之间放置了一条合适的导线，如图 4-69 所示。

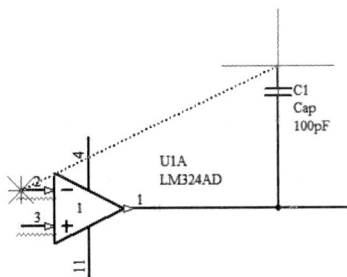

图 4-68　开始点对点自动绘制导线

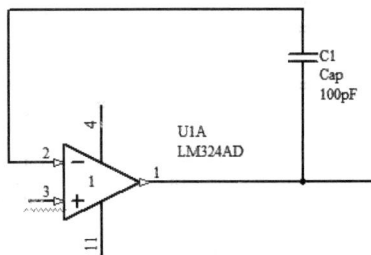

图 4-69　绘制完成

4.6.3　绘制总线与设置属性

总线是一组具有相同性质的并行信号线的组合，如数据总线、地址总线、控制总线等的组合。在大规模的原理图设计，尤其是数字电路的设计中，如果只用导线来完成各元件之间的电气连接，那么整个原理图的连线就会显得杂乱而烦琐。而总线的运用可以大大简化原理图的连线操作，使原理图更加整洁、美观。

原理图编辑环境下的总线没有任何实质的电气连接意义，仅仅是为了绘图和读图方便而采取的一种简化连线的表现形式。总线的放置与导线的放置基本相同，其操作步骤如下。

Step 01 单击菜单栏中的【Place（放置）】\【Bus（总线）】命令，或单击【Wiring（连线）】工具栏的图标，或按快捷键<P> + <B>，此时光标变成十字形状。

Step 02 将光标移动到想要放置总线的起点位置，单击确定总线的起点。然后拖动光标，单击确定多个固定点，用<Shift> + 空格键可切换选择拐弯模式，最后确定终点，如图 4-70 所示。总线的放置不必与元件的引脚相连，它只是为了方便接下来对总线分支线的绘制而设定的。

Step 03 设置总线的属性。在放置总线的过程中，用户可以对总线的属性进行设置。双击总线或在光标处于放置总线的状态时按<Tab>键，弹出如图 4-71 所示的【Bus（总线）】对话框，在该对话框中可以对总线的属性进行设置。

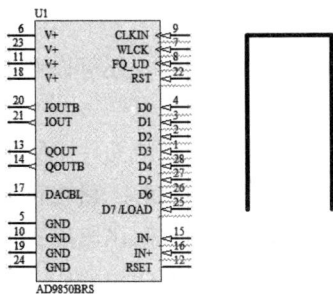

图 4-70　放置总线

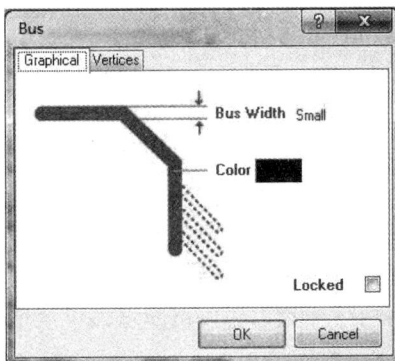

图 4-71　【Bus】对话框

4.6.4 放置总线入口

总线入口是单一导线与总线的连接线。使用总线入口把总线和具有电气特性的导线连接起来，可以使电路原理图更为美观、清晰，且具有专业水准。与总线一样，总线入口也不具有任何电气连接的意义，而且它的存在也不是必需的。即使不通过总线入口，直接把导线与总线连接也是正确的。放置总线入口的操作步骤如下。

Step 01 单击菜单栏中的【Place（放置）】\【Bus Entry（总线入口）】命令，或单击【Wiring（连线）】工具栏中图标的 ，或按快捷键<P> + <U>，此时光标变成十字形状。

Step 02 在导线与总线之间单击，即可放置一段总线入口分支线。同时在该命令状态下，按<Space>键可以调整总线入口分支线的方向，如图 4-72 所示。

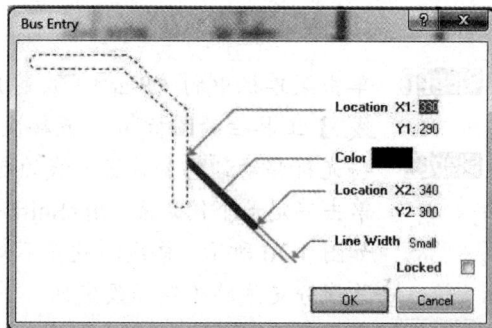

Step 03 设置总线入口的属性。在放置总线入口分支线的过程中，用户可以对总线入口分支线的属性进行设置。双击总线入口或光标处于放置总线入口的状态时按<Tab>键，弹出如图 4-73 所示的【Bus Entry（总线入口）】对话框，在该对话框中可以对总线分支线的属性进行设置。

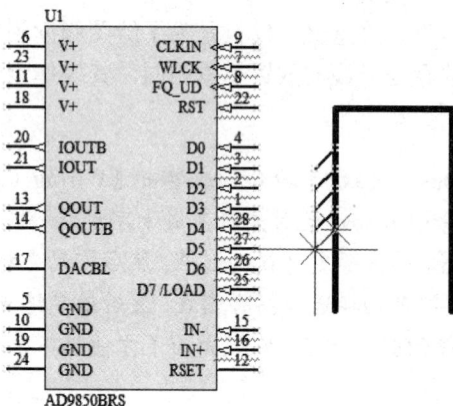

图 4-72　调整总线入口分支线的方向　　　图 4-73　【Bus Entry】对话框

4.6.5 放置网络标号

在原理图的绘制过程中，元件之间的电气连接除了使用导线外，还可以通过设置网络标号的方法来实现。

网络标号具有实际的电气连接意义，具有相同网络标号的导线或元件引脚无论在图上是否连接在一起，其电气关系都是连接在一起的。特别是在连接的线路比较远或者线路过于复杂而使走线困难时，使用网络标号代替实际走线可以大大简化原理图，但要注意太多的网络标号也会使得原理图可读性下降。网络标号放置的操作步骤如下。

Step 01 单击菜单栏中的【Place（放置）】\【Net Label（网络标号）】命令，或单击【Wiring（连线）】工具栏中的图标 ，或按快捷键<P> + <N>，此时光标变成十字形状，并带有一个初始标号 Net Label1。

Step 02 移动光标到需要放置网络标号的导线上，当出现红色交叉标志时，单击即可完成放置。此时光标仍处于放置网络标号的状态，重复操作即可放置其他的网络标号。右击或者按<Esc>键即可退出操作。

Step 03 设置网络标号的属性。在放置网络标号的过程中，用户可以对其属性进行设置。双击网络标号或者在光标处于放置网络标号的状态时按<Tab>键，弹出如图4-74 所示的【Net Label（网络标号）】对话框，在该对话框中可以对网络标号的颜色、位置、旋转角度、名称及字体等属性进行设置。

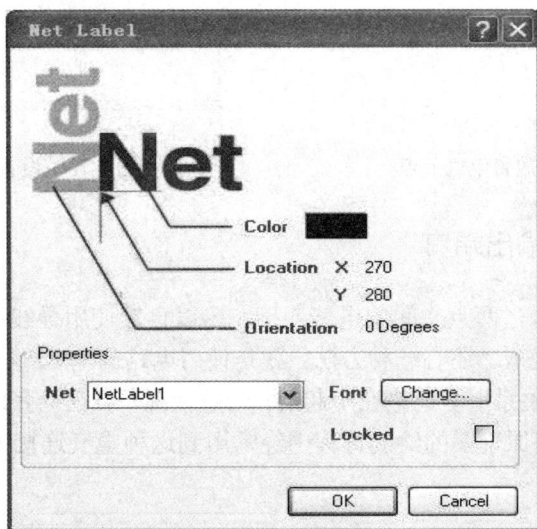

图 4-74　【Net Label】对话框

4.6.6　放置电气节点

在 Altium Designer Summer 09 中，默认情况下，系统会在导线的 T 型交叉点处自动放置电气节点，表示所画线路在电气意义上是连接的。但在其他情况下，如十字交叉点处，由于系统无法判断导线是否连接，因此不会自动放置电气节点。如果导线确实是相互连接的，就需要用户自己手动放置电气节点。手动放置电气节点的操作步骤如下。

Step 01 单击菜单栏中的【Place（放置）】\【Manual Junction（手动节点）】命令，或快捷键<P> + <J>，此时光标变成十字形状，并带有一个电气节点符号。

Step 02 移动光标到需要放置电气节点的地方，单击即可完成放置，如图4-75所示。此时光标仍处于放置电气节点的状态，重复操作即可放置其他节点。

Step 03 设置电气节点的属性。在放置电气节点的过程中，用户可以对电气节点的属性进行设置。双击电气节点或者在光标处于放置电气节点的状态时按<Tab>键，弹出如图4-76所示的【Junction（节点）】对话框，在该对话框中可以对电气节点的属性进行设置。

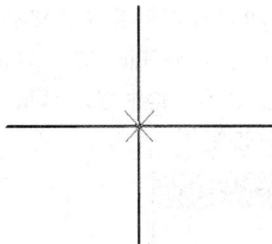

图 4-75　手动放置电气节点　　　　　图 4-76　设置节点属性

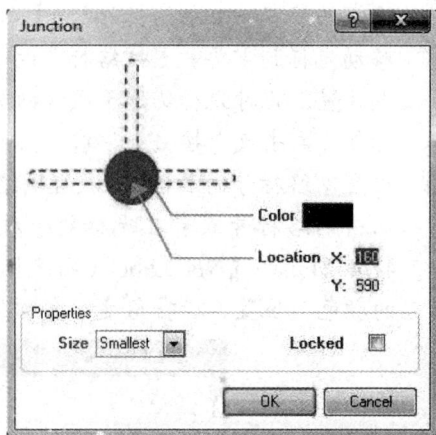

4.6.7　放置输入/输出端口

在设计原理图时，两点之间的电气连接，可以直接使用导线连接，也可以通过设置相同的网络标号来完成。还有一种方法，就是使用电路的输入/输出端口。相同名称的输入/输出端口在电气关系上是连接在一起的。一般情况下，在一张图纸中是不使用端口连接的，但在层次电路原理图的绘制过程中经常用到这种电气连接方式。放置输入/输出端口的操作步骤如下。

Step 01 单击菜单栏中的【Place（放置）】\【Port（端口）】命令，或单击【Wiring（连线）】工具栏中的图标 📭，或按快捷键<P> + <R>，此时光标变成十字形状，并带有一个输入/输出端口符号。

Step 02 移动光标到需要放置输入/输出端口的元件引脚末端或导线上，当出现红色交叉标志时，单击确定端口一端的位置。然后拖动光标使端口的大小合适，再次单击端口另一端的位置，即可完成输入/输出端口的一次放置。此时光标仍处于放置输入/输出端口的状态，重复操作即可放置其他的输入/输出端口。

Step 03 设置输入/输出端口的属性。在放置输入/输出端口的过程中，用户可以对输入/输出端口的属性进行设置。双击输入、输出端口或者在光标处于放置状态时按<Tab>键，弹出如图 4-77 所示的【Port Properties（端口属性）】对话框，在该对话框中可以对输入/输出端口的属性进行设置。

其中各选项的说明如下。

➢ **Alignment：**用于设置端口名称的位置，有 Center（居中）、Left（靠左）和 Right（靠右）3 种选择。

➢ **Text Color：**用于设置文本颜色。

➢ **Width：**用于设置端口宽度。

➢ **Fill Color：**用于设置端口内填充颜色。

➢ **Border Color：**用于设置边框颜色。

- ➤ **Style:** 用于设置端口外观风格，包括 None（Horizontal）（水平）、Left（左）、Right（右）、Left & Right（左和右）、None（Vertical）（垂直）、Top（顶）、Bottom（底）和 Top & Bottom（顶和底）8 种选择。
- ➤ **Location:** 用于设置端口位置。可以设置 X、Y 坐标值。
- ➤ **Name:** 用于设置端口名称。这是端口最重要的属性之一，具有相同名称的端口在电气上是连通的。
- ➤ **Unique ID:** 唯一的识别符。用户一般不需要改动此项，保留默认设置。
- ➤ **I/O Type:** 用于设置端口的电气特性，对后面的电气规则检查提供一定的依据。有 Unspecified（未指明或不确定）、Output（输出）、Input（输入）和 Bidirectional（双向型）4 种类型。

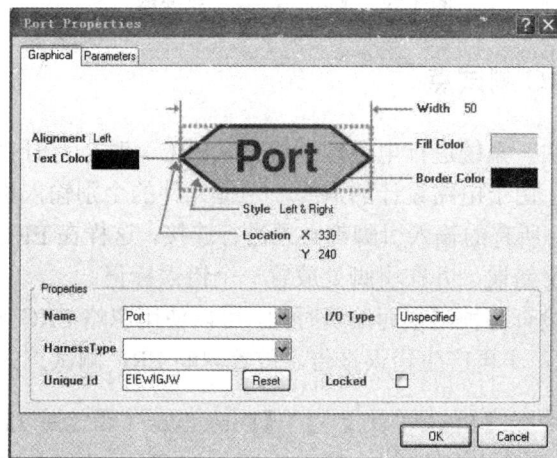

图 4-77　【Port Properties】对话框

4.6.8　放置电源和接地符号

放置电源和接地符号是电路原理图中必不可少的组成部分。放置电源和接地符号的操作步骤如下。

Step 01 单击菜单栏中的【Place（放置）】\【Power Port（电源端口）】命令，或单击【Wiring（连线）】工具栏中的图标 ⏚（接地符号）或 ⊤ᵁᶜᶜ（电源符号），或按快捷键<P>+<O>，此时光标变成十字形状，并带有一个电源或接地符号。

Step 02 移动光标到需要放置电源或接地符号的地方，单击即可完成放置。此时光标仍处于放置电源或接地的状态，重复操作即可放置其他的电源或接地符号。

Step 03 设置电源和接地符号的属性。在放置电源和接地符号的过程中，用户可以对电源和接地符号的属性进行设置。双击电源和接地符号或在光标处于放置电源和接地符号的状态时按<Tab>键，弹出如图 4-78 所示的【Power Port（电源端口）】对话框，在该对话框中可以对电源或接地符号的颜色、风格、位置、旋转角度及所在网格等属性进行设置。

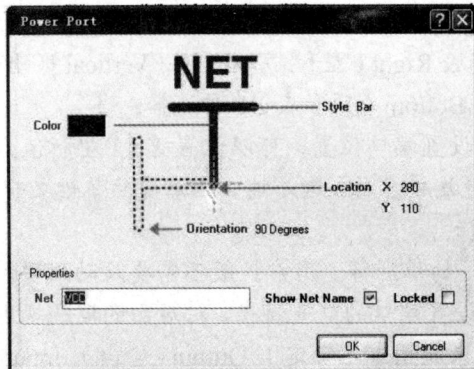

图 4-78　【Power Port】对话框

4.6.9　放置忽略 ERC 测试点

在电路设计过程中，系统进行电气规则检查（ERC）时，有时会产生一些不希望产生的错误报告。例如，由于电路设计的需要，一些元件的个别输入引脚有可能被悬空，但在系统默认情况下，所有的输入引脚都必须进行连接，这样在 ERC 检查时，系统会认为悬空的输入引脚使用错误，并在引脚处放置一个错误标记。

为了避免用户为检查这种错误而浪费时间，可以使用忽略 ERC 测试符号，让系统忽略对此处的 ERC 测试，不再产生错误报告。放置忽略 ERC 测试点的操作步骤如下。

Step 01　单击菜单栏中的【Place（放置）】\【Directives（指示符）】\【No ERC（忽略 ERC 测试点）】命令，或单击【Wiring（连线）】工具栏中的图标✕，或按快捷键<P> + <V> + <N>，此时光标变成十字形状，并带有一个红色的交叉符号。

Step 02　移动光标到需要放置忽略 ERC 测试点的位置处，单击即可完成放置。此时光标仍处于放置忽略 ERC 测试点的状态，重复操作即可放置其他的忽略 ERC 测试点。右击或按<Esc>键即可退出操作。

Step 03　设置忽略 ERC 测试点的属性。在放置忽略 ERC 测试点的过程中，用户可以对忽略 ERC 测试点的属性进行设置。双击忽略 ERC 测试点或在光标处于放置忽略 ERC 测试点的状态时按<Tab>键，弹出如图 4-79 所示的【No ERC（忽略 ERC 测试点）】对话框。在该对话框中可以对忽略 ERC 测试点的颜色及位置属性进行设置。

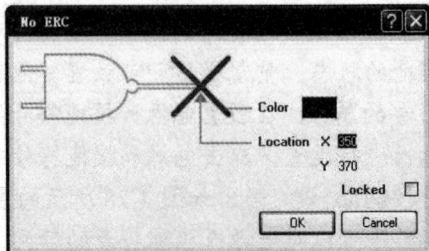

图 4-79　【No ERC】对话框

4.7 使用实用工具绘图

在原理图编辑环境中，与【Wiring（连线）】工具栏相对应的，还有一个【Utilities（实用）】工具栏，用于在原理图中绘制各种标注信息，使电路原理图更清晰，数据更完整，可读性更强。该【Utilities（实用）】工具栏中的各种图元均不具有电气连接特性，所以系统在进行 ERC 检查及转换成网络表时，它们不会产生任何影响，也不会被添加到网络表数据中。

4.7.1 绘图工具

单击 按钮，各种绘图工具如图 4-80 所示，与【Place（放置）】菜单下【Drawing Tools（绘图工具栏）】命令子菜单中的各项命令具有对应关系。其中，各按钮的功能如表 4-1 所示。

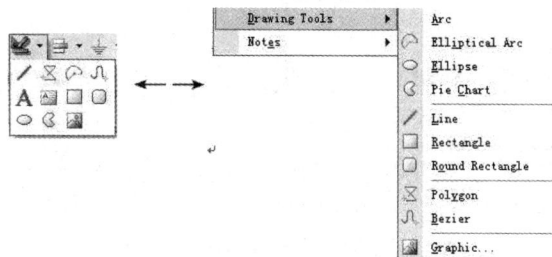

图 4-80 绘图工具

表 4-1 绘图工具栏各按钮功能

/	绘制直线（Line）	⊠	绘制多边形（Polygon）
⌒	绘制椭圆弧线（Elliptical Arc）	⌐	绘制贝塞尔曲线（Bezier）
A	添加说明文字	▣	放置文本框
▣	绘制矩形（Rectangle）	▢	绘制圆角矩形（Round Rectangle）
○	绘制椭圆（Ellipse）	◖	绘制扇形（Pie Chart）
▨	在原理图上粘贴图片（Graphic）		

4.7.2 绘制直线

在原理图中，可以用直线来绘制一些注释性的图形，如表格、箭头、虚线等，或者在编辑元件时绘制元件的外形。直线在功能上完全不同于前面介绍的导线，它不具有电气连接特性，不会影响到电路的电气连接结构。绘制直线的操作步骤如下。

Step 01 单击菜单栏中的【Place（放置）】\【Drawing Tools（绘图工具）】\【Line（直

线）】命令，或单击【Utilities（实用）】工具栏中的 ✎ 按钮，或按快捷键<P>
+<D>+<L>，此时光标变成十字形状。

Step 02 移动光标到需要放置直线的位置处，单击确定直线的起点，多次单击确定多个
固定点。一条直线绘制完毕后，右击即可退出该操作。

Step 03 此时光标仍处于绘制直线的状态，重复步骤 2 的操作即可绘制其他的直线。在
直线绘制过程中，需要拐弯时，可以单击确定拐弯的位置，同时通过按<Shift>
+<Space>键来切换拐弯的模式。在 T 型交叉点处，系统不会自动添加节点。
右击或按<Esc>键即可退出操作。

Step 04 设置直线属性。双击需要设置属性的直线或在绘制状态时按下<Tab>键，系统
将弹出相应的直线属性设置对话框，如图 4-81 所示。

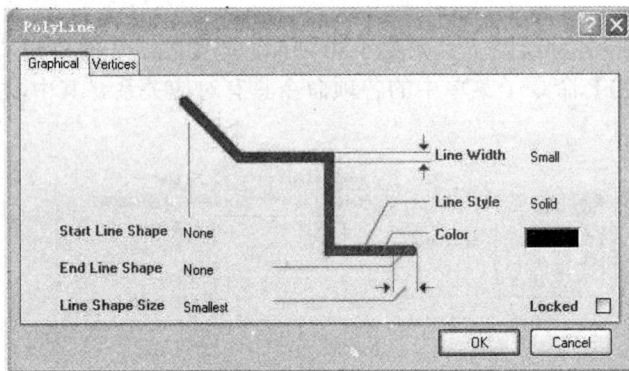

图 4-81 设置直线属性

在该对话框中可以对直线的属性进行设置，其中各属性的说明如下。

➤ **Line Width:** 用于设置直线的宽度。有 Smallest（最小）、Small（小）、Medium
（中等）和 Large（大）4 种线宽供用户选择。

➤ **Line Style:** 用于设置直线的线型。有 Solid（实线）、Dashed（虚线）和 Dotted
（点划线）3 种线型可供选择。

➤ **Color:** 用于设置直线的颜色。

4.7.3 放置文本

为了增加原理图的可读性，应该在某些关键的位置处添加一些文字说明，即放置文
本以便于用户之间的交流。在 Altium Designer Summer 09 系统中，文本的放置有 3 种方
式，即放置文本字符串、放置文本框以及放置注释，其操作过程基本相同，下面仅以注
释的放置进行说明，具体操作如下。

Step 01 单击【Place（放置）】\【Notes（标注）】\【Note（注释）】命令，光标变成十
字形，并带有一个注释的虚影，如图 4-82 所示。

Step 02 移动光标到需要注释的位置，单击鼠标左键确定一个顶点，之后拖动鼠标，再
次单击鼠标左键后确定注释的范围，如图 4-83 所示。

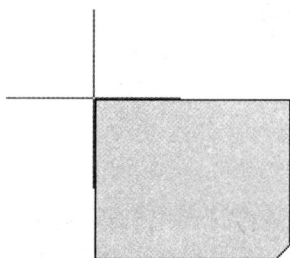

图 4-82　开始放置

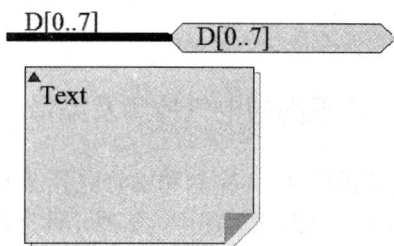

图 4-83　完成放置

Step03　双击放置的注释，打开【Note（注释）】对话框，进行属性设置，如图 4-84 所示。

Step04　选中【Word Wrap（自动换行）】和【Clip to Area（修剪范围）】复选框，单击【Text（文本）】右边的【Change（更改）】按钮，即可在打开的 Note Text 窗口中输入注释文字，如图 4-85 所示。

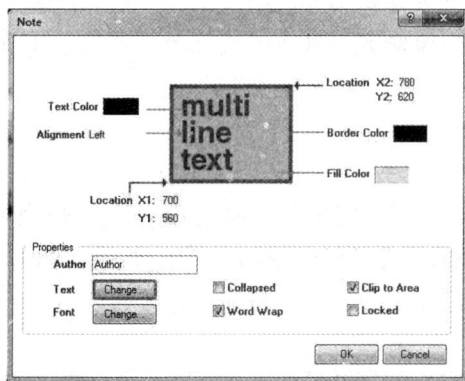

图 4-84　属性设置

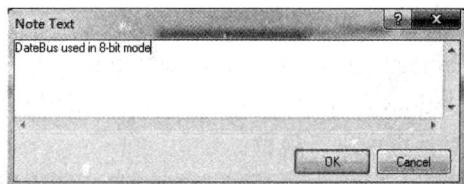

图 4-85　输入注释

Step05　经过设置后的注释如图 4-86 所示，单击注释框，稍停片刻后再次单击，即可直接进入编辑状态，如图 4-87 所示。

Step06　编辑完成，单击绿色的【√】即可。

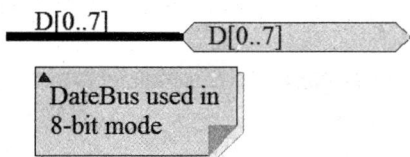

图 4-86　设置后的注释

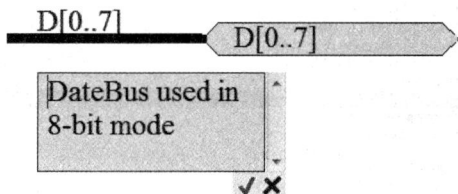

图 4-87　直接编辑状态

此外，还有放置图像、绘制矩形、贝塞尔曲线、椭圆、扇形等操作，使用方法与上述类似，这里不再赘述。

4.8 原理图的后续处理

4.8.1 原理图的电气检测及编译

原理图的电气检测和编译是用来检查用户的设计文件是否符合电气规则的重要手段。由于在电路原理图中，各种元件之间的连接直接代表了实际电路系统中的电气连接，因此，所绘制的电路原理图应遵守实际的电气规则，否则，就失去了实际的价值和指导意义。

Altium Designer Summer 09 和其他的 Protel 家族软件一样提供了电气检查规则，可以对原理图的电气连接特性进行自动检查，检查后的错误信息将在【Messages（信息）】面板中列出，同时也在原理图中标注出来。用户可以对检查规则进行设置，然后根据面板中所列出的错误信息来对原理图进行修改。有一点需要注意，原理图的自动检测机制只是按照用户所绘制原理图中的连接进行检测的，系统并不知道原理图的最终效果，所以如果检测后的【Messages（信息）】面板中并无错误信息出现，这并不表示该原理图的设计完全正确。用户还需将网络表中的内容与所要求的设计反复对照和修改，直到完全正确为止。

1. 原理图的自动检测设置

原理图的自动检测可以在【Project Options（工程选项）】中设置。单击菜单栏中的【Project（工程）】\【Project Options（工程选项）】命令，系统将弹出如图 4-88 所示的【Options for PCB Project...（PCB 工程选项）】对话框，所有与项目有关的选项都可以在该对话框中进行设置。

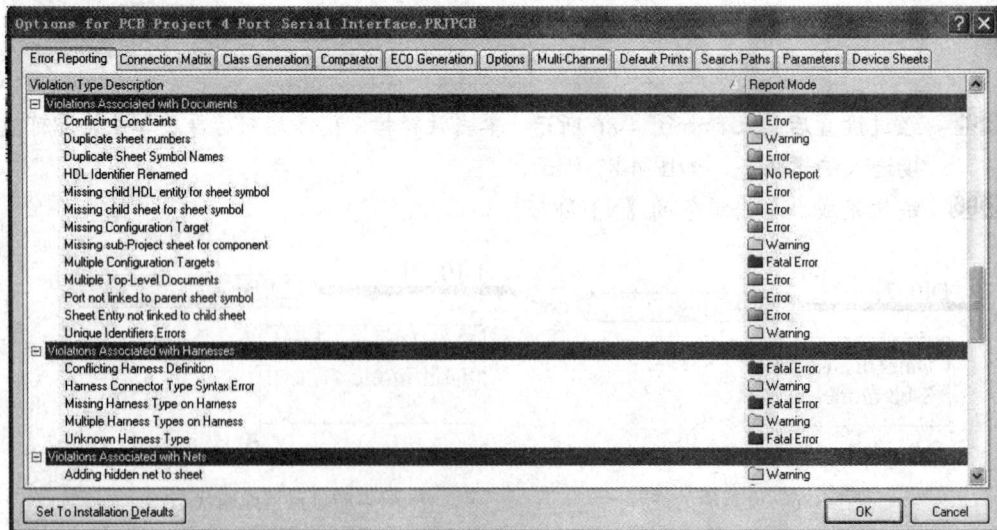

图 4-88 【Options for PCB Project...】对话框

在【Options for PCB Project...（PCB 工程选项）】对话框中包含以下 11 个选项卡。

➢ 　**【Error Reporting（错误报告）】选项卡:** 用于设置原理图的电气检查规则。当进行文件的编译时，系统将根据该选项卡中的设置进行电气规则的检测。

➢ 　**【Connection Matrix（电路连接检测矩阵）】选项卡:** 用于设置电路连接方面的检测规则。当对文件进行编译时，通过该选项卡的设置可以对原理图中的电路连接进行检测。

➢ 　**【Classes Generation（自动生成分类）】选项卡:** 用于设置自动生成分类。

➢ 　**【Comparator（比较器）】选项卡:** 当两个文档进行比较时，系统将根据此选项卡中的设置进行检查。

➢ 　**【ECO Generation（工程变更顺序）】选项卡:** 依据比较器发现的不同，对该选项卡进行设置来决定是否导入改变后的信息，大多用于原理图与 PCB 间的同步更新。

➢ 　**【Options（项目选项）】选项卡:** 在该选项卡中可以对文件输出、网络表和网络标号等相关选项进行设置。

➢ 　**【Multi-Channel（多通道）】选项卡:** 用于设置多通道设计。

➢ 　**【Default Prints（默认打印输出）】选项卡:** 用于设置默认的打印输出对象（如网络表、仿真文件、原理图文件以及各种报表文件等）。

➢ 　**【Search Paths（搜索路径）】选项卡:** 用于设置搜索路径。

➢ 　**【Parameters（参数设置）】选项卡:** 用于设置项目文件参数。

➢ 　**【Device Sheets（硬件设备列表）】选项卡:** 用于设置硬件设备列表。

在该对话框的各选项卡中，与原理图检测有关的主要有【Error Reporting（错误报告）】选项卡、【Connection Matrix（电路连接检测矩阵）】选项卡和【Comparator（比较器）】选项卡。当对工程进行编译操作时，系统会根据该对话框中的设置进行原理图的检测，系统检测出的错误信息将在【Messages（信息）】面板中列出。

（1）【Error Reporting（错误报告）】选项卡的设置。在该选项卡中可以对各种电气连接错误的等级进行设置。其中的电气错误类型检查主要分为以下 6 类。其中各栏下又包括不同选项，各选项含义简要介绍如下。

① 【Violations Associated with Buses（与总线相关的违例）】栏。

➢ 　**Arbiter Loop in OpenBus Document:** 在包含基于开放总线系统的原理图文档中通过仲裁元件形成 I/O 端口或 MEN 端口回路错误。

➢ 　**Bus Indices out of Range:** 总线编号索引超出定义范围。总线和总线分支线共同完成电气连接。如果定义总线的网络标号为 D[0...7]，则当存在 D8 及 D8 以上的总线分支线时将违反该规则。

➢ 　**Bus Range Syntax Errors:** 用户可以通过放置网络标号的方式对总线进行命名。当总线命名存在语法错误时将违反该规则。例如，定义总线的网络标号为 D[0...]时将违反该规则。

➢ 　**Cascaded Interconnects in OpenBus Document:** 在包含基于开放总线系统的原理图文档中互联元件之间的端口级联错误。

- ➢ **Illegal Bus Definition:** 连接到总线的元件类型不正确。
- ➢ **Illegal Bus Range Values:** 与总线相关的网络标号索引出现负值。
- ➢ **Mismatched Bus Label Ordering:** 同一总线的分支线属于不同网络时，这些网络对总线分支线的编号顺序不正确，即没有按同一方向递增或递减。
- ➢ **Mismatched Bus Widths:** 总线编号范围不匹配。
- ➢ **Mismatched Bus-Section Index Ordering:** 总线分组索引的排序方式错误，即没有按同一方向递增或递减。
- ➢ **Mismatched Bus/Wire Object in Wire/Bus:** 总线上放置了总线不匹配的对象。
- ➢ **Mismatched Electrical Types on Bus:** 总线上电气类型错误。总线上不能定义电气类型，否则将违反该规则。
- ➢ **Mismatched Generics on Bus（First Index）:** 总线范围值的首位错误。总线首位应与总线分支线的首位对应，否则将违反该规则。
- ➢ **Mismatched Generics on Bus（Second Index）:** 总线范围值的末位错误。
- ➢ **Mixed Generic and Numeric Bus Labeling:** 与同一总线相连的不同网络标识符类型错误，有的网络采用数字编号，而其他网络采用了字符编号。

② 【Violations Associated with Components（与元件相关的违例）】栏。

- ➢ **Component Implementations with Duplicate Pins Usage:** 原理图中元件的引脚被重复使用。
- ➢ **Component Implementations with Invalid Pin Mapping:** 元件引脚与对应封装的引脚标示符不一致。元件引脚应与引脚的封装一一对应，不匹配时将违反该规则。
- ➢ **Component Implementations with Missing Pins in Sequence:** 按序列放置的多个元件引脚中丢失了某些功能。
- ➢ **Components Containing Duplicate Sub-parts:** 元件中包含了重复地子元件。
- ➢ **Components with Duplicate Implementations:** 重复实现同一个元件。
- ➢ **Components with Duplicate Pins:** 元件中出现了重复引脚。
- ➢ **Duplicate Component Models:** 重复定义元件模型。
- ➢ **Duplicate Part Designators:** 元件中存在重复的组件标号。
- ➢ **Errors in Component Motel Parameters:** 元件模型参数错误。
- ➢ **Extra Pin Found in Component Display Mode:** 元件显示模式中出现多余的引脚。
- ➢ **Mismatched Hidden Pin Connections:** 隐藏引脚的电气连接存在错误。
- ➢ **Mismatched Pin Visibility:** 引脚的可视性与用户的设置不匹配。
- ➢ **Missing Component Model Parameters:** 元件模型参数丢失。
- ➢ **Missing Component Models:** 元件模型丢失。
- ➢ **Missing Component Models in Model Files:** 元件模型在所属库文件中找不到。
- ➢ **Missing Pin Found in Component Display Mode:** 在元件的显示模式中缺少某一引脚。

- **Models Found in Different Model Locations:** 元件模型在另一路径（非指定路径）中找到。
- **Sheet Symbol with Duplicate Entries:** 原理图符号中出现了重复的端口。为避免违反该规则，建议用户在进行层次原理图的设计时，在单张原理图上采用网络标号的形式建立电气连接，而不同的原理图间采用端口建立电气连接。
- **Un-Designated Parts Requiring Annotation:** 未被标号的元件需要分开标号。
- **Unused Sub-Part in Component:** 集成元件的某一部分在原理图中未被使用。通常对未被使用的部分采用引脚空的方法，即不进行任何的电气连接。

③ 【Violations Associated with Documents（与文档关联的违例）】栏。
- **Conflicting Constraints:** 规则冲突。
- **Duplicate Sheet Numbers:** 电路原理图编号重复。
- **Duplicate Sheet Symbol Names:** 原理图符号命名重复。
- **Missing Child Sheet for Sheet Symbol:** 项目中缺少与原理图符号相对应的子原理图文件。
- **Missing Configuration Target:** 配置目标丢失。
- **Missing sub-Project Sheet for Component:** 元件的子项目原理图丢失。有些元件可以定义子项目，当定义的子项目在固定的路径中找不到时将违反该规则。
- **Multiple Configuration Targets:** 多重配置目标。
- **Multiple Top-Level Document:** 定义了多个顶层文档。
- **Port not Licked to Parent Sheet Symbol:** 子原理图电路与主原理图电路中端口之间的电气连接错误。
- **Sheet Entry not Linked Child Sheet:** 电路端口与子原理图间存在电气连接错误。

④ 【Violations Associated with Nets（与网络关联的违例）】栏。
- **Adding Hidden Net to Sheet:** 原理图中出现隐藏的网络。
- **Adding Items from Hidden Net to Net:** 从隐藏网络添加子项到已有网络中。
- **Auto-Assigned Ports To Device Pins:** 自动分配端口到器件引脚。
- **Duplicate Nets:** 原理图中出现了重复的网络。
- **Floating Net Labels:** 原理图中出现不固定的网络标号。
- **Floating Power Objects:** 原理图中出现了不固定的网络标号。
- **Global Power-Object Scope Changes:** 与端口元件相连的全局电源对象已不能连接到全局电源网络，只能更改为局部电源网络。
- **Net Parameters with No Name:** 存在未命名的网络参数。
- **Net Parameters with No Value:** 网络参数没有赋值。
- **Nets Containing Floating Input Pins:** 网络中包含悬空的输入引脚。
- **Nets Containing Multiple Similar Objects:** 网络中包含多个相似对象。
- **Nets with Multiple Names:** 网络中存在多重命名。
- **Nets with No Driving Source:** 网络中没有驱动源。

➤ **Nets with Only One Pin:** 存在只包含单个引脚的网络。

➤ **Nets with Possible Connection Problems:** 网络中可能存在连接问题。

➤ **Sheets Containing Duplicate Ports:** 原理图中包含重复端口。

➤ **Signals with Multiple Driver:** 信号存在多个驱动源。

➤ **Signals with No Driver:** 原理图中信号没有驱动。

➤ **Signals with No Load:** 原理图中存在无负载的信号。

➤ **Unconnected Objects in Net:** 网络中存在未连接的对象。

➤ **Unconnected Wires:** 原理图中存在未连接的导线。

⑤ 【Violations Associated with Others（其他相关违例）】栏。

➤ **Object Not Completely within Sheet Boundaries:** 对象超出了原理图的边界，可以通过改变图纸尺寸来解决。

➤ **Off-Grid Object:** 对象偏离格点位置将违反该规则。使元件处在格点的位置有利于元件电气连接特性的完成。

⑥ 【Violations Associated with Parameters（与参数相关的违例）】栏。

➤ **Same Parameter Containing Different Types:** 参数相同而类型不同。

➤ **Same Parameter Containing Different Values:** 参数相同而值不同。

【Error Reporting（报告错误）】选项卡的设置一般采用系统的默认设置，但针对一些特殊的设计，用户则需对以上各项的含义有一个清楚的了解。如果想改变系统的设置，则应单击每栏右侧的【Report Mode（报告模式）】选项进行设置，包括 No Report（不显示错误）、Warning（警告）、Error（错误）和 Fatal Error（严重的错误）4 种选择。系统出现错误时是不能导入网络表的，用户可以在这里设置忽略一些设计规则的检测。

（2）【Connection Matrix（电路连接检测矩阵）】选项卡。在该选项卡中，用户可以定义一切与违反电气连接特性有关报告的错误等级，特别是元件引脚、端口和原理图符号上端口的连接特性。

当对原理图进行编译时，错误的信息将在原理图中显示出来。要想改变错误等级的设置，单击选项卡中的颜色块即可，每单击一次改变一次，与【Error Reporting（错误报告）】选项卡一样，也包括 4 种错误等级，即 No Report（不显示错误）、Warning（警告）、Error（错误）和 Fatal Error（严重的错误）。在该选项卡的任何空白区域中右击，将弹出一个右键快捷菜单，可以设置各种特殊形式，如图 4-89 所示。

当对项目进行编译时，该选项卡的设置与【Error Reporting（报告错误）】选项卡中的设置将共同对原理图进行电气特性的检测。所有违反规则的连接将以不同的错误等级在【Messages（信息）】面板中显示出来。单击【Set To Installation Defaults（设置成安装默认值）】按钮，可恢复系统的默认设置。对于大多数的原理图设计保持默认的设置即可，但对于特殊原理图的设计则需用户进行一定的改动。

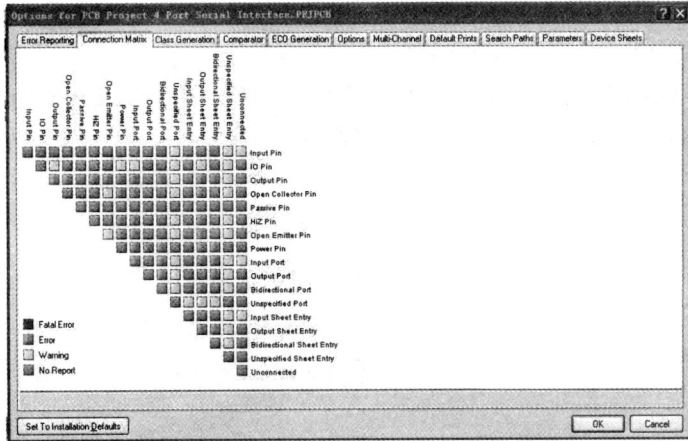

图 4-89　【Connection Matrix】选项卡设置

2. 原理图的编译

对原理图的各种电气错误等级设置完毕后，用户便可以对原理图进行编译操作，随即进入原理图的调试阶段。单击菜单栏中的【Project（工程）】\【Compile Document…（编译文件）】命令，即可进行文件的编译。

文件编译完成后，系统的自动检测结果将出现在【Messages（信息）】面板中。打开【Messages（信息）】面板的方法有以下 3 种。

方法一：单击菜单栏中的【View（视图）】\【Workspace Panels（工作面板）】\【System（系统）】\【Messages（信息）】命令，如图 4-90 所示。

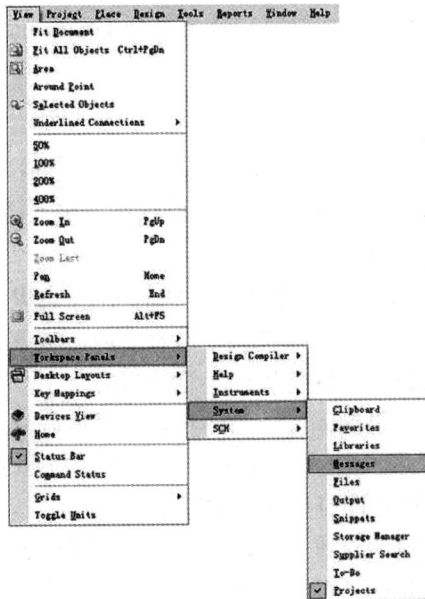

图 4-90　菜单操作

方法二：单击工作窗口右下角的【System（系统）】标签，在弹出的菜单中单击【Messages（信息）】命令，如图 4-91 所示。

方法三：在工作窗口中右击，在弹出的右键快捷菜单中单击【Workspace Panels（工作面板）】\【System（系统）】\【Messages（信息）】命令，如图 4-92 所示。

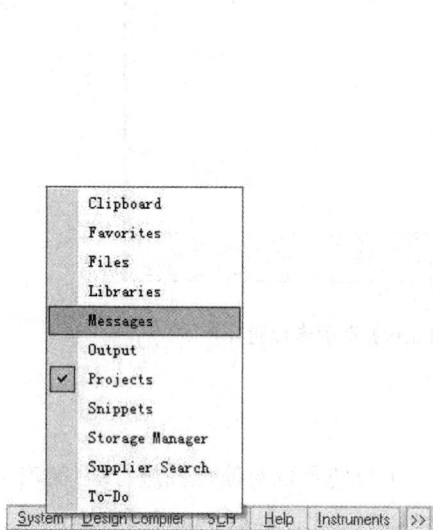

图 4-91　标签操作　　　　　　图 4-92　右键操作

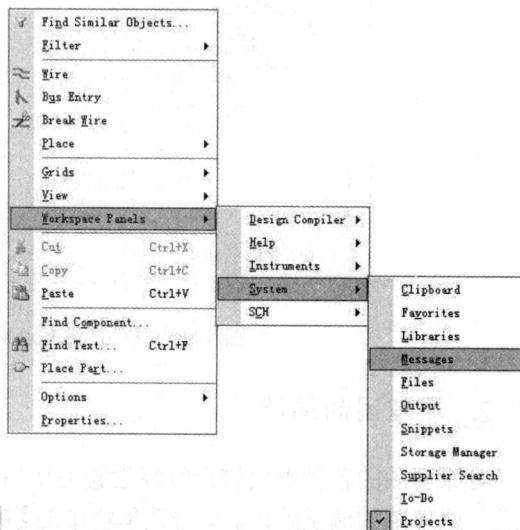

3. 原理图的修正

当原理图绘制无误时，【Messages（信息）】面板中将为空。当出现错误的等级为【Error（错误）】或【Fatal Error（致命错误）】时，【Messages（信息）】面板将自动弹出。错误等级为【Warning（警告）】时，需要用户自己打开【Messages（信息）】面板对错误进行修改。

4.8.2　报表打印输出

原理图设计完成后，经常需要输出一些数据或图纸。本节将介绍 Altium Designer Summer 09 原理图的报表打印输出。

Altiuum Designer Summer 09 具有丰富的报表功能，可以方便地生成各种不同类型的报表。当电路原理图设计完成并且经过编译检查之后，应该充分利用系统所提供的这种功能来创建各种原理图的报表文件。借助于这些报表，用户能够从不同的角度，更好地掌握整个项目的设计信息，以便为下一步的设计工作做好充足的准备。

为方便原理图的浏览和交流，经常需要将原理图打印到图纸上。Altium Designer Summer 09 提供了直接将原理图打印输出的功能。

在打印之前首先进行页面设置。单击菜单栏中的【File（文件）】\【Page Setup（页面设置）】命令，弹出【Schematic Print Properties（原理图打印属性）】对话框，如图 4-93 所示。单击【Printer Setup（打印机安装）】按钮，弹出【打印机设置】对话框，对打印机进行设置，如图 4-94 所示。设置、预览完成后，单击【Print（打印）】按钮，打印原理图。

此外，单击菜单栏中的【File（文件）】\【Print（打印）】命令，或单击【Schematic Standard（标准）】工具栏中的 ![print icon]（打印）按钮，也可以实现打印原理图的功能。

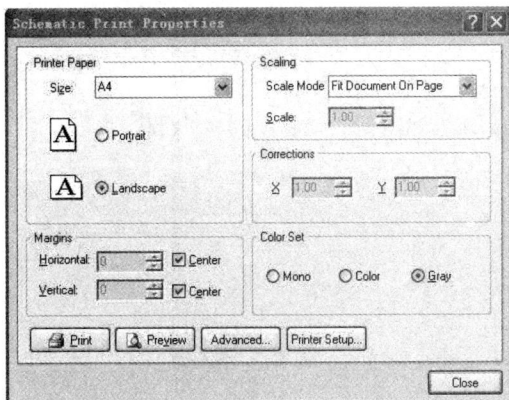

図 4-93　【Schematic Print Properties】对话框　　図 4-94　设置打印机

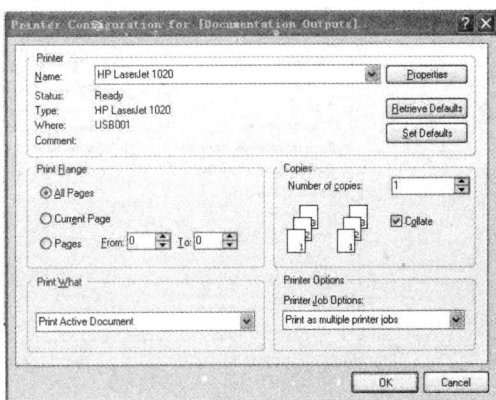

4.8.3　创建网络表

在由原理图生成的各种报表中，网络表是最为重要的。所谓网络，指的是彼此连接在一起的一组元件引脚，一个电路实际上就是由若干网络组成的。而网络表就是对电路或者电路原理图的一个完整描述，描述的内容包括两个方面：一是电路原理图中所有元件的信息（包括元件标识、元件引脚和 PCB 封装形式等）；二是网络的连接信息（包括网络名称、网络节点等），这些都是进行 PCB 布线、设计 PCB 印制电路板不可缺少的依据。具体来说，网络表包括两种：一种是基于单个原理图文件的网络表，另一种是基于整个项目的网络表。

1.　基于整个项目的网络表

在创建网络表之前，应先进行简单的选项设置。

（1）网络表选项设置。打开 Altium Designer Summer 09 软件自带的例子【Analog Amplifier.Sch】。单击菜单栏中的【Project（工程）】\【Project Options（工程选项）】命令，弹出项【目管理选项】对话框。单击【Options（选项）】选项卡，如图 4-95 所示。其中各选项的功能如下。

- ➢ 【Output Path（输出路径）】文本框：用于设置各种报表（包括网络表）的输出路径，系统会根据当前项目所在的文件夹自动创建默认路径。单击右侧的 ![icon]（打开）图标，可以对默认路径进行更改。

- ➢ 【ECO Log Path（ECO Log 路径）】文本框：用于设置 ECO Log 文件的输出路径，系统会根据当前项目所在的文件夹自动创建默认路径。单击右侧的 ![icon]（打开）图标，可以对默认路径进行更改。

- ➢ 【Output Options（输出选项）】选项组：用于设置网络表的输出选项，一般保持默认设置即可。

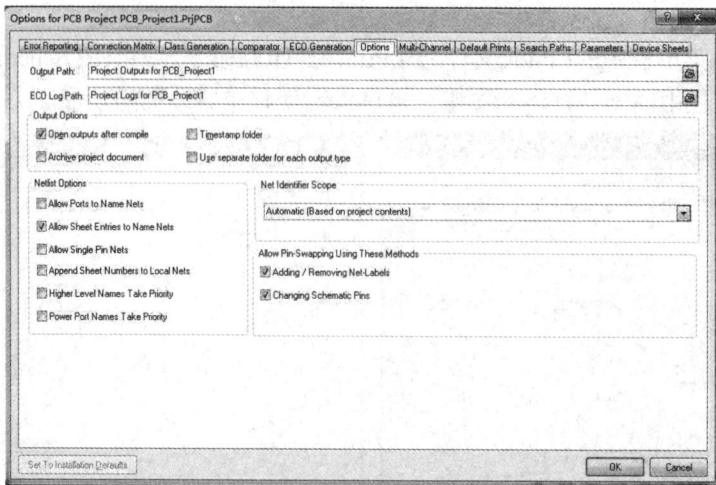

图 4-95　【Options】选项卡

> 　　【**Netlist Options（网络表选项）**】**选项组：** 用于设置创建网络表的条件。
> 　　【**Allow Ports to Name Nets（允许自动命名端口网络）**】**复选框：** 用于设置是否允许用系统产生的网络名代替与电路输入/输出端口相关联的网络名。如果所设计的项目只是普通的原理图文件，不包含层次关系，可勾选该复选框。
> 　　【**Allow Sheet Entries to Name Nets（允许自动命名原理图入口网络）**】**复选框：** 用于设置是否允许用系统生成的网络名代替与图纸入口相关联的网络名，系统默认勾选。
> 　　【**Append Sheet Numbers to Local Nets（将原理图编号附加到本地网络）**】**复选框：** 用于设置生成网络表时，是否允许系统自动将图纸号添加到各个网络名称中。当一个项目中包含多个原理图文件时，勾选该复选框，便于查找错误。
> 　　【**Higher Level Names Take Priority（高层次命名优先）**】**复选框：** 用于设置生成网络表时的排序优先权。勾选该复选框，系统将以名称对应结构层次的高低决定优先权。
> 　　【**Power Port Names Take Priority（电源端口命名优先）**】**复选框：** 用于设置生成网络表时的排序优先权。勾选该复选框，系统将对电源端口的命名给予更高的优先权。

　　（2）创建项目网络表。单击菜单栏中的【Design（设计）】\【Netlist for Project（工程网络表）】\【Protel】命令。系统自动生成了当前项目的网络表文件【PCB_Project1.NET】，并存放在当前项目下的【Generated\Netlist Files】文件夹中。双击打开该项目网络表文件【PCB_Project1.NET】，结果如图 4-96 所示。

　　该网络表是一个简单的 ASCII 码文本文件，由多行文本组成。内容分成了两大部分：一部分是元件的信息，另一部分是网络信息。

　　元件信息由若干小段组成，每一个元件的信息为一小段，用方括号分隔，由元件标识、元件封装形式、元件符号、数值等组成，空行则是由系统自动生成的。

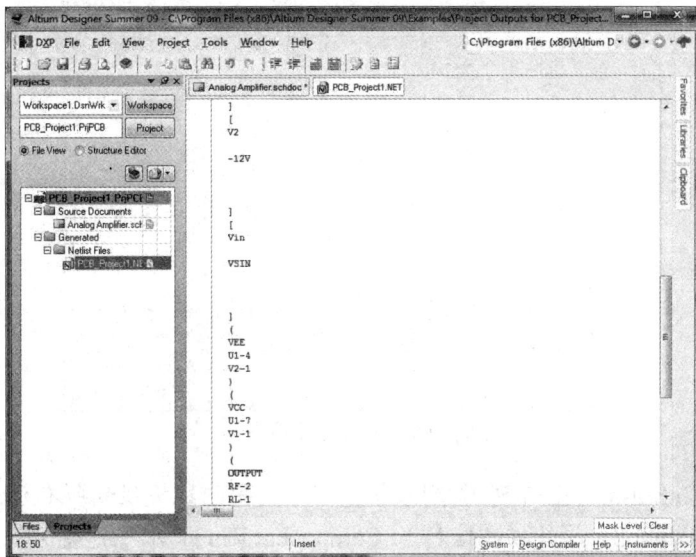

图 4-96　创建项目的网络表文件

网络信息同样由若干小段组成，每一个网络的信息为一小段，用圆括号分隔，由网络名称和网络中所有具有电气连接关系的元件序号及引脚组成。

2. 基于单个原理图文件的网络表

单击菜单栏中的【Design（设计）】\【Netlist for Document（文件网络表）】\【Protel】命令，系统自动生成了当前原理图的网络表文件【Analog Amplifier.NET】，并存放在当前项目下的【Generated\Netlist Files】文件夹中。该网络表的组成形式与上述基于整个项目的网络表是一样的，在此不再重复。

4.8.4　生成元件报表

元件报表主要用来列出当前项目中用到的所有元件标识、封装形式、元件库中的名称等，相当于一份元件清单。依据这份报表，用户可以详细查看项目中元件的各类信息，同时在制作印制电路板时，也可以作为元件采购的参考。

1. 元件报表的选项设置

打开 Altium Designer Summer 09 软件自带的例子【Analog Amplifier.Sch】，单击菜单栏中的【Reports（报告）】\【Bill of Materials（元件清单）】命令，系统弹出相应的元件报表对话框，如图 4-97 所示。在该对话框中，可以对要创建的元件报表的选项进行设置。左侧有两个列表框，它们的功能如下。

> 【Grouped Columns（分组列）】列表框：用于设置元件的归类标准。如果将【All Columns（全部列）】列表框中的某一属性信息拖到该列表框中，则系统将以该属性信息为标准，对元件进行归类，显示在元件报表中。

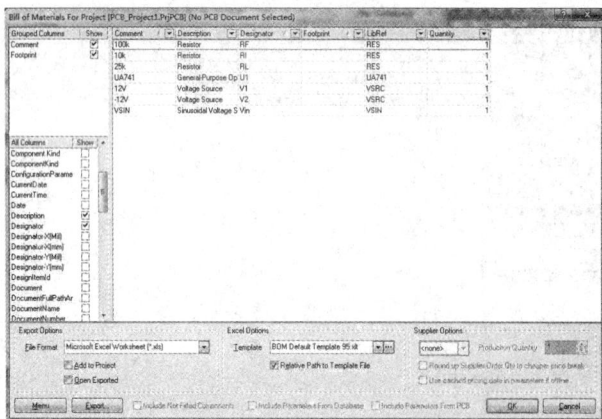

图 4-97   设置元件报表

> 【**All Columns（全部列）**】**列表框：**用于列出系统提供的所有元件属性信息，如 Description（原件描述信息）、Component Kind（元件种类）等。对于需要查看的有用信息，勾选右侧与之对应的复选框，即可在元件报表中显示出来。在图 4-97 中，使用了系统的默认设置，即只勾选了【Comment（注释）】【Description】【Designator（指示符）】【Footprint（封装）】【LibRef（名称）】和【Quantity（数量）】6 个复选框。

> 【**Export Options（导出选项）**】该列表框用于设置文件的导出格式。单击右侧的下拉按钮，有多种格式供用户选择，如：.csv 格式、.pdf 格式、文本格式、网页格式等。系统默认为.excel 格式。

> 【**Excel Options（Excel 选项）**】为元器件报表设置显示模板。单击右侧的下拉按钮，可使用曾经用过的模板文件，也可以单击▣按钮在模板文件夹中重新选择，如图 4-98 所示。选择时，如果模板文件与元器件报表在同一目录下，可选中【Relative Path to Template File（模板文件的相对路径）】复选框，使用相对路径搜索。

图 4-98   选择元件报表模板

2. 元件报表的创建

设置好元件报表的相应选项后，就可以进行元件报表的创建、显示及输出。元件报表可以以多种格式输出，但一般选择 Excel 格式。

Step 01　单击【Menu（菜单）】菜单下的【Report（报告）】命令，弹出如图 4-99 所示的【元件报表预览】对话框。元件报表创建的操作步骤如下。

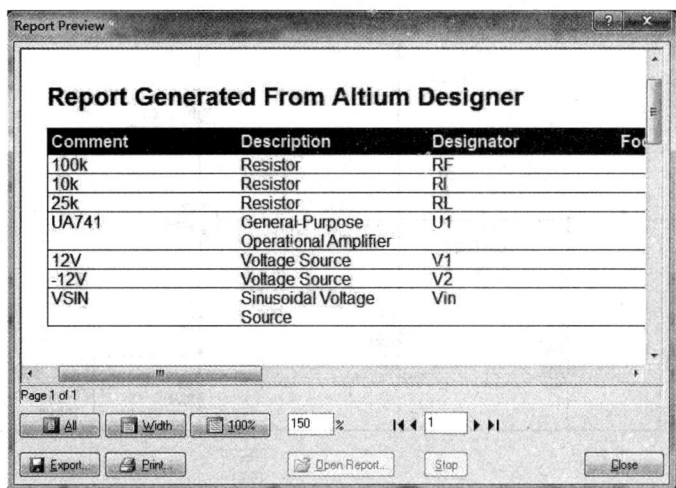

图 4-99　【Report Preview】对话框

Step 02　单击窗口中的【Export（导出）】按钮，可以将该报表进行保存，默认文件名为 PCB_Project1.xls，是一个 Excel 文件。

此外，系统还为用户提供了简易的元件报表，不需要进行设置即可产生。单击菜单栏中的【Report（报告）】\【Simple BOM（简单元件清单报表）】命令，系统同时产生【PCB_Project1.BOM】和【PCB_Project1.CSV】两个文件，并加入项目中，如图 4-100 所示。

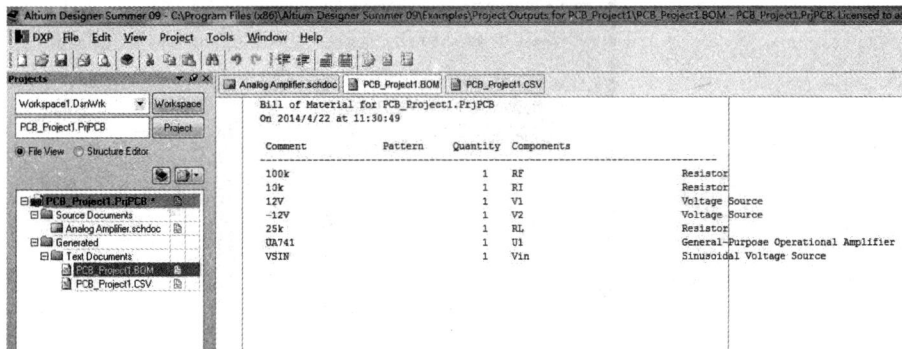

图 4-100　简易元件报表

4.9 操作实例

红外光发射电路如图 4-101 所示，其功能是利用红外线发光二极管发射光脉冲，从而实现电路对人或物体的感应。

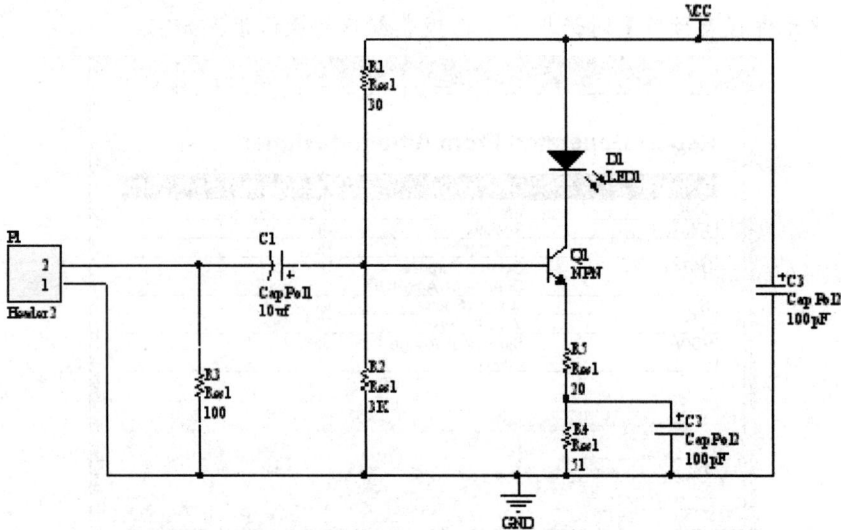

图 4-101　红外光发射电路原理图

4.9.1 创建项目工程文件

执行菜单命令【File】\【New】\【Project】\【PCB Project】，新建一个 PCB 工程文件，执行菜单命令【File】\【Save As…】，并修改工程名为【红外光发射电路.PrjPCB】。

执行菜单命令【File】\【New】\【Schematic】，新建一个原理图文件，执行菜单命令【File】\【Save As…】，并修改文件名为【红外光发射电路.SchDoc】，如图 4-102 所示。

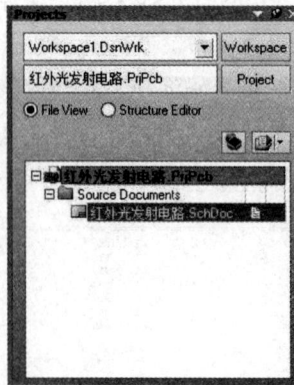

图 4-102　创建工程文件和原理图文件

4.9.2 加载元件库并放置元件

本例中使用的元件在常用分立元件库 Miscellaneous Devices.Intlib 和常用接插件库 Miscellaneous Connectors.Intlib 中都可以找到，加载这两个元件库。选择放置元件的快捷按钮 ，依次放置元件三极管、二极管、电阻、电容等元件，放置好元件并进行布局后如图 4-103 所示。

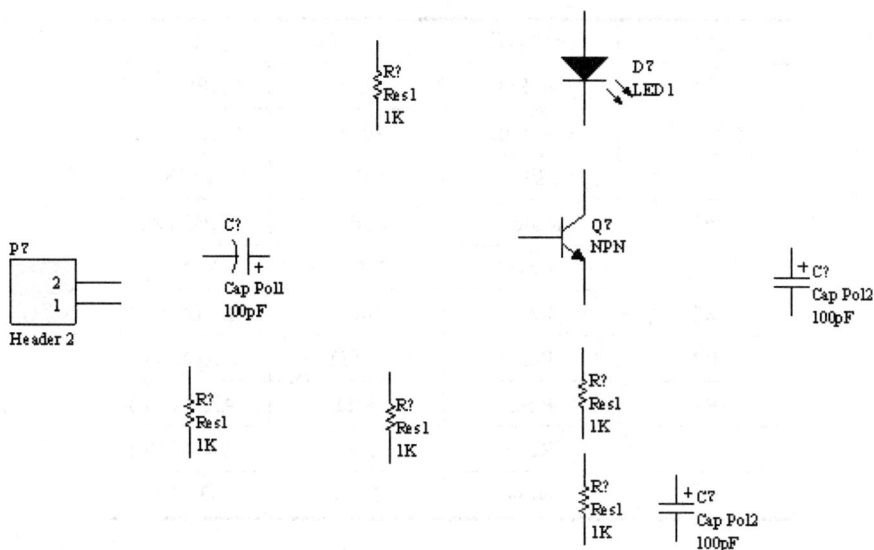

图 4-103　放置好元件的电路图

4.9.3 连接线路

单击布线工具中的 按钮，进行连线。单击布线工具栏中的放置电源按钮 ，在原理图的合适位置放置电源；单击布线工具栏的放置接地按钮 ，放置接地符号。完成连线后的电路原理图如图 4-104 所示。

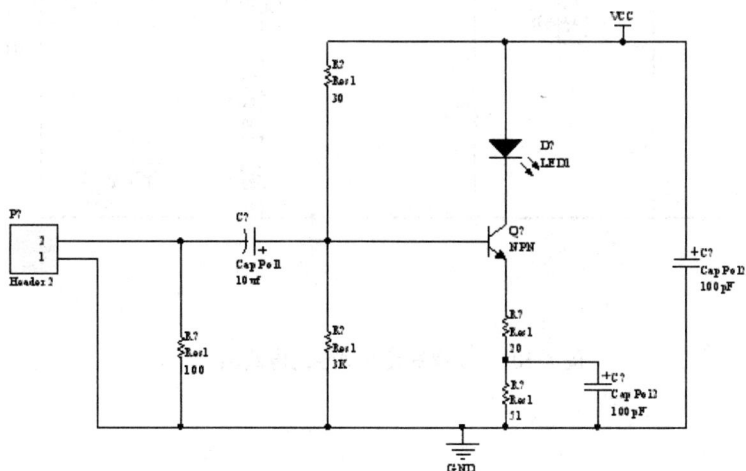

图 4-104　完成连线后的电路原理图

4.9.4 设置元件属性

分别双击各元件，进行属性设置，各元件属性设置如表 4-2 所示。设置好元件属性的电路图如图 4-105 所示。

表 4-2 元件属性清单

编号	元件名称	元件值/型号	封装形式
C1	Cap Pol1	10uF	CAPR5-4X5
C2，C3	Cap Pol2	100pF	CAPR5-4X5
D1	LED1	LED1	LED-1
P1	Header 2	Header 2	HDR1X2
R1	Res1	30Ω	AXIAL-0.3
R2	Res1	3KΩ	AXIAL-0.3
R3	Res1	100Ω	AXIAL-0.3
R4	Res1	51Ω	AXIAL-0.3
R5	Res1	20Ω	AXIAL-0.3
Q1	NPN	NPN	TO92

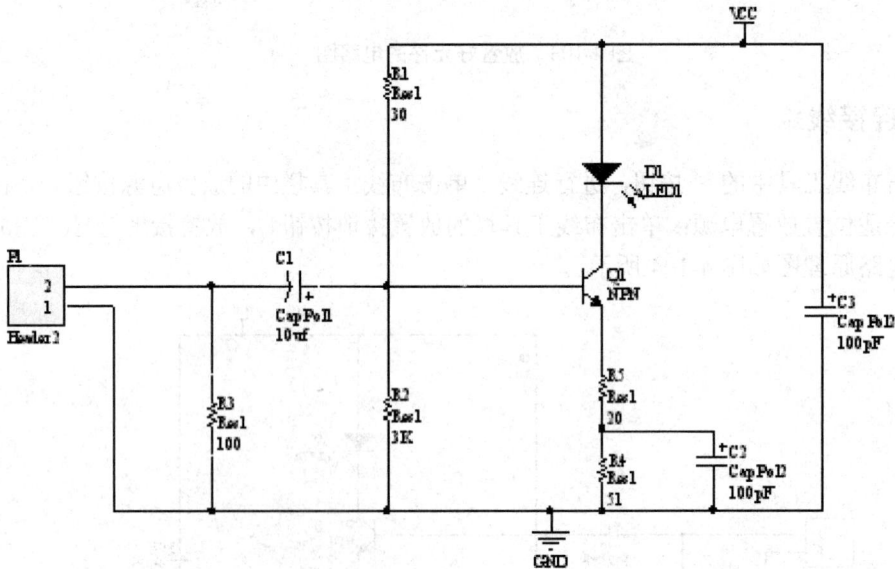

图 4-105 设置好元件属性的电路图

本章小结

本章内容是整个原理图设计的重点和核心，是读者绘制原理图必须掌握的内容，也是 Altium Designer Summer 09 学习的一个重要环节，以便为今后能够快速高效地进行复杂原理图的绘制打下坚实的基础。通过本章的学习，读者可以掌握原理图的使用以及原理图设计的全流程以及具备原理图验证及报告输出的能力。

本章练习

1. 开关电源电路的绘制

绘制如图 4-106 所示的开关电源电路，元器件列表如表 4-3 所示。

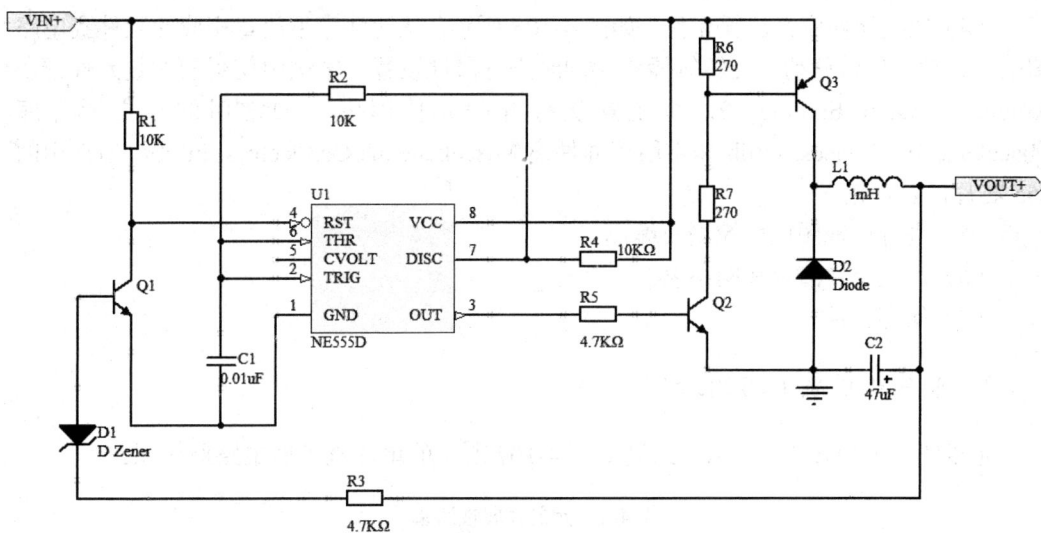

图 4-106 开关电源电路

表 4-3 元件属性清单

编号	元件名称	元件值/型号	封装形式
C1	Cap	0.01uF	RAD-0.3
C2	Cap Pol2	47uF	POLAR0.8
D1	D Zener	D Zener	DIODE-0.7
D2	Diode	Diode	SMC
L1	Inductor	1mH	0402-A
R1，R2，R4	Res2	10 KΩ	AXIAL-0.4

（续表）

R3，R5	Res2	4.7KΩ	AXIAL-0.4
R6，R7	Res2	270	AXIAL-0.4
U1	NE555D	NE555D	DIP8
Q1，Q2	2N3904	2N3904	TO-92A
Q3	2N3906	2N3906	TO-92A

（1）创建项目工程文件。执行菜单命令【File（文件）】\【New（新建）】\【Project（工程）】\【PCB Project】，再次执行菜单命令【File（文件）】\【Save Project As…（另存为）】，保存工程文件，并命名为【Power】。

（2）新建原理图文件。执行菜单命令【File（文件）】\【New（新建）】\【Schematic（原理图）】，再次执行菜单命令【File（文件）】\【Save（保存）】，保存原理图文件，并命名为【开关电源电路】。

（3）设置图纸参数。设置电路图纸大小为 A4、横向放置、标题栏选用标准标题栏，捕获栅格和可视栅格均设置为 10mil。

（4）加载元件库并放置元件。如图 4-105 所示，从元件库中放置相应的元件到电路图中，并对元件做移动、旋转等操作，同时进行属性设置。本例中使用的多数元件都在 Altium Designer Summer 09 系统默认打开的元件库中，如常用的分立元件库 Miscellaneous Devices. Intlib 和常用接插件库 Miscellaneous Connectors. Intlib，但使用的 555 芯片需要查找。

（5）进行原理图电气检测及编译。

（6）产生元件清单和网络表。

（7）保存文件。

2. 单片机扩展电路的绘制

元器件列表如表 4-4 所示，绘制如图 4-107 所示的单片机扩展电路原理图。

表 4-4　元器件属性清单

编号	元件名称	元件值/型号	封装形式
R1	RES2	1K	AXIAL-0.4
R2	RES2	4.7K	AXIAL-0.4
C1，C2	CAP	30pF	RAD-0.3
C3	Cap Pol2	22uF	POLAR0.8
U1	P89C51RC2HF	P89C51RC2HF	SOT389-1_
U2	SN74LS373N	SN74LS373N	738-03
U3	MCM6264P	MCM6264P	710B-01
K1	SW-PB	SW-PB	SPST-2

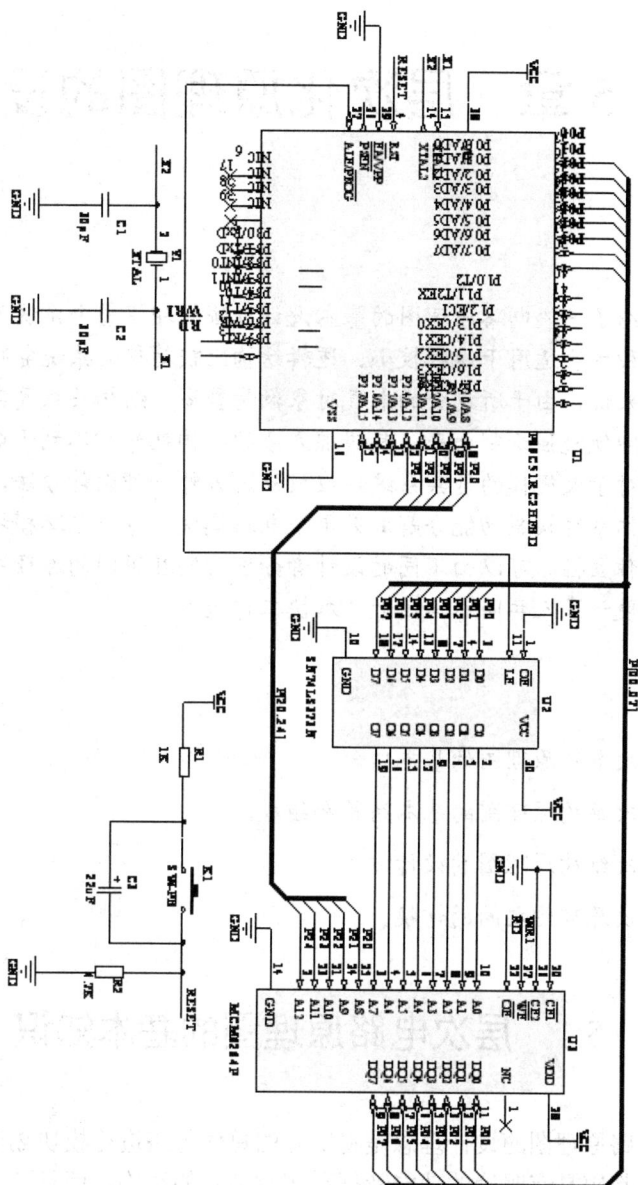

图 4-107 单片机扩展电路

（1）创建项目文件并新建一张电路图，将文档名修改为【单片机扩展电路.SCH】。

（2）绘制单片机扩展电路图。设置图纸大小为 A4，绘制如图 4-107 所示的电路，元件列表如表 4-3 所示。其中元件标号、标称值及网络标号均采用五号宋体，完成后将文件存盘。

（3）对完成的电路图进行电气规则校验，若有错误，加以改正，直到校验无误。

（4）对修改后的电路图进行编译，产生网络表文件，并查看网络表文件，看懂网络表文件的内容。

（5）生成元件清单。

第 5 章　层次化原理图的设计

【本章导读】

　　前面章节介绍了一般电路原理图的基本设计方法，即将整个系统的电路绘制在一张原理图纸上。这种方法适用于规模较小、逻辑结构比较简单的系统电路设计。而对于大规模的电路系统来说，由于所包含的电气对象数量繁多，结构关系复杂，很难在一张原理图上地绘出，即使勉强绘制出来，其错综复杂的结构也非常不利于电路的阅读、分析与检测。因此，对于大规模的复杂系统，应该采用另外一种设计方法，即电路的模块化设计方法。将整体系统按照功能分解成若干个电路模块，每个电路模块具有特定的独立功能，具有相对独立性，可以由不同的设计者分别绘制在不同的原理图上。这样电路结构清晰，同时也便于多人共同参与设计，加快工作进程。

【本章目标】

- ➢ 了解层次电路原理图的基本概念。
- ➢ 掌握层次结构原理图的基本结构和组成。
- ➢ 掌握层次结构原理图的设计方法。
- ➢ 掌握层次原理图之间的切换。

5.1　层次电路原理图的基本知识

　　层次结构电路原理图的设计理念是将实际的总体电路进行模块划分，划分的原则是每一个电路模块都应具有明确的功能特征和相对独立的结构，而且还要有简单、统一的接口，便于模块间的连接。

　　针对每一个具体的电路模块，可以分别绘制相应的电路原理图，该原理图一般称之为子原理图，而各个电路模块之间的连接关系则采用一个顶层原理图来表示。顶层原理图主要由若干个原理图符号即图纸符号组成，用来表示各个电路模块之间的系统连接关系，描述了整体电路的功能结构。这样，把整个系统电路分解成顶层原理图和若干个子原理图以分别进行设计。

5.1.1　层次结构原理图的基本结构

　　Altium Designer Summer 09 系统提供的层次原理图设计功能非常强大，能够实现多层的层次化设计功能。用户可以将整个电路系统划分为若干个子系统，每一个子系统可以划分为若干个功能模块，而每一个功能模块还可以再细分为若干个基本的小模块，这样依次细分下去，就把整个系统划分为多个层次，电路设计化繁为简。

一个二级层次原理图的基本结构图，如图 5-1 所示。由顶层原理图和子原理图共同组成，是一种模块化结构。其中，子原理图用来描述某一电路模块具体功能的普通电路原理图，只不过增加了一些输入/输出端口，作为与上层原理图进行电气连接的接口。普通电路原理图的绘制方法在前面已经学习过，主要由各种具体的元件、导线等构成。

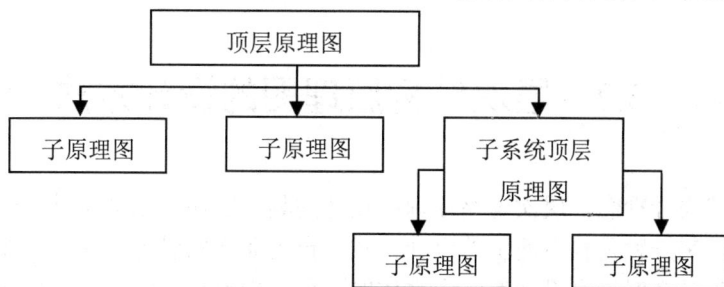

图 5-1　两层结构原理图的基本结构

5.1.2　层次结构原理图的基本组成

顶层电路图即母图的主要构成元素不再是具体的元器件，而是代表子原理图的图纸符号，如图 5-2 所示，它是一个电路设计实例采用层次结构设计的顶层原理图。

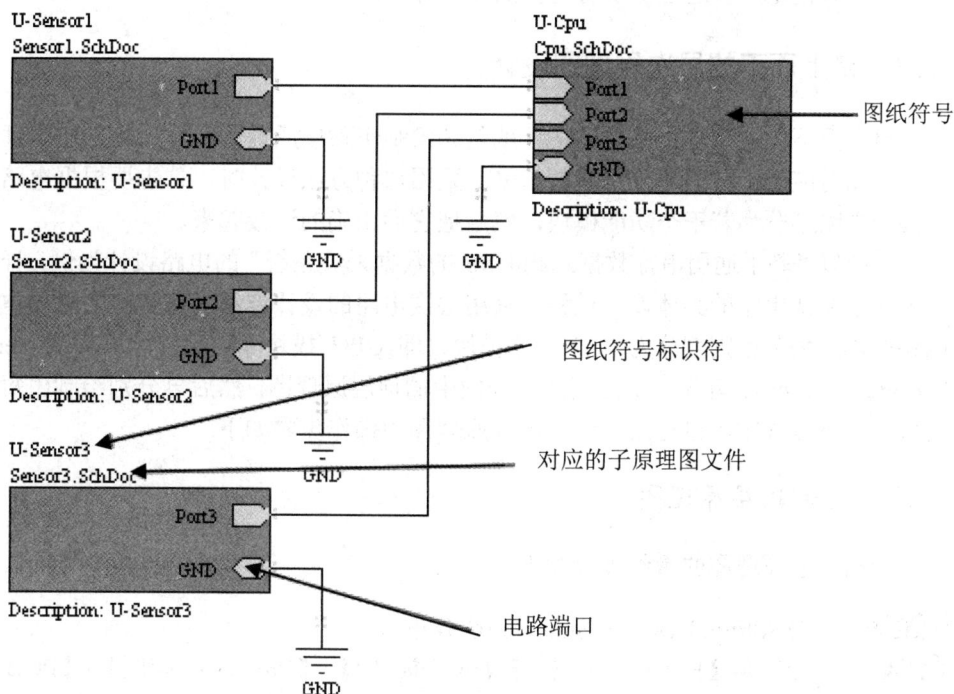

图 5-2　顶层原理图的基本组成

该顶层原理图主要由 4 个图纸符号组成，每一个图纸符号都代表一个相应的子原理图文件，共有 4 个子原理图。在图纸符号的内部给出了一个或多个表示连接关系的电路端口，对于这些端口，在子原理图中都有相同名称的输入/输出端口与之相对应，以便建立起不同层次间的信号通道。

图纸符号之间也是借助于电路端口进行连接的，也可以使用导线或总线完成连线。而且，同一个项目的所有电路原理图（包括顶层原理图和子原理图）中，相同名称的输入/输出端口和电路端口之间，在电气意义上都是相互连通的。

5.2　层次结构原理图的设计方法

基于上述设计理念，层次电路原理图设计的具体实现方法有两种：一种是自上而下的设计方式；另一种是自下而上的设计方式。自上而下的设计方法是在绘制电路原理图之前，要求设计者对这个设计有一个整体的把握。把整个电路设计分成多个模块，确定每个模块的设计内容，然后对每一模块进行详细的设计。在 C 语言中，这种设计方法被称为自顶向下，逐步细化。该设计方法要求设计者在绘制原理图之前就对系统有比较深入的了解，对电路的模块划分比较清楚。

自下而上的设计方法是设计者先绘制子原理图，根据子原理图生成原理图符号，进而生成上层原理图，最后完成整个设计。这种方法比较适用于对整个设计不是非常熟悉的用户，这也是一种适合初学者选择的设计方法。

5.2.1　自上而下的层次原理图设计

自上而下的层次电路原理图设计就是先绘制出顶层原理图，然后将顶层原理图中各个方块图对应的子原理图分别绘制出来。采用这种方法设计时，首先要根据电路的功能把整个电路划分为若干个功能模块，然后把它们正确的连接起来。

本节以"基于通用串行数据总线 USB 的数据采集系统"的电路设计为例，详细介绍自上而下层次电路的具体设计过程。采用层次电路的设计方法，将实际的总体电路按照电路模块的划分原则划分为 4 个电路模块，即 CPU 模块和三路传感器模块 Sensor1、Sensor2、Sensor3。首先绘制出层次原理图中的顶层原理图，然后再分别绘制出每一电路模块的具体原理图。自上而下绘制层次原理图的操作步骤如下。

1. 绘制顶层原理图

绘制顶层原理图的操作步骤如下。

Step 01　启动 Altium Designer Summer 09 程序。

Step 02　执行菜单【File（文件）】\【New（新建）】\【Project（项目）】\【PCB Project（PCB 项目）】命令，则在【Projects（项目）】面板中出现了新建的项目文件，另存为【USB 采集系统.PrjPCB】。

Step 03　在项目文件【USB 采集系统.PrjPCB】上单击鼠标右键，在弹出的快捷菜单中执行【Add New to Project（添加新项目）】\【Schematic（原理图）】命令，在该项目文件中新建一个电路原理图文件，另存为【Mother.SchDoc】，并完成图纸相关参数的设置。

Step 04　绘制方块电路图。执行菜单栏中的【Place（放置）】\【Sheet Symbol（原理图符号）】命令，或者单击布线工具栏中的 ▦（放置原理图符号）按钮，放置方块电路图。此时，光标变为十字形状，并带有一个方块电路图标志。移动光标到需要放置方块电路图的地方，单击鼠标左键确定方块电路图的一个顶点，然后拖动鼠标，在合适的位置再次单击鼠标左键确定其对角顶点，即可完成方块电路图的放置。

此时放置的方块电路图并没有具体的意义，需要进行进一步设置，包括其标识符、所表示的子原理图文件及一些相关的参数等。

此时，鼠标仍处于放置原理图符号的状态，重复上面的操作即可放置其他原理图符号。单击鼠标右键或者按【Esc】键即可退出操作。

Step 05　设置方块电路图的属性。双击需要设置属性的方块电路图或在绘制状态时按【Tab】键，系统将弹出相应的【Sheet Symbol（原理图符号）】对话框，如图 5-3 所示。在该对话框中设置方块图属性。

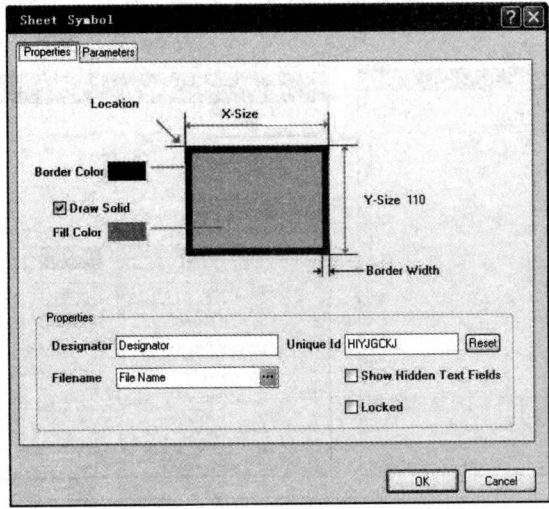

图 5-3　【Sheet Symbol】对话框

方块电路图属性的主要参数含义如下。

【Properties（特性）】选项卡：

➤　【Location（位置）】表示方块电路图左上角顶点的位置坐标，可以输入设置。

➤　【X-Size（宽度），Y-Size（高度）】表示方块电路图的宽度和高度，可以输入设置。

➤　【Border Color（边框颜色）】用于设置方块电路图边框的颜色。单击后面的颜色块，可以在弹出的对话框中设置颜色。

➢ **【Fill Color（填充颜色）】**用于设置方块电路图内部的填充颜色。

➢ **【Draw Solid(是否填充)】复选框：**勾选该复选框，则方块电路图将以 Fill Color（填充颜色）中的颜色填充多边形。

➢ **【Border Width（边框宽度）】**用于设置方块电路图的边框粗细，包括 Smallest（最小）、Small（小）、Medium（中等）和 Large（大）5 种线宽。

➢ **【Designator（标识）】文本框：**用于输入相应方块电路图的名称。所起作用与普通电路原理图中的元件标识符相似，是层次电路图中用来表示方块原理图的唯一标志，不同的方块电路图应该有不同的标识符。在这里输入【U-Sensor1】。

➢ **【Filename（文件名）】文本框：**用于输入该方块电路图所代表的下层子原理图的文件名。在这里输入【Sensor1.SchDoc】。

➢ **【Show Hidden Text Fields（是否显示隐藏的文本框）】复选框：**用于选择是显示还是隐藏方块电路图的文本域。

➢ **【Unique ID（唯一 ID）】**由系统自动产生的唯一的 ID 号，用户不需去设置。

【Parameters（参数）】选项卡：单击【Parameters（参数）】选项卡，如图 5-4 所示，用户可以在该选项卡中执行添加、删除和编辑方块电路图的其他有关参数等操作。单击【Add（添加）】按钮，系统将弹出【Parameters Properties（参数属性）】对话框，如图 5-5 所示。在该对话框中，可以设置追加的参数名称、内容、位置坐标、颜色、字体、方向以及类型等属性。

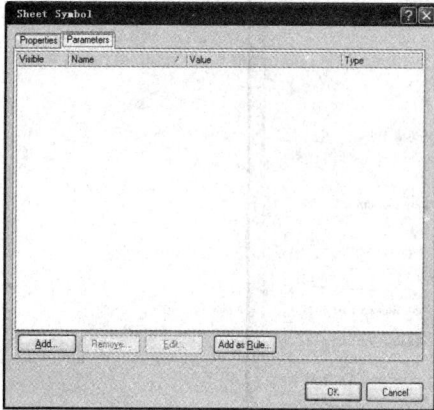

图 5-4 【Parameters】选项卡   图 5-5 【Parameters Properties】对话框

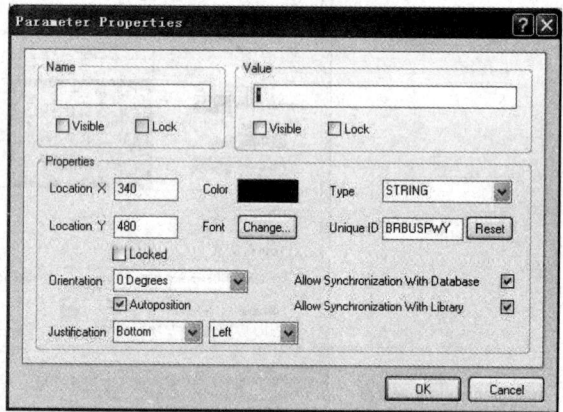

在【Name（名称）】文本框中输入【Description】，在【Value（值）】文本框中输入【U-Sensor1】，勾选下面的【Visible（可见的）】复选框。单击【OK（确定）】按钮，关闭该对话框。单击【Sheet Symbol（原理图符号）】对话框中的【OK（确定）】按钮，关闭该对话框。按照上述方法放置另外 3 个原理图符号 U-Sensor2、U-Sensor3 和 U-Cpu，并设置好相应的属性，如图 5-6 所示。

放置好方块电路图以后，下一步就需要在上面放置电路端口了。电路端口方块电路图之间相互联系的信号在电气上的连接通道，应放置在方块电路图的边缘内侧。

U-sensor1
Sensor1.SchDoc

Description:U-Sensor1

U-Cpu
Cpu.SchDoc

Description:U-Cpu

U-sensor2
Sensor2.SchDoc

Description:U-Sensor2

U-Sensor3
Sensor3.SchDoc

Description:U-Sensor3

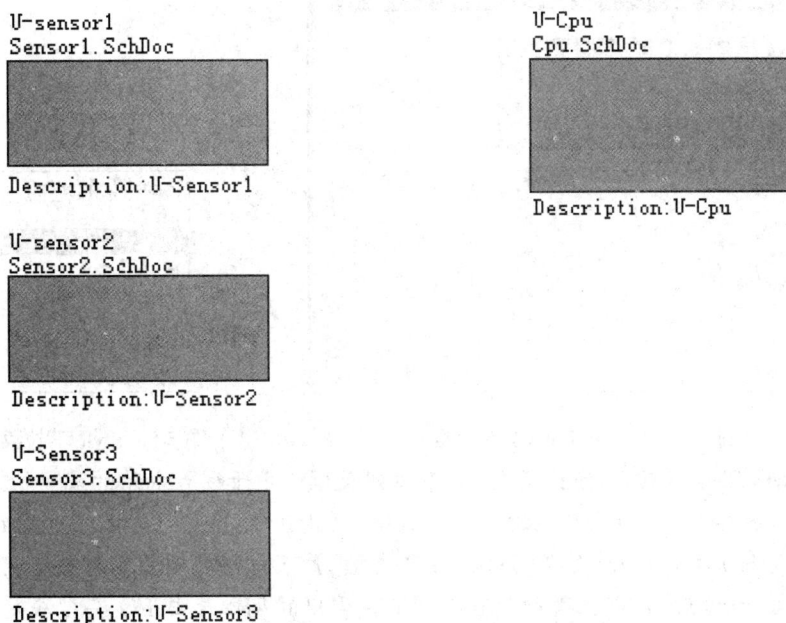

图 5-6　设置好的 5 个方块电路图

Step 06 放置电路端口。单击菜单栏中的【Place（放置）】\【Add Sheet Entry（添加符号连接端口）】命令，或者单击布线工具栏中的 ▣（放置符号连接端口）按钮，放置方块图的图纸入口。此时光标变为十字形状，在方块图的内部单击鼠标左键后，光标上出现一个图纸入口符号。移动光标到指定位置，单击鼠标左键放置一个入口，此时系统仍处于放置图纸入口状态，单击鼠标左键继续放置需要的入口。全部放置完成后，单击鼠标右键或者【Esc】键退出放置状态。

Step 07 设置电路端口的属性。根据层次电路图的设计要求，在顶层原理图中，每个方块电路图上所有电路端口都应该与其代表的子原理图上的一个电路输入、输出端口相对应，包括端口名称及接口形式等。因此，需要对电路端口的属性加以设置。

双击需要设置属性的电路端口或在绘制状态时按【Tab】键，系统将弹出相应的【Sheet Entry（符号连接端口）】对话框，如图 5-7 所示。在该对话框中可以设置图纸入口的属性。电路端口属性的主要参数含义如下。

➢ **Fill Color（填充颜色）**：设置电路端口内部的填充颜色。

➢ **Text Color（文本颜色）**：设置电路端口标注文本的颜色。

➢ **Border Color（边框颜色）**：设置电路端口边框的颜色。

➢ **Side(端口在原理图符号中的位置)**：设置电路端口在原理图符号中的大致方位，包括 Top（顶部）、Left（左侧）、Bottom（底部）和 Right（右侧）4 个选项。

➢ **Style（端口形状）**：设置电路端口的形状。单击后面的下三角按钮，有 8 个选项供选择，如图 5-8 所示。这里设置为【Right】。

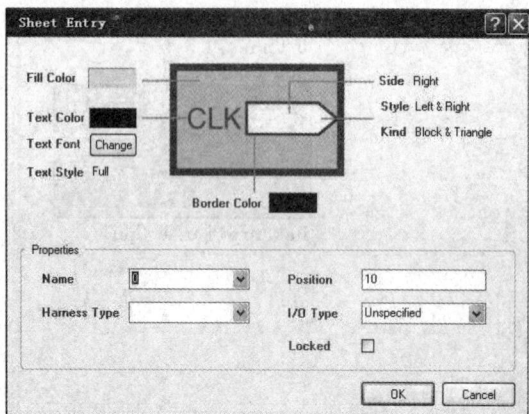

图 5-7 【Sheet Entry】对话框　　　　　图 5-8 Style 下拉菜单

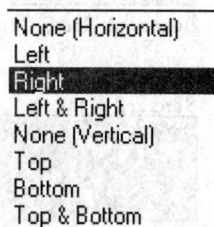

➤ 【I/O Type（输入/输出类型）】下拉列表框：用于设置电路的端口输入/输出类型，包括 Unspecified（未指明）、Output（输出）、Input（输入）和 Bidirectional（双向）4 个选项。【I/O Type（I/O 类型）】下拉列表框通常与电路端口外形的设置一一对应，这样有助于直观理解。端口的属性是由 I/O 类型决定的，这是电路端口最重要的属性。这里将端口属性设置为【Output（输出）】。

➤ 【Name（名称）】下拉列表框：设置电路端口的名称，应该与层次原理图子图中的端口名称对应，只有这样才能完成层次原理图的电气连接。这里设置为【Port1】。

➤ 【Position（位置）】文本框：设置电路端口的位置。该文本框的内容将根据端口移动而自动设置，用户不需要进行更改。

属性设置完毕后单击【OK（确定）】按钮关闭该对话框。按照同样的方法，把所有的电路端口放在合适的位置处，并一一完成属性设置。

Step 08 完成顶层原理图。使用导线或总线把每一个方块电路图上的相应电路端口连接起来，并放置好接地符号，完成顶层原理图的绘制，如图 5-9 所示。

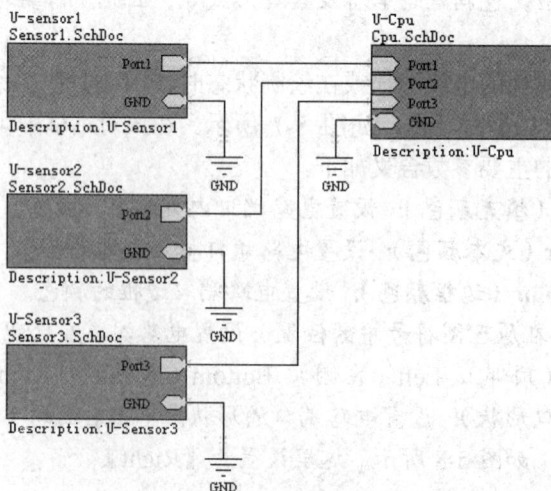

图 5-9 绘制好的顶层原理图

Step **09**　完成顶层原理图。使用导线或总线把每一个方块电路图上的相应电路端口连接
　　　　起来，并放置好接地符号，完成顶层原理图的绘制，如图 5-9 所示。

2．绘制子原理图

根据顶层原理图中的方块电路图，把与之相对应的子原理图分别绘制出来，这一过
程就是使用方块电路图来建立子原理图的过程。具体操作步骤如下。

Step **01**　执行菜单栏中的【Design（设计）】\【Create Sheet From Sheet Symbol（从原理
　　　　图符号创建子原理图）】命令，此时光标变为十字形状。移动光标到方块电
　　　　【U-Cpu】内部，单击鼠标左键，系统自动生成一个新的原理图文件，名称为
　　　　【Cpu.SchDoc】，与相应的方块电路图所代表的子原理图文件名一致，如图 5-10
　　　　所示。此时可以看到，在该原理图中已经自动放置好了与 4 个电路端口方向一
　　　　致的输入、输出端口。

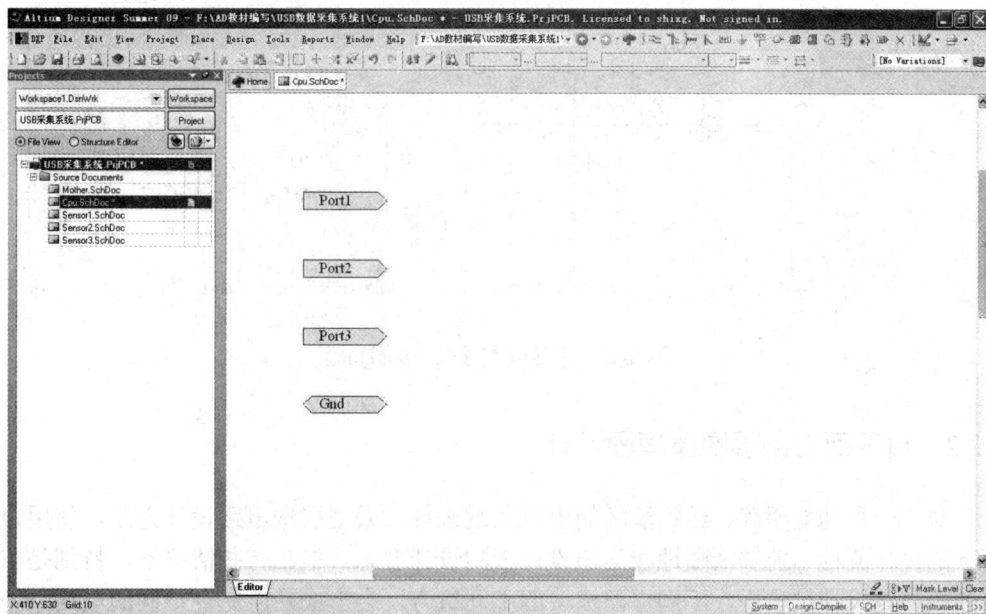

图 5-10　由原理图符号【U-Cpu】建立的子原理图

Step **02**　使用普通电路原理图的绘制方法，放置各种所需的元器件并进行电气连接，完
　　　　成【Cpu】子原理图的绘制，如图 5-11 所示。
Step **03**　使用同样的方法，用顶层原理图中的另外 3 个原理图符号【U-Sensor1】
　　　　【U-Sensor2】【U-Sensor3】建立与其相对应的 3 个子原理图【Sensor1.SchDoc】
　　　　【Sensor2.SchDoc】【Sensor3.SchDoc】，并且分别绘制出来。

至此，采用自上而下的层次电路图设计方法，完成了整个 USB 数据采集系统的电路
原理图绘制。

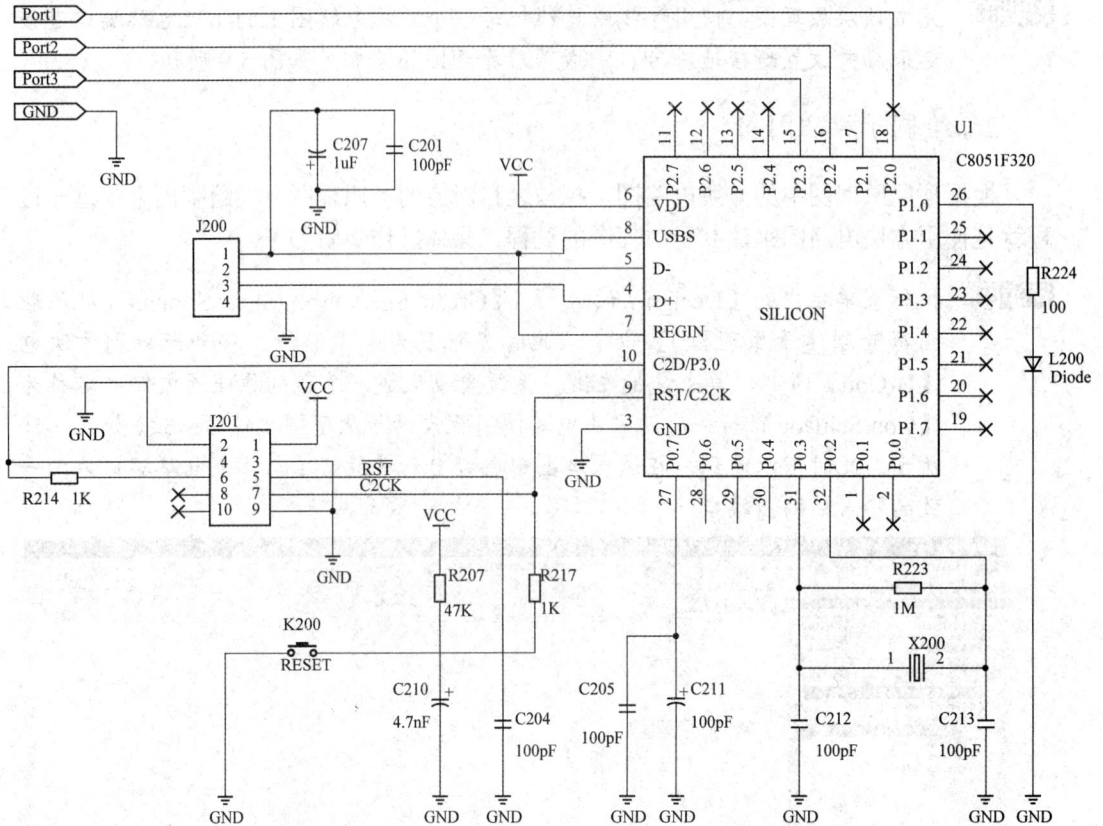

图 5-11　子原理图【Cpu.SchDoc】

5.2.2　自下而上的层次原理图设计

对于一个功能明确、结构清晰的电路系统来说，采用层次电路设计方法，使用自上而下的设计流程，能够清晰地表达出设计者的设计理念。但在有些情况下，特别是在电路的模块化设计过程中，不同电路模块的不同组合，会形成功能完全不同的电路系统。用户可以根据自己的具体设计需要，选择若干个已有的电路模块，组合产生一个符合设计要求的完整电路系统。此时，该电路系统可以使用自下而上的层次电路设计流程来完成。下面是以【基于通用串行数据总线 USB 的数据采集系统】电路设计为例，介绍自下而上层次电路的具体设计过程。自下而上绘制层次原理图的操作步骤如下。

1．建立工作环境

启动 Altium Designer Summer 09，新建项目文件。单击菜单【File（文件）】\【New（新建）】\【Blank Project（PCB）（空白的 PCB 项目）】命令，则在【Projects（项目）】面板中出现了新建的项目文件，另存为【USB 采集系统自下而上.PrjPCB】。

2. 新建原理图文件作为子原理图

在项目文件【USB 采集系统自下而上.PrjPCB】上，单击鼠标右键，在弹出的右键快捷菜单中单击【Add New to Project（添加新项目）】\【Schematic（原理图）】命令，在该项目文件中新建原理图文件，另存为【Cpu.SchDoc】，并完成图纸相关参数的设置。采用同样的方法建立原理图文件【Sensor11.SchDoc】【Sensor21.SchDoc】和【Sensor31.SchDoc】。

3. 绘制各个子原理图

绘制各个子原理图的操作步骤如下。

Step 01 根据每一模块的具体功能要求，绘制电路原理图。例如，CPU 模块主要完成主机与采集到的传感器信号之间的 USB 接口通信，这里使用一片带有 USB 接口的单片机【C8021F320】来完成。而三路传感器模块 Sensor11、Sensor21、Sensor31 则主要完成对三路传感器信号的放大和调制，具体绘制过程不再赘述。

Step 02 放置各子原理图中的输入、输出端口。子原理图中的输入、输出端口是子原理图与顶层原理图之间进行电气连接的重要通道，应该根据具体设计要求进行放置。

例如，在原理图【Cpu.SchDoc】中，三路传感器信号分别通过单片机 P2 口的 3 个引脚 P2.1、P2.2、P2.3 输入单片机中，是原理图【Cpu.SchDoc】与其他 3 个原理图之间的信号传递通道，所以在这 3 个引脚处放置了 3 个输入端口，名称分别为【Port1】【Port2】【Port3】。

除此之外，还放置了一个共同的接地端口【GND】。放置的输入、输出电路端口电路原理图【Cpu.SchDoc】与图 5-11 完全相同。

Step 03 同样，在子原理图【Sensor11.SchDoc】的在信号输出端放置一个输出端口【Port1】，在子原理图【Sensor21.SchDoc】的信号输出放置一个输出端口【Port2】，在子原理图【Sensor31.SchDoc】的信号输出端放置一个输出端口【Port3】，分别与子原理图【Cpu.SchDoc】中的 3 个输入端口相对应，并且都放置了共同的接地端口。

Step 04 移动鼠标到需要放置方块电路图的地方，单击鼠标左键确定方块电路图的一个顶点，移动鼠标到合适的位置再一次单击鼠标确定其对角顶点，即可完成原理图符号的放置。放置了输入、输出电路端口的 3 个子原理图【Sensor11.SchDoc】【Sensor21.SchDoc】和【Sensor31.SchDoc】分别如图 5-12、图 5-13 和图 5-14 所示。

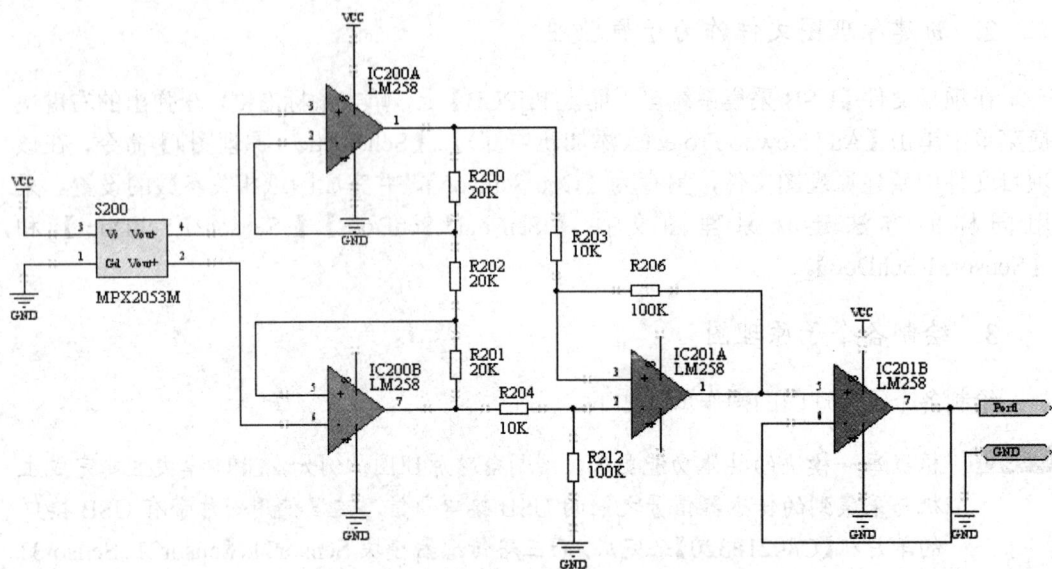

图 5-12 子原理图【Sensor11.SchDoc】

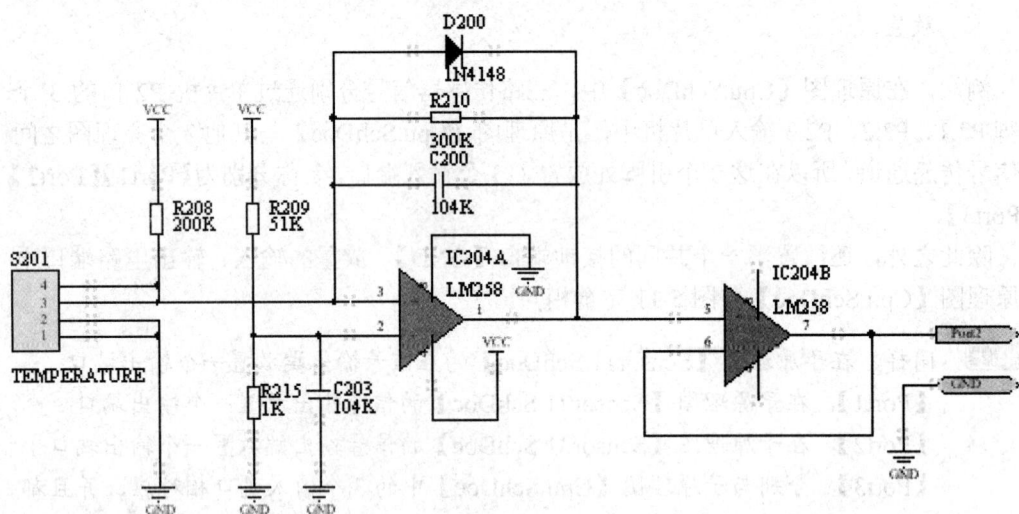

图 5-13 子原理图【Sensor21.SchDoc】

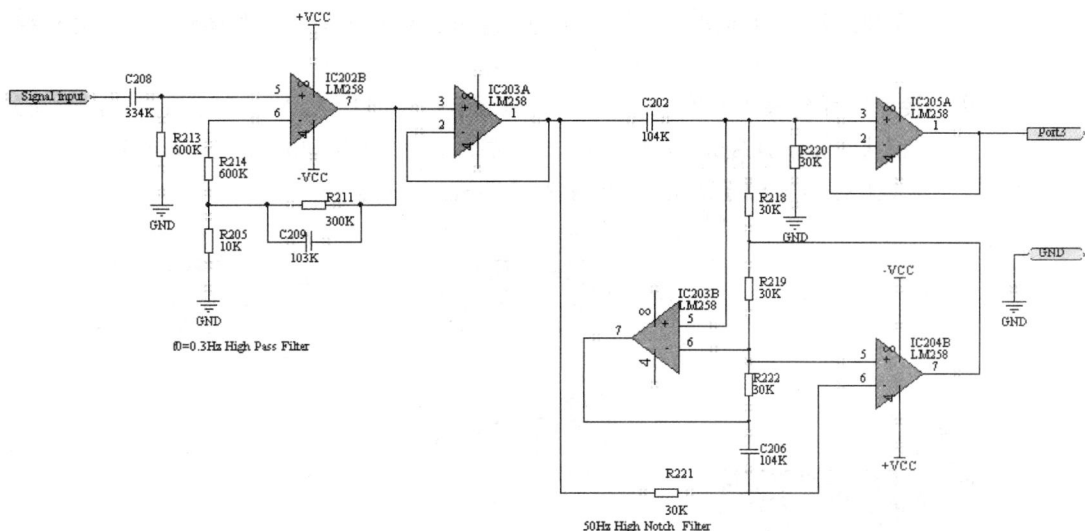

图 5-14　子原理图【Sensor31.SchDoc】

4. 绘制顶层原理图

绘制顶层原理图的具体操作步骤如下。

Step 01　在项目【USB 采集系统自下而上.PrjPCB】中新建一个原理图【Mother1.PrjPCB】，以便进行顶层原理图的绘制。

Step 02　打开原理图文件【Mother1.PrjPCB】，单击菜单栏中的【Design(设计)】\【Create Sheet Symbol From Sheet or HDL（从原理图或 HDL 文件创建原理图符号）】命令，系统将弹出【Choose Document to Place（选择文件放置）】对话框，如图 5-15 所示。

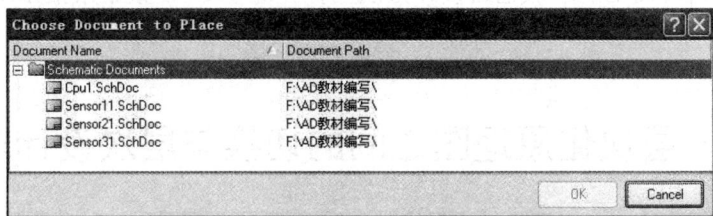

图 5-15　【Choose Document to Place】对话框

Step 03　在该对话框中，系统列出了同一项目中除当前原理图外的所有原理图文件，用户可以选择其中的任何一个原理图来建立原理图符号。例如，这里选中【Cpu1.SchDoc】，单击【OK】按钮，关闭该对话框。

Step 04　此时光标变成十字形状，并带有一个原理图符号的虚影。选择适当的位置，单击鼠标左键即可将该方块电路图放置在顶层原理图中，如图 5-16 所示。该原理图符号的标识符为【U-Cpu】，边缘已经放置了 5 个电路端口，方向与相应的子原理图中输入、输出端口一致。

Step 05 按照同样的操作方法，由 3 个子原理图【Sensor11.SchDoc】【Sensor21.SchDoc】和【Sensor31.SchDoc】可以在顶层原理图中分别建立 3 个原理图符号【U-Sensor11】【U-Sensor21】和【U-Sensor31】，如图 5-17 所示。

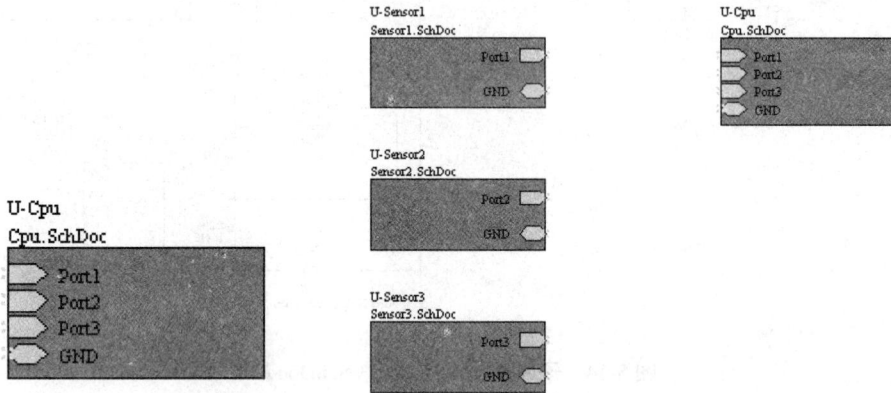

图 5-16　放置 U_Cpu 原理图符号　　　　图 5-17　选择文件放置之后的顶层原理图

5. 设置原理图符号和电路端口的属性

由系统自动生成的方块电路图不一定完全符合设计要求，很多时候还需要进行编辑，如方块电路图的形状、大小、电路端口的位置要有利于布线连接，电路端口的属性需要重新设置等。

用导线或总线将原理图符号通过电路端口连接起来，并放置接地符号，完成顶层原理图的绘制，结果和图 5-9 完全一致。

这样，采用自下而上的层次电路设计方法同样完成了 USB 数据采集系统的整体电路原理图的设计。

5.3　层次化原理图之间的切换与层次设计表

5.3.1　层次化原理图之间的切换

在绘制完成的层次电路原理图中，一般都包含顶层原理图和多张子原理图。用户在编辑时，常常需要在这些图中来回切换查看，以便了解完整的电路结构。对于层次较少的层次原理图，由于结构简单，直接在【Projects（项目）】面板中单击相应原理图文件的图标即可进行切换查看。但是对于包含较多层次的原理图，结构十分复杂，单纯通过【Projects（项目）】面板来切换就很容易出错。在 Altium Designer Summer 09 系统中，提供了层次原理图切换的专用命令，以帮助用户在复杂的层次原理图之间方便地进行切换，实现多张原理图的同步查看和编辑。

1. 由顶层原理图中的方块电路图切换到相应的子原理图

由顶层原理图中的方块电路图切换到相应的子原理图的操作步骤如下。

Step 01　编译项目。打开【Projects（项目）】面板，选中项目【USB 采集系统.PrjPCB】，单击菜单栏中的【Projects(项目)】\【Compile PCB Project USB 采集系统.PrjPCB】命令，完成对该项目的编译。

Step 02　打开【Navigator（导航）】面板，可以看到在面板上显示了该项目的编译信息，其中包括原理图的层次结构，如图 5-18 所示。

Step 03　打开顶层原理图【Mother.SchDoc】，单击菜单栏中的【Tools（工具）】\【Up/Down Hierarchy（切换上一层/下一层）】命令，或者单击【Schematic Standard（原理图标准）】工具栏中的 ![按钮](切换上一层/下一层）按钮，此时光标变为十字形状。移动鼠标到与欲查看的子原理图相对应的方块电路图处，放在任何一个电路端口上。例如，要查看子原理图【Sensor2.SchDoc】，把光标放在原理图符号【U-Sensor2】中的一个电路端口【Port2】上即可。

Step 04　单击该电路端口，子原理图【Sensor2.SchDoc】就出现在编辑窗口中，并且具有相同名称的输出端口【Port2】处于高亮显示状态，如图 5-19 所示。

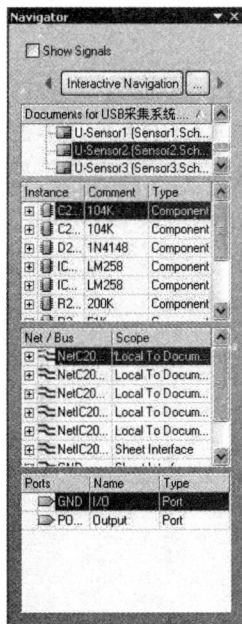

图 5-18　【Navigator】面板　　　　　图 5-19　切换到相应子原理图

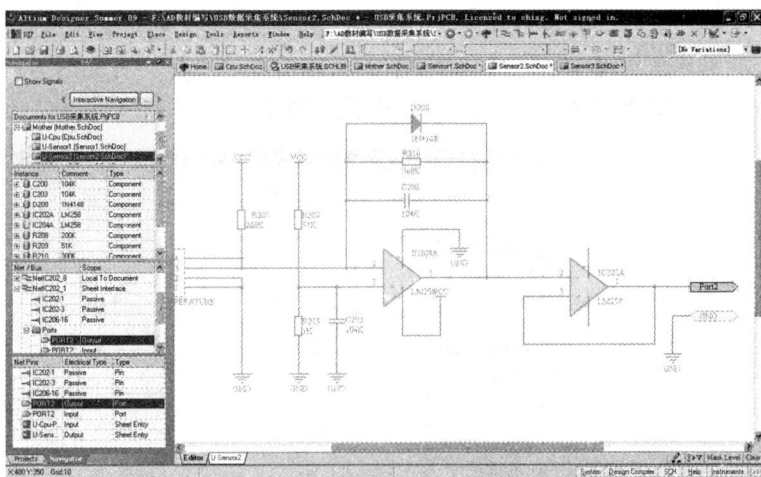

Step 05　单击鼠标右键退出切换状态，完成了由方块电路图到子原理图的切换，用户可以对该子原理图进行查看或编辑。用同样的方法，可以完成其他几个子原理图的切换。

2. 由子原理图切换到顶层原理图

由子原理图切换到顶层原理图的操作步骤如下。

Step 01 打开任意一个子原理图，单击菜单栏中的【Tools（工具）】\【Up/Down Hierarchy（切换上一层/下一层）】命令，或者单击【Schematic Standard（原理图标准）】工具栏中的 🔲（切换上一层/下一层）按钮，此时光标变为十字形，移动光标到任意一个输入/输出端口处，如图 5-20 所示。

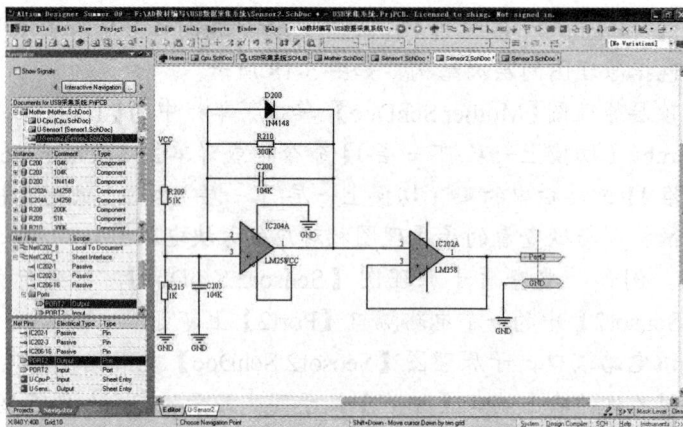

图 5-20　选择子原理图中的任一输入/输出端口

Step 02 然后打开子原理图【Sensor3.SchDoc】，把光标置于接地端口【GND】处。单击鼠标，顶层原理图【Mother.SchDoc】就出现在编辑窗口中。并且，在代表子原理图【Sensor3.SchDoc】的原理图符号中，具有相同名称的接地端口【GND】处于高亮显示状态，如图 5-21 所示。

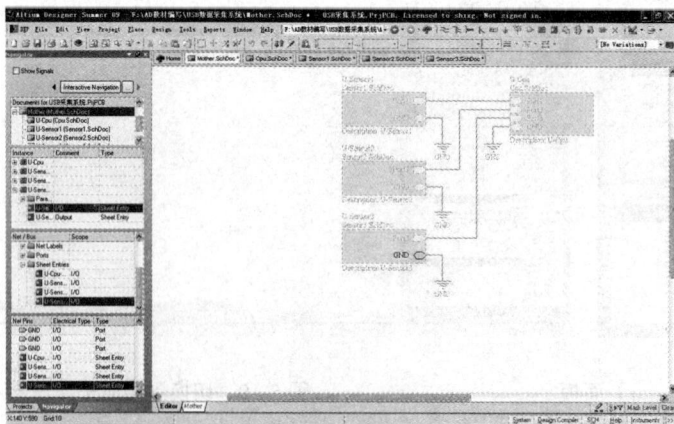

图 5-21　切换到顶层原理图

Step 03 单击鼠标右键退出切换状态，完成了由子原理图到顶层原理图的切换。

此时，用户可以对顶层原理图进行查看或编辑。

5.3.2　层次设计表

通常设计的层次原理图层次较少，结构也比较简单。但是对于多层次的层次电路原理图，其结构关系却是相当复杂的，用户不容易看懂。因此，系统提供了一种层次设计表作为用户查看复杂层次原理图的辅助工具。借助层次设计表，用户可以清晰地了解层次原理图的层次结构关系，进一步明确层次电路图的设计内容。生成层次设计表的主要操作步骤如下。

Step 01　编译整个项目。前面已经对项目【USB 采集系统.PrjPCB】进行了编译。

Step 02　单击菜单栏中的【Reports（项目）】\【Report Project Hierarchy（项目层次报告）】命令，生成有关该项目的层次设计表。

Step 03　打开【Projects（项目）】面板，可以看到，该层次设计表被添加在该项目下的【Generated\Text Documents\】文件夹中，是一个与项目文件同名，后缀为【.REP】的文本文件。

Step 04　双击该层次设计表文件，则系统转换到文本编辑器界面，可以查看该层次设计表。生成的层次设计表如图 5-22 所示。

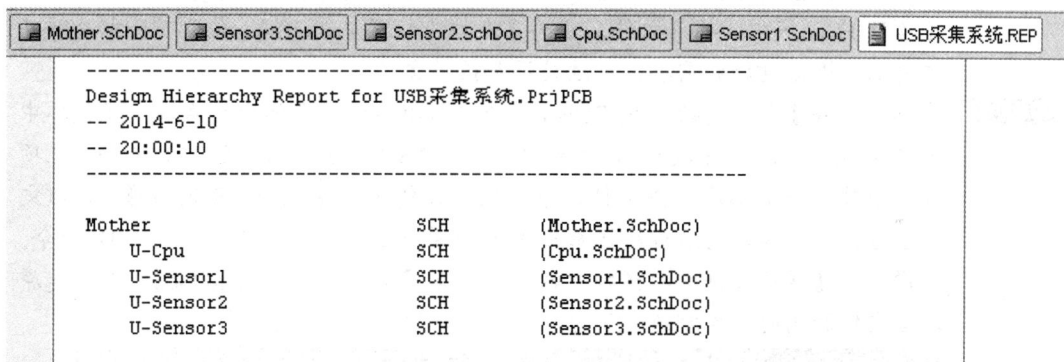

```
 Mother.SchDoc    Sensor3.SchDoc    Sensor2.SchDoc    Cpu.SchDoc    Sensor1.SchDoc    USB采集系统.REP

    --------------------------------------------------------------
    Design Hierarchy Report for USB采集系统.PrjPCB
    -- 2014-6-10
    -- 20:00:10
    --------------------------------------------------------------

    Mother                   SCH        (Mother.SchDoc)
        U-Cpu                SCH        (Cpu.SchDoc)
        U-Sensor1            SCH        (Sensor1.SchDoc)
        U-Sensor2            SCH        (Sensor2.SchDoc)
        U-Sensor3            SCH        (Sensor3.SchDoc)
```

图 5-22　生成的层次设计表

从图 5-22 中可以看出，在生成的设计表中，使用缩进格式明确地列出了本项目中的各个原理图之间的层次关系。原理图文件名越靠左，说明该文件在层次电路图中的层次越高。

5.4　操作实例

通过前面章节的学习，对 Altium Designer Summer 09 层次原理图设计方法应该有一个整体的认识。最后，用实例来详细介绍一下两种层次原理图的设计步骤。

5.4.1 声控变频器电路层次原理图设计

在层次化原理图中，表达子图之间的原理图被称为母图。首先按照不同的功能将原理图划分成一些子模块在母图中，采取一些特殊的符号和概念来表示各张原理图之间的关系。本例主要讲述自顶而下的层次原理图设计，完成层次原理图设计方法中母图和子图设计。

1. 建立工作环境

建立工作环境的操作步骤如下。

Step 01 在 Altium Designer Summer 09 主界面中，单击菜单【Files（文件）】\【New（新建）】\【Project（项目）】\【PCB Project（PCB 项目）】命令，在【Projects（项目）】面板中出现新建的项目文件，默认文件名为【PCB_Project1.PrjPCB】。

Step 02 在项目文件【PCB_Project1.PrjPCB】上右击，在弹出的右键快捷菜单中单击【Save Project As（项目另存为）】命令。在弹出的【保存文件】对话框中输入文件名【声控变频器.PrjPCB】，并保存在指定的文件夹中。此时，在【Projects（项目）】面板中，项目文件名变为【声控变频器.PrjPCB】，在该项目中没有任何内容，根据设计的需要，可陆续添加设计文档。

Step 03 在项目文件【声控变频器.PrjPCB】上单击鼠标右键，在弹出的右键快捷菜单中单击【Add New to Project（添加新项目）】\【Schematic（原理图）】命令。在项目中新建一个电路原理图文件，系统默认文件名为【Sheet1.SchDoc】。在该文件上右击，在弹出的右键快捷菜单中单击【Save File As（文件另存为）】命令。在弹出的【保存文件】对话框中输入文件名【声控变频器.SchDoc】。在创建原理图文件的同时，也就进入了原理图设计环境，如图 5-23 所示。

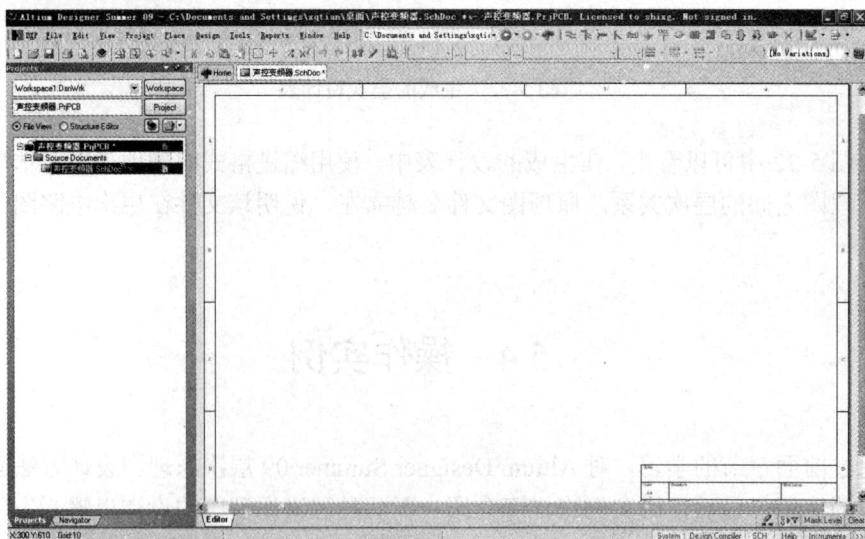

图 5-23 新建原理图文件

2. 设计母图

设计母图的操作步骤如下。

（1）放置方块图。在本例层次原理图的母图中，有两个方块图，分别代表两个下层子图。因此在进行母图设计时，首先应该在原理图图纸上放置两个方块图。

Step 01　单击菜单栏中【Place（放置）】\【Sheet Symbol（原理图符号）】命令，或者单击【Wiring（连线）】工具栏中 ▣（放置原理图符号）按钮，此时光标变为十字形状，并带有一个方块电路图标志。

Step 02　移动光标到需要放置方块电路图的地方，单击确定方块电路图的一个顶点，移动光标到合适的位置再一次单击确定其对角顶点，即可完成方块电路图号的放置。

Step 03　放置完成一个方块电路图后，系统仍处于放置方块电路图状态，用同样的方法在原理图中放置另外一块方块电路图。单击鼠标右键或者按<Esc>键即可退出操作。

Step 04　双击绘制好的方块图，打开【Sheet Symbol（原理图符号）】对话框，在该对话框可以设置方块图的参数。

Step 05　单击【Parameters（参数）】标签切换到 Parameters 选项卡，在该选项卡中单击【Add..（添加）】按钮可以为方块图添加一些参数。例如可以添加一个对该方块图的描述，如图 5-24 所示。

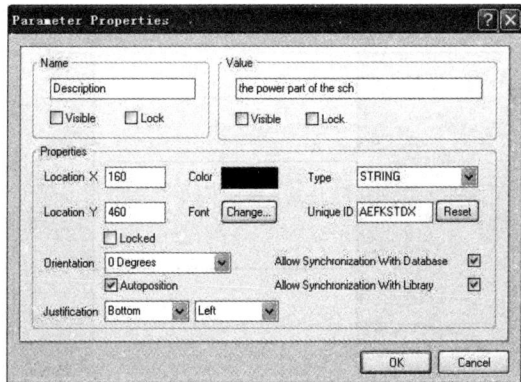

图 5-24　为方块图添加描述性文字

（2）放置电路端口。

Step 01　单击菜单栏中的【Place（放置）】\【Add Sheet Entry（添加原理图端口）】命令，或者单击【Wiring（连线）】工具栏中的 ▣ 按钮，此时鼠标将变为十字形状。移动鼠标到方块电路图内部，选择要放置的位置，单击鼠标左键，会出现一个随光标移动的电路端口，但其只能在方块电路图内部的边框上移动，在适当的位置再一次单击即可完成电路端口的位置。此时，光标仍处于放置电路端口的状态，重复上一步的操作可放置其他的电路端口。

Step 02 设置电路端口的属性。双击需要设置属性的电路端口或在绘制状态时按【Tab】键，系统将弹出相应的电路端口属性设置对话框，在该对话框中对电路端口的属性进行设置。

Step 03 完成属性修改的电路端口如图 5-25 所示。

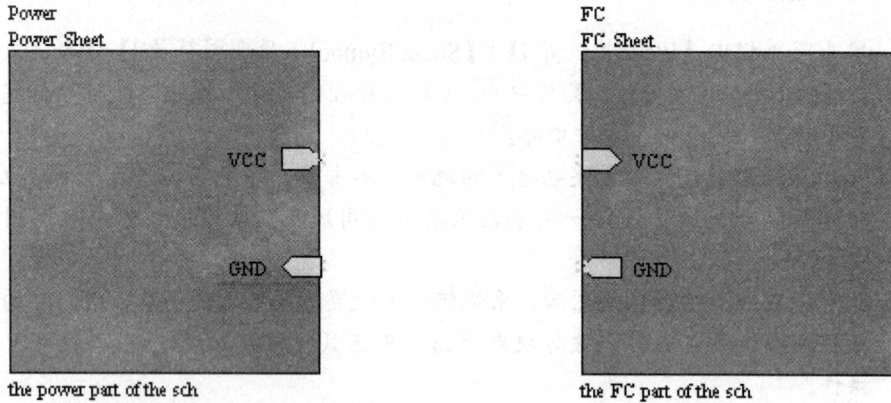

图 5-25　添加端口后的母图

（3）连线。将具有电气连接的方块图的各个电路端口用导线或总线连接起来，完成连接后，整个层次原理图的母图便设计完成了，如图 5-26 所示。

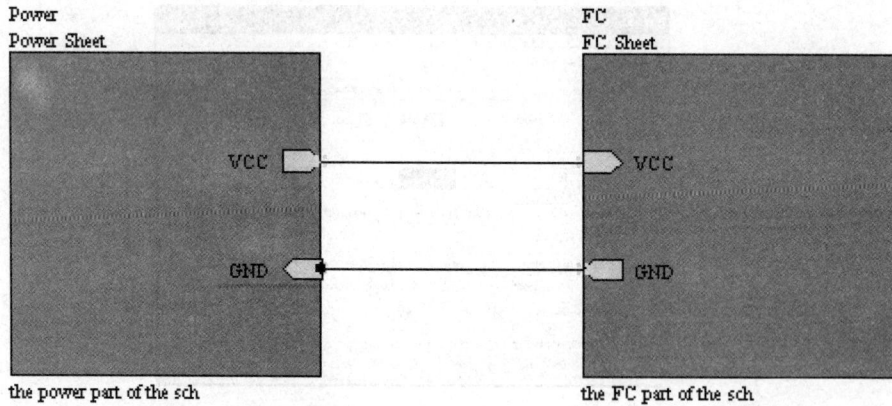

图 5-26　绘制好的母图

3. 设计子原理图

根据顶层原理图中的原理图符号，把与之相对应的子原理图分别绘制出来，这一过程就是使用原理图符号来建立子原理图的过程。

Step 01 单击菜单栏中的【Design（设计）】\【Create Sheet From Sheet Symbol（从原理图创建原理图符号）】命令，此时鼠标将变为十字形状。移动鼠标到方块电路图

【Power】上，单击鼠标左键，系统自动生成一个新的原理图文件，名称为【Power Sheet.SchDoc】，与相应的方块电路图所代表的子原理图文件名一致。

Step 02 加载元件库。单击菜单中【Design（设计）】\【Add/Remove Library...（移动/添加库）】命令，打开【Available Libraries（可用的库）】对话框，然后在其中加载需要的元件库。本例中需要加载的元件库如图 5-27 所示。

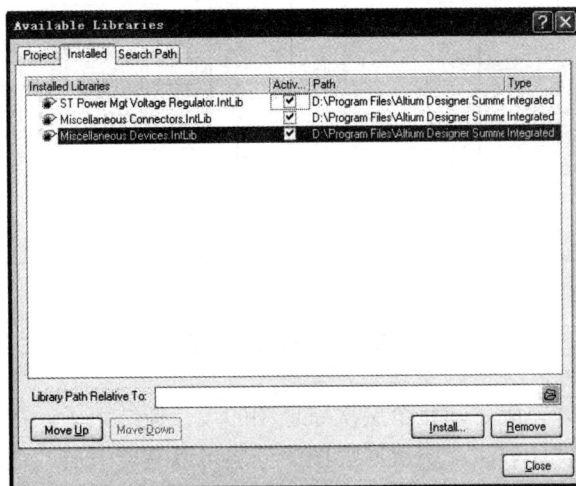

图 5-27 加载需要的元件库

Step 03 放置元件。选择【Library（库）】面板，在其中浏览刚刚加载的元件库 ST Power Mgt Voltage Regulator.IntLib，找到所需的 L7809CP 芯片，然后将其放置在图纸上。在其他的元件库中找出需要的另外一些元件，然后将它们都放置到原理图中，再对这些元件进行布局。

Step 04 元件布线。将输出的电源端接到输入/输出端口 VCC 上，将接地端连接到输出端口 GND 上，最终连接好的电路如图 5-28 所示。至此 Power Sheet 子图便设计完成了。

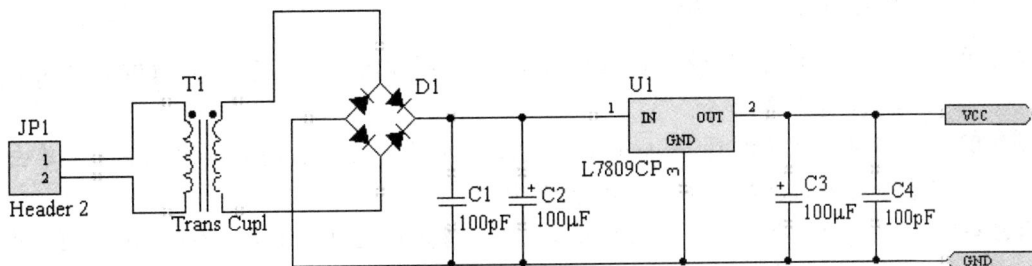

图 5-28 Power Sheet 子图

按照上面的步骤完成另一个原理图子图的绘制。设计完成的 FC Sheet 子图如图 5-29 所示。

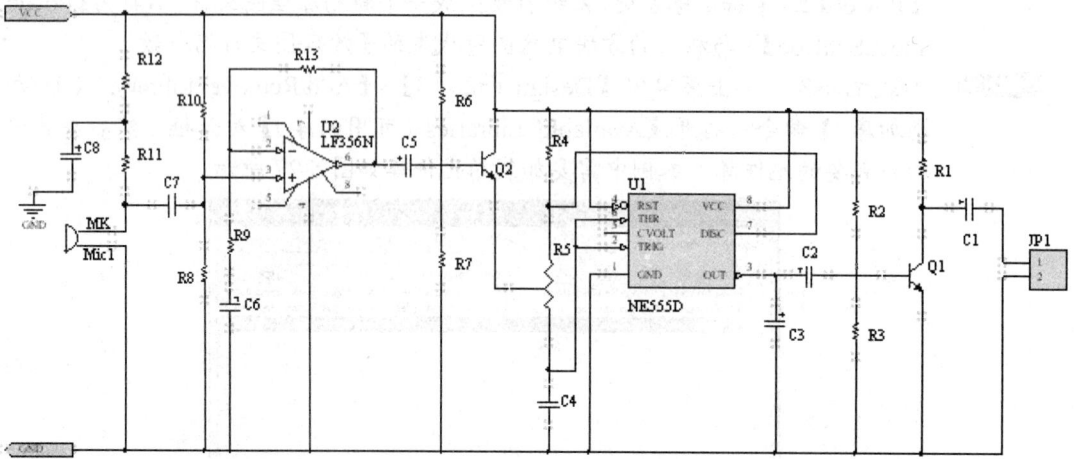

图 5-29　FC Sheet 子图

两个子图都设计完成后，整个层次原理图的设计便结束了。在本例中，讲述了层次原理图自上而下的设计方法。层次原理图的分层可以有若干层，这样可以使复杂的原理图更有条理，更加方便阅读。

5.4.2　存储器接口电路层次原理图设计

本例主要讲述自下而上的层次原理图设计。在电路的设计过程中，有时候会出现一种情况，即事先不能确定端口的情况，这时候就不能将整个工程的母图绘制出来，因此自上而下的方法就不能胜任了。而自下而上的方法就是先设计好原理图的子图，然后由子图生成母图的方法。

1. 建立工作环境

建立工作环境的操作步骤如下。

Step 01　单击菜单【File（文件）】\【New（新建）】\【Project（项目）】\【PCB Project（PCB 项目）】命令。

Step 02　在项目文件【PCB_Project1.PrjPCB】上右击，在弹出的右键快捷菜单中单击【Save Project As（项目另存为）】命令。

Step 03　在弹出的保存文件对话框中输入文件名【声控变频器存储器接口.PrjPCB】，并保存在指定的文件夹中。

Step 04　在项目文件【声控变频器.PrjPCB】上单击鼠标右键，在弹出的右键快捷菜单中单击【Add New to Project（添加新项目）】\【Schematic（原理图）】命令。

Step 05　将新建的原理图文件另存为【寻址.SchDoc】。

2. 加载元件库

单击菜单中【Design（设计）】\【Add/Remove Library...（添加/移除库）】命令，打开【Available Libraries（可用的库）】对话框，然后在其中加载需要的元件库。本例中需要加载的元件库如图 5-30 所示。

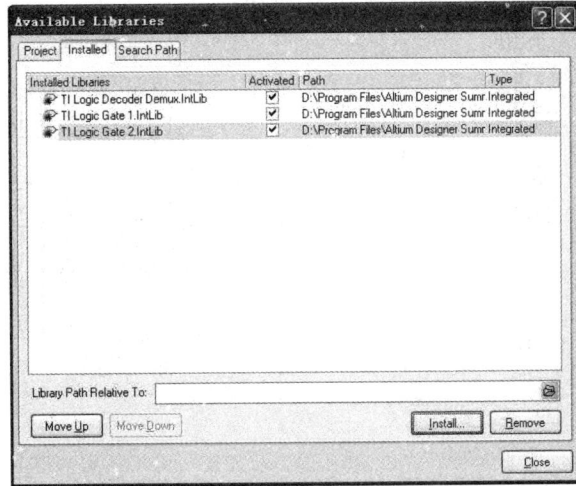

图 5-30　加载需要的元件库

3. 放置元件

选择【Library（库）】面板，在其中浏览刚刚加载的元件库 TI Logic Decoder Demux.IntLib，找到所需的译码器 SN75LS138D，然后将其放置在图纸上。在其他的元件库中找出需要的另外一些元件，然后将它们都放置到原理图中，再对这些元件进行布局，布局的结果如图 5-31 所示。

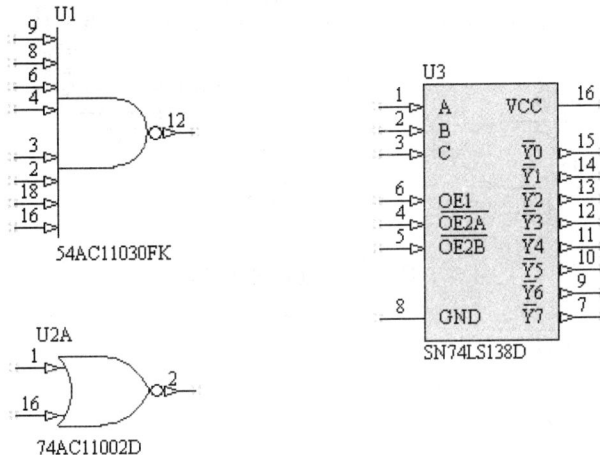

图 5-31　放置元件

4. 元件布线

元件布线的操作步骤如下。

Step 01 将输出的电源端接到输入/输出端口 VCC 上，将接地端连接到输出端口 GND 上，最终连接好的电路如图 5-32 所示。

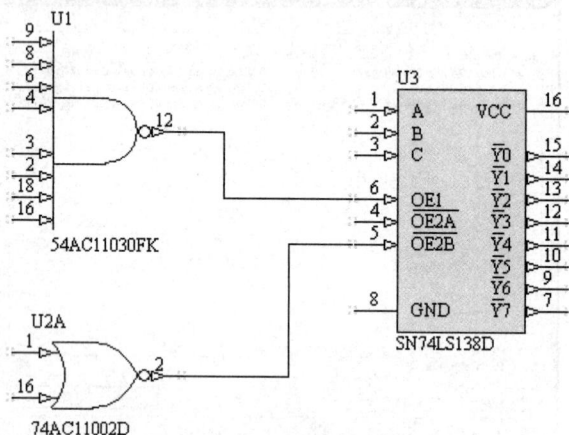

图 5-32 布线后的电路图

Step 02 放置网络标号。单击菜单【Place（放置）】\【Net Label（网络标号）】命令，在需要放置网络标号的管脚上添加正确的网络标号，如图 5-33 所示。

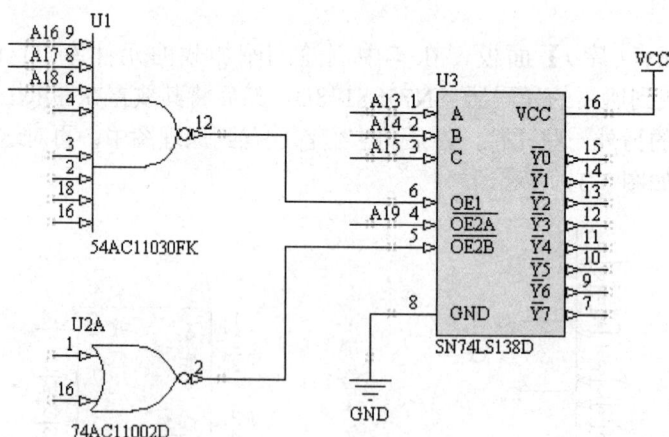

图 5-33 放置网络标号

5. 放置电路端口

放置电路端口的操作步骤如下。

Step 01 单击菜单栏中的【Place（放置）】\【Add Sheet Entry（添加原理图端口）】命令，或者单击【Wiring（连线）】工具栏中的■按钮，此时鼠标将变为十字形状。移动鼠标到方块电路图内部，选择要放置的位置，单击鼠标左键，会出现一个随光标移动的电路端口，但其只能在方块电路图内部的边框上移动，在适当的位置再一次单击即可完成电路端口的位置。此时，光标仍处于放置电路端口的状态，重复上一步的操作可放置其他的电路端口。

Step 02 设置电路端口的属性。双击需要设置属性的电路端口或在绘制状态时按【Tab】键，系统将弹出相应的电路端口属性设置对话框，在该对话框中对电路端口的属性进行设置，如图 5-34 所示。

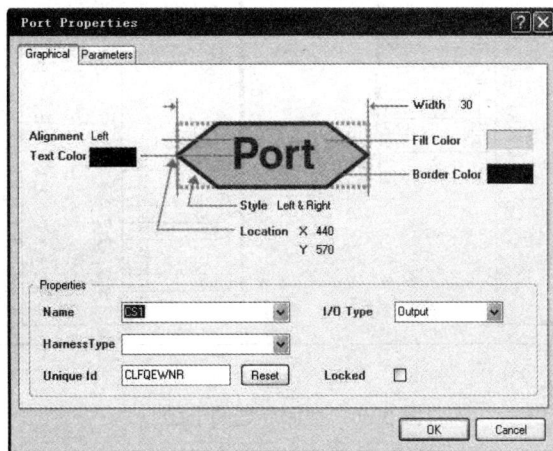

图 5-34　设置输入/输出端口属性

Step 03 放置好电路端口的电路如图 5-35 所示。这样就完成了【寻址】原理图子图的设计。

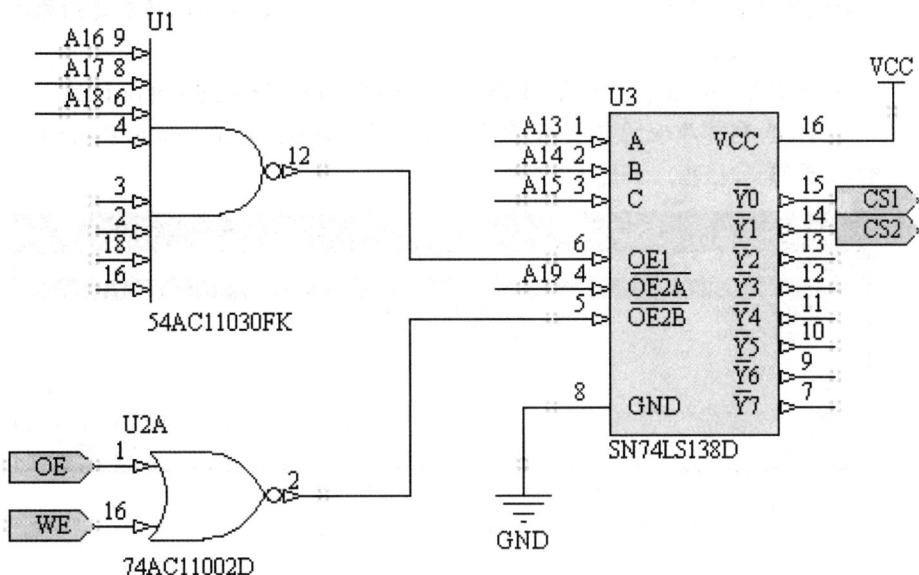

图 5-35　寻址原理图子图

6. 绘制其他子图

按照同样的方法，绘制出【存储】原理图子图，如图 5-36 所示。

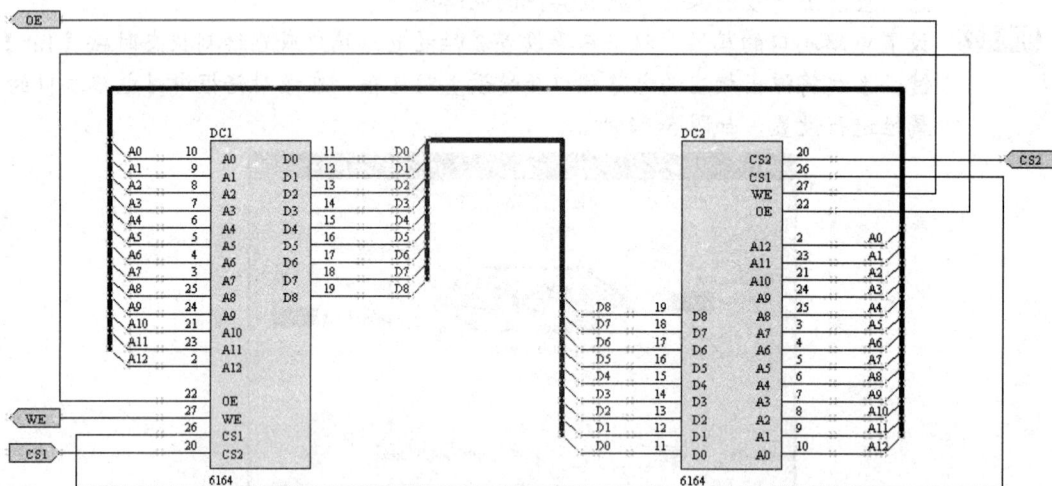

图 5-36　存储原理图子图

7. 设计存储器接口电路母图

设计存储器接口电路母图具体操作步骤如下。

Step 01　单击菜单【File（文件）】\【New（新建）】\【Schematic（原理图）】命令，然后选择菜单【File（文件）】\【Save As（另存为）】命令，将新建的原理图文件另存为【存储器接口.SchDoc】。

Step 02　单击菜单【Design（设计）】\【Create Sheet Symbol From Sheet or HDL（从原理图或 HDL 创建原理图符号）】命令，打开【Choose Document to Place（选择文件位置）】对话框，如图 5-37 所示。

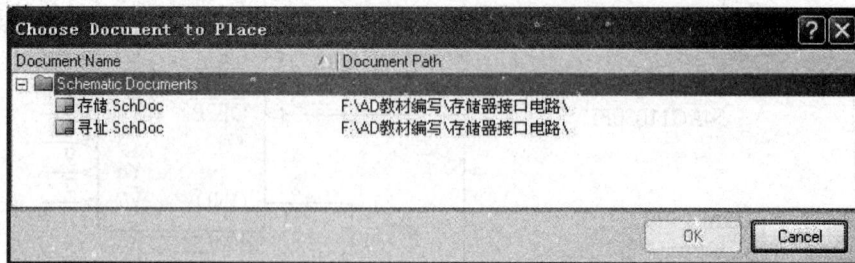

图 5-37　【Choose Document to Place】对话框

Step 03　在【Choose Document to Place（选择文件位置）】对话框中列出了所有的原理图子图，选择【存储.SchDoc】原理图子图，单击【OK（确定）】按钮，鼠标光标上就会出现一个方块图，移动光标到原理图中适当的位置，单击就可以将该方块图放置在图纸上，用同样的方法将【寻址.SchDoc】原理图生成的方块图放置到图纸中，生成的母图方块图如图 5-38 所示。

图 5-38　生成的母图方块图

Step 04　用导线将具有电气关系的端口连接起来，就完成了整个原理图母图的设计，如图 5-39 所示。

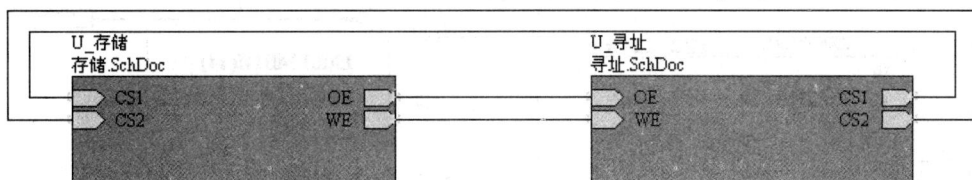

图 5-39　存储器接口电路母图

8. 电路编译

单击菜单【Project（项目）】\【Compile PCB Project 存储器接口.PrjPcb】命令将原理图进行编译，在【Projects（项目）】工作面板中就可以看到层次原理图中母图和子图的关系。

本章小结

通过对本章的学习，读者应该了解层次电路原理图的基本概念；掌握层次结构原理图的基本结构和组成；掌握自上而下的层次原理图设计方法、自下而上的层次原理图设计方法；由顶层原理图中的方块电路图切换到相应的子原理图步骤、由子原理图切换到顶层原理图的步骤。这也是 Altium Designer Summer 09 学习的一个重要章节。

本章练习

将图 5-40 所示的原理图绘制成一个层次图。

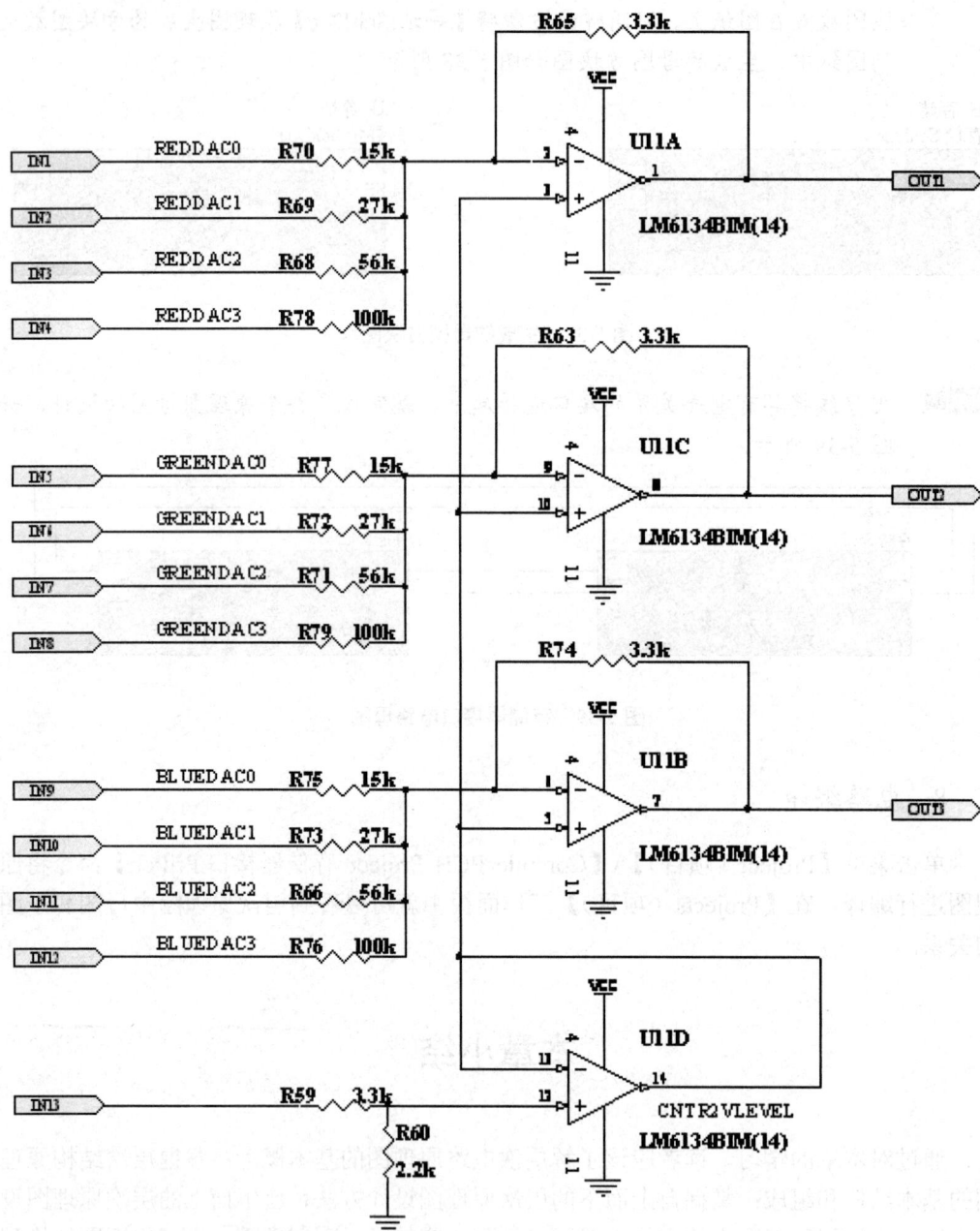

图 5-40　操作练习

第 6 章　创建元件库及元件封装

【本章导读】

Altium Designer Summer 09 提供了丰富的元件封装库资源，还提供了相应的制作元器件库的工具，可以创建库。但在实际的电路设计中，由于电子元件制造技术的不断更新，有些特定元件的原理图和封装仍需要我们自行创建。本章主要介绍原理图元件库编辑器、PCB 元件库编辑器的使用，并通过实例讲解制作原理图元件库、PCB 元件库及集成元件库的方法。

【学习目标】

- ➢ 掌握原理图元件库编辑器的组成、绘图工具及使用方法。
- ➢ 掌握原理图元件库的加载和编辑。
- ➢ 掌握原理图元件和元件库的创建和制作方法。
- ➢ 掌握创建 PCB 库和元器件封装的方法。
- ➢ 会生成元件报表和元器件库报表。

6.1　集成库与元件库基本知识

Altium Designer Summer 09 以独立的集成库支持设计，综合所有相关模块，诸如单个库包含每个元件的封装和仿真子电路。用户可编译和部署完全可移植的、安全的独立库。

用户可以直接对源原理图和 PCB 库进行操作，将其编译进集成库，这为用户提供了所有必要器件信息的单一的、安全的源。用户可以附加仿真和信号完整性模型，以及器件的 3D CAD 描述。在编译集成库时，从源中提取的所有模型合并成一个可移植的单一格式。然后即可部署集成库，用于设计。使用集成库，用户能够维护源库的完整性，同时为设计师提供访问所有必要器件信息的接口。集成库中的元件可以包括数据库链接参数，这样即使在没有使用完整数据库的时候，也可以动态地把集成库链接到器件管理系统。

一旦设计完成，Altium Designer Summer 09 即可从项目中自动提取所有器件信息，创建特定项目的集成库。这样用户可以将完整的项目器件数据进行存档，确保如果将来需要修改设计时可以访问所有原始器件信息。Altium Designer Summer 09 集成库格式的多功能特性和安全性允许用户控制独立器件源的部署，从而对器件数据进行管理，而不需要完整的数据库器件信息系统。

6.1.1　集成库的浏览

集成库的浏览主要是查看集成库中的元件信息，浏览的方法有以下几种。

1．用原理图库文件编辑器浏览

打开集成库文件 Miscellaneous Devices.IntLib。在原理图库文件编辑器中，只有【Tools（工具）】\【Goto（转到）】子菜单中的命令具有浏览功能，执行其中的命令完成元件的浏览。

2．用原理图库面板浏览

原理图库文件编辑器的浏览功能非常有限，使用起来不太方便，因此浏览元件库的元件时，通常是用 SCH Library（原理图库）面板或 Libraries（库文件）面板。

原理图库面板的进入方法：单击原理图库文件编辑器右下方的面板标签【SCH（原理图）】，单击【SCH Library（原理图库）】打开原理图库面板。

在元件列表框中，列出当前正在编辑的元件库中的所有元件，单击元件名称使之处于选中状态，可以看到该元件的引脚和封装模型等信息，同时原理图库文件编辑器的窗口也会同步显示元件的原理图符号。

3．用库文件面板浏览

原理图库面板的浏览功能也有一定的局限性，即只能浏览在原理图库文件编辑器中打开的元件库，所以如果只是单纯地实现浏览元件库的功能时，使用 Libraries（库元件）面板是最实用的。

在库文件面板中可以浏览所有已加载的元件库，而且可同时观察到元件的原理图符号、PCB 封装、仿真模型等。

浏览元件库主要的目的是放置和编辑元件，可根据不同的目的选择不同的浏览方法，PCB 库文件编辑器中元件库的浏览方法类似，后面将不再介绍。

6.1.2　元件库格式

Altium Designer Summer 09 支持的元件库文件格式主要包括以下几个。

（1）Integrated Libraries（*.IntLib）。

（2）Schematic Libraries（*.SchLib）。

（3）Database Libraries（*.DBLib）。

（4）SVN Database Libraries（*.SVNDBLib）。

（5）Protel Footprint Library（*.PcbLib）。

（6）PCB3D Model Library（*.PCB3Dlib）。

其中，*.SchLib 和*.PcbLib 为原理图元件库和 PCB 封装库，*.IntLib 为集成元件库。其他格式还有*.VHDLLib 为 VHDL 语言宏元件库。*.Lib 为 Protel 以前版本的元件库。

Altium Designer Summer 09 的元件库格式向下兼容，即可使用 Protel 以前版本的元件库。

6.2　原理图库文件编辑器

6.2.1　启动原理图库文件编辑器

启动原理图库文件编辑器的方法有两种，可以按照使用目的不同来选择启动方法。

1.　创建一个原理图库文件

创建一个原理图库文件的操作步骤如下。

Step 01　单击菜单【File（文件）】\【New（新建）】\【Library（库）】\【Schematic Library（原理图库）】，新建默认名称为 Schlib1.SchLib 的原理图库文件。

Step 02　此时，启动原理图库文件编辑器，如图 6-1 所示。

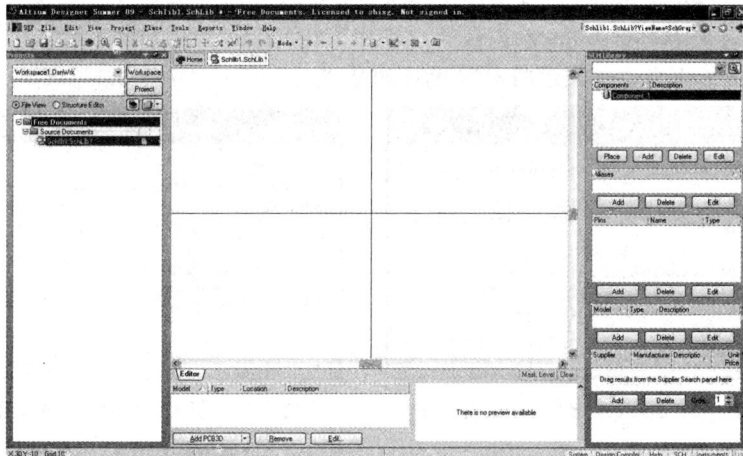

图 6-1　原理图库文件编辑器

原理图库文件编辑器的界面与原理图设计编辑器界面相似，主要由库文件编辑器、主工具栏、菜单、实用工具栏、编辑区域等组成。不同的是在编辑区有一个十字坐标轴，将库文件编辑器划分为 4 个象限。一般在第四象限进行元件的编辑工作。

2.　打开一个集成库文件

打开一个集成库文件的操作步骤如下。

Step 01　单击菜单【File（文件）】\【Open（打开）】命令，进入【Choose Document to Open（选择打开文件）】对话框，如图 6-2 所示，选择要打开的集成库文件名。

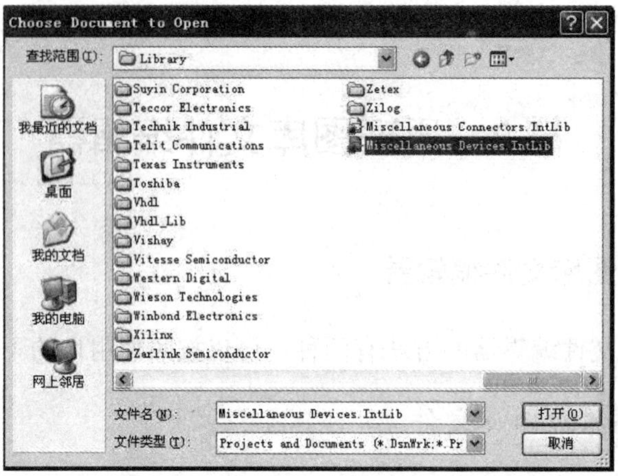

图 6-2　【Choose Document to Open】对话框

Step 02　单击【打开（O）】按钮，弹出【Extract Sources or Install（释放或安装）】对话框，如图 6-3 所示。

Step 03　单击【Install Library】按钮，安装集成库。

Step 04　单击【Extract Sources】按钮，弹出 Extracting Location（提取定位）对话框，如图 6-4 所示，提示将移除现在的集成库。

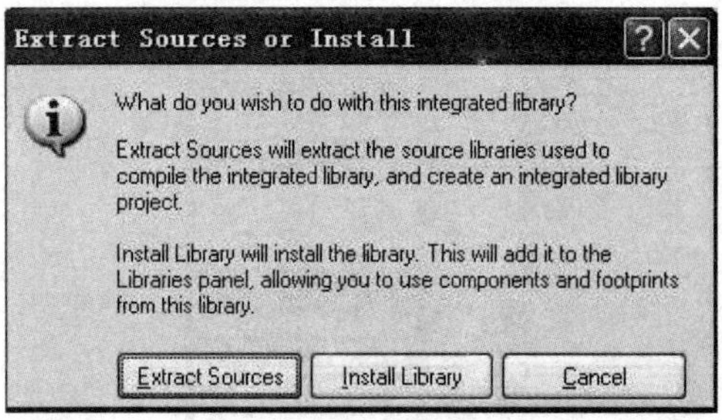

图 6-3　【Extract Sources or Install】对话框

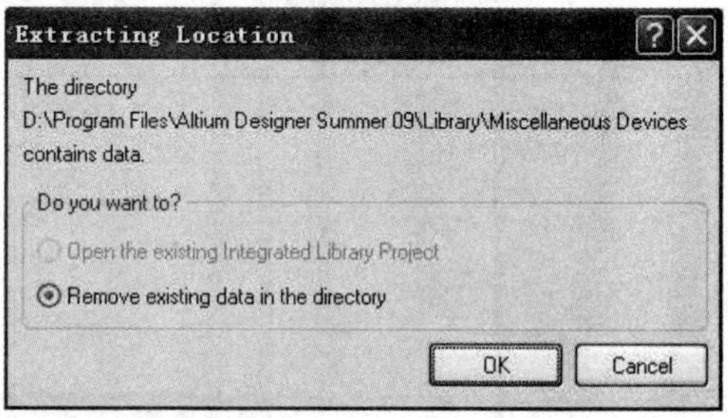

图 6-4　【Extracting Location】对话框

Step 05　单击【OK（确定）】按钮，释放集成库，将集成库分解为原理图库文件和封装库文件（项目面板里可以看到），如图 6-5 所示。

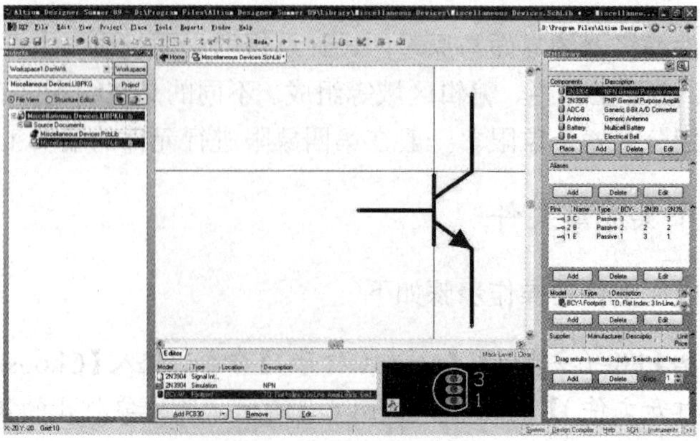

图 6-5　打开已有集成库

Step 06　在项目面板中双击原理图库文件，打开原理图库文件编辑器进行编辑，并创建新的库项目。

6.2.2　Library Editor 面板

在原理图库元件编辑器中，单击工作面板中的【SCH Library（SCH 库）】标签页，即可显示【SCH Library（SCH 库）】面板。该面板是原理图库文件编辑环境中的专用面板，几乎包含了用户创建的库文件的所有信息，用来对库文件进行编辑管理，如图 6-6 所示。

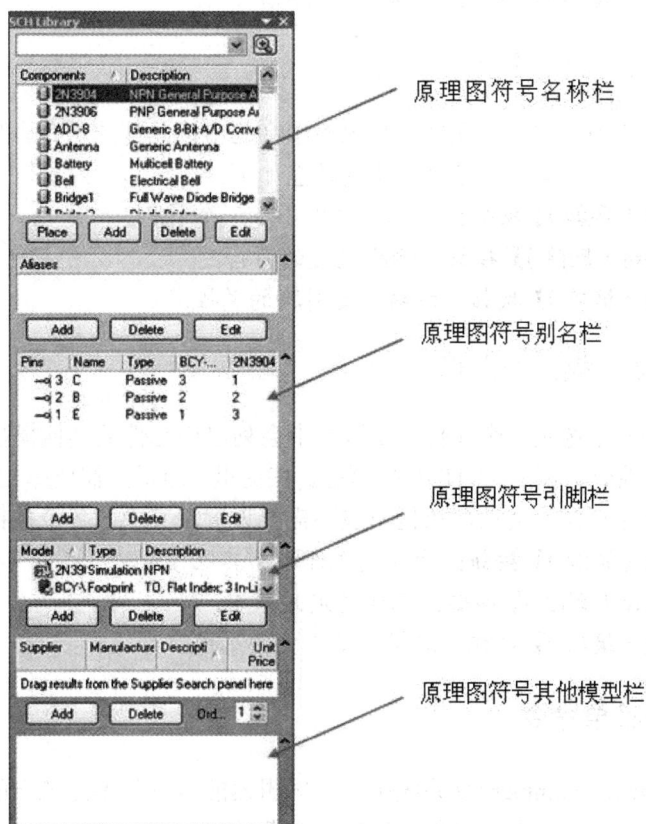

原理图符号名称栏

原理图符号别名栏

原理图符号引脚栏

原理图符号其他模型栏

图 6-6　【SCH Library】面板

1.　【Components（元件）】栏

该栏列出了当前所打开的原理图库文件中的所有库元件，包括原理图符号及相应描述等。其中各个按钮的功能如下。

➤　**【Place（放置）】按钮**：将选定的元件放置到当前原理图中。
➤　**【Add（添加）】按钮**：在该库文件中添加一个元件。
➤　**【Delete（删除）】按钮**：删除选定的元件。
➤　**【Edit（编辑）】按钮**：编辑选定元件的属性。

2. 【Aliases（别名）】栏

在该栏中可以为同一个库元件的原理图符号设置别名。例如，有些库元件的功能、封装和引脚形式完全相同，但由于产自不同的厂家，其元件型号并不完全一致。对于这样的库元件，没有必要再单独创建一个原理图符号，只需要为已经创建的其中一个库元件的原理图符号添加一个或多个别名就可以了。其中，各个按钮的功能如下。

> **【Add（添加）】按钮：** 为选定元件添加一个别名。
> **【Delete（删除）】按钮：** 删除选定的别名。
> **【Edit（编辑）】按钮：** 编辑选定的别名。

3. 【Pins（引脚）】栏

在元件列表栏中选定一个元件，在该栏中会列出该元件的所有引脚信息，包括引脚的编号、名称、类型。其中，各个按钮的功能如下。

> **【Add（添加）】按钮：** 为选定元件添加一个引脚。
> **【Delete（删除）】按钮：** 删除选定的引脚。
> **【Edit（编辑）】按钮：** 编辑选定引脚的属性。

4. 【Model（模型）】栏

在元件列表栏中选定一个元件，在该栏中会列出该元件的其他模型信息，包括 PCB 封装、信号完整性分析模型、VHDL 模型等。在这里，由于只需要库文件的原理图符号，相应的库文件是原理图库文件，该栏一般不需要设置。其中，各个按钮的功能如下。

> **【Add（添加）】按钮：** 为选定元件添加其他模型。
> **【Delete（删除）】按钮：** 删除选定的模型。
> **【Edit（编辑）】按钮：** 编辑选定模型的属性。

6.2.3 编辑器菜单命令

Altium Designer Summer 09 系统中各个编辑器的风格基本是统一的，而且部分功能是相同的。下面介绍原理图库文件编辑中特有菜单的使用方法。

1. Tools（工具）菜单

Tools 菜单如图 6-7 所示。

> **【New Component（新建元件）】命令：** 用来创建一个新元件，执行该命令后，编辑窗口被设置为初始的十字线窗口，在此窗口放置组件开始创建新元件。

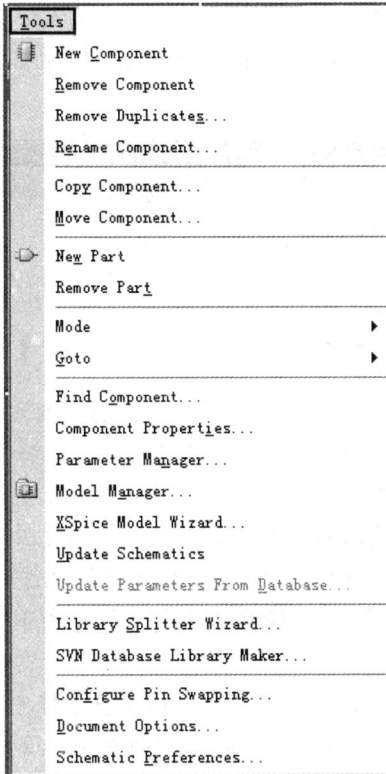

图 6-7 Tools 菜单

➤ 【**Remove Component（删除元件）】命令：** 删除当前正在编辑的元件，执行该命令后，出现如图 6-8 所示的删除元件询问框，单击【Yes】按钮确定删除。

➤ 【**Remove Duplicates...（删除重复元件）】命令：** 删除当前库文件中重复的文件，执行该命令后，出现如图 6-9 所示的删除重复元件的询问框，单击【Yes（是）】按钮确定删除。

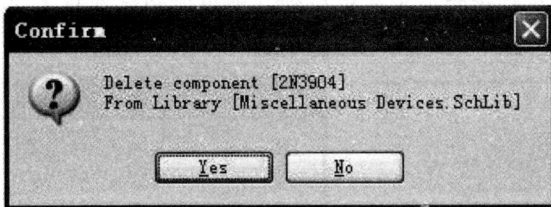

图 6-8 删除元件询问框

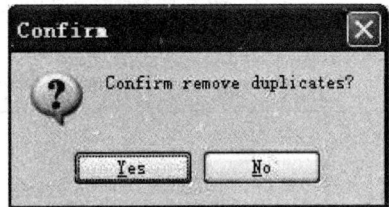

图 6-9 删除重复元件询问框

➤ 【**Rename Component...（重新命名元件）】命令：** 重新命名当前元件，执行该命令后，出现如图 6-10 所示的【重新命名元件】对话框，在文本框中输入新元件名，单击【OK（确定）】按钮确定。

➤ 【**Copy Component...（复制元件）】命令：** 将当前元件复制到指定的元件库中，执行该命令后，出现如图 6-11 所示的【Destination Library（目标库选择）】对话框。选中目标元件库，单击【OK（确定）】按钮确定，或直接双击目标元件库，即可将当前元件复制到目标元件库中。需要注意的是，如果要将当前元件复制到其他元件库中，那么目标元件库也必须是打开的，否则目标库选择对话框中不会出现其他元件库。

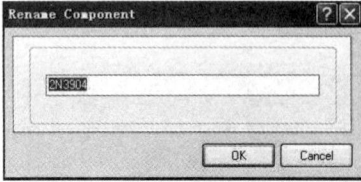

图 6-10　【重新命名元件】对话框

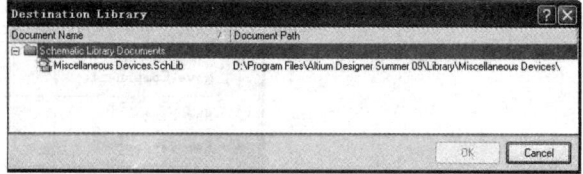

图 6-11　【目标库选择】对话框

➢ 【Move Component（移动元件）】命令：将当前元件移动到指定的元件库中，执行该命令后，出现如图 6-11 所示的【目标库选择】对话框。选中目标元件库，单击【OK（确定）】按钮确定，或直接双击目标元件库，即可将当前元件移动到目标元件库中，同时弹出删除源库文件当前元件确认框，单击【Yes（是）】按钮确定删除，单击【No（否）】按钮保留该元件。

➢ 【New Part（添加子件）】命令：当前元件为多子件元件时，用来增加子件。执行该命令后开始绘制元件的新子件。

➢ 【Remove Part（删除子件）】命令：删除多子件中的子件。

➢ 【Goto（转到）】子菜单命令：快速定位对象。子菜单中包含功能命令及其解释，如图 6-12 所示。在打开库文件时显示的是第一个元件，需要编辑其他元件时要用到子菜单中的【Goto（转到）】命令来定位。

➢ 【Find Component...（查找元件）】命令：启动【Library Search（元件检索）】对话框，该功能与原理图编辑器中的元件检索相同。

➢ 【Update Schematics（更新原理图）】命令：将库文件编辑器对元件所做的修改，更新到打开的原理图中。执行该命令后出现信息对话框，如果所编辑修改的元件在打开的原理图中未用到或没有打开原理图，出现的信息框如图 6-13 所示；如果所编辑修改的元件在打开的原理图中用到，则出现的信息框不同，单击【OK（确定）】按钮，原理图中的对应元件被更新。

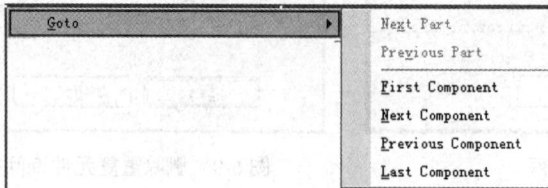

图 6-12　【Goto】子菜单

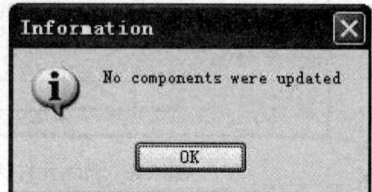

图 6-13　无更新元件信息框

➢ 【Schematic Preferences...（系统参数设置）】命令：与原理图系统参数设置方法相同。

➢ 【Document Option...（文件选项）】命令：打开如图 6-14 所示的【Library Editor Workspace（库文件编辑器工作环境）设置】对话框。

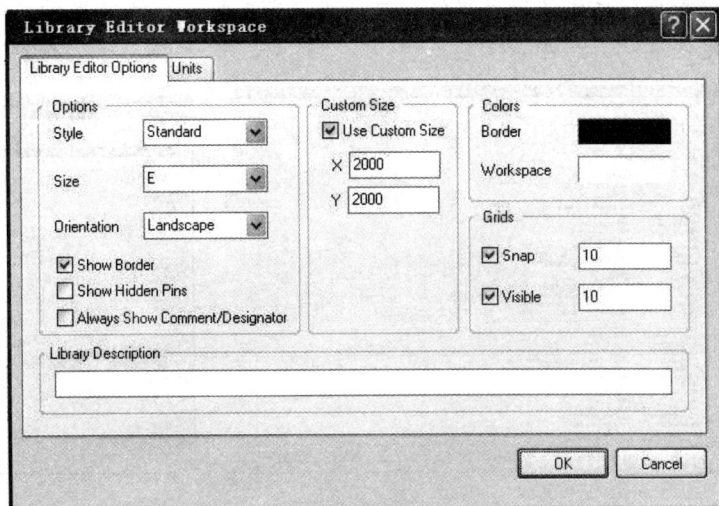

图 6-14　【库文件编辑器工作环境设置】对话框

该对话框与原理图编辑环境中的【Document Options】对话框内容相似，因此这里只介绍其中个别选项的含义，其他选项用户可以参考原理图编辑环境中的对话框进行设置。

【Show Hidden Pins（显示隐藏引脚）】复选框：用来设置是否显示库元件的隐藏引脚。若选中该复选框，则元件的隐藏引脚将被显示出来。隐藏引脚被显示出来，并没有改变引脚的隐藏属性。要改变其隐藏属性，只能通过引脚属性对话框来完成。

【Custom Size（定义大小）】选项组：用于用户自定义图纸的大小。选中该复选框后，可以在下面的 X、Y 文本框中分别输入自定义图纸的高度和宽度。

【Library Description（元件库描述）】文本框：用来输入对原理图库文件的说明。用户应该根据自己创建的库文件，在该文本框中输入必要的说明，可以为系统进行元件库查找提供相应的帮助。

➢ 　【Component Properties...（元件属性设置）】命令：编辑修改元件的属性参数。

2.　Reports（报告）菜单

Reports 菜单如图 6-15 所示。

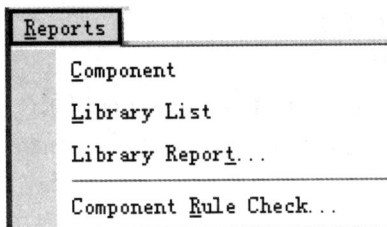

图 6-15　Reports 菜单

➢ 　【Component（元件报表）】命令：生成当前元件的报表文件。执行该命令后，系统直接建立元件报表文件，并成为当前文件。报表中显示元件的相关参数，如元件名称、组件等信息。

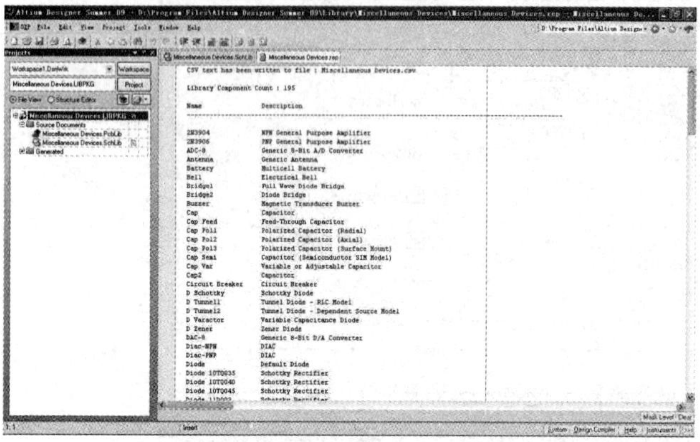

图 6-16   元件库列表文件

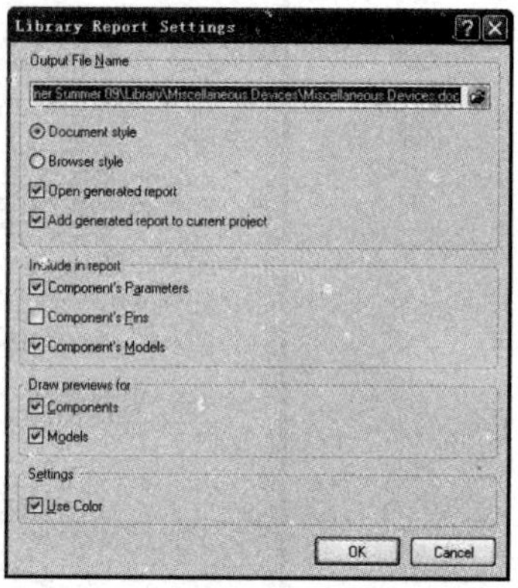

图 6-17   【元件库报告设置】对话框

> **【Library List（元件库列表报告）】命令**：生成当前元件库的列表文件，内容有元件总数、元件名称和简单描述。执行该命令后，系统直接建立元件库列表文件（*.rep），并成为当前文件，如图 6-16 所示。

> **【Library Report...（元件库报告）】命令**：执行该命令后打开【元件库报告设置】对话框，如图 6-17 所示。

> Output File Name（输出文件名称）区域：输出文件名称有关设置。存储路径文本框设置存储路径和报告名称。

（1）Document Style（文件类型）：该选项选中时，设置输出报告为文件类型（*.DOC）。

（2）Browser Style（浏览器文件类型）：该选项选中时，设置输出报告为浏览器类型（*.HTML）。

（3）Open generated Report（打开生成的报告）；该选项选中时，设置打开生成的报告文件。

（4）Add generated report to current Project（将生成的报告文件添加到当前项目）：该选项选中时，设置将生成的报告文件添加到当前项目中。

（5）Include in report（报告包含内容）区域：选择报告包含内容选项。

Component's Parameters（元件参数）。

Component's Pins（元件引脚）。

Component's Models（元件模型）。

（6）Settings（设置）区域：选中 Use Color（使用颜色）选项时，报告使用不同颜色区分参数类型。单击【OK（确定）】按钮生成报告，如图 6-18 所示。

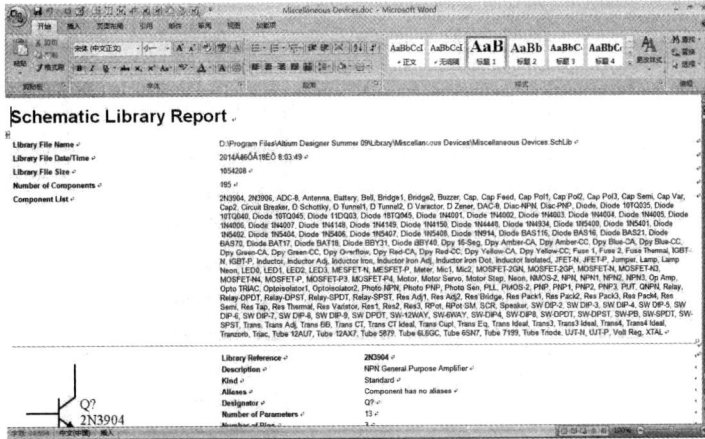

图 6-18　元件库报告

➢ **【Component Rule Check...（元件规则检查报表）】命令**：生成元件规则检查的错误报表，执行该命令后，进入【Library Component Rule Check（库元件规则检查选择）】对话框，如图 6-19 所示。选择不同的检查选项将输出不同的检查报告。

图 6-19　**【库元件规则检查选择】对话框**

6.2.4　工具栏

下面主要对实用工具中的原理图符号绘制工具栏、模式工具栏及 IEEE 符号工具栏进行简要介绍，具体的使用操作在创建原理图库元件和操作实例中逐步讲解。

1. 原理图符号绘制工具栏

单击实用工具中的 图标，则会弹出相应的原理图符号绘制工具栏，如图 6-20 所示。其中各个按钮的功能与【Place】级联菜单中的各项命令具有对应的关系。

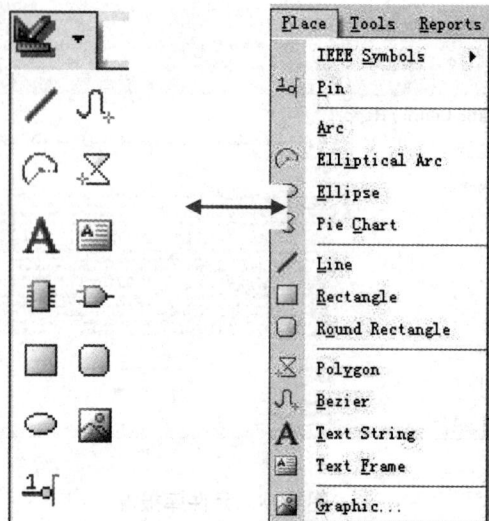

图 6-20　原理图符号绘制工具栏

其中，各个工具功能说明如下。

➢ /：绘制直线。

➢ ∿：绘制贝赛尔曲线。

➢ ⌒：绘制椭圆弧线。

➢ ⋊：绘制多边形。

➢ A：添加文字说明。

➢ ▣：放置文本框。

➢ ▊：在当前库文件中添加一个元件。

➢ ⬒：在当前元件中添加一个元件子部分。

➢ ▢：绘制矩形。

➢ ▢：绘制圆角矩形。

➢ ◯：绘制椭圆。

➢ 🖼：插入图片。

➢ ⅃：放置引脚。

➢ ℭ：绘制扇形。

这些工具与原理图编辑器中的工具十分相似，这里不再进行详细介绍。

2. 模式工具栏

模式工具栏用来控制当前元件的显示模式，如图 6-21 所示。

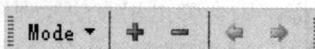

图 6-21　模式工具栏

➢ **Mode ▾**：单击该按钮可以为当前元件选择一种显示模式，系统默认为【Normal】。

➢ **+**：单击该按钮可以为当前元件添加一种显示模式。

➢ **—**：单击该按钮可以删除元件的当前显示模式。

➢ **◆**：单击该按钮可以切换到前一种显示模式。

➢ **➡**：单击该按钮可以切换到后一种显示模式。

3. IEEE 符号工具栏

单击实用工具栏中的图标，则会弹出相应的 IEEE 符号工具栏，如图 6-22 所示，是 IEEE 符合标准的一些图形符号。同样，该工具栏中的各个符号与【Place（放置）】\【IEEE Symbols（IEEE 符号）】级联菜单中的各项命令具有对应关系。

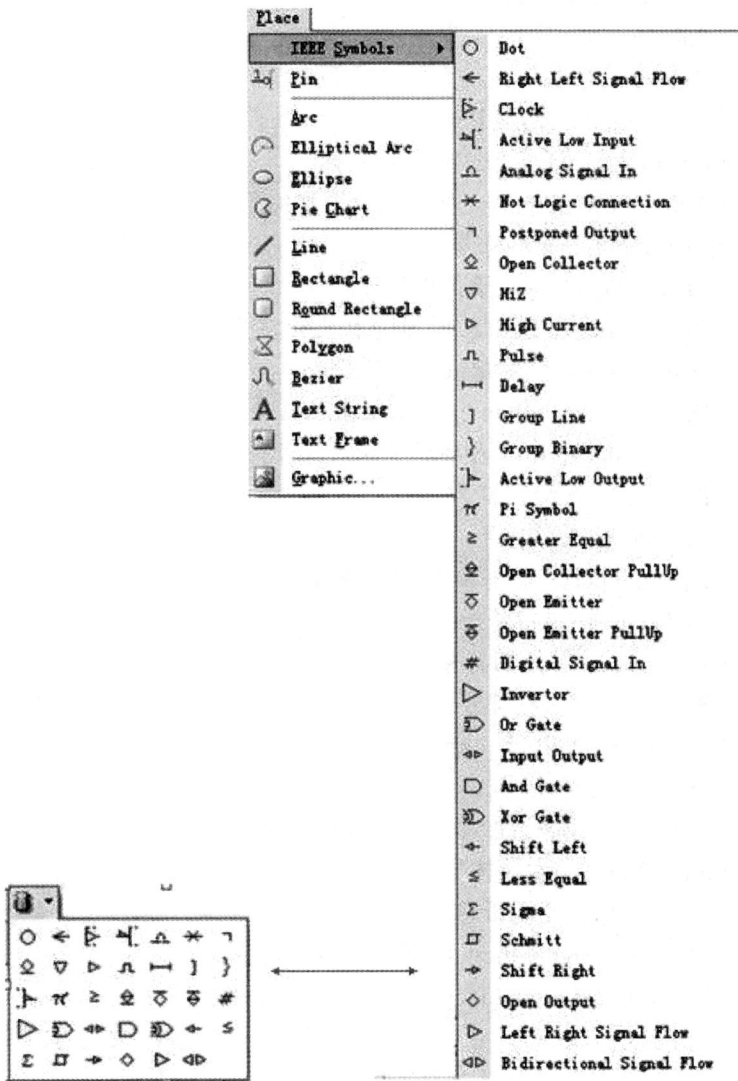

图 6-22　IEEE 符号工具栏

其中，各个工具功能说明如下。

- ○ （Dot）：点状符号。
- ← （Right Left Signal Flow）：左向信号流。
- ▷ （Clock）：时钟符号。
- ⌐ （Active Low Input）：低电平输入有效符号。
- ⌒ （Analog Signal In）：模拟信号输入符号。
- ✳ （Not Logic Connection）：无逻辑连接符号。
- ⌐ （Postponed Output）：延迟输出符号。
- ⌓ （Open Collector）：集电极开路符号。
- ▽ （HiZ）：高阻符号。
- ▷ （High Current）：大电流输出符号。
- ⊓ （Pulse）：脉冲符号。
- ⊔ （Delay）：延迟符号。
-] （Group Line）：总线符号。
- } （Group Binary）：二进制总线符号。
- ⊦ （Active Low Output）：低态有效输出符号。
- π （Pi Symbol）：π 形符号。
- ≥ （Greater Equal）：大于等于符号。
- ⌓ （Open Collector PullUp）：集电极上位符号。
- ◇ （Open Emitter）：发射极开路符号。
- ◇ （Open Emitter PullUp）：发射极上位符号。
- # （Digital Signal In）：数字信号输入符号。
- ▷ （Invertor）：反向器符号。
- ⊅ （Or Gate）：或门符号。
- ◁▷ （Input Output）：据有输入/输出符合。
- ▷ （And Gate）：与门符号。
- ⊅ （Xor Gate）：异或门符号。
- ↞ （Shift Left）：左移符号。
- ≤ （Less Equal）：小于、等于符号。
- Σ （Sigma）：求和符号。
- ⊓ （Schmitt）：施密特触发器输入特性符号。
- ↠ （Shift Right）：右移符号。
- ◇ （Open Output）：打开端口符号。
- ▷ （Left Right Signal Flow）：右向信号流符号。
- ◁▷ （Bidirectional Signal Flow）：双向信号流符号。

6.3　创建原理图元件库

6.3.1　绘制库元件

对原理图库文件编辑器有一定了解后，就可以建立一个元件库文件了。下面以绘制美国 Cygnal 公司的一款 USB 微控制器芯片 C8051F320 为例，详细介绍原理图元件的绘制过程。

1．绘制库元件的原理图符号

绘制库元件的原理图符号的操作步骤如下。

Step 01　执行菜单栏中的【File（文件）】\【New（新建）】\【Library（库）】\【Schematic Library（原理图库）】命令，启动原理图元件库文件编辑器，并创建一个新的原理图库文件，命名为【NewLib.SchLib】，如图 6-23 所示。

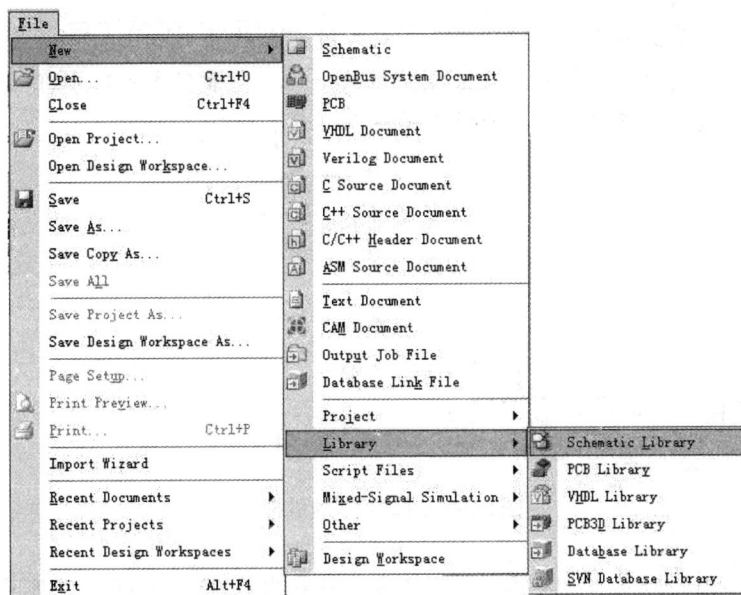

图 6-23　创建原理图库文件

Step 02　执行菜单栏中的【Tools（工具）】\【Document Options（文档选项）】命令，在弹出的【库编辑器工作区】对话框中进行工作区参数设置。

Step 03　为新建的库文件原理图符号命名。在创建了一个新的原理图库文件的同时，系统已自动为该库添加了一个默认原理图符号名为【Component-1】的库文件，打开【SCH Library（原理图元件库）】可以看到。通过以下两种方法，可以为该库元件重新命名。

（1）单击原理图符号绘制工具栏中的 <img>（创建新元件）按钮，则弹出【原理图符号名称】对话框，可以为该库文件重新命名。

（2）在【SCh Library（原理图元件库）】面板上，直接单击原理图符号名称栏下面的【Add（添加）】按钮，也会弹出同样的【原理图符号名称】对话框。

在这里，输入【C8051F320】，单击【OK】按钮，关闭该对话框。

Step 04 单击原理图符号绘制工具栏中的 ▢ （放置矩形）按钮，光标变成十字形状，并附有一个矩形符号。单击两次，在编辑窗口的第四象限内绘制一个矩形。

矩形用来作为库元件的原理图符号外形，其大小应根据要绘制的库元件引脚数的多少来决定。由于 C8051F320 采用 32 引脚 LQFP 封装形式，所以应画成正方形，并画得大一些，以便于引脚放置完毕后，可以再调整成合适的尺寸。

2. 放置引脚

放置引脚的操作步骤如下。

Step 01 单击原理图符号绘制工具栏中的 ⼀ （放置引脚）按钮，光标变成十字形状，并附有一个引脚符号。

Step 02 移动该引脚到矩形边框处，单击鼠标左键完成放置，如图 6-24 所示。在放置引脚时，一定要保证具有电气连接特性的一端，即带有【×】号的一端朝外，这可以通过在放置引脚时按空格键旋转来实现。

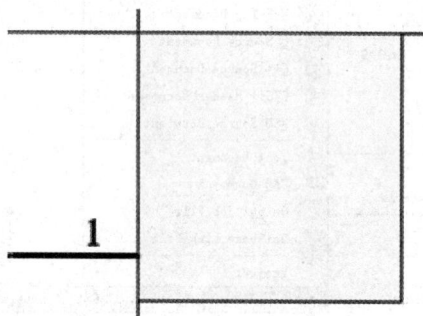

图 6-24　放置元件的引脚

Step 03 在放置引脚时按下 Tab 键，或者双击已放置的引脚，系统会弹出如图 6-25 所示的【Pin Properties（引脚属性）】对话框，在该对话框中可以对引脚的各项属性进行设置。

该对话框中各项属性含义如下：

➢ **【Display Name（显示名称）】**用来设置库元件引脚的名称。例如，把该引脚设定为第 9 引脚。由于 C8051F320 的第 9 引脚时元件的复位引脚，低电平有效，同时也是 C2 调试接口的时钟信号输入引脚。另外在原理图有限设定【Graphical Editing（图形编辑）】标签页中，已经勾选了【Single'\'Negation（单个\反面）】复选框，因此在这里输入名称为【\RST/C2CK】,并选中后面的【Visible（可见）】复选框。

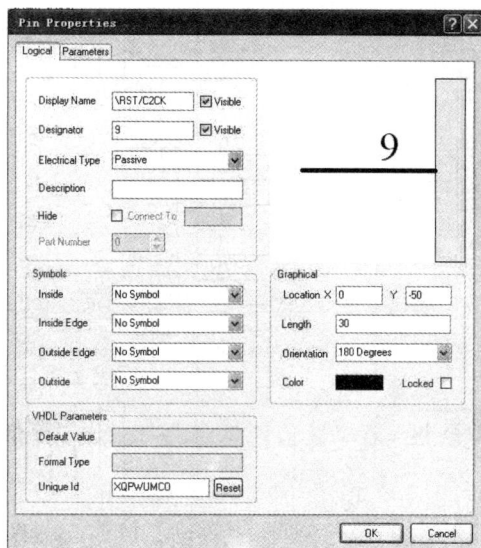

图 6-25　【元件引脚属性设置】对话框

➢ 【**Designator（引脚标号）**】用来设置库元件引脚的编号，应该与实际的引脚编号相对应，这里输入 9。

➢ 【**Electrical Type（电气类型）**】用来设置库元件引脚的电气特性。有 Input（输入）、I/O（输入/输出）、Output（输出）、OpenCollector（打开集流器）、Passive（无源）、Hize（脚）、Emitter（发射器）和 Power（激励）8 个选项。在这里，选择了【Passive（无源）】选项，表示不设置电气特性。

➢ 【**Description（描述）**】用来输入库元件引脚的特性描述。

➢ 【**Hidden（隐藏）**】用来设置引脚是否为隐藏引脚。若勾选该复选框，则引脚将不会显示出来。此时，应在右侧的【Connect To（连接到）】文本框中输入与该引脚连接的网络名称。

➢ 【**Symbols（符号）**】根据引脚的功能机电气特性为该引脚设置不同的 IEEE 符号，作为读图时的参考。可放置在原理图符号的内部、内部边沿、外部边沿或外部等不同位置，没有任何电气意义。

➢ 【**VHDL Parameters（VHDL 参数）**】用来设置库元件的 VHDL 参数。

➢ 【**Graphical（图形）**】用来设置该引脚的位置、长度、方向、颜色等基本属性。

Step04　设置完毕后，单击【OK（确定）】按钮，关闭该对话框，设置好属性的引脚如图 6-26 所示。

Step05　按照同样的操作，或者使用阵列粘贴功能，完成其余 31 个引脚的放置，并设置好相应的属性。放置好全部引脚的库元件如图 6-27 所示。

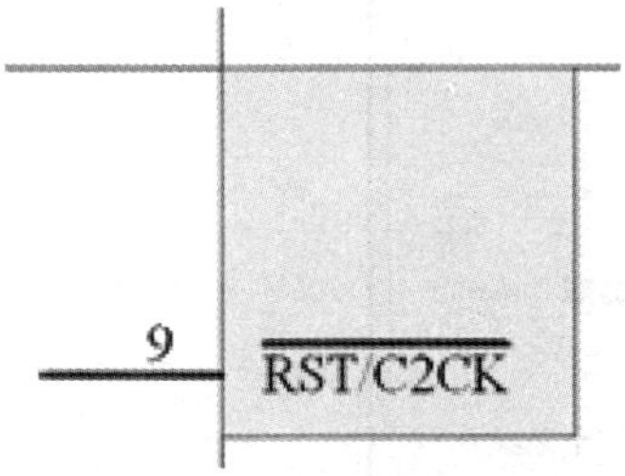

图 6-26 设置好属性的引脚

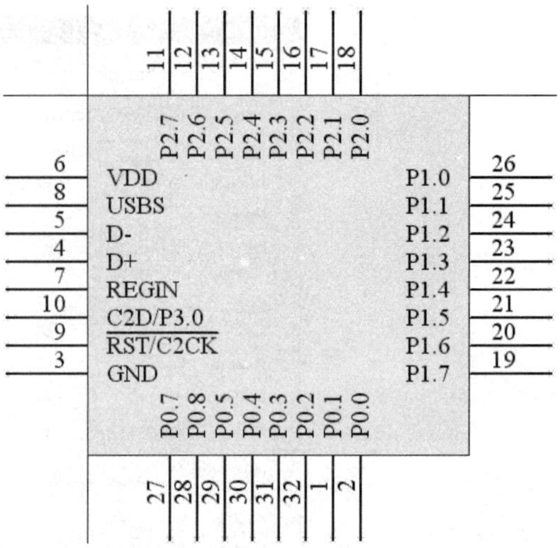

图 6-27 放置好全部引脚的库元件

3. 编辑元件属性

编辑元件属性的操作步骤如下。

Step 01 双击【SCH Library（原理图库）】画板原理图符号栏中的库元件名称【C8051F320】，则系统弹出如图 6-28 所示的【Component Properties（库元件属性）】对话框。在该对话框中可以对所创建的库元件进行特性描述，并且设置其他属性参数。主要设置内容如下。

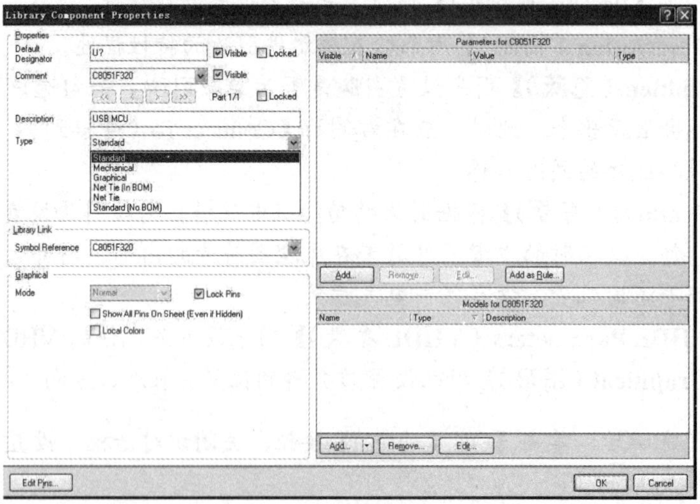

图 6-28 【Component Properties】对话框

➤ 【Default Designator（默认标号）】默认库元件标号，即把该元件放置到原理图文件中时，系统最初默认显示的元件标号。这里设置为【U?】，并勾选右侧的【Visible（可见）】复选框，则放置该元件时，标号【U?】会显示在原理图上。

➢ 　【**Comment（说明）**】库元件型号说明。这里设置为【C8051F320】，并勾选右侧的【Visible（可见）】复选框，则放置该元件时，【C8051F320】会显示在原理图上。

➢ 　【**Description（描述）**】描述库元件功能，这里设置为【USB MCU】。

➢ 　【**Type（类型）**】库元件符号类型，可以选择设置。这里采用系统默认设置【Standard（标准）】。

➢ 　【**Library Link（库标识符）**】库元件在系统中的标识符。这里设置为【C8051F320】。

➢ 　【**Show All Pins On Sheet（Even if Hidden）（在图纸中显示所有的引脚（包括在隐藏状态下））**】勾选该复选框后，在原理图上会显示该元件的全部引脚。

➢ 　【**Lock Pins（锁定引脚）**】勾选该复选框后，所有的引脚将和库元件成为一个整体，这样将不能在原理图上单独移动引脚。建议用户一定要勾选此复选框，对原理图的绘制和编辑会有很大的好处，可以减少不必要的麻烦。

Step02 在【Parameters for C8051F320（C8051F320 参数）】栏中，单击【Add...（添加）】按钮，可以为库元件添加其他的参数，如版本、作者等。

Step03 在【Mode for C8051F320（C8051F320 模型）】栏中，单击【Add...（添加）】按钮，可以为库元件添加其他的模型，如 PCB 封装模型、信号完整性模型、仿真模型、PCB3D 模型等。

Step04 单击对话框左下角的【Edit Pins（编辑引脚）】按钮，系统将弹出如图 6-29 所示的【Component Pin Editor（元件引脚编辑器）】对话框，在该对话框中可以对该元件所有引脚进行一次性的编辑设置。

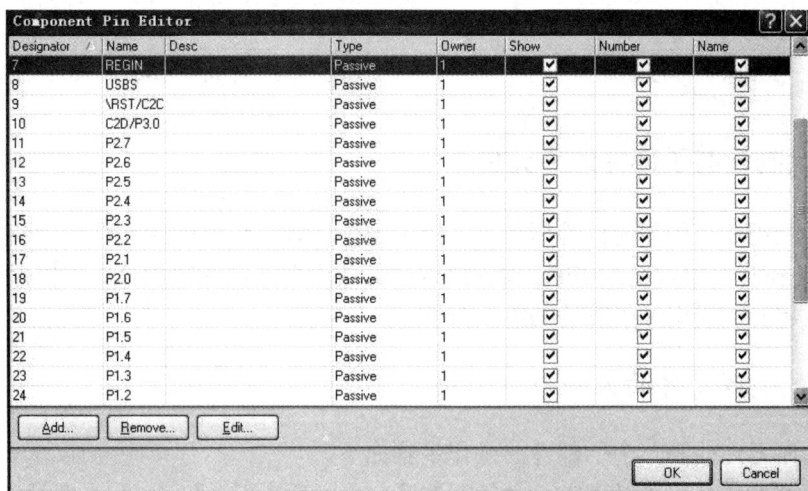

图 6-29　【Library Component Properties】对话框

Step05 设置完毕后，单击【OK（确定）】按钮，关闭该对话框。

Step 06 单击菜单栏中的【Place（放置）】\【Text String（文本字符串）】命令，或者单击原图符号绘制工具栏中的**A**（放置文本字符串）按钮，光标将变成十字形状，并带有一个文本字符串。

Step 07 移动光标到原理图符号中心位置处，此时按 Tab 键或者双击字符串，系统会弹出如图 6-30 所示的【Annotation（注释）】对话框，在【Text（文本）】框中输入【SILICON】。

Step 08 单击【OK（确定）】按钮，关闭该对话框。

至此，完整地绘制了库元件 C8051F320 的原理图符号，如图 6-31 所示。在绘制电路原理图时，只需要将该元件所在的库文件打开，就可以随时取用该元件了。

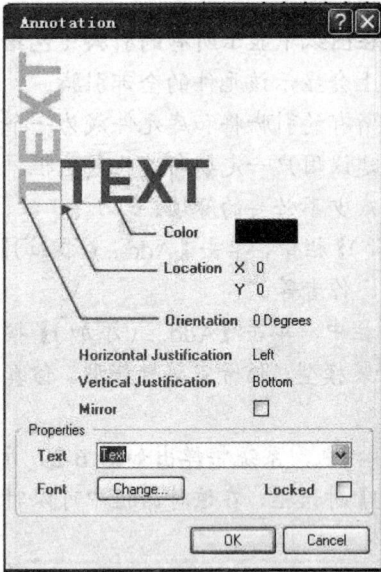

图 6-30　【Annotation】对话框

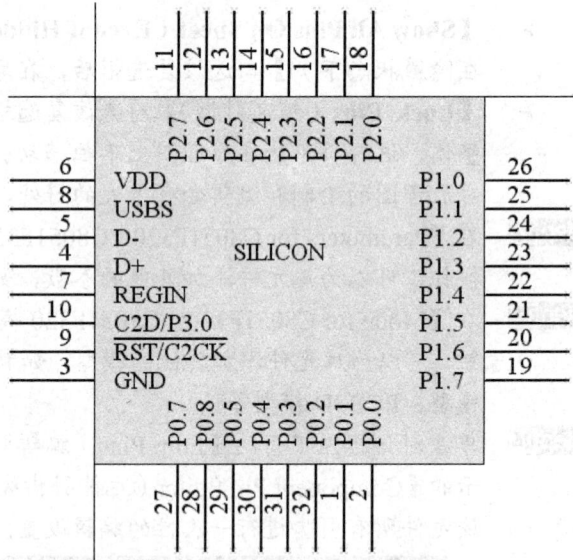

图 6-31　库元件 C8051F320 的原理图符号

6.3.2　绘制含有子部件的库元件

下面利用相应的库元件管理命令，绘制一个含有子部件的库元件 LF353。LF353 是美国 TI 公司生产的双电源 JFET 输入的双运算放大器，在高速积分、采样保持等电路设计中经常用到，采用 8 引脚的 DIP 封装形式。

1. 绘制库元件的第一个子部件

绘制库元件的第一个子部件的操作步骤如下。

Step 01 执行菜单栏中的【File（文件）】\【New（新建）】\【Library（库）】\【Schematic Library（原理图库）】命令，打开原理图元件库文件编辑器，创建一个新的原理图元件库文件，命名为【NewLib.SchLib】。

Step 02 执行菜单栏中的【Tool（工具）】\【Document Options（文档选项）】命令，在

弹出的【库编辑器工作区】对话框中进行工作区参数设置。

Step 03　为新建的库文件原理图符号命名。在创建了一个新的原理图元件库元件的同时，系统已自动为该库添加了一个默认原理图符号【Component-1】，将其重新命名为【LF353】。

Step 04　单击原理图符号绘制工具栏中的⊠按钮，光标变成十字形状，以编辑窗口的原点为基准，绘制一个三角形的运算放大器符号。

2. 放置引脚

放置引脚的操作步骤如下。

Step 01　单击原理图符号绘制工具中的 ¹⁰⎞按钮，光标变成十字形状，并附有一个引脚符号。

Step 02　移动该引脚到多边形边框处，单击完成放置。用同样的方法，放置引脚 1、2、3、4、8 在三角形符号上，并设置好每一个引脚的属性，如图 6-32 所示。这样就完成了一个运算放大器原理图符号的绘制。

其中，1 引脚为输出端【OUT1】，2、3 引脚为输入端【IN1（－）】【IN1（＋）】，8、4 引脚为公共的电源引脚【VCC＋】【VCC－】。对这两个电源引脚的属性可以设置为【隐藏】。单击菜单栏中的【View（视图）】\【Show Hidden Pins（显示隐藏引脚）】命令，可以切换进行显示查看或隐藏。

3. 创建库元件的第二个子部件

创建库元件的第二个子部件的操作步骤如下。

Step 01　执行菜单栏中的【Edit（编辑）】\【Select（选择）】\【Inside Area（内部区域）】命令，或者单击标准工具栏中的区域选择对象按钮□，将图 6-32 中的子部件原理图符号选中。

Step 02　单击标准工具栏中的复制按钮▣，复制选中的子部件原理图符号。

Step 03　执行菜单栏中【Tool（工具）】\【New Part（新部件）】命令。执行该命令后，在【SCH Library（原理图库）】面板上库元件【LF353】的名称前多了一个【＋】符号，单击【＋】符号，可以看到该元件中有两个子部件，刚才绘制的子部件原理图符号系统已经命名为【Part A】，另一个子部件【Part B】是新创建的。

Step 04　单击标准工具栏中的粘贴按钮▣，将复制的子部件原理图符号粘贴到【Part B】中，并改变引脚序号：7 脚为输出端【OUT2】，6、5 引脚为输入端【IN2（-）】【IN2（＋）】，8、4 引脚为公共的电源引脚【VCC＋】【VCC-】，如图 6-33 所示。

至此，一个含有两个子部件的库元件就创建好了。使用同样的方法，可以创建含有多个子部件的库元件。

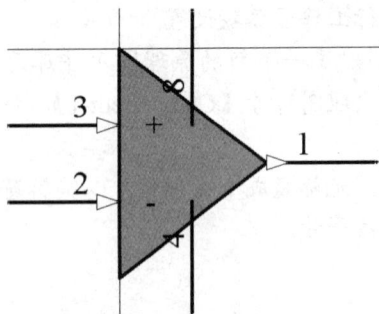

图 6-32　绘制元件的第一个子部件　　　　图 6-33　绘制第二个子部件

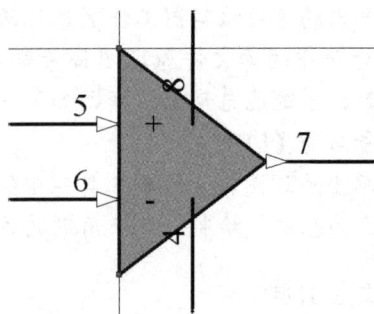

6.4　模型管理器

在原理图库文件编辑环境中，执行菜单【Tools（工具）】\【Model Manager...（模型管理器）】命令，打开如图 6-34 所示的模型管理器。

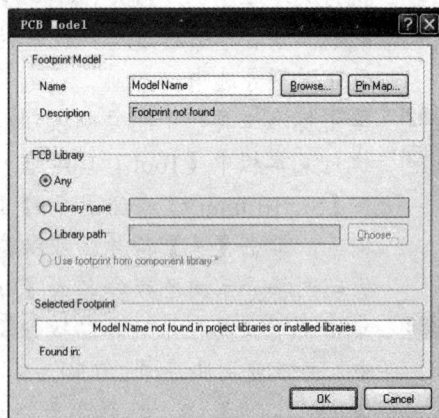

6.4.1　添加封装

添加封装的操作步骤如下。

Step 01　在模型管理器中选中元件 IDT7203。

Step 02　单击【Add Footprint（添加封装）】按钮右侧的下拉按钮，从下拉列表框中选中【Footprint（封装）】，即相当于执行【Add Footprint（添加封装）】命令，打开如图 6-35 所示的 PCB 模型对话框。

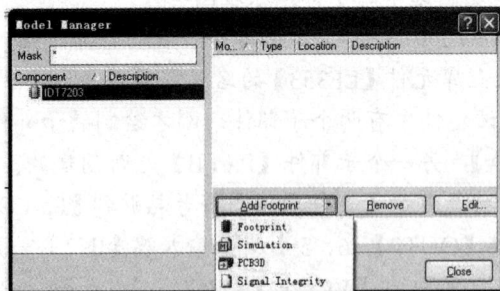

图 6-34　模型管理器　　　　　　　图 6-35　【PCB Model】对话框

Step 03　单击【Browse...（浏览）】按钮，打开【Browse Libraries（浏览库）】对话框，如图 6-36 所示。

Step 04　【浏览库】对话框显示的信息为当前可用的封装库（即已加载的封装库）。如果用户从未加载过封装库，则【浏览库】对话框所有信息窗口为空白。

Step 05　单击【...】按钮，打开如图 6-37 所示的【Available Libraries（可用库）】对话框。

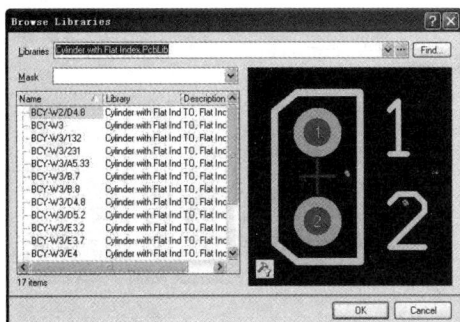

图 6-36　【Browse Libraries】对话框　　　图 6-37　【Available Libraries】对话框

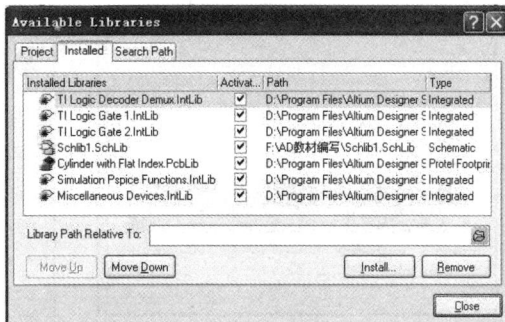

Step 06　安装封装库，单击【Install...（安装）】按钮，弹出如图 6-38 所示的打开文件对话框。

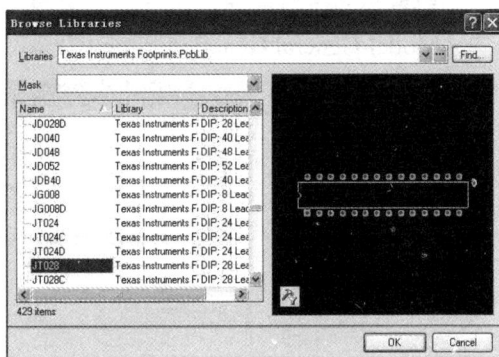

Step 07　选择要使用的封装，IDT7203 的是 DIP28。用户可以通过搜索 DIP（直插式），选择合适的封装。本例选择 C:\Program Files\Altium Designer Summer 09\Library\Texas Instruments\Texas Instruments Footprints.PcbLib 的 JT028 封装，如图 6-38 所示，选择封装库后，单击【打开（O）】按钮，返回如图 6-37 所示的可用库对话框。单击【Close（关闭）】按钮，关闭【可用库】对话框。返回【浏览库】对话框，选择 Texas Instruments Footprints.PcbLib 封装库的 JT028 封装，如图 6-39 所示。

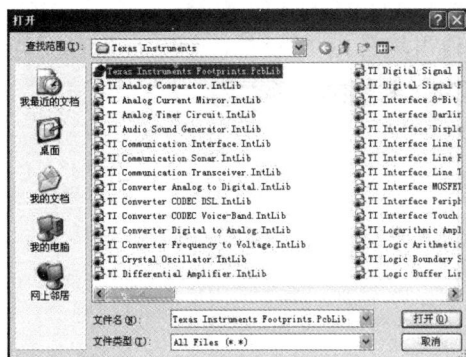

图 6-38　【打开文件】对话框　　　　　图 6-39　选择封装

Step 08　单击【OK】按钮，【PCB 模型】对话框即加载了选中的封装，如图 6-40 所示。

Step 09　单击【OK】按钮，模型管理器中出现添加封装模型，同时库文件编辑器的模型区域也显示相关的信息，如图 6-41 所示。

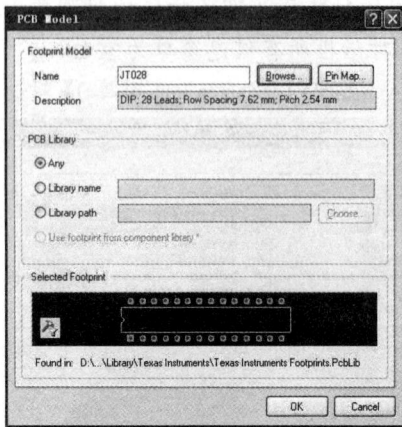

图 6-40　加载封装模型　　　　　　图 6-41　为新元件添加封装模型

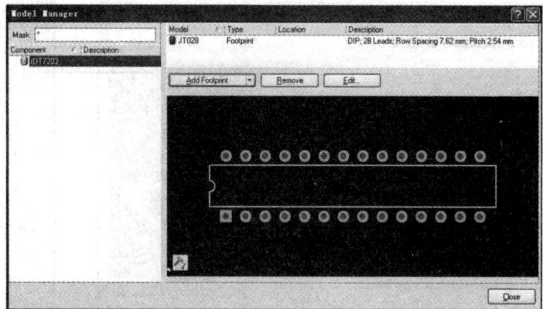

6.4.2　添加仿真模型（Simulation）

电路仿真用的 SPICE 模型文件（.ckt 和.mdl）存放在 Library 路径里的集成库文件中，如果用户希望在设计上进行电路仿真分析，就需要加入这些模型。

如果要将这些仿真模型用到用户的库元件中，建议用户打开包含了这些模型的集成库文件（执行菜单【File（文件）】\【Open（打开）】命令，然后确认希望提取出这个源库）。将所需的文件从输出文件夹（Output folder 在打开集成库时生成）复制到包含源库的文件夹。

Step 01　在如图 6-34 所示的模型管理器中，单击单击【Add Footprint（添加封装）】按钮右侧的下拉按钮，从下拉列表框中选中【Simulation（仿真）】，打开【Sim Model-General/Generic Editor（仿真模型-通用编辑）】对话框，如图 6-42 所示。

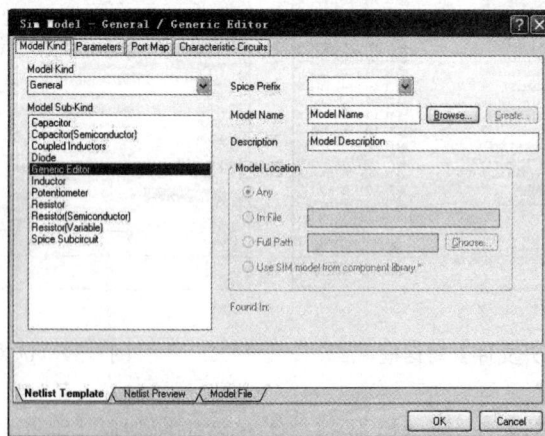

图 6-42　【Sim Model-General/Generic Editor】对话框

Step 02　Altium Designer Summer 09 中集成电路的住址模型，一般需要从厂商的网站下载，用户无法设计出完全符合其特性的仿真模型。

系统提供的支持仿真模型类型有（Model Kind 及 Model Sub-Kind 下拉列表框）。

（1）Current Source：电流源。
➢ **Current-Controlled:** 电流控制
➢ **DC Source:** 直流源。
➢ **Equation:** 方程源。
➢ **Exponential:** 指数源。
➢ **Piecewise Linear:** 分段线性源。
➢ **Pulse:** 脉冲源。
➢ **Signal Frequency FM:** 单频调频源。
➢ **Sinusoidal:** 正弦源。
➢ **Voltage-Controlled:** 电压控制。

（2）General：通用。
➢ **Capacitor:** 电容。
➢ **Capacitor（Semiconductor）:** 电容（半导体）。
➢ **Coupled Inductors:** 耦合线圈。
➢ **Diode:** 二极管。
➢ **Generic Editor:** 通用编辑。
➢ **Inductor:** 电感。
➢ **Potentiometer:** 电位器。
➢ **Resistor:** 电阻。
➢ **Resistor（Semiconductor）:** 电阻（半导体）。
➢ **Resistor（Variable）:** 电阻（可变）。
➢ **Spice Subcircuit:** Spice 支路。

（3）Initial Condition：初始条件。
➢ **Initial Node Voltage Guess:** 起始电压预测。
➢ **Set Initial Condition:** 置位初始条件。

（4）Switch：开关。
➢ **Current-Controlled:** 电流控制开关。
➢ **Voltage-Controlled:** 电压控制开关。

（5）Transistor：晶体管。
➢ **BJT:** 双极型晶体管。
➢ **JFET:** 结型场效应晶体管。
➢ **MESFET:** 金属半导体场效应晶体管。
➢ **MOSFET:** 金属氧化物半导体场效应晶体管。

（6）Transmission Line：传输线。
➢ **Lossless:** 无损耗。
➢ **Lossy:** 有损耗。
➢ **Uniform Distributed RC:** 均匀分布 RC 传输线。

（7）Voltage Source：电压源。

- ➢ **Current-Controlled:** 直流控制。
- ➢ **DC Source:** 直流电源。
- ➢ **Equation:** 方程源。
- ➢ **Exponential:** 指数源。
- ➢ **Piecewise Linear:** 分段线性源。
- ➢ **Pulse:** 脉冲源。
- ➢ **Signal Frequency FM:** 单频调频源。
- ➢ **Sinusoidal:** 正弦源。
- ➢ **Voltage-Controlled:** 电压控制。

Step 03 例如，给一个三极管添加仿真模型时，选择模型；类型下拉列表中的 Transistor 选项，弹出【Sim Model-Transistor/BJT（仿真模型-三极管/BJT）】对话框，如图 6-43 所示。确定 BJT 被选中作为模型的子类型。输入一个合法的模型名字，如 NPN；然后输入一个描述，如 NPN BJT。

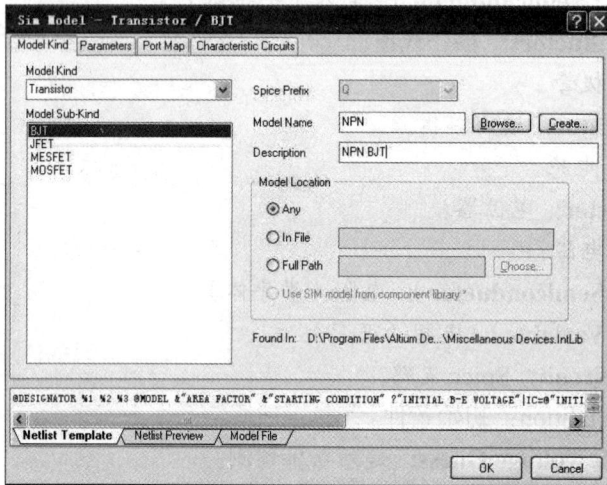

图 6-43 【Sim Model-Transistor/BJT】对话框

Step 04 单击【OK（确定）】按钮，返回模型管理器，可以看到 NPN 模型已被加到模型列表中。

6.4.3 添加三维模型

Altium Designer Summer 09 丰富的集成库基本能够满足一般设计的元件放置要求。这些集成库中的大部分已经集成了 3D 模型，为用户查看设计的立体图形提供了极大的方便。用户如果需要自行设计元件的 3D 模型时，可以利用 3D 建模软件（如 AutoCAD、Solid Edge、SolidWorks、Pro/E 等）生成 STEP 格式文件，然后添加到元件库中。

Step 01 在如图 6-34 所示的模型管理器中，单击单击【Add Footprint（添加封装）】按钮右侧的下拉按钮，从下拉列表框中选中【PCB3D】，打开【PCB3D Model

Libraries】对话框，如图 6-44 所示。

Step02 选中 Library Path（库路径）选项，单击【Browse...（浏览）】按钮，打开选择
3D 模型对话框，选择合适的路径，单击【打开】按钮，返回 PCB3D 模型库对
话框，在 Component 列表框选择要添加的模型的名称。单击【OK（确定）】按
钮，3D 模型即被添加到元件中。

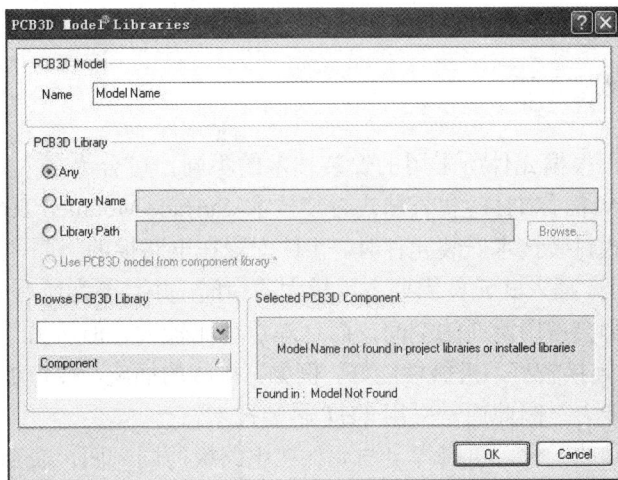

图 6-44 【PCB3D Model Libraries】对话框

6.4.4 添加信号完整性分析模型

信号完整性分析模型中使用引脚模型比元件模型更好。配置一个元件的信号完整性
分析，用户可以设置用于默认引脚模型的类型和技术选项，或者导入一个 SI 模型。

➤ 要加入一个信号完整性模型，单击模型管理器添加按钮右侧的下拉按钮，选择
【Signal Integrity（信号完整性）】，打开【Signal Integrity（信号完整性）】模型
库对话框。

➤ 有关信号完整性分析模型的设置方法参见信号完整性分析章节的内容。

6.5 创建 PCB 元件库及元件封装

电子元件种类繁多，其封装形式也多种多样。所谓封装是指安装半导体集成电路芯
片用的外壳，不仅起着安放、固定、密封、保护芯片和增强导热性能的作用，还是沟通
芯片内部世界与外部电路的桥梁。

芯片的封装在 PCB 板上通常表现为一组焊盘、丝印层上的边框及芯片的说明文字。
焊盘是封装中最重要的组成部分，用于连接芯片的引脚，并通过印制板上的导线连接到
印制板上的其他焊盘，进一步连接焊盘所对应的芯片引脚，实现电路功能。在封装中，
每个焊盘都有唯一的标号，以区别封装中的其他焊盘。丝印层上的边框和说明文字主要

起指示作用，指明焊盘组所对应的芯片，方便印制板的焊接。焊盘的形状和排列是封装的关键组成部分，确保焊盘的形状和排列正确才能正确地建立一个封装。对于安装有特殊要求的封装，边框也需要绝对正确。

Altium Designer Summer 09 提供了强大的封装绘制功能，能够绘制各种各样的新型封装。考虑到芯片引脚的排列通常是有规则的，多种芯片可能有同一种封装形式，Altium Designer Summer 09 提供了封装库管理功能，绘制好的封装可以方便地保存和引用。

6.5.1 常用封装介绍

总体上讲，根据元件所采用的安装技术的不同，可分为插入式封装技术（Through Hole Technology，简称 THT）和表贴式封装技术（Surface Mounted Technology，简称 SMT）。

使用插入式封装技术安装元件时，元件安置在电路板的一面，元件引脚穿过 PCB 板焊接在另一面上。插入式元件需要占用较大的空间，并且要为所有引脚在电路板上钻孔，所以它们的引脚会占用两面的空间，而且焊点也比较大。但从另一方面来说，插入式安装元件与 PCB 连接较好，机械性能好。例如，排线的插座、接口板插槽等类似接口都需要一定的耐压能力，因此通常采用 THT 封装技术。

表贴式封装的元件，引脚焊盘与元件在电路板的同一面。表贴元件一般比通孔元件体积小，而且不必为焊盘钻孔，甚至还能在 PCB 板的两面都焊上元件。因此，与使用插入式元件的 PCB 板比起来，使用表贴元件的 PCB 板上元件布局要密集很多，体积也小很多。此外，应用表贴封装元件也比插入式封装元件要便宜一些，所以目前的 PCB 设计广泛采用表贴元件。

常用元件封装大致可以分为以下几种。

> **BGA（Ball Grid Array）**：球栅陈列封装。因其封装材料和尺寸的不同还细分成不同的 BGA 封装，如陶瓷球栅阵列封装 CBGA、小型球栅阵列封装 μBGA 等。

> **PGA（Pin Grid Array）**：插针栅格阵列封装。这种技术封装的芯片内外有多个方阵形的插针，每个方阵形插针沿芯片的四周间隔一定距离排列，根据引脚数目的多少，可以围成 2~5 圈。安装时，将芯片插入专门的 PGA 插座。该技术一般用于插拔操作比较频繁的场合，如计算机的 CPU。

> **QFP（Quad Flat Package）**：方形扁平封装，目前使用得较多。

> **PLCC（Plastic Leaded Chip Carrier）**：塑料引线芯片载体。

> **DIP（Dual In-Line Package）**：双列直插封装。

> **SIP（Single In-Line Package）**：单列直插封装。

> **SOP（Small Out-line package）**：小外形封装。

> **SOJ（Small Out-Line J-leaded Package）**：J 型引脚小外形封装。

> **CSP（Chip Scale Package）**：芯片级封装，较新的封装形式。常用于内存条。在 CSP 的封装方式中，芯片是通过一个个锡球焊接在 PCB 板上，由于焊点和 PCB 板的接触面积较大，所以内存芯片在运行中所产生的热量可以很容易地传导到 PCB 板上并散发出去。另外，CSP 封装芯片采用中心引脚形式，有效地缩

短了信号的传导距离，其衰减随之减少，芯片的抗干扰、抗噪性能也能得到大幅提升。

➢ **Flip-Chip:** 倒装焊芯片，也称为覆晶式组装技术，是一种将 IC 与基板相互连接的先进封装技术。在封装过程中，IC 会被翻覆过来，让 IC 上面的焊点与基板的结合点相互连接。由于成本与制造因素，使用 Flip-Chip 接合的产品通常根据 I/O 数多少分为两种形式，即低 I/O 数的 FCOB（Flip Chip on Board）封装和高 I/O 数的 FCIP（Flip Chip in Package）封装。Flip-Chip 技术应用的基板包括陶瓷、硅芯片、高分子基层板及玻璃等，其应用范围包括计算机、PCMCIA 卡、军事设备、个人通信产品、钟表及液晶显示器等。

➢ **COB（Chip on Board）:** 板上芯片封装，即芯片被绑定在 PCB 板上，这是一种现在比较流行的生产方式。COB 模块生产成本比 SMT 低，还可以减小封装体积。

6.5.2　PCB 库文件编辑器

进入 PCB 库文件编辑器的步骤如下。

Step 01 新建一个 PCB 库文件。执行菜单栏中的【File（文件）】\【New（新建）】\【Library（库）】\【PCB Library（PCB 库）】命令，即可打开 PCB 库文件编辑环境并新建一个新的 PCB 库文件【PcbLib1.PcbLib】，如图 6-45 所示。

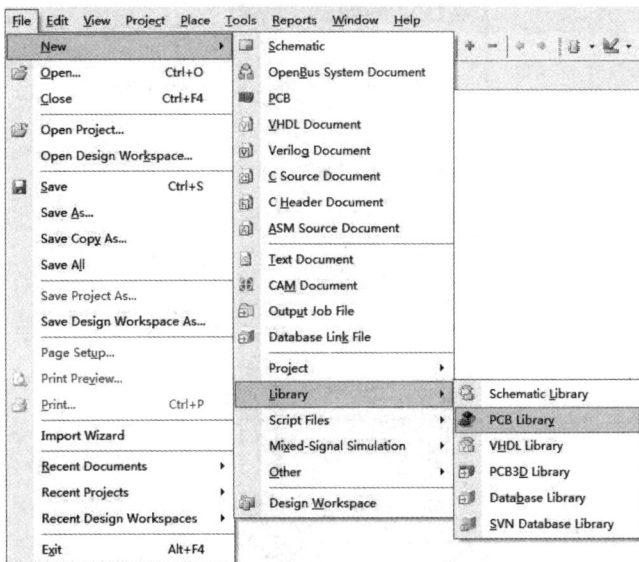

图 6-45　新建 PCB 库文件

Step 02 重新命名 PCB 库文件。保存并改名为【NewPcbLib.PcbLib】，在 Project 面板的 PCB 库文件管理夹中出现了所建的 PCB 库文件，双击该文件进入 PCB 库文件编辑器，如图 6-46 所示。

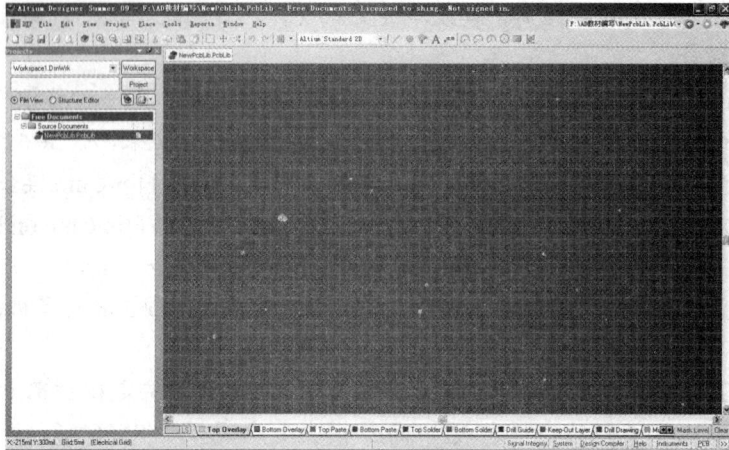

图 6-46　PCB 库文件编辑器

PCB 库编辑器的设置和 PCB 编辑器基本相同，只是主菜单栏中少了【Design（设计）】
和【Auto Route（自动布线）】命令。工具栏中也减少了相应的工具按钮。另外，在这两
个编辑器中，可用的控制面板也有所不同。在 PCB 库编辑器中独有的【PCB Library（PCB
库）】面板，提供了对封装库内元件封装统一编辑、管理的接口，如图 6-47 所示，面板
共分为 4 个区域：【Mask（屏蔽查询）】【Components（元件封装列表）】【Component
Primitives（封装图元列表）】和缩略图显示框。

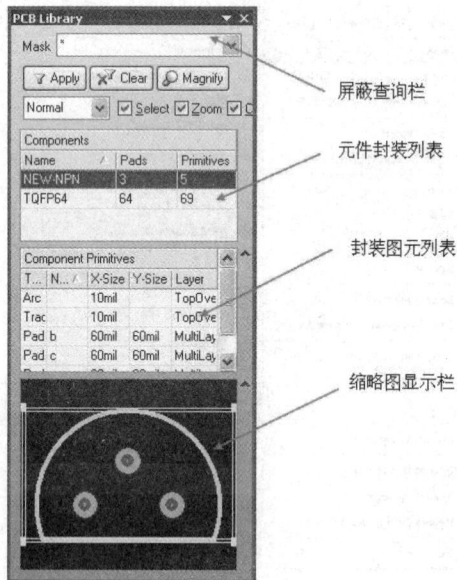

图 6-47　【PCB Library】面板

➢ **【Mask（屏蔽查询）】栏**：对该库文件内的所有元件封装进行查询，并根据屏
蔽框中的内容将符合条件的元件封装列出。
➢ **【Components（元件封装列表）】栏**：列出该库文件中所有符合屏蔽栏设定条件
的元件封装名称，并注明启焊盘数、图元数等基本属性。单击元件列表中的元

件封装名，工作区将显示该封装，并弹出图 6-48 所示的【PCB Library Component（PCB 库元件）】对话框，在该对话框中可以修改元件封装的名称和高度，高度是供 PCB 3D 显示时使用的。

在元件列表中单击鼠标右键，弹出快捷菜单如图 6-49 所示。通过该菜单可以进行元件库的各种编辑操作。

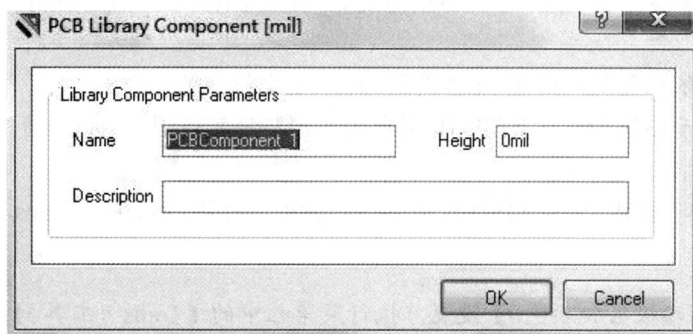

图 6-48   【PCB Library Component】对话框

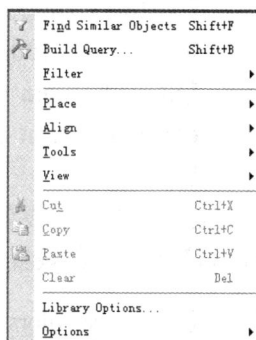

图 6-49   元件列表快捷菜单

6.5.3   PCB 库编辑器环境设置

进入 PCB 库编辑器后，需要根据要绘制的元件封装类型对编辑器环境进行相应的设置。PCB 库编辑环境设置包括【Library Options（元件库选项）】【Layer &Colors（电路板层和颜色）】【Layer Stack Manager（层栈管理）】和【Preferences（参数）】。

Step 01   【Library Options】设置。执行菜单栏中的【Tools（工具）】\【Library Options（元件库选项）】命令，或者在工作区右击，系统将弹出如图 6-50 所示的【Board Options（板选项）】对话框。

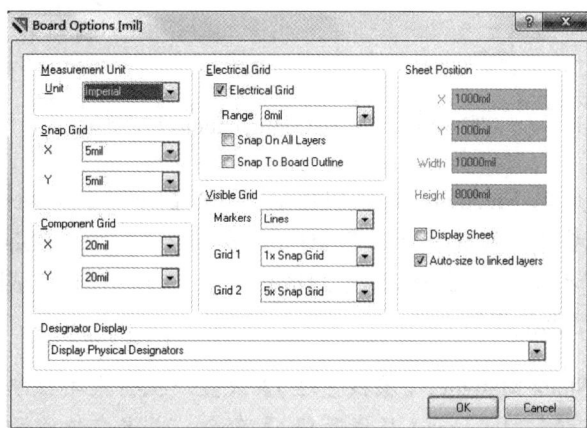

图 6-50   【Board Options】对话框

其主要设置属性如下。

➢   【**Measurement Unit（测量单位）**】选项组：PCB 板中单位的设置。

➢   【**Snap Grid（捕获栅格）**】选项组：设置捕获格点，该格点决定了光标捕获的格点间距，X 与 Y 的值可以不同。通常设为 10mil。

➢ 【Component Grid（元件栅格）】选项组：设置元件格点。针对不同引脚长度的元件，用户可以随时改变元件格点的设置，这样可以精确地放置元件。

➢ 【Electrical Grid（电气栅格）】选项组：设置电气捕获格点，电气捕获格点应小于【Snap Grid】的数值，只有这样才能较好地完成电气捕获功能。

➢ 【Visible Grid（可视栅格）】选项组：可视格点的设置。这里 Grid1 设置为 10mil，Grid2 设置为 100mil。

➢ 【Sheet Position（图纸位置）】：设置 PCB 图纸的 X、Y 坐标和长、宽。

➢ 【Display Sheet（显示图纸）】：设置 PCB 图纸的显示与隐藏。这里勾选该复选框。

其他选项保持默认设置，单击【OK（确定）】按钮，关闭该对话框，完成【Library Options（元件库）】对话框的设置。

Step 02 【Layers &Colors（电路板层和颜色）】设置。执行菜单栏中的【Tools（工具）】\【Layer&Colors（电路板层和颜色）】命令，或者在工作区单击鼠标右键，在弹出的快捷菜单中执行【Options（选项）】\【Board Layers &Colors（电路板层和颜色）】命令，系统弹出如图 6-51 所示的【View Configurations（视图配置）】对话框。

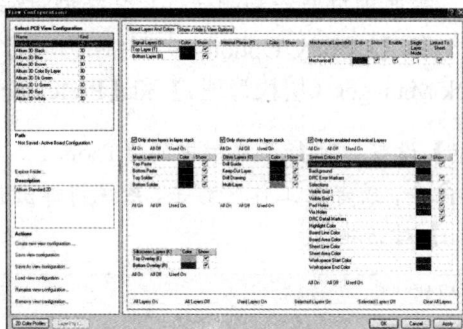

图 6-51 【View Configurations】对话框

在机械层中，勾选 Mechanical 1（机械层 1）的【Linked to Sheet（连接到图纸）】复选框。在系统颜色栏中，勾选 Visible Grid1（可视栅格 1）后的【Show（显示）】复选框。其他保持默认设置不变。单击【OK（确定）】按钮，关闭该对话框，完成【View Configurations（视图配置）】对话框的设置。

Step 03 【Layer Stack Manager（层栈管理）】设置。执行菜单栏中的【Tools（工具）】\【Layer Stack Manager（层栈管理）】命令，或者在工作区单击鼠标右键，在弹出的右键快捷菜单中执行【Options（选项）】\【Layer Stack Manager（层栈管理）】命令，系统将弹出如图 6-52 所示的 【Layer Stack Manager（层栈管理）】对话框。保持默认设置，单击【OK（确定）】按钮，关闭该对话框。

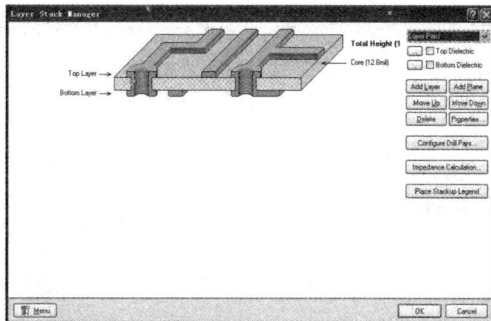

图 6-52　【Layer Stack Manager】对话框

Step 04　【preferences（参数）】设置。执行菜单栏中【Tools（工具）】\【Preference（参数）】命令，或者在工作区单击鼠标右键，在弹出的右键快捷菜单中执行【Options（选项）】\【Preference（参数）】命令，系统将弹出如图 6-53 所示的【Preference（参数）】对话框。设置完毕单击【OK（确定）】按钮，关闭该对话框。

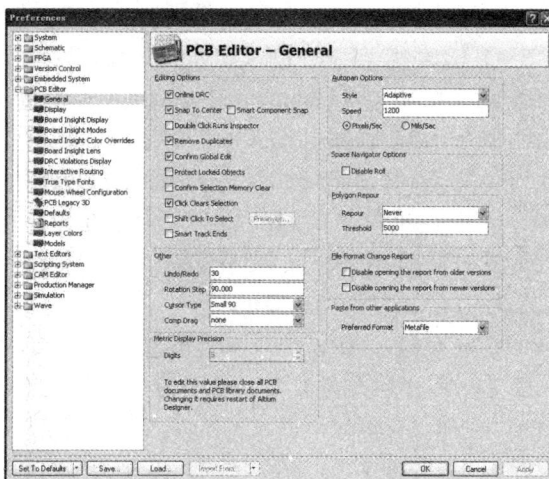

图 6-53　【Preference】对话框

至此，PCB 库编辑器环境设置完毕。

6.5.4　利用 PCB 元件封装向导绘制 PCB 元件封装

下面用 PCB 元件向导来创建 PCB 元件封装。PCB 向导通过一系列对话框来让用户输入参数，最后根据这些参数自动创建一个封装。这里要创建的封装尺寸信息为：外形轮廓为矩形 10mm×10mm，引脚数为 16×4，引脚宽度为 0.22mm，引脚长度为 1mm，引脚间距为 0.5mm，引脚外围轮廓为 12mm×12mm。

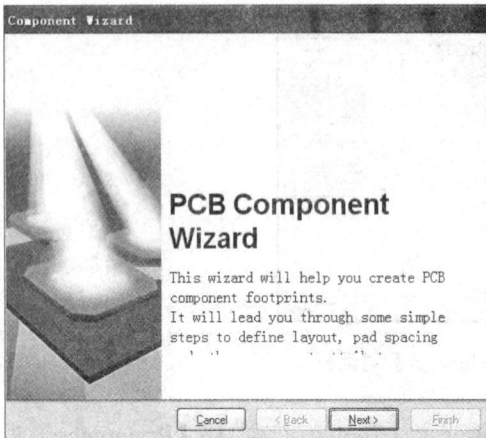

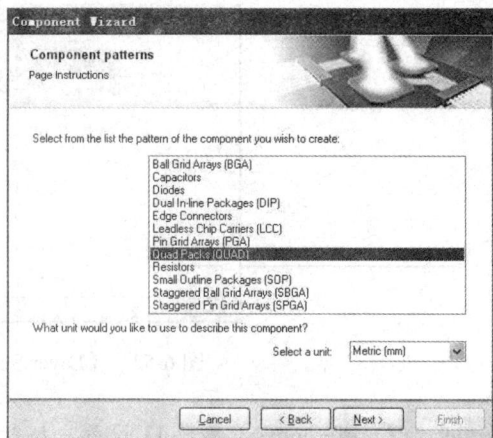

图 6-54　【Component wizard】对话框　　　　图 6-55　元件封装样式模式选择界面

其具体操作步骤如下。

Step 01　执行菜单栏中的【Tools（工具）】\【Component Wizard（元件向导）】命令，系统将弹出如图 6-54 所示的【Component wizard（元件向导）】对话框。

Step 02　单击【Next（下一步）】按钮，进入元件封装模式选择界面。在模式列表中列出了各种封装模式，如图 6-55 所示。这里选择【Quad Packs（QUAD）】封装模式，在【Select a Unit（选择单位）】下拉列表框中选择公制单位【Metric（mm）】。

Step 03　单击【Next（下一步）】按钮，进入焊盘尺寸设定界面，如图 6-56 所示。在这里设置焊盘长为 1mm，宽为 0.22mm。

Step 04　单击【Next（下一步）】按钮，进入焊盘形状设定界面，如图 6-57 所示。在这里采用默认设置，第一焊盘为圆形，其余为方形以便于区分。

Step 05　单击【Next（下一步）】按钮，进入轮廓宽度设置界面，如图 6-58 所示。在这里采用默认设置【0.2mm】。

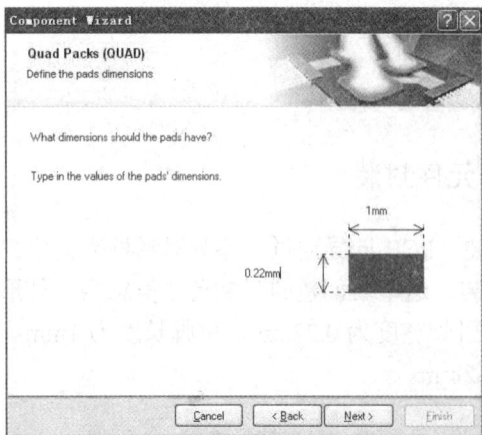

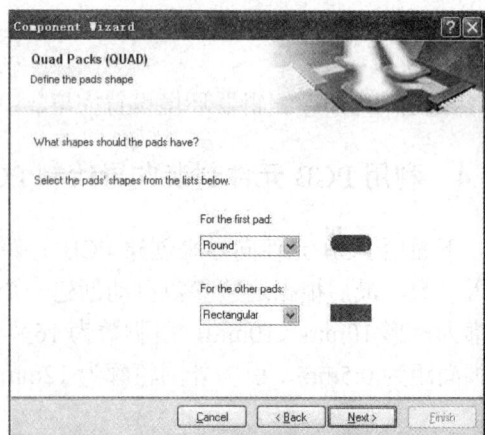

图 6-56　焊盘尺寸设置界面　　　　　　　图 6-57　焊盘形状设置界面

Step 06 单击【Next（下一步）】按钮，进入焊盘间距设置界面，如图 6-59 所示。在这里设置焊盘间距为 0.5mm，根据计算，将行列间距均设为 1.75mm。

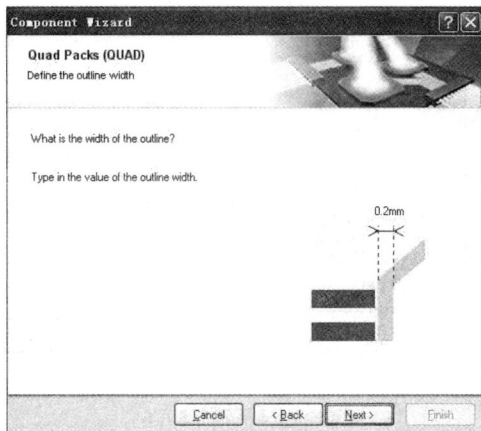

图 6-58　焊盘轮廓设置界面

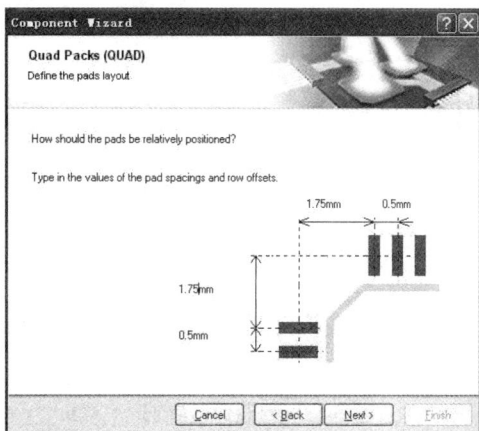

图 6-59　焊盘间距设置界面

Step 07 单击【Next（下一步）】按钮，进入焊盘起始位置和命名方向设置界面，如图 6-60 所示。单击单选框可以确定焊盘起始位置，单击箭头可以改变焊盘命名方向，采用默认设置，将第一个焊盘设置在封装左上角，命名方向为逆时针方向。

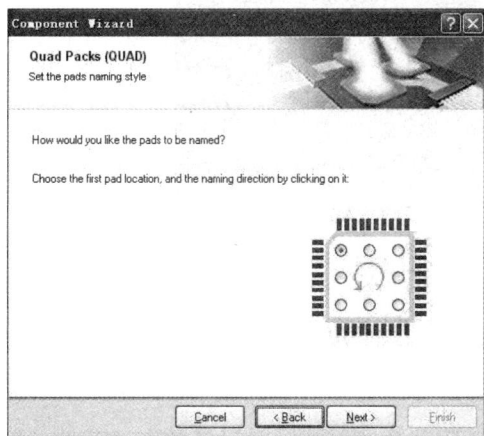

图 6-60　焊盘起始位置和命名方向设置界面

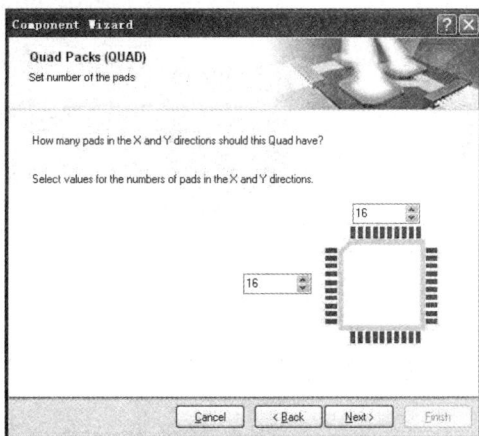

图 6-61　焊盘数目设置界面

Step 08 单击【Next（下一步）】按钮，进入焊盘数目设置界面，如图 6-61 所示。将 X、Y 方向的焊盘数目均设为 16。

Step 09 单击【Next（下一步）】按钮，进入封装命名界面，如图 6-62 所示。将封装命名为【TQFP64】。

Step 10 单击【Next（下一步）】按钮，进入封装制作完成界面，如图 6-63 所示。点击【Finish（完成）】按钮，退出封装向导。

图 6-62　封装命名界面　　　　　　　图 6-63　封装制作完成

至此，TQFP64 的封装就制作完成了，工作区内显示的封装图形如图 6-64 所示。

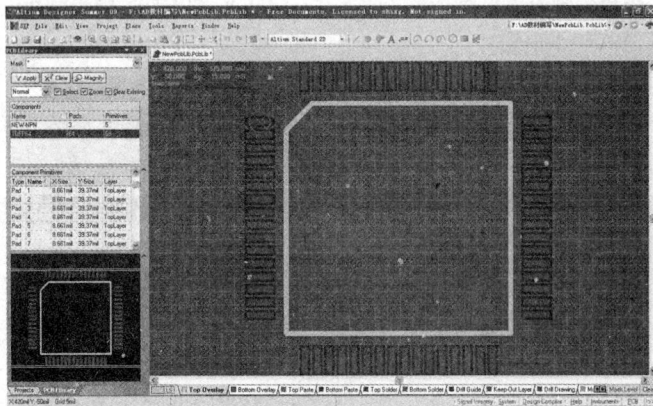

图 6-64　TQFP64 封装图形

6.5.5　手动创建不规则的 PCB 元件封装

由于某些电子元件的引脚非常特殊，或者设计人员使用了一个最新的电子元件，用 PCB 元件向导往往无法创建新的封装。这时需要根据元件的实际参数手动创建引脚封装。手动创建封装需要用直线、曲线来表示元件的外形轮廓，然后添加焊盘来形成引脚连接。元件封装的参数可以放在 PCB 板的任意工作层上，但元件的轮廓只能放置在顶层丝印层上，焊盘只能放在信号层上，当在 PCB 板上放置元件时，元件引脚封装的各个部分将分别放到预先定义的图层上。

下面详细介绍手动创建 PCB 元件封装的操作步骤。

Step 01　创建新的空元件文档。打开 NewPcbLib.PcbLib，执行菜单栏中【Tools（工具）】\【New Blank Component（新建空元件封装）】命令，在【PCB Library（PCB 元件库）】面板的元件封装列表中会出现一个新的 PCBCOMPONENT-1 元件。

双击该元件，在弹出的对话框中将元件名称改为【New-NPN】，如图 6-65 所示。

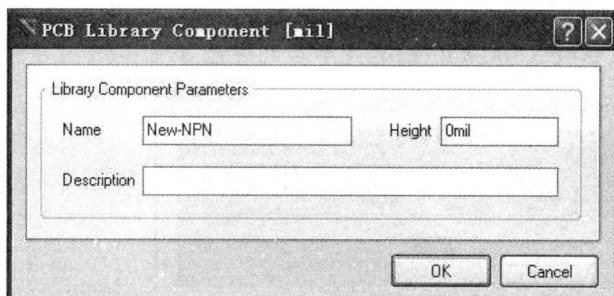

图 6-65　重新命名元件

Step 02　设置工作环境。执行菜单栏中的【Tools（工具）】\【Library Options（库文件选项）】命令，或者在工作区单击鼠标右键，在弹出的快捷菜单中执行【Options（选项）】\【Library Options（库文件选项）】命令，系统将弹出【Board Options（电路板选项）】对话框。按图 6-66 所示设置相关参数，单击【OK（确定）】按钮，关闭该对话框，完成【Board Options（电路板选项）】对话框的设置。

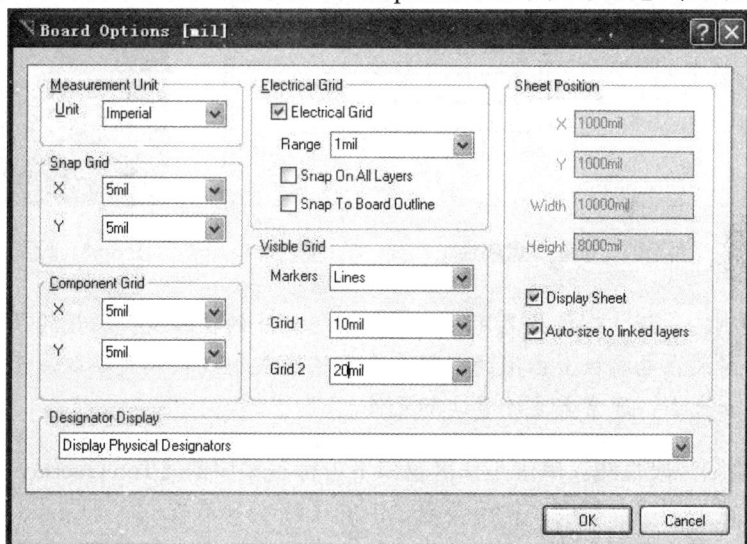

图 6-66　【Board Options】对话框

Step 03　设置工作区颜色。颜色设置由用户自己把握，这里不再赘述。

Step 04　设置【Preferences（参数）】对话框。执行菜单栏中的【Tools（工具）】\【Preferences（参数）】命令，或者在工作区单击鼠标右键，在弹出的右键快捷菜单中选择【Preferences（参数）】命令，系统将弹出【参数设置】的对话框，使用默认设置即可。单击【OK（确认）】按钮，关闭该对话框。

Step 05　放置焊盘。在【Top-Layer（顶层）】层，执行菜单栏中【Place（放置）】\【Pad（焊盘）】命令，光标箭头上悬浮一个十字光标和一个焊盘，移动鼠标左键确定焊盘的位置。按照同样的方法放置另外两个焊盘。

Step 06 设置焊盘属性。双击焊盘进入【焊盘属性】对话框，如图 6-67 所示。在【Designator（指示符）】文本框中的引脚名分别为 b、c、e，3 个焊盘的坐标分别为 b（-100,0）、c（0,100）、e（100,0），设置完毕后的焊盘如图 6-68 所示。

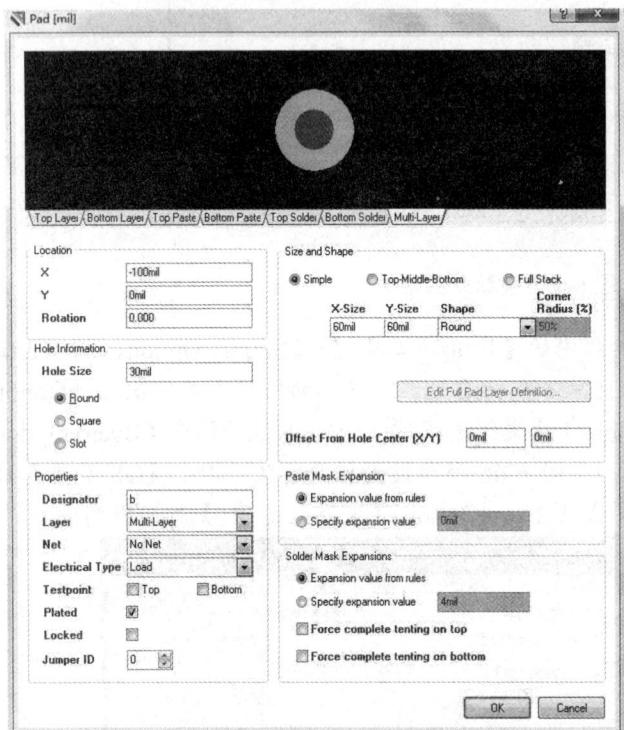

图 6-67　设置焊盘属性

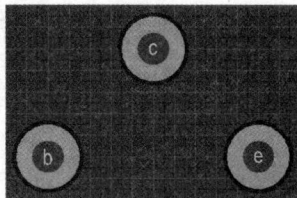

图 6-68　设置完毕后的焊盘

Step 07 绘制轮廓线。焊盘放置完后，需要绘制元件的轮廓线。所谓轮廓线，就是该元件封装在电路板上占用的空间尺寸。轮廓线的线状和大小取决于实际元件的形状和大小，通常需要测量实际元件。

（1）绘制一段直线。单击工作区窗口下方标签栏中的【Top Overlay（顶层覆盖）】，将活动层设置为顶层丝印层。执行菜单栏中的【Place（放置）】\【Line（直线）】命令，光标变为十字形状，单击确定直线的起点，移动光标拉出一条直线，用光标将直线拉到合适位置，单击确定直线终点。单击鼠标右键或按 Esc 键退出该操作，结果如图 6-69 所示。

（2）绘制一条弧线。单击菜单栏中【Place（放置）】\【Arc（center）（弧线）】命令，光标变成十字形，将光标移至坐标原点，单击确定弧线的圆心，然后将光标移至直线的左边端点，单击鼠标左键，再移至直线的右边端点，单击鼠标左键，最后在直线的左边端点再单击一下鼠标左键，确定该弧线，结果如图 6-70 所示。单击鼠标右键或按<Esc>键退出该操作。

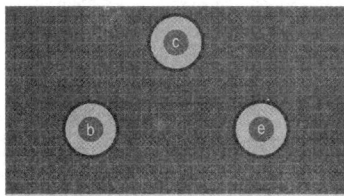

图 6-69　绘制一段直线　　　　　　图 6-70　绘制一条弧线

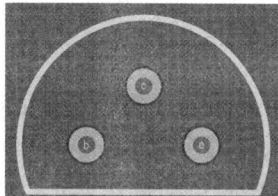

Step 08　设置元件参考点。在【Edit（编辑）】\【Set Reference（设置参考）】子菜单中有 3 个选项，即【Pin1】【Center（中心）】和【Location（位置）】，可以自己选择合适的元件参考点。

至此，手动创建【NEW-PNP】就完成了，如图 6-71 所示。可以看到，在【PCB Library（PCB 库）】面板的元件列表中多出了一个【NEW-NPN】元件封装，而且在该面板中还列出了该元件封装的详细信息。

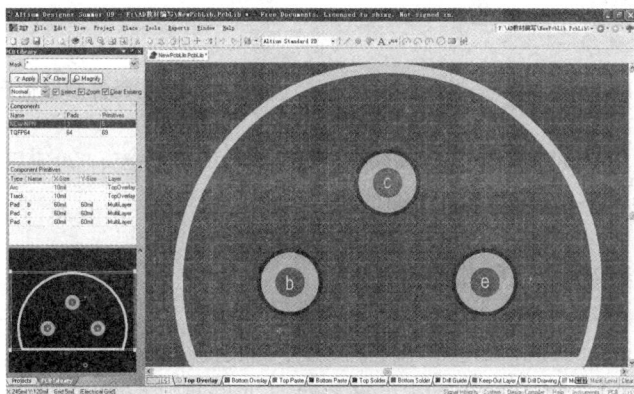

图 6-71　【NEW-NPN】元件封装

6.6　元件封装检错和元件封装库报表

在【Report（报告）】菜单中提供了元件封装和元件库封装一系列报表，通过报表可以了解某个元件封装的信息，对元件封装进行自动检查，也可以了解整个元件库的信息。此外，为了检查绘制好的封装，菜单中提供了测量功能。【Report（报告）】菜单如图 6-72所示。

6.6.1　元件封装中的测量

为了检查元件封装绘制是否正确，在封装设计系统中提供了 PCB 设计一样的测量功能。对元件封装的测量与在 PCB 上的测量相同，这里就不再赘述了。

6.6.2 元件封装信息报表

在【PCB Library（PCB 库）】面板的元件封装列表中选中一个元件后，执行菜单栏中【Report（报告）】\【Component（元件）】命令，系统将自动生成该元件符号的信息报表，工作窗口中将自动打开生成的报表，如图 6-73 所示为查看元件封装信息时的界面。

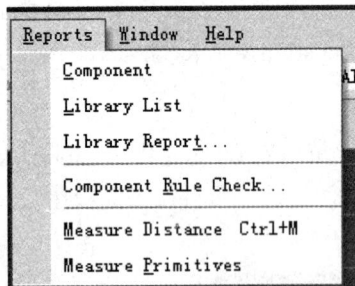

图 6-72 【Report】菜单

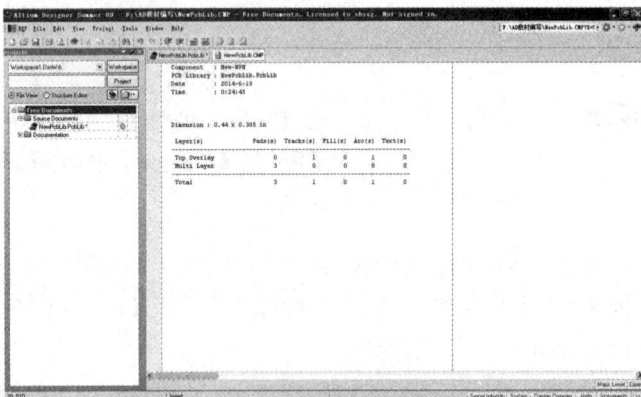

图 6-73 查看元件封装信息

从中可以看出，列表中给出了元件名称、所在的元件库、创建日期和时间，并给出了元件封装中的各个组成部分的详细信息。

6.6.3 元件封装错误信息报表

Altium Designer Summer 09 提供了元件封装错误的自动检测功能。执行菜单栏中【Reports（报告）】\【Component Rule Check（元件规则检测）】命令，系统将弹出如图 6-74 所示的【Component Rule Check（元件规则检测）】对话框，在该对话框中可以设置元件符号错误检测的规则。

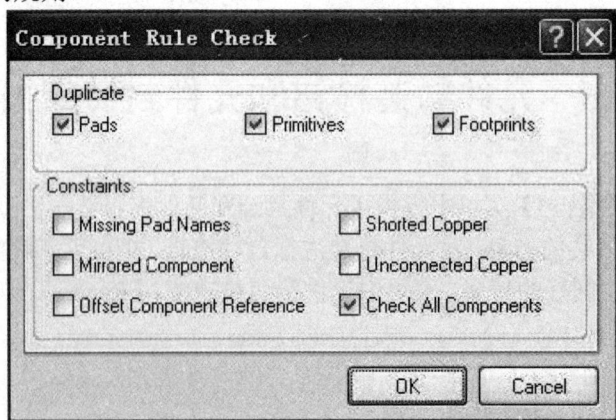

图 6-74 【Component Rule Check】对话框

各项规则的意义如下。

（1）【Duplicate（复制）】选项组。

➢ **【Pads（焊盘）】**用于检查元件封装中是否有重名的焊盘。

➢ **【Primitives（边框）】**用于检查元件封装中是否有重名的边框。

➢ **【Footprints（封装）】**用于检查元件封装库中是否有重名的封装。

（2）【Constrains（约束）】选项组。

➢ **【Missing Pad Name（缺失焊盘名）】**用于检查元件封装中是否缺少焊盘名称。

➢ **【Mirrored Component(镜像元件)】**用于检查封装库中是否有镜像的元件　封装。

➢ **【Offset Component Reference（缺少参考点）】**用于检查元件封装中是否缺少参考点。

➢ **【Shorted Copper（截短铜箔）】**用于检查封装中是否缺少截短铜箔。

➢ **【Unconnected Copper（非连接铜箔）】**检查元件封装是否存在未连接铜箔。

➢ **【Check all Components（检查所有元件）】**是否检查元件封装库中所有封装。

以上选项通常保持默认设置，单击【OK】按钮，系统将自动生成如图 6-75 所示的元件符号错误信息报表。可见，绘制的所有元件封装没有错误。

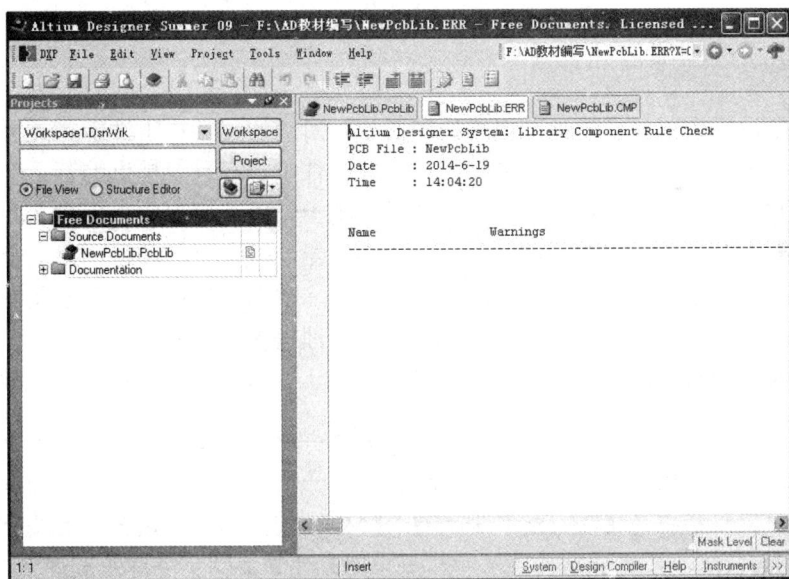

图 6-75　元件符号错误信息报表

6.6.4　元件封装库信息报表

执行菜单栏中的【Report（报告）】\【Library Report（元件封装库报表）】命令，系统将生成元件封装库信息报表。这里对创建的 NewPcbLib.PcbLib 元件封装库进行分析，得出以下的报表，如图 6-76 所示。在报表中，列出了封装库所有的封装名称和对它们的命名。

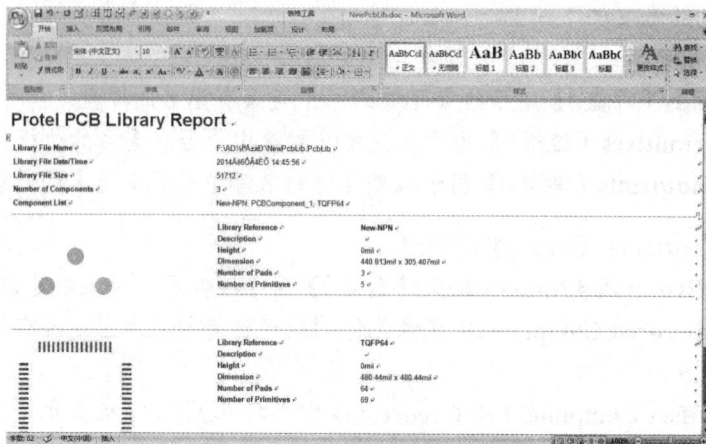

图 6-76　元件封装库信息报表

6.7　创建项目元件库

6.7.1　创建原理图项目元件库

大多数情况下，同一个项目的电路原理图中，所用的元件由于性能、类型等诸多因素的不同，可能来自很多不同的库文件，这些库文件中，有系统提供的若干个集成库文件，也有用户自己建立的原理图库文件，非常不便于管理，更不便于用户之间的交流。

基于这一点，可以使用原理图元件库文件编辑器，为自己的项目创建一个独立的原理图元件库，将本项目电路原理图中所用到的元件原理图符号都汇总到该元件库中脱离其他的库文件独立存在，这样，就为项目的统一管理提供了方便。

下面以设计项目【USB 采集系统.PrjPcb】为例，为该项目创建原理图元件库。

Step 01　打开项目【USB 采集系统.PrjPcb】中的任一原理图文件，进入电路原理图的编辑环境中，例如打开【Cpu.SchDoc】。

Step 02　单击菜单栏中的【Design（设计）】\【Make Schmatic Library（生成原理图元件库）】命令，系统自动生成了相应原理图元件库文件，并弹出如图 6-77 所示的【Information（信息）】对话框。在该提示框中，告诉用户当前项目的原理图项目元件库【Cpu.SchLib】已经创建完成，共添加了 13 个库元件。

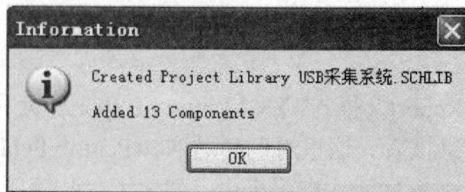

图 6-77　创建原理图项目元件库的提示框

Step 03　单击【OK（确定）】按钮，确认关闭对话框。系统切换到原理图元件库文件编辑环境，如图 6-78 所示。在【Projects（项目）】面板的 Source Document 文件夹中，已经建立了含有 13 个库元件的原理图项目元件库【Cpu.SchLib】。

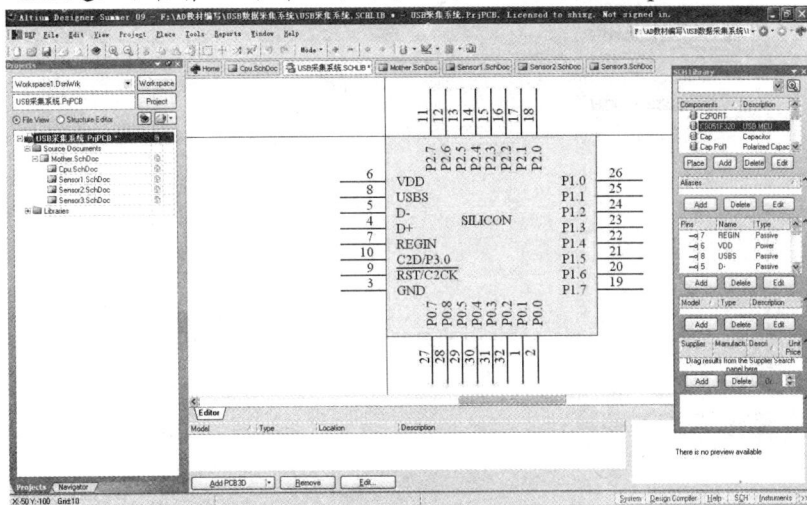

图 6-78　原理图元件库文件编辑环境

Step 04　打开【SCH Library（原理图库文件）】面板，在原理图符号名称栏中列出了所创建的原理图项目文件库中的全部库文件，涵盖了本项目电路原理图中所有用到的元件，选择其中一个，则在原理图符号的引脚栏会相应显示该库元件的全部引脚信息，而模型栏会显示该库元件的其他模型。

6.7.2　使用项目元件库更新原理图

建立了原理图项目元件库后，可根据需要，很方便地对该项目电路原理图中所有用到的元件进行整体的编辑、修改，包括元件属性、引脚信息及原理图符号形式等。更重要的是，如果用户在绘制多张不同的原理图时，多次用到同一个元件，而该元件又需要重新修改编辑时，用户不必到多个原理图中一一修改，只需要在原理图项目元件库中修改相应的元件，然后更新原理图即可。

在前面的电路设计项目【USB 采集系统.PrjPcb】中有 4 个原理图，即【Sensor1.SchDoc】【Sensor2.SchDoc】【Sensor3.SchDoc】【Cpu.SchDoc】，而在前三个原理图中都用到了【LM258】（LF353 的别名）。

现在修改这三个子原理图中元件【LM258】的引脚属性，比如，将输出引脚的电气特性由【Passive】改为【Output】，可以通过修改原理图项目元件库中的相应元件【LF353】来完成。

Step 01　打开项目【USB 采集系统.PrjPcb】，并逐一打开 3 个子原理图【Sensor1.SchDoc】【Sensor2.SchDoc】和【Sensor3.SchDoc】。3 个原理图中所用到的元件【LF353】，其输出引脚的电气特性当前都处于【Passive】状态，如图 6-79 所示为原理图【Sensor3.SchDoc】中的一部分。

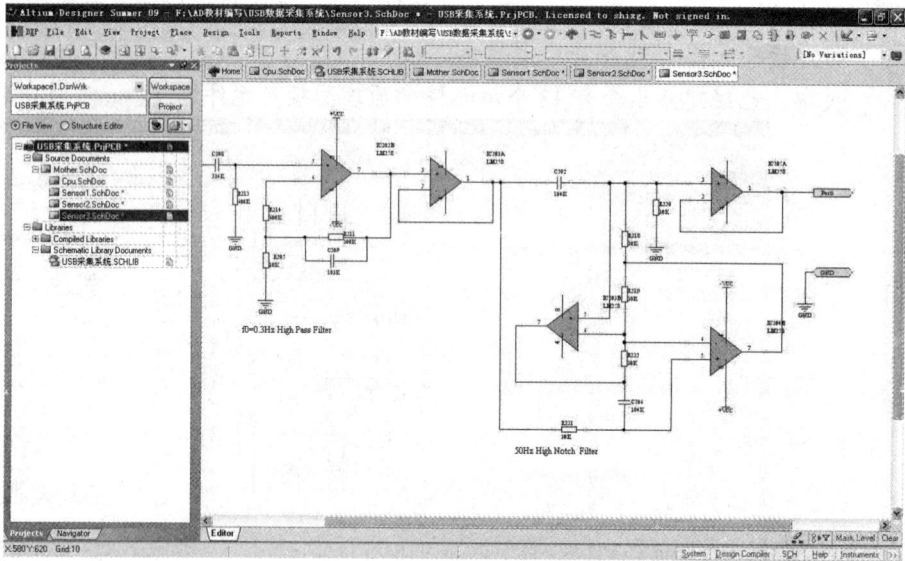

图 6-79　更新前的原理图

Step 02　打开该项目下的原理图项目元件库【USB 采集系统.SchLib】。

Step 03　打开【SCH Library】面板，在该面板的原理图符号名称栏中，单击元件【LF353】前面的【＋】符号，打开该元件，进行相应引脚的编辑。

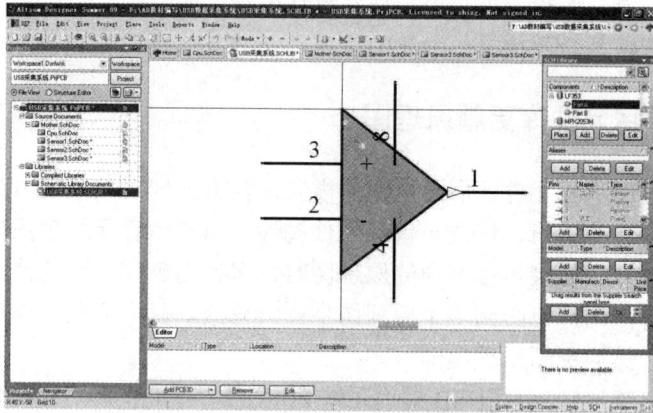

图 6-80　改变输出引脚的电气特性

Step 04　将子部件【Part A】中的输出引脚（1 引脚）的电气特性设置为【Output】，如图 6-80 所示。同样，将子部件【Part B】中的输出引脚（7 脚）的电气特性也设置为【Output】，并保存【USB 采集系统.SchLib】。

Step 05　执行菜单栏中的【Tools（工具）】\【Updated From Library（从元件库更新）】命令，系统将弹出如图 6-81 所示的更新提示框。该提示框说明系统已经成功更新了 3 个子原理图中的 11 个 LM258 元件。

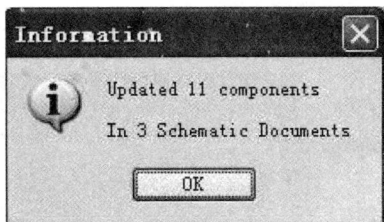

图 6-81　更新原理图提示框

Step 06 单击【OK（确定）】按钮，关闭该对话框。逐一打开 3 个子原理图，可以看到，原理图中的每一个元件【LM258】，其输出引脚的电气特性都被更新为【Output】，如图 6-82 所示为原理图【Sensor3.SchDoc】中的一部分。

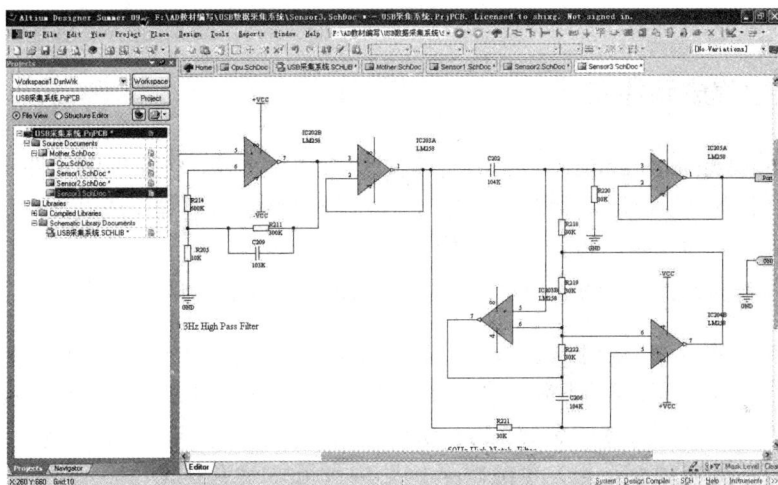

图 6-82　更新后的原理图

6.7.3　创建项目 PCB 元件封装库

在一个设计项目中，设计文件用到的元件封装往往来自不同的库文件，为了方便设计文件的交流和管理，在设计结束后，可以将该项目用到的所有元件集中起来，生成该项目的 PCB 元件封装库文件。创建项目的 PCB 元件库简单易行。

Step 01 打开已经完成的 PCB 设计文件，进入 PCB 编辑器。

Step 02 在主菜单中执行【Design（设计）】\【Make PCB Library（创建 PCB 元件封装库）】命令，系统会自动生成与该设计文件同名的 PCB 库文件。

Step 03 同时，新生成的 PCB 库文件会自动打开，并设置为当前文件，在【PCB Library】面板中可以看到其元件列表。

以前面的 PCB 文件【LED 显示电路.PcbDoc】为例，创建一个项目 PCB 元件库，如图 6-83 所示。

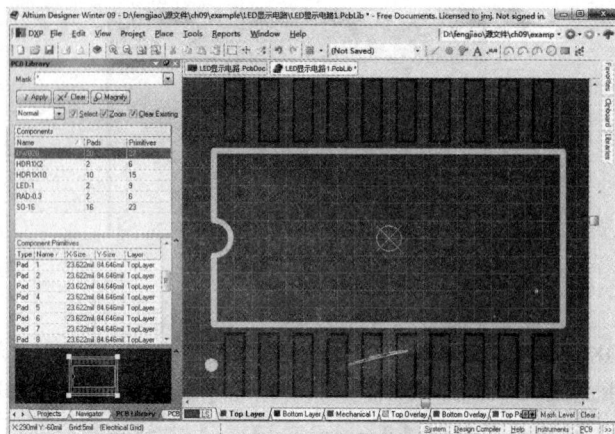

图 6-83　创建项目 PCB 元件库

6.7.4　创建集成元件库

Altium Designer Summerr 09 提供了集成形式的库文件，将原理图元件库和与其对应的模型库文件如 PCB 元件封装库、SPICE 和信号完整性模型等集成到一起。通过集成库文件，极大地方便了用户设计过程中的各种操作。

下面以前面设计的 PCB 文件【PCB-Library.PcbDoc】为例，创建一个集成元件库。

Step 01　单击菜单栏中的【File（文件）】\【New（新建）】\【Project（项目）】\【Integrated Library（集成库）】命令，如图 6-84 所示，系统新建一个新的集成库文件包项目，并保存为【New-IntLib.LibPkg】。该库文件包项目中目前还没有文件加入，需要在该项目中加入原理图元件库和 PCB 封装库。

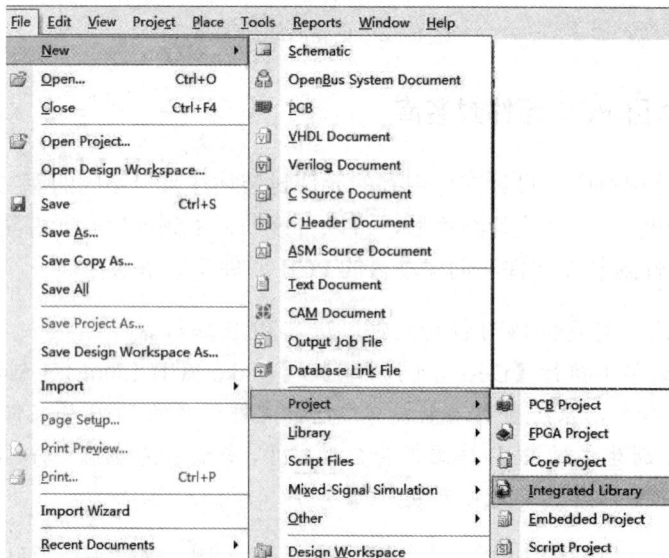

图 6-84　创建新的集成库文件包项目

Step 02 在【Projects（项目）】面板中，右击【New-IntLib.LibPkg】，在弹出的快捷菜单中单击【Add Existing To Project（添加现有文档到项目）】，系统弹出打开文件对话框，选择路径到项目所在文件夹，将【PCB-Library.SchLib】和【PCB-Library.PcbLib】加入项目中。

Step 03 单击菜单栏中【Project（项目）】\【Compile Integrated Library New-IntLib.LibPkg（编译集成库文件）】，编译该集成库文件。编译后的集成库文件【New-IntLib.IntLib】将自动加载到当前库文件中，在元件库面板中可以看到，如图 6-85 所示。

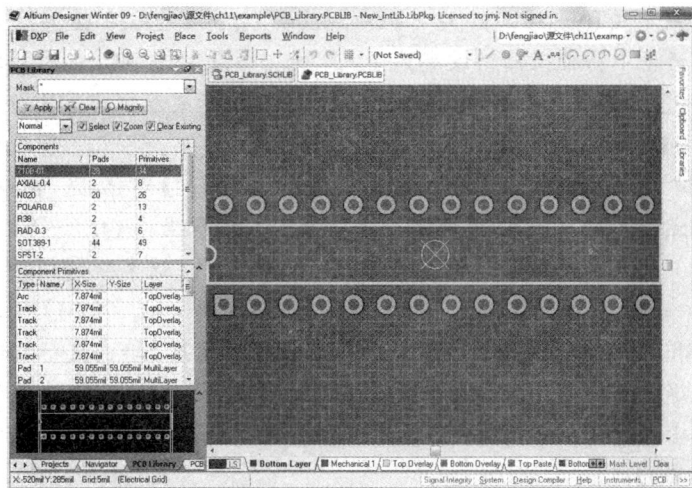

图 6-85　生成集成库并加入当前库中

Step 04 在编译过程中可能会出现【Message（信息）】面板显示一些错误和警告的提示，这说明还有部分原理图文件没有找到匹配的元件封装或者信号完整性等模型文件，根据错误提示信息进行修改。

Step 05 修改完后，单击菜单栏中的【Project（项目）】\【Recompile Integrated Library New-IntLib.LibPkg（再次编译集成库文件）】命令，对集成库文件再次编译，以检查是否还有错误信息。

Step 06 不断重复上述动作，直至编译无误，这个集成库文件就制作完成了。

6.8　操作实例

6.8.1　制作 NPN 三极管元件

1. 创建新的或打开原先创建的原理图库

本例中打开原先创建的元件库文件【Schlib1.SchLib】。

2. 创建新的原理图元件

创建新的原理图元件的操作步骤如下。

Step 01 执行菜单【Tools（工具）】\【New Component（新元件）】命令，新建一个元件，并命名为【TRANSISTOR NPN】。

注意：如果需要的话，执行菜单【Edit（编辑）】\【Jump（跳转）】\【Origin（中心）】命令或快捷键【J，O】，将图纸的原点调整到设计窗口的中心。

Step 02 执行菜单【Tools（工具）】\【Document Option（文档）】命令，在库编辑器工作对话框中将捕捉栅格设定为1，可视栅格设定为10，如图6-86所示。

Step 03 画NPN三极管，先要定义它的元件实体。执行菜单栏中【Place（放置）】\【Line（线）】（快捷键P，L）或者点击 Place Line 工具条按钮，出现十字光标，按下Tab键，弹出如图6-87所示的【PolyLine（线宽）】对话框，在框中设置线属性，然后点击【OK（确定）】按钮。点击鼠标左键从坐标（0，-1）开始到坐标（0，-19）结束画一条垂直的线，点击鼠标右键完成这条线的摆放。然后画坐标从（0，-7）到（10，0），以及从（0，-13）到（10，-20）的其他两条线，使用【Shift + 空格】组合键可以将线调整到任意角度。单击鼠标右键或者按下 ESC 按钮退出画线模式，如果要设置下端为箭头形状，则可以在画好的线上双击，在弹出的对话框中将【End Line Shape（先的终点形状）】选项设置为【Arrow（箭头）】。

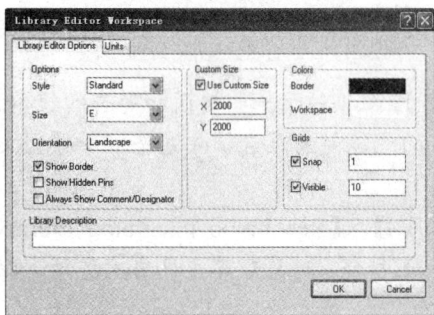

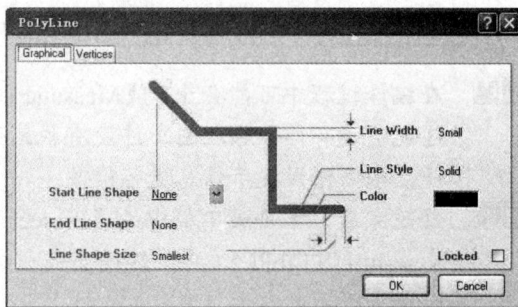

图 6-86　库编辑面板　　　　　　　　图 6-87　【PolyLine】对话框

Step 04 给原理图元件添加引脚。单击菜单【Place（放置）】\【Pins（引脚）】命令，在适当位置放置引脚，在悬浮状态时，按下 TAB 键可以设置引脚属性，画完后的效果如图6-88所示。

添加引脚注意事项：

➢ 要在放置引脚后设置引脚属性，只需双击该引脚或者在原理图库面板里的引脚列表中双击引脚。

➢ 在字母后加【\】可以定义让引脚中名字的字母上面加线，例如：当输入【M\C\L\R\VPP】时会显示 $\overline{MCLR}$/VPP。

➤ 如果希望隐藏器件中的电源和地引脚，点击【Hide（隐藏）】复选框。当这些引脚被隐藏时，会自动地连接到图中被定义的电源和地。例如，当元件摆放到图中时，VCC 脚会被连接到 VCC 网络，如图 6-89 所示。

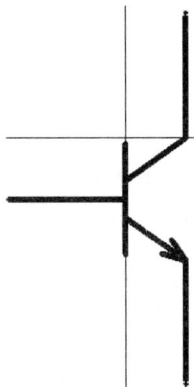

图 6-88　效果图

图 6-89　希望隐藏器件的电源和地引脚

要查看隐藏的引脚，选择菜单【View（视图）】\【Show Hidden Pins（显示隐藏引脚）】命令（快捷键 V，H），所有被隐藏的引脚会在设计窗口显示，引脚的显示名字和标识符也会显示。

可以在元件引脚编辑对话框中编辑引脚属性，而不用通过每一个引脚相应的引脚属性对话框。点击【元件属性】对话框中的【Edit Pins（编辑引脚）】按钮，弹出元件引脚编辑对话框，可以通过点击右键，弹出菜单中【Tools（工具）】\【Component Properties（元件属性）】选择元件属性对话框。

对于一个多部分的元件，被选择部件相应的引脚会在元件引脚编辑对话框中以白色为背景高亮显示。其他部件相应的引脚会变灰。但仍然可以编辑这些没有选中的引脚。

3. 设置原理图元件属性

每一个元件都有相对应的属性，例如默认的标识符，PCB 封装或其他的模型以及参数。当从原理图中编辑元件属性时也可以设置不同的部件域和库域。设置元件属性步骤如下。

Step 01 从原理图库面板元件列表中双击要编辑的元件或选中元件后单击【Edit(编辑)】按钮，弹出【库元件属性】对话框。

Step 02 在该对话框中，输入默认的标识符，在本例中输入【Q?】以及当元件放置到原理图时显示的注释，如【NPN】。

Step 03 在添加模型或其他参数时，让其他选项栏保持默认值。

4. 向原理图元件添加模型

可以向原理图元件添加任意数量的封装，同样也可以添加用于仿真及信号完整性分析的模型。这样，当在原理图中摆放元件时可以从【元件属性】对话框中选择合适的模型。

有几种不同的向元件添加模型的方式。可以从网上下载一个厂家的模型文件或者从已经存在的 Altium 库中添加模型。

5. 向原理图元件添加 PCB 封装模型

开始要添加一个原理图同步到 PCB 文档时用到的封装。已经设计的元件用到的封装被命名为 BCY-W3。注意，在原理图库编辑器中，当将一个 PCB 封装模型关联到一个原理图元件时，这个模型必须存在一个 PCB 库中，而不是一个集成库中。

Step 01 在【元件属性】对话框中，点击模型列表项的【Add（添加）】按钮，弹出如图 6-90 所示的【Add New Model（添加新模型）】对话框。

Step 02 在模型类型下拉列表中选择【Footprint（封装）】项，点击【OK（确定）】按钮，弹出如图 6-91 所示的【PCB Model】对话框。

Step 03 点击【Browse..（浏览）】按钮，在弹出的【Browse Library（查阅库）】对话框中，点击【Find..（查找）】按钮，弹出搜索库对话框。

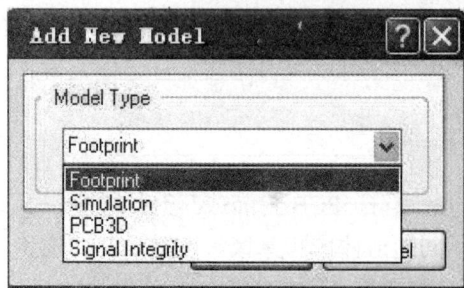

图 6-90　【添加模型】对话框　　　　图 6-91　【PCB Model】对话框

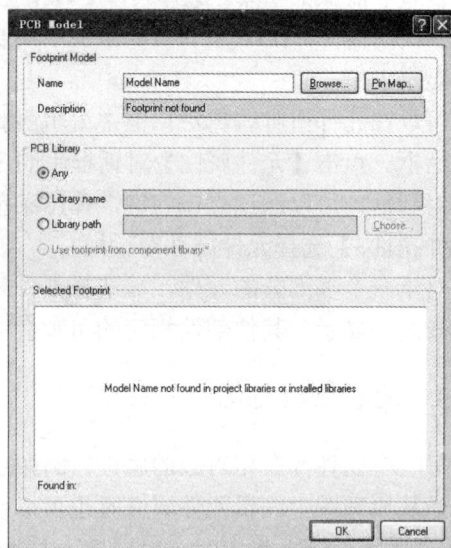

Step 04 在该对话框中的名字栏中输入 BCY-W3，路径定位到【\Altium Designer Summer 09\Library \PCB】，勾选【Include Subdirectories（包括子目录）】选项，然后点击【Search（查找）】按钮，如图 6-92 所示。

Step 05 找到对应这个封装所有的类似的库文件如图 6-93 所示。

Step 06 点击【OK】按钮关闭该对话框，加载这个库在【浏览库】对话框中，如图 6-94 所示。

Step 07 点击【OK】按钮，向元件加入这个模型。

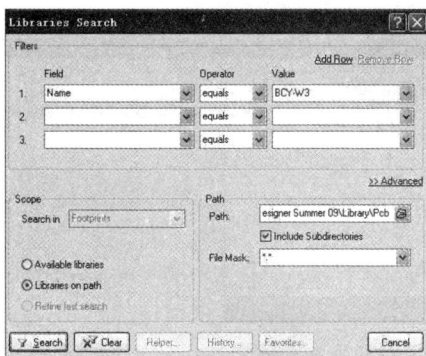

图 6-92　搜索对话框

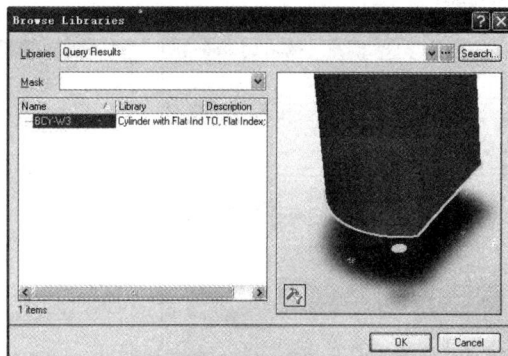

图 6-93　【Browse Libraries】对话框

6. 添加元件参数

参数的意义在于定义更多的有关于元件的附加信息。定义元件厂商或日期的数据字符串都可以被添加到文件中。一个字符串参数也可以作为元件的值在应用时被添加，例如：100K 的电阻。

参数被设置为当在原理图上摆放一个器件时作为特殊字符串显示。可以设置其他参数作为仿真需要的值或在原理图编辑器中建立 PCB 规则。添加的步骤如下。

Step 01 在【原理图属性】对话框的参数列表栏中点击【Add（添加）】按钮添加【参数属性】对话框。

Step 02 输入参数名及参数值。如果要用到文本串以及参数的值，要确定参数类型被勾选为【String（字符）】，如果需要在原理图中放置元件时显示参数的值，要勾选【Visible（可见）】框。

Step 03 点击【OK】按钮。

7. 添加间接字符串

用间接字符串，可以为元件设置一个参数项，当摆放元件时这个参数可以显示在原理图上，也可以在进行电路仿真时使用。所有添加的元件参数都可以作为间接字符串。当参数可以作为间接字符串时，参数名前面有一个【＝】号作为前缀。

值参数：一个值参数可以作为元件的普通信息，但是在分立式器件，如电阻和电容，将值参数用于仿真。可以设置元件注释读取作为间接字符串加入的参数的值，注释信息会被绘制到 PCB 编辑器中。

Step 01 在【元件属性】对话框的参数列表中点击【Add】按钮，弹出【参数属性】对话框。

Step 02 输入名字的 Value 以及参数值 100K，确定参数类型被定为【String（字符）】且值得【Visible（可见）】框被勾选。

Step 03 在元件属性对话框的属性栏中，点击注释栏，在下拉框中选择【 = Value】项，关掉可视属性。

最终，添加好了属性的对话框如图 6-95 所示。

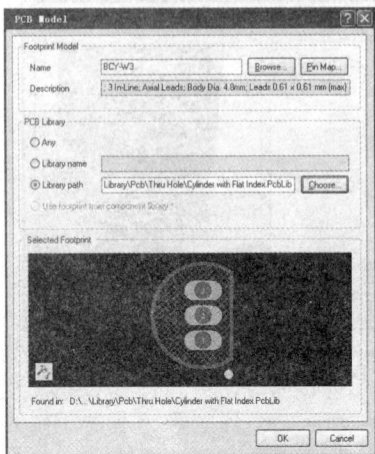

图 6-94　【PCB 模型】对话框　　　　图 6-95　【元件属性】对话框

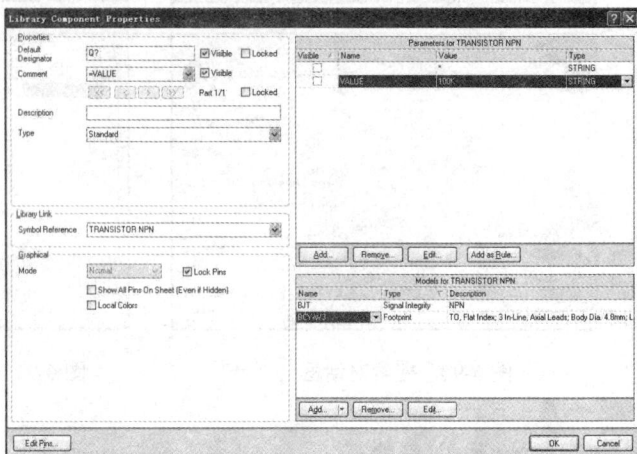

8. 保存元件的图纸及属性

点击【OK】按钮，即可保存元件的图纸及属性。

6.8.2　制作变压器元件

制作变压器元件的操作步骤如下。

1. 创建新的或打开原先创建的原理图库

本例中打开元件库文件【Schlib1.SchLib】。

2. 创建新的原理图元件

本例中将新元件重新命名为【bianyaqi】。

3. 绘制原理图符号

绘制原理图符号的操作步骤如下。

Step 01　绘制变压器元件的弧线部分。单击菜单【Place（放置）】\【Elliptical Arc（椭圆弧）】命令，这时鼠标变成一个十字形状，用鼠标左键一次选择弧的圆心、X 方向半径、Y 方向半径、圆弧起点和圆弧终点。由于需要绘制的半圆直径等于一个栅格，因此只需要将圆心定在栅格左边沿的中点，移动鼠标选择合适的 X 方向半径和 Y 方向半径，然后分别在下、上两个交叉点单击，选择起点和终点，就可以绘制出一个右半圆。如果分别在上、下两个交叉点单击，选择起点和终点，就可以绘制出一个左半圆。由于 Altium Designer Summer 09 会记住前一次操作的值，因此只需移动鼠标到下一个圆心处，连续单击鼠标左键即可绘制出下面相邻的一个半圆，以此类推绘制好左边的弧线。

对于右边的弧线，可以选中前面绘制好的弧线后，复制，在悬浮状态时按 X 键左右翻转，然后在合适的位置点击鼠标左键放置。

Step 02　绘制变压器中间的直线。单击菜单【Place（放置）】\【 Line（线）】命令，在原副线圈中间绘制一条直线。

Step 03　绘制线圈上的引出线。跟绘制变压器中间直线一样，在线圈上绘制出 4 条引出线。

Step 04　添加引脚。在 4 条引出线上放置 4 个引脚，并隐藏引脚名。

Step 05　添加同名端。单击菜单【Place（放置）】\【IEEE Symbols（IEEE 符号）】\【Dot（点）】命令，开始放置小圆圈，在悬浮状态时按下 Tab 键或者双击小圆圈，在如图 6-96 所示的属性对话框中尺寸设置为【2】、线宽设置为【Medium】、颜色设置为【黑色】。

至此，变压器元件就创建完成了，如图 6-97 所示。

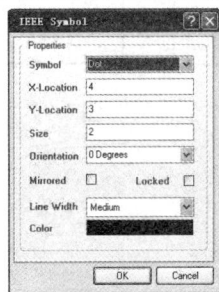

图 6-96　【同名端属性】对话框　　　　图 6-97　完成后的变压器

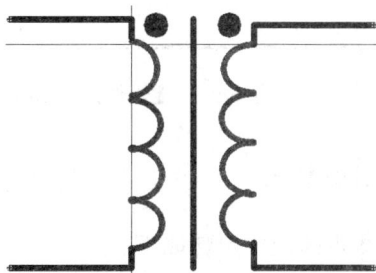

6.8.3　制作七段数码管元件

七段数码管是一种显示元器件，广泛地应用在各种仪器中，它由七段发光二极管构成。制作七段数码管元件的步骤如下。

1. 创建一个新的原理图库文件

将新建的库文件命名为【shumaguan】。

2. 绘制数码管外形

绘制数码管外形的操作步骤如下。

Step 01　单击菜单【Place（放置）】\【Rectangle（矩形）】命令，绘制一个矩形。

Step 02　双击该矩形，弹出【矩形】对话框，在该对话框中，单击取消对【Draw Solid（绘制实体）】复选框的选取，再将矩形的边框颜色设置为黑色，如图 6-98 所示。

3. 绘制七段发光二极管

在原理图符号中用直线来代替发光二极管。单击菜单【Place（放置）】\【Line（线）】命令，在图纸上绘制一个如图 6-99 所示的【日】字形发光二极管。

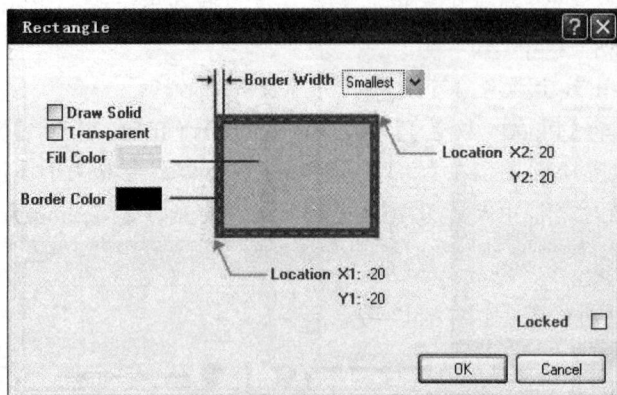

图 6-98　【矩形】对话框

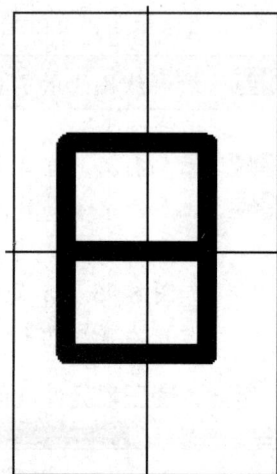

图 6-99　放置二极管

4. 绘制小数点

绘制小数点的操作步骤如下。

Step 01　单击菜单【Place（放置）】\【Rectangle（矩形）】命令，在图纸上绘制一个如图 6-100 所示的小矩形作为小数点。

Step 02　双击小矩形，打开【矩形】对话框进行设置，并将其中的填充色和边框都设置为黑色，如图 6-101 所示。

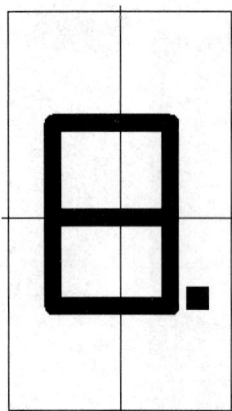

图 6-100　放置小数点

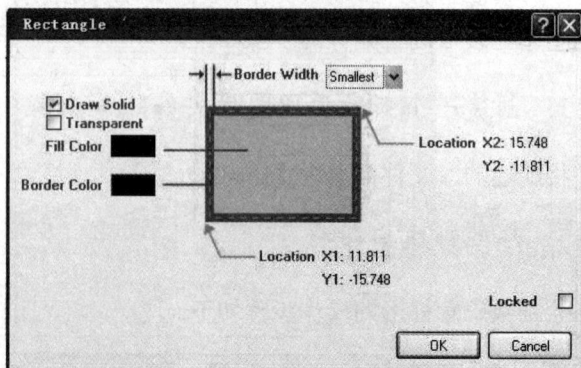

图 6-101　【矩形】对话框的设置

注意：在放置小数点的时候，由于小数点比较小，用鼠标操作放置可能比较困难，因此可以通过在【矩形】对话框中设置坐标的方法来微调小数点的位置。

5. 放置数码管的标注

放置数码管标注的操作步骤如下。

Step 01 执行菜单栏中【Place（放置）】\【Text String（字符串）】命令，在图纸上放置如图 6-102 所示的数码管标注。

Step 02 双击放置的文字，打开【Annotation（注释）】对话框，将其中标注的颜色设置为黑色，如图 6-103 所示。

Step 03 单击【OK】按钮退出该对话框。

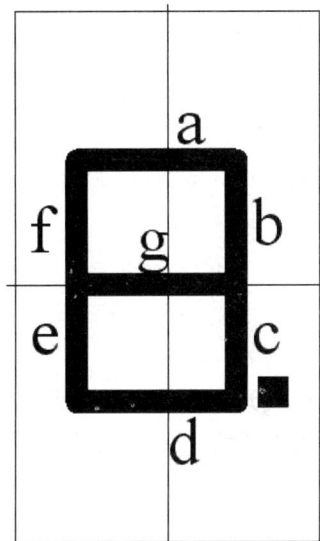

图 6-102　放置数码管标注

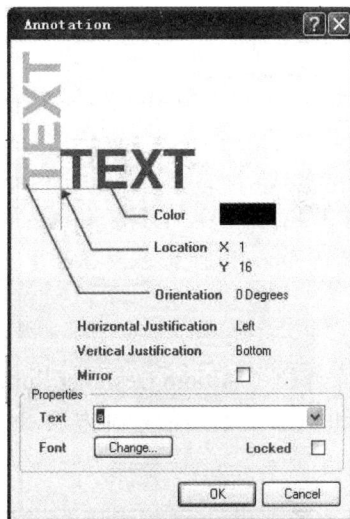

图 6-103　设置文本属性

6. 放置数码管的引脚

放置数码管的引脚的操作步骤如下。

Step 01 单击菜单【Place（放置）】\【Pins（引脚）】命令，绘制 7 个引脚，如图 6-104 所示。

Step 02 双击所放置的引脚，弹出【引脚属性】对话框，如图 6-105 所示。在该对话框中，隐藏引脚名。

Step 03 单击【OK】按钮，退出该对话框，完成七段数码管的绘制。

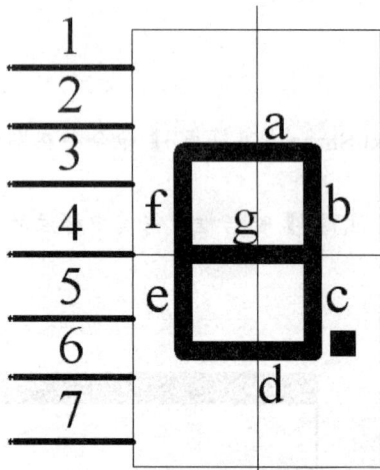

图 6-104　放置数码管引脚

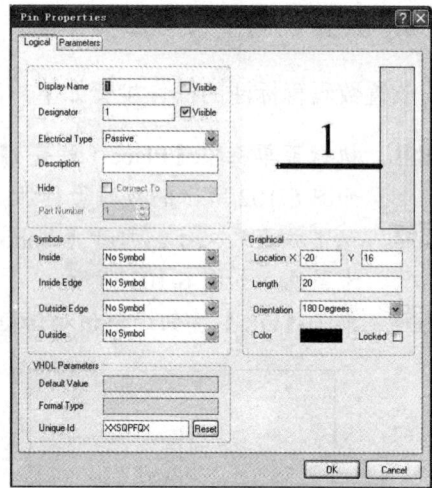

图 6-105　设置引脚属性

本章小结

本章介绍了 Altium Designer Summer 09 平台中集成元件库的制作步骤，以及原理图元件库和 PCB 封装库的绘制方法，使读者能够快速地掌握较复杂的元件库制作方法。

本章练习

1. 试建立元件库，绘制如图 6-106 所示的元件。

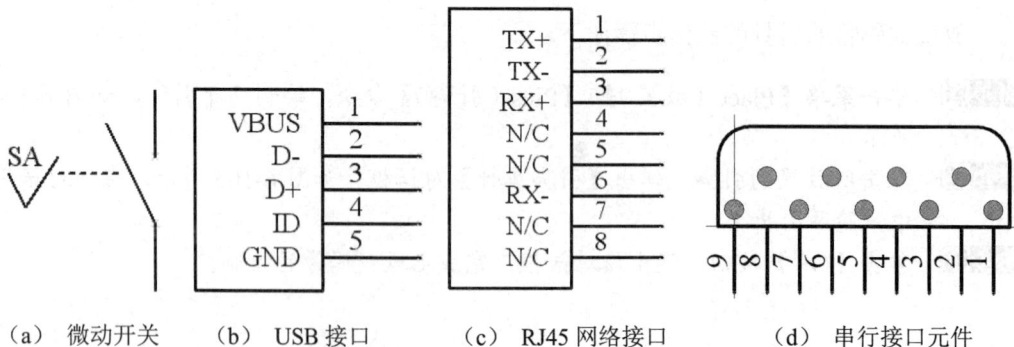

（a）　微动开关　　（b）　USB 接口　　（c）　RJ45 网络接口　　（d）　串行接口元件

图 6-106　操作练习 1

（1）建立元件库。

（2）建立新元件。

（3）复制元件。

（4）更改元件名。

2．一般封装为 PLCC44 芯片的焊盘排列为 PGA44 的形式，如图 6-107 所示，图中的数字为焊盘号码。试画一个 PGA44 的封装元件图。画图时注意封装焊盘号和实际器件的关系。

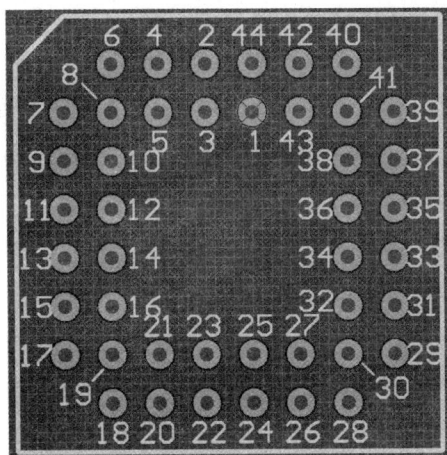

图 6-107　操作练习 2

首先，用元件封装制作向导建立 48×8 的 PGA 封装；然后，再删去不需要的焊盘；最后，编辑焊盘号、书写文字和画边框。注意焊盘使用向导中的默认焊盘尺寸。

3．绘制如图 6-108 所示的继电器的封装，其中焊盘外径为 120mil，内径为 60mil，焊盘号如图 6-108 所示。

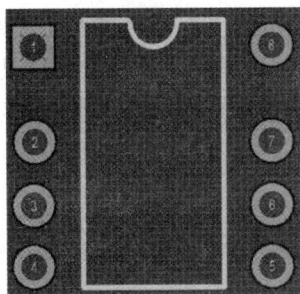

图 6-108　继电器封装

第 7 章　印制电路板设计基础

【本章导读】

本章主要讲述与印制电路板设计密切相关的一些基本概念，包括印制电路板种类、基本组件、设计方法、设计原则，PCB 编辑器的工作界面和基本操作，以及创建 PCB 文件的几种方法，为后面进行 PCB 设计制作准备基础知识。

【学习目标】

- ➤ 熟悉印制电路板的种类、结构及构成的基本组件。
- ➤ 熟悉 PCB 编辑器的工作环境。
- ➤ 掌握创建 PCB 电路板的方法及电气定义。

7.1　印制电路板的基本知识

印制电路板，简称 PCB（Printed Circuit Board），是通过一定的制作工艺，在绝缘度非常高的基材上覆盖上一层导电性能良好的铜薄膜构成覆铜板，然后根据具体的 PCB 图的要求，在覆铜板上蚀刻出 PCB 图上的导线，并钻出印制板安装定位孔以及焊盘和过孔。在双面板和多层板中，还需要对焊盘和过孔做金属化处理，即在焊盘和过孔的内孔周围做沉铜处理，以实现焊盘和过孔在不同层之间的电气连接。

7.1.1　印制电路板的种类

根据印制电路板包含的层数，可分为单面板、双面板和多层板。

1．Single Sided Print Board（单面板）

单面板指仅一面有导电图形的印制板，板的厚度约在 0.2～5.0mm，它是在一面敷有铜箔的绝缘基板上，通过印制和腐蚀的方法在基板上形成印制电路，如图 7-1 所示。它适用于一般要求的电子设备。

2．Double Sided Print Board（双面板）

双面板指两面都有导电图形的印制板，板的厚度约为 0.2～5.0mm，它是在两面敷有铜箔的绝缘基板上，通过印制和腐蚀的方法在基板上形成印制电路，两面的电气互连通过金属化孔实现，如图 7-2 所示。它适用于要求较高的电子设备，由于双面印制板的布线密度较高，所以能减小设备的体积。

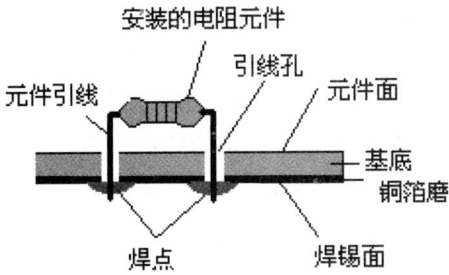

图 7-1　单面板示意图

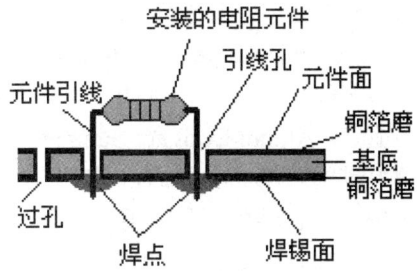

图 7-2　双面板示意图

3. Multilayer Print Board（多层板）

多层板是由交替的导电图形层及绝缘材料层层压黏合而成的一块印制板，导电图形的层数在两层以上，层间电气互连通过金属化孔实现。多层印制板的连接线短而直，便于屏蔽，但印制板的工艺复杂，由于使用金属化孔，可靠性稍差。它常用于计算机的板卡中。

对于电路板的制作而言，板的层数愈多，制作程序就愈多，失败率当然增加，成本也相对提高，所以只有在高级的电路中才会使用多层板。

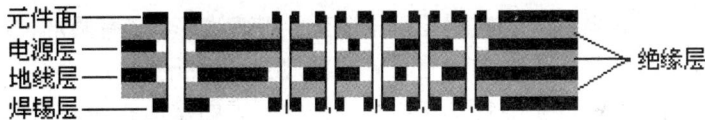

图 7-3　多层板示意图

7.1.2　印制电路板设计中的基本组件

1. Layer（板层）

PCB 一般包括很多层，不同的层包含不同的设计信息。Altium Designer Summer 09 提供了 6 种类型的工作层，下面分别做介绍。

（1）Signal Layers（信号层）。信号层为铜箔层。主要完成电气连接特性。Altium Designer Summer 09 提供了 32 层信号层，分别为 Top Layer（顶层）、Mid Layer1（中间层 1）、Mid Layer2（中间层 2）……Mid Layer30（中间层 30）和 Bottom Layer（底层），各层以不同颜色显示。

（2）Internal Planes（内部电源与地层）。内部电源与地层也属于铜箔层。主要用于建立电源和地网络。Altium Designer Summer 09 提供了 16 层内部电源与地层，分别为 Internal Layer1（内部电源层 1）、Internal Layer2（内部电源层 2）……Internal Layer16（内部电源层 16），各层以不同颜色显示。

（3）Mechanical Layers（机械层）。机械层是用于描述电路板机械结构、标注及加工等说明所使用的层面，不能完成电气连接特性。Altium Designer Summer 09 提供了 16 层内部电源与地层，分别为 Mechanical Layer1（机械层 1）、Mechanical Layer2（机械层 2）……Mechanical Layer16（机械层 16），各层以不同颜色显示。

（4）Mask Layers（掩膜层）。掩膜层主要用于保护铜线，也可以防止元件被焊到不正确的地方。Altium Designer Summer 09 提供了 4 层掩膜层，分别为 Top Paster（顶部锡膏防护焊料层）、Bottom Paster（底部锡膏防护层）、Top Solder（顶部阻焊层）和 Bottom Solder（底部阻焊层），分别用不同颜色显示。

（5）Silkscreen Layers（丝印层）。通常在该层印制文字和符号，标示出各零件在板子上的位置。Altium Designer Summer 09 提供了 2 层丝印层，分别为 Top Overlay（顶层丝印层）和 Bottom Overlay（底层丝印层）。

（6）Other Layers（其他层）。这主要包括钻孔层、禁止布线层等。

- **Drill Drawing（钻孔图）：** 用于绘制钻孔图及标注钻孔的位置。
- **Keep-Out layer（禁止布线层）：** 用于在电路板布局时设定放置元件和导线的区域边界。
- **Multi-Layer（多层）：** 用于设置更多层，该层上放置的对象将贯穿所有信号板层、内板层和阻焊层等，常用于放置跨板层对象，如焊盘、过孔等。

2. Pad（焊盘）

焊盘用于固定元器件管脚或用于引出连线、测试线等，它有圆形、方形等多种形状。焊盘的参数有焊盘编号、X 方向尺寸、Y 方向尺寸、钻孔孔径尺寸等。焊盘分为插针式及表面贴片式两大类，其中插针式焊盘必须钻孔，表面贴片式焊盘无须钻孔。

3. Via（过孔）

对于双层板和多层板，各信号层之间是绝缘的，需在各信号层有连接关系的导线的交汇处钻一个孔，并在钻孔后的基材壁上淀积金属，以实现不同导电层之间的电气连接，这种孔称为过孔。

过孔有三种：从顶层贯通到底层的穿透式过孔；从顶层通到内层或从内层通到底层的盲过孔；内层间的掩埋式过孔。

4. Track（铜膜导线）

印制电路板上，在焊盘与焊盘之间起电气连接作用的是铜膜导线，简称导线，是印制电路板最重要的部分。它也可以通过孔把一个导电层和另一个导电层连接起来。印制电路板设计都是围绕如何布置导线来进行的。

5. Connect（飞线）

在 PCB 设计过程中，还有一种与导线有关的线，常称为飞线或预拉线。飞线是在引入网络表后，系统根据规则生成的，用来指引系统自动布线的一种连线。

飞线与铜膜导线有本质的区别：飞线只是一种形式上的连线。它只是形式上表示出各个焊盘间的连接关系，没有电气的连接意义。铜膜导线则是根据飞线指示的焊盘间的连接关系而布置的，是具有电气连接意义的连接线路。

6. Net（网络）

从一个元器件的某一个管脚上到其他管脚的电气连接关系称为网络。每一个网络均有唯一的网络名称，有的网络名是人为添加的，有的是系统自动生成的，系统自动生成的网络名由该网络内两个连接点的管脚名称构成。

7. Netlist（网络表）

网络表描述电路中元器件特征和电气连接关系，一般可以从原理图中获取，它是原理图设计和 PCB 设计之间的纽带。

8. Clearance（安全间距）

在进行印制板设计时，为了避免导线、过孔、焊盘及元件的相互干扰，必须在它们之间留出一定的间距，这个间距称为安全间距。

9. Footprint（元件封装）

电路原理图中的元件使用的是实际元件的电气符号；PCB 设计中用到的元件则是使用实际元件的封装。元件的封装由元件的投影轮廓、引脚对应的焊盘、元件标号和标注字符等组成。不同的元件可以共用同一个元件封装，同种元件也可以有不同的封装。

元件封装的命名一般与管脚间距和管脚数有关，如电阻封装 AXIAL0.3 中的 0.3 表示管脚间距为 0.3 英寸或 300mil（1 英寸＝1000mil）；双列直插式 IC 封装 DIP8 中的 8 表示集成块的管脚数为 8。

7.1.3　印制电路板设计方法

电路板的设计方法主要有三种：全自动设计、全手工设计和半自动设计。

➤ **全自动设计：** 只使用 Altium Designer Summer 09 提供的各种自动化工具来进行印制电路板的设计工作。优点是设计的周期短，但缺点也很大，因为布局和走线的策略都是利用人工智能来进行判断设计的，而目前人工智能的技术还不够完善。

➤ **全手工设计：** 完全使用 Altium Designer Summer 09 提供的各种 PCB 绘制工具进行印制电路板的设计工作，优点是因为全手工设计，各个点的设计都是从实际出发来进行的，设计出来的产品比较完美，缺点是费时费力，有时还会出现人为错误。

➤ **半自动设计：** 这是目前用得比较多的方式，结合了自动化设计和全手工设计的特点，省时省力，而且设计的灵活性也比较大，不容易犯错误。

以上三种设计方法虽然差别较大，但都是遵循同一种设计流程模式，如图 7-4 所示。

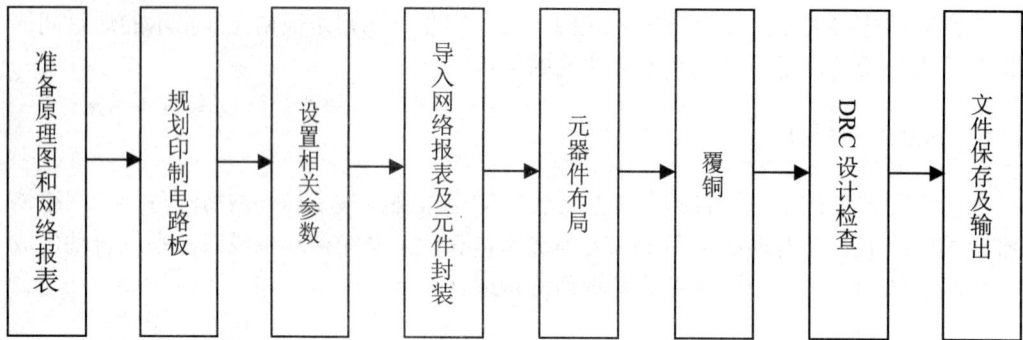

图 7-4　印制电路板设计流程

1. 准备原理图和网络报表

这主要是指电路原理图的设计及网络报表的生成等准备工作。

2. 规划印制电路板

在绘制 PCB 之前,用户要对电路板有一个初步的规划,如电路板采用多大的物理尺寸,采用几层电路板(单面板还是双面板),各元件采用何种封装形式及其安装位置等。该项工作是确定电路板设计的框架。

3. 设置相关参数

设置参数主要是设置元件的布置参数、板层参数和布线参数等。一般说来,有些参数用其默认值即可;有些参数第一次设置后,以后几乎不需修改。

4. 导入网络报表及元件封装

网络报表是电路板布线的灵魂,也是原理图设计系统与印制电路板设计系统的接口。只有将网络报表导入之后,才可能完成对电路板的自动布线。元件的封装就是元件的外形,对于每个导入的元件必须有相应的外形封装,才能保证电路板布线的顺利进行。

5. 元器件布局

元件的布局可以让 Altium Designer 自动进行,并自动将元件布置在电路板边框内。元件布局可以由系统自动完成,也可以很方便地进行手工布局修改,只有完成了元件的布局后,才可以进行自动布线。

6. 自动布线与手工调整

对于比较重要的网络连接和电源网络的连接应该手动预布线。锁定预布的线,然后进行自动布线。自动布线结束后,仍需要手工调整不合理布线。

7. 覆铜

对信号层上的接地网络和其他需要保护的信号进行覆铜或包地,可以增强 PCB 电路板抗干扰的能力和负载电流的能力。

8. DRC 设计检查

对布完线的电路板进行 DRC 设计检查,可以确保电路板设计完全符合设计者制定的设计规则,并且可以确保所有的网络均已正确连接。

9. 文件保存及输出

将完成的 PCB 文件保存到磁盘,利用输出设备如打印机或绘图仪等,输出电路板的布线图。

7.1.4 印制电路板设计的基本原则

PCB 设计的好坏对电路板抗干扰能力影响很大,因此,在进行 PCB 设计时,必须遵守 PCB 设计的一般原则,并应符合抗干扰设计的要求。为了设计出质量好、造价低的 PCB,应遵循下面讲述的一般原则。其中元件的布局及导线的布设尤为重要。

1. 电路板的选用

常用的敷铜层压板是敷铜酚醛纸质层压板、敷铜环氧纸质层压板、敷铜环氧玻璃布层压板、敷铜环氧酚醛玻璃布层压板、敷铜聚四氟乙烯玻璃布层压板,多层印刷电路板用环氧玻璃布等。主要是应该保证足够的刚度和强度。常见的电路板的厚度有 0.5mm、1.0mm、1.5mm、2.0mm 等。

2. 布局原则

元件布局是将元件在一定面积的印制板上合理地排放,它是设计 PCB 的第一步。首先要考虑 PCB 尺寸大小。PCB 尺寸过大时,印制线路长,阻抗增加,抗噪声能力下降,成本也增加;PCB 尺寸过小时,则散热不好,且邻近线条易受干扰。在确定 PCB 尺寸后,进行元件布局。再确定特殊元件的位置。最后,根据电路的功能单元,对电路的全部元件进行布局。印制电路板在布局时应遵守以下原则。

(1)元件排列规则。

➢ 布置主电路的集成块和晶体管的位置。在通常条件下,元件应布置在印制板的同一面上,只有在顶层元件过密时,才能将一些高度有限并且发热量小的器件,如贴片电阻、贴片电容、贴片 IC 等放在底层。

➢ 在保证电气性能的前提下,元件放置应相互平行或垂直排列,元件排列要紧凑,不允许重叠,输入和输出元件尽量远离。

➢ 某些元器件或导线之间可能存在较高的电位差,应加大它们之间的距离,以免因放电、击穿引起短路。

➤ 带高压的元器件应尽量布置在调试时手不易触及的地方。

➤ 位于板边缘的元件，离板边缘一般不小于2mm。

➤ 对于四个管脚以上的元件，不可进行翻转操作，否则将导致该元件安装插件时管脚号不能一一对应。

➤ 元器件在整个板面上分布均匀、疏密一致。

（2）按照信号走向布局原则。

➤ 通常按照信号的流程逐个安排各个功能电路单元的位置，以每个功能电路的核心元件为中心，围绕它进行布局。

➤ 元件的布局应便于信号流通，使信号尽可能保持一致的方向。在多数情况下，信号的流向安排为从左到右或从上到下，与输入、输出端直接相连的元件应当放在靠近输入、输出接插件或连接器的地方。

（3）防止电磁干扰层。

➤ 对辐射电磁场较强的元件，以及对电磁感应较灵敏的元件，应加大它们之间的距离或加以屏蔽，元器件放置的方向应与相邻的印制导线交叉。

➤ 尽量避免高低电压器件相互混杂、强弱信号的器件交错在一起。

➤ 对于会产生磁场的元器件，如变压器、扬声器、电感等，布局时应注意减少磁力线对印制导线的切割，相邻元件的磁场方向应相互垂直，减少彼此间的耦合。

➤ 对干扰源进行屏蔽，屏蔽罩应良好接地。

➤ 工作在高频的电路，要考虑元器件间分布参数的影响。

（4）抑制热干扰。

➤ 对于发热的元件，应优先安排在利于散热的位置，必要时可以单独设置散热器或小风扇，以降低温度，减少对邻近元器件的影响。

➤ 一些功耗大的集成块、大或中功率管、电阻等元件，要布置在容易散热的地方，并与其他元件隔开一定距离。

➤ 热敏元件应紧贴被测元件并远离高温区域，以免受到其他发热元件影响，引起误动作。

➤ 双面放置元件时，底层一般不放置发热元件。

（5）提高机械强度。

➤ 要注意整个PCB板的重心平衡与稳定，重而大的元件尽量安置在印制板上靠近固定端的位置，并降低重心，以提高机械强度和耐振、耐冲击能力，以及减少印制板的负荷和变形。

➤ 重15克以上的元器件，应当使用支架或卡子加以固定。

➤ 为了便于缩小体积或提高机械强度，可设置辅助底板，放置一些笨重的元件。

➤ 板的最佳形状是矩形(长宽比为3:2或4:3)，板面尺寸大于200×150mm时，要考虑板所受的机械强度，可加边框加固。

➤ 在印制板上留出固定支架、定位螺孔和连接插座的位置。

（6）可调元件的布局。

可调元件的布局应考虑整机的结构要求，若是机外调节，其位置要与调节旋钮在机箱面板上的位置相适应；若是机内调节，则应放置在印制板上能够方便调节的地方。

3. 布线原则

布线和布局是密切相关的两项工作，布局的好坏直接影响着布线的布通率。布线受布局、板层、电路结构、电性能要求等多种因素影响，布线结果又直接影响电路板性能。印制电路板在布线时应遵守以下原则。

（1）布线板层选择。印制板布线可以采用单面板、双面板或多层板，一般应首先选用单面板，其次是双面板，在仍不能满足设计要求时才选用多层板。

（2）印制导线宽度原则。

➢ 印制导线的最小宽度主要由导线与绝缘基板间的黏附强度和流过它们的电流值决定。一般选用导线宽度在 1.5mm 左右完全可以满足要求，对于集成电路，尤其数字电路通常选 0.2～0.3mm 就足够。当然只要密度允许，还是尽可能用宽线，尤其是电源和地线。

➢ 印制导线的线宽一般要小于与之相连焊盘的直径。

（3）印制导线的间距原则。

导线的最小间距主要由最坏情况下的线间绝缘电阻和击穿电压决定。导线越短、间距越大，绝缘电阻就越大。一般选用间距 1～1.5mm 完全可以满足要求。对集成电路，尤其数字电路，只要工艺允许可使间距很小。

（4）信号线走线原则。

➢ 输入、输出端的导线尽量避免相邻平行，平行信号线之间要尽量留有较大间隔，最好加线间地线，起到屏蔽的作用。

➢ 印制板两面的导线应互相垂直、斜交或弯曲走线，避免平行，减少寄生耦合。

➢ 信号线高、低电平悬殊时，要加大导线的间距；在布线密度比较低时，可加粗导线，信号线的间距也可适当加大。

（5）地线布设原则。

➢ 一般将公共地线布置在印制板的边缘，便于印制板安装在机架上，也便于与机架地相连接。印制地线与印制板的边缘应留有一定的距离（不小于板厚），这不仅便于安装导轨和进行机械加工，而且还提高了绝缘性能。

➢ 在印制电路板上应尽可能多地保留铜箔做地线，这样传输特性和屏蔽作用将得到改善，并且起到减少分布电容的作用。地线（公共线）不能设计成闭合回路，在高频电路中，应采用大面积接地方式。

➢ 印制板上若装有大电流器件，如继电器、扬声器等，它们的地线最好要分开独立走，以减少地线上的噪声。

➢ 模拟电路与数字电路的电源、地线应分开排布，这样可以减小模拟电路与数字电路之间的相互干扰。

➢ 为避免各级电流通过地线时产生相互间的干扰，特别是末级电流通过地线对第一级的反馈干扰，以及数字电路部分电流通过地线对模拟电路产生干扰，通常各级的地是割裂的，不直接相连，然后再分别接到公共的一点地上。

（6）模拟电路布线。模拟电路的布线要特别注意弱信号放大电路部分的布线，特别是电子管的栅极、半导体管的基极和高频回路，这是最易受干扰的地方。布线要尽量缩短线条的长度，所布的线要紧挨元器件，尽量不要与弱信号输入线平行布线。

（7）数字电路布线原则。数字电路布线中，工作频率较低的只要将线连好即可，一般不会出现太大的问题。工作频率较高，特别是高到几百兆赫时，布线时要考虑分布参数的影响。

（8）高频电路布线原则。高频电路中，集成块应就近安装高频退耦电容，一方面保证电源线不受其他信号干扰，另一方面可将本地产生的干扰就地滤除，防止了干扰通过各种途径（空间或电源线）传播。

高频电路布线的引线最好采用直线，如果需要转折，采用 45°折线或圆弧转折，可以减少高频信号对外辐射和相互间的耦合。管脚间的引线越短越好，引线层间的过孔越少越好。

4. 焊盘大小原则

焊盘的直径和内孔尺寸：焊盘的内孔尺寸必须先从元件引线直径、公差尺寸以及焊锡层厚度、孔径公差、孔金属电镀层厚度等方面考虑。焊盘的内孔一般不小于 0.6mm，因为小于 0.6mm 的孔开模冲孔时不宜加工。在通常情况下，金属引脚直径值加上 0.2mm 作为焊盘内孔直径，焊盘外径应该为焊盘孔径加 1.2mm，最小应该为焊盘孔径加 1.0mm。

7.2 PCB 编辑器

7.2.1 PCB 编辑器设计界面

进行如下操作进入 PCB 编辑器设计界面。

Step 01 启动 Altium Designer Summer 09，执行【Files（文件）】\【New（新建）】\【Project（项目）】\【PCB Project（PCB 项目）】菜单命令，创建一个 PCB 项目文件，以便管理该电路的所有设计文档。

Step 02 执行【Save Project As（项目另存为）】菜单命令。

Step 03 执行菜单命令【Files（文件）】\【New（新建）】\【PCB】，项目面板中将出现一个新的 PCB 文件，如图 7-5 所示，系统自动将其保存在已打开的项目文件中。

PCB 界面主要包括 3 个部分：菜单栏、工具栏和工作面板。菜单栏的各项和工具栏基本是对应的，同时用右键单击工作窗口将弹出一个快捷菜单，其中包括 PCB 设计中常用的菜单项。

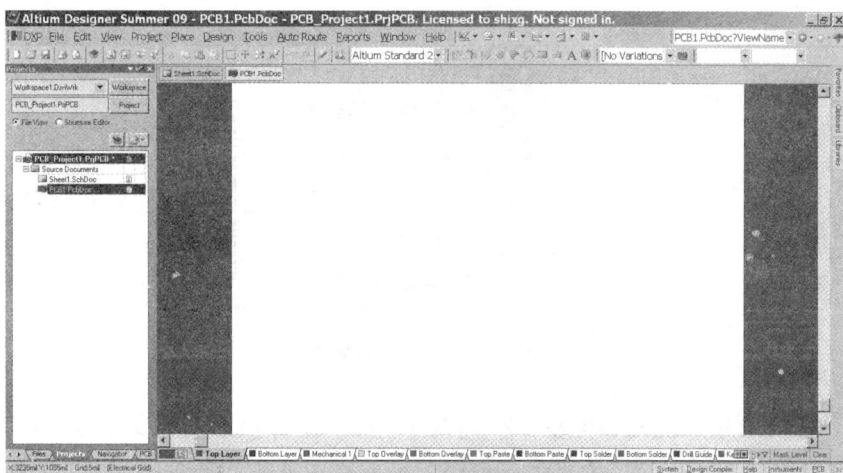

图 7-5 PCB　设计界面

7.2.2　菜单栏

菜单栏的具体命令如下：

- ➢ **【File（文件）】菜单**：主要用于文件的新建、打开、关闭、保存与打印等操作。
- ➢ **【Edit（编辑）】菜单**：用于对象的选取、复制、粘贴与查找等编辑操作。
- ➢ **【View（视图）】菜单**：用于视图的各种管理，如工作窗口的放大与缩小、各种工具、面板、状态栏及节点的显示与隐藏。
- ➢ **【Project（项目）】菜单**：用于与项目有关的各种操作，如项目文件的打开与关闭、工程项目的编译及比较等。
- ➢ **【Place（放置）】菜单**：包含了在 PCB 中放置对象的各种菜单项。
- ➢ **【Designer（设计）】菜单**：用于添加或删除元件库、网络报表导入、原理图与 PCB 的同步更新及印制电路板的定义等操作。
- ➢ **【Tools（工具）】菜单**：为 PCB 设计提供各种工具，主要包括 DRC 检查、元件的手动、自动布局等。
- ➢ **【Auto Route（自动布线）】菜单**：可进行与 PCB 布线相关的操作。
- ➢ **【Reports（报告）】菜单**：可进行生成 PCB 设计报表及 PCB 测量操作。
- ➢ **【Window（窗口）】菜单**：可对窗口进行各种操作。
- ➢ **【Help（帮助）】菜单**：用于打开帮助菜单。

7.2.3　工具栏

工具栏中以图标按钮的形式列出了常用菜单命令的快捷方式。用鼠标右键单击菜单栏或工具栏的空白区域即可弹出工具栏的命令菜单，如图 7-6 所示。包含 6 个命令项，若选中即可出现在工具栏中。现将主要工具栏介绍如下。

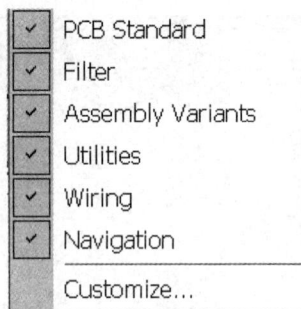

图 7-6   工具栏设置选项

➢ **【PCB Standard（PCB 标准）】命令：**用于控制 PCB 标准工具栏的打开或关闭，标准工具栏如图 7-7 所示。

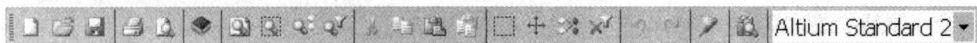

图 7-7   标准工具栏

➢ **【Filter（过滤器）】命令：**用于控制工具栏的打开与关闭，用于快速定位各种对象，如图 7-8 所示。

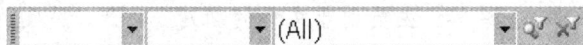

图 7-8   过滤器栏

➢ **【Utilities（功能）】命令：**控制工具栏的打开与关闭，如图 7-9 所示。

图 7-9   功能栏

➢ **【Wiring（布线）】命令：**控制布线工具栏的打开与关闭，如图 7-10 所示。

图 7-10   布线栏

7.3   创建 PCB 设计文件

在 Altium Designer Summer 09 中，创建 PCB 设计文件主要有以下三种方法。
（1）利用常规方法手动创建 PCB 设计文件。
（2）利用 PCB 设计文件生成向导来创建 PCB 设计文件。
（3）利用模板创建 PCB 设计文件。

7.3.1 通过手动生成

对于手动生成的 PCB，在进行 PCB 设计前，首先要对板的各种属性进行详细的设置。主要包括板型的设置、PCB 图纸的设置、电路板层的设置（主要包括层的显示、颜色设置等）、PCB 电气边界设置等。

1. 电路板物理边框的设置

电路板的物理边界即为 PCB 的实际大小和形状，在机械层 1 进行板形的设置，根据所设计的 PCB 在产品中的位置、空间大小、形状以及其他部件的配合来确定 PCB 的外形与尺寸。具体步骤如下。

Step 01 新建一个 PCB 文件，单击工作窗口下方的【Mechanical Layer1（机械层 1）】标签，使该层处于当前工作窗口中。

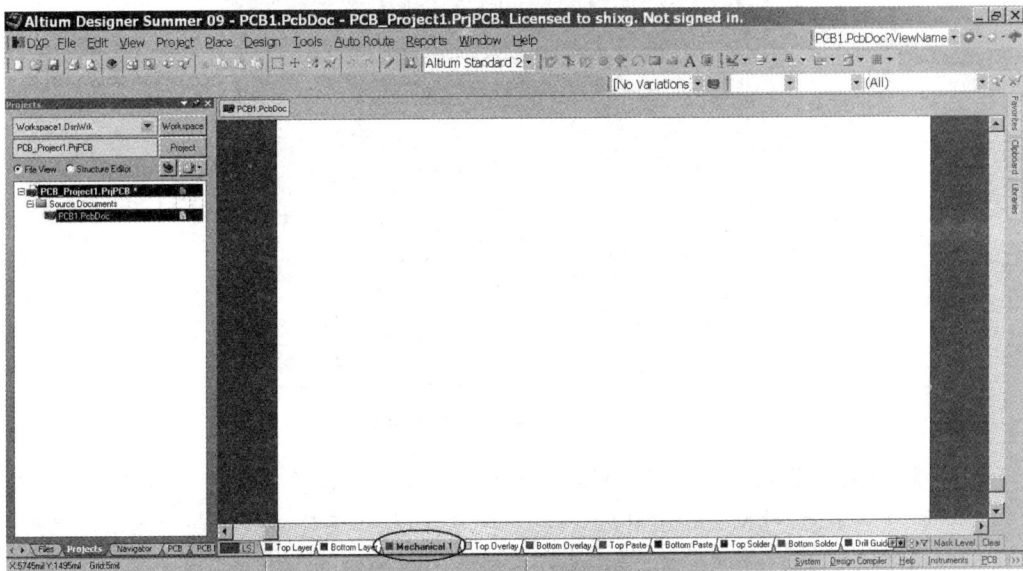

图 7-11　PCB 编辑界面

Step 02 单击【Place（放置）】\【Line（线）】菜单项，鼠标将变成十字状。将鼠标移动到工作窗口的合适位置，单击鼠标左键即可进行线的放置操作，每单击左键一次即可确定一个固定点。通常将板的形状定义为矩形，但在一些特殊情况下，为了满足电路的某种特殊要求，也可将板形定义为圆形、椭圆形或者不规则的多边形。

Step 03 当绘制的线组成了一个封闭的边框时，即可结束边框的绘制。单击鼠标右键或者按下<Esc>键即可退出该操作，绘制结束后的 PCB 边框如图 7-12 所示。

Step 04 设置边框线属性。鼠标左键双击任一边线框即可打开【边框线属性】对话框，如图 7-13 所示。下面分别介绍其中主要选项的含义。

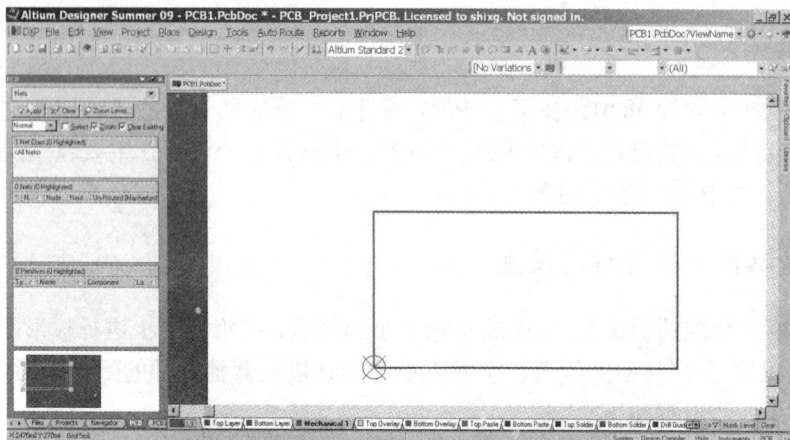

图 7-12　设置边框后的 PCB 图

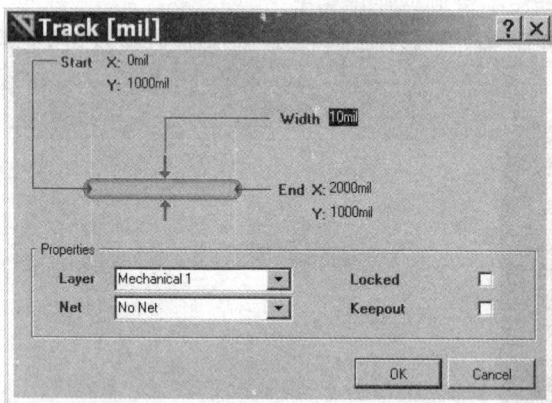

图 7-13　【边框线属性】对话框

- ➢　**【Layer（层）】:** 图层下拉列表，设置该线所在的工作层面。故用户开始画线时可以不选择【Mechanical Layer1（机械层 1）】，但这样必须对各个线进行设置，操作较麻烦。

- ➢　**【Net（网络）】:** 网络下拉列表，设置边框线所在的网络，边框线不属于任何网络。

- ➢　**【Locked（锁定）】:** 锁定复选框，选中该复选框时边框线被锁定，无法对该线进行移动等操作。

为了确保 PCB 图中边框线为封闭状态，可以在此对话框中对线的起始和结束点进行设置，使一根线的终点为下一根线的起点，或者按如下方法绘制边框线。

Step 01　执行菜单栏【Edit（编辑）】\【Origin（原点）】\【Set（定义）】，自定义相对坐标原点（0，0）；

Step 02　执行菜单栏【Place（放置）】\【Line（线）】，绘制边框线。此时光标处于命令状态，按下快捷键<J>＋<L>，输入 x，y 坐标（0，0），将光标定位到相对原点，按下<Enter>键确定，然后再次按一下快捷键<J>＋<L>，输入 x，y 终点坐标

（2000，0），再次按下<Enter>确定，光标跳跃到坐标（2000，0）处，然后双击<Enter>键确定此条连线。

Step 03　继续绘制其他的边框线，按此方法绘制的边框线为封闭状态。

2. PCB 图纸设置

与原理图一样，用户也可以对电路板图纸进行设置，默认的图纸是不可见的。单击【Design（设计）】\【Board Options（板选项）】即可打开【板选项设置】对话框，如图 7-14 所示。

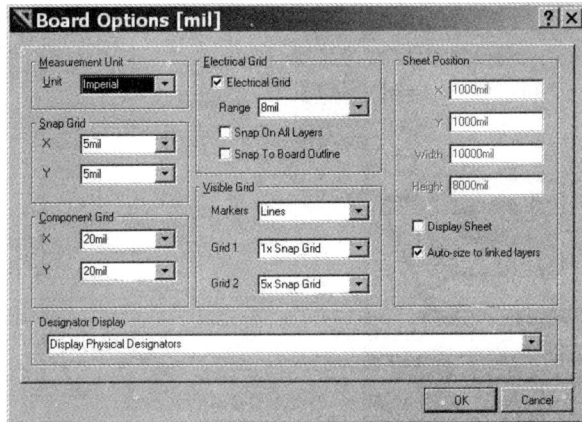

图 7-14　【板选项设置】对话框

> 　【**Measurement Unit（度量单位）**】用于 PCB 中单位设置，目前电子元件引脚排列以英制单位为主，建议选择英制单位【Imperial（英制）】。
> 　【**Snap Grid（捕获栅格栏）**】用于设置鼠标捕获的格点间距。X，设置光标在 X 方向上的位移量；Y，设置光标在 Y 方向上的位移量。X 与 Y 的值可以不同。
> 　【**Component Grid（元件栅格）**】用于设置元件格点。X，设置元件在 X 方向上的位移量；Y，设置元件在 Y 方向上的位移量。X 与 Y 的值可以不同。针对不同引脚长度的元件，用户可以随时改变元件格点的设置，这样可以精确地放置元件。
> 　【**Electrical Grid（电气栅格）**】用于设置电气捕获格点。电气捕获格点的数值应小于【Snap Grid】的数值，这样可较好地完成电气捕获功能。
> 　【**Visible Grid（可见栅格）**】该格点决定了图纸上的格点间距，可视格点分为 Grid 1 和 Grid 2（可视格点 1 和可视格点 2）。Grid 1：这组可视栅格只有在工作区放大到一定程度时才会显示，一般设置为比第二组可视栅格间距小。系统默认的显示状态为只显示 Grid 2，故进入 PCB 编辑器时看到的栅格是 Grid 2。

3. PCB 层数设置

PCB 一般包括很多层，不同的层包含不同的设计信息。制版商通常是将各层分开做，其后经过压制、处理，最后生成各种功能的电路板。

在对电路板进行设计前可以对板的层数及属性进行详细的设置。电路板层的具体设置步骤如下。

Step 01 执行【Design（设计）】\【Layer Stack Manager...（电路板层堆栈管理）】菜单项，打开【Layer Stack Manager（层栈管理器）】对话框，如图7-15所示。

Step 02 选中图中的【Top Layer（顶层）】，单击【Add Layer（添加层）】按钮在顶层之下添加【Mid-Layer1（中间层1）】；单击【Add Plane（添加平面）】按钮可添加内部电源/接地层【Internal Plane 1（中间层1）】。如图7-16所示为设置了2个中间层，1个内部电源/接地层的工作层面图。

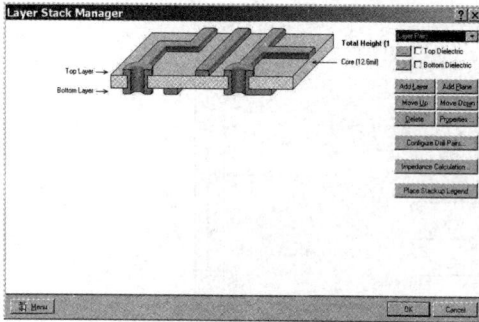

图7-15　【层堆栈管理】对话框　　　　图7-16　【工作层设置】对话框

Step 03 如果要删除某层，可先选中该层，然后单击图中【Delete（删除）】按钮；单击【Move Up（上移）】按钮或【Move Down（下移）】按钮可以调节工作层面的上下关系。

Step 04 选中某个工作层，单击【Properties（属性）】按钮，可以对各层属性进行编辑，这里说的层主要是指信号层、电源与地线层、绝缘层。

➤ **信号层：**如图7-17所示，用户可以自定义层的【Name（名称）】和【Copper thickness（铜箔厚度）】。

➤ **电源层：**如图7-18所示，除了可定义层的【Name（名称）】和【Copper thickness（铜箔厚度）】外，还可定义【Net name（网络名称）】，【Pullback（拉回）】指把电源层板框外面的铜拉回来。

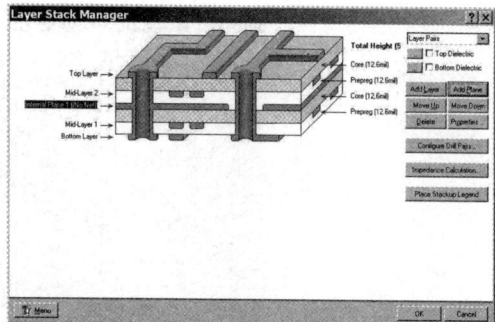

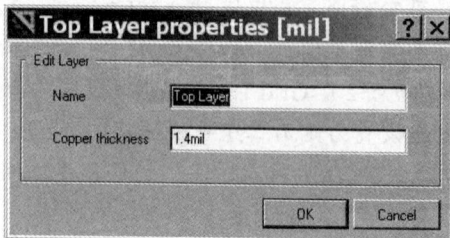

图7-17　【信号层属性设置】对话框　　　图7-18　【电源层属性设置】对话框

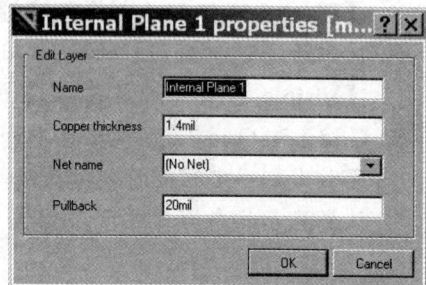

➤ **绝缘层：**如图7-19所示，【Material（材料）】表示材料的类型，【Thickness（厚

度)】表示绝缘层的厚度,【Dielectric constant (介电常数)】表示绝缘体的介电
常数。

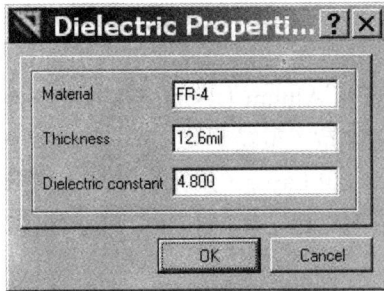

图 7-19　【绝缘层属性设置】对话框

4. PCB 工作层显示与颜色设置

PCB 编辑器内显示的各个板层具有不同的颜色,以便于区分。用户可以根据个人习
惯进行设置,并且可以决定该层是否在编辑器内显示出来。执行菜单命令【Design(设
计)】\【Board Layers & Colors(电路板层和颜色)】,可打开【板层和颜色设置】对话框,
如图 7-20 所示。

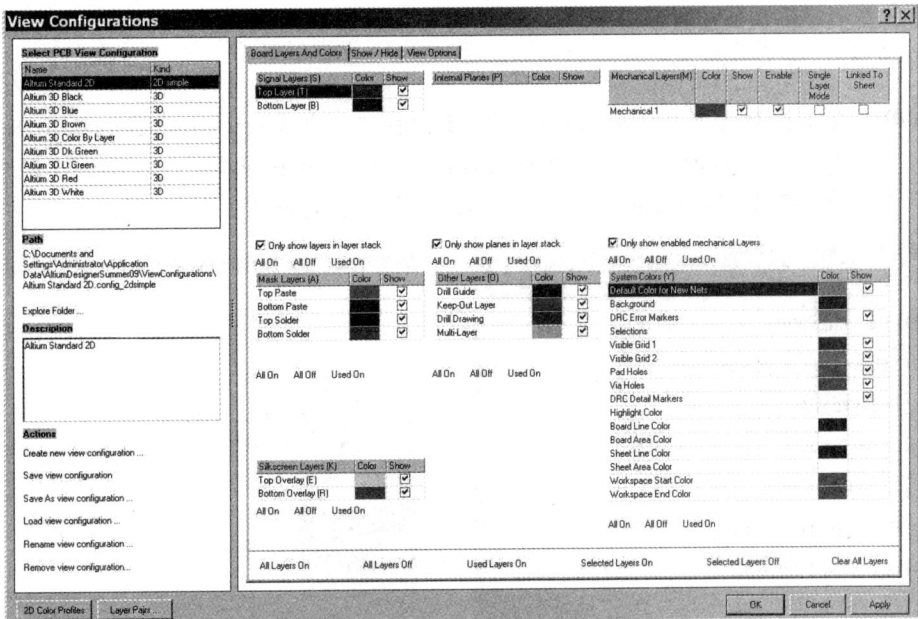

图 7-20　【板层和颜色设置】对话框

该对话框中包括层面颜色设置和系统颜色设置两个部分,一般情况下,使用系统默
认的颜色。

5. PCB 电气边界设置

印制板的电气边界用来限定布线范围和元器件放置的区域，该项设置主要是为了自动布局和自动布线打基础的。通过手动生成或通过模板创建的 PCB 文件并无电气边界（布线框），因此如果用户要使用 Altium Designer Summer 09 系统提供的自动布局和自动布线功能就需要自定义电气边界（布线框）。

电气轮廓一般定义在 Keep-out Layer（禁止布线层），在该层绘制一个封闭区域作为布线有效区，在该区域以外是不能自动布局和布线的。创建电气边界（布线框）的具体步骤如下。

Step 01 单击【Keep-out Layer（禁止布线层）】标签，使该层处于当前的工作窗口。

Step 02 单击【Place（放置）】\【Keep out（禁止）】\【Track（布线区边线）】，这时鼠标变为十字形状，移动鼠标到工作窗口，在禁止布线层绘制一个封闭的多边形。绘制方法类似电路板物理边界的绘制。

7.3.2 通过向导生成

Altium Designer Summer 09 提供了 PCB 设计模板向导，图形化的操作使得 PCB 的创建变得非常简单。它提供了很多标准板的尺寸规格，也可以用户自定义设置。操作步骤如下。

Step 01 在工作面板中单击【Files（文件）】面板，选中【New from template（从模板创建）】新模板栏，单击【PCB Board Wizard（PCB 板向导）】，如图 7-21 所示，则打开【PCB Board Wizard（PCB 板向导）】对话框，如图 7-22 所示。

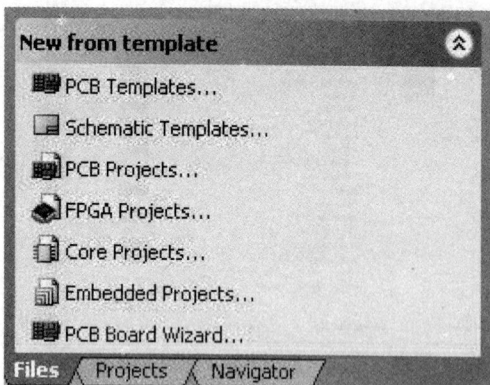

图 7-21　从模板创建选项栏　　　　图 7-22　【PCB 板向导】对话框

Step 02 在其中单击【Next（下一步）】按钮进入单位选取步骤，选择【Imperial（英制）】单位模式，如图 7-23 所示。然后单击【Next（下一步）】按钮进入电路板类型选择，如图 7-24 所示。

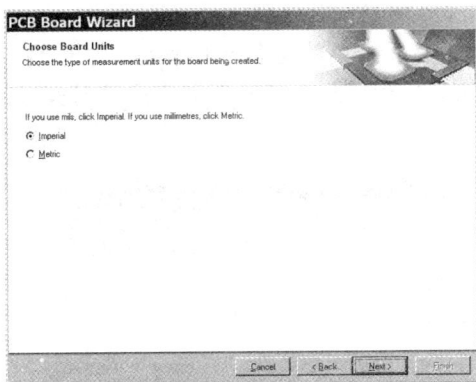

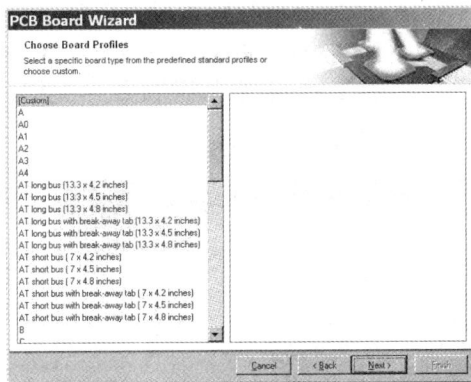

图 7-23　选择单位　　　　　　　　图 7-24　选择电路板类型

Step 03　单击【Next（下一步）】按钮进入【电路板参数设置】对话框，对电路板的一些详细参数进行设定，如图 7-25 所示。

➤ 　【**Outline Shape（电路板外形）**】该选项区域中，有三种选项可以选择，分别为【Rectangular（矩形）】【Circular（圆形）】和【Custom（自定义形状）】，类似椭圆形。

➤ 　【**Board Size（电路板尺寸）**】为板的长度和宽度。

➤ 　【**Dimension Layer（尺寸所在的层）**】该选项用来选择所需要的机械加工层，最多可以选择 16 层机械加工层。

➤ 　【**Boundary Track Width（PCB 边框线宽）**】该选项用于设置 PCB 边框线宽，通常情况下保持默认的【10 mil】设置。

➤ 　【**Dimension Line Width（电路板尺寸线的宽度）**】该选项用于设置电路板尺寸线的宽度，通常情况下保持默认的【10 mil】设置。

➤ 　【**Keep Out Distance From Board Edge（设置禁止布线区距 PCB 板边缘的距离）**】该选项用于确定电路板设计时，从机械板的边缘到可布线之间的距离，默认值为 50mil。

➤ 　【**Corner Cutoff（设置外部直角切割）**】复选项，选择是否要在印制板的 4 个角进行裁剪。

➤ 　【**Inner Cutoff（内部切割）**】复选项用于确定是否进行印制板内部的裁剪。

Step 04　单击【Next（下一步）】按钮进入电路板层选择步骤，可设置信号层和内电层的数目，如图 7-26 所示。

Step 05　单击【Next（下一步）】按钮进入过孔样式设置步骤，共有两类可选择：一类是【Thruhole Vias（穿透式过孔）】；另一类是【Blind and Buried Vias（盲过孔和隐藏过孔）】。假设选择穿透式过孔，如图 7-27 所示。

Step 06　单击【Next（下一步）】按钮进入元件安装样式设置步骤，共有两类可选择：一类是【Surface-mount components（表面贴装式）】；另一类是【Through-hole components（针脚式）】。若选择表面贴装式，将会出现【Do you put components on both side of the board？（是否在 PCB 的两面都放置表面贴装式元件？）】提示信息。如图 7-28 所示。若选择针脚式，则需对相邻两孔之间布线时所经过的导线数目进行设定。

图 7-25　设置电路板参数

图 7-26　设置电路板的工作层

图 7-27　设置通孔样式

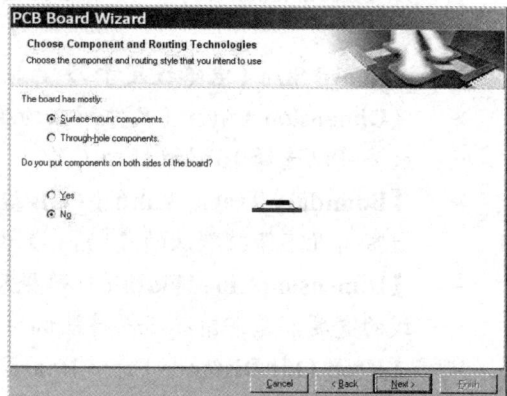

图 7-28　设置元件安装样式

Step 07　单击【Next（下一步）】按钮进入导线和焊盘设置步骤，如图 7-29 所示。可进行导线最小宽度、焊盘最小直径、焊盘最小孔径、相邻导线之间的最小安全距离设置。

Step 08　继续单击【Next（下一步）】按钮进入结束步骤，单击【Finish（完成）】按钮完成 PCB 文件的创建，得到如图 7-30 所示的 PCB 模型。

　　若按上述进行设置，则从【Layer Stack Manager...（电路板层堆栈管理）】对话框中可以看到，该电路板一共有 4 层，2 个信号层（顶层、底层），2 个信号层（可以分别设为电源层和地层），如图 7-31 所示。

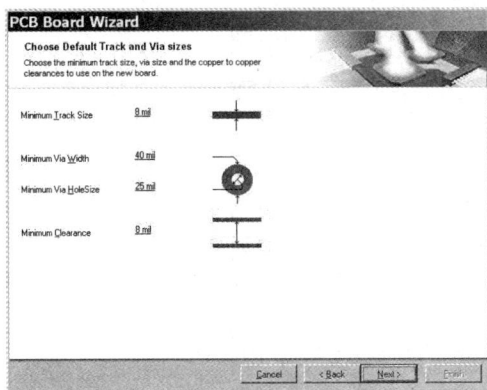

图 7-29　设置导线和焊盘

图 7-30　PCB 模型

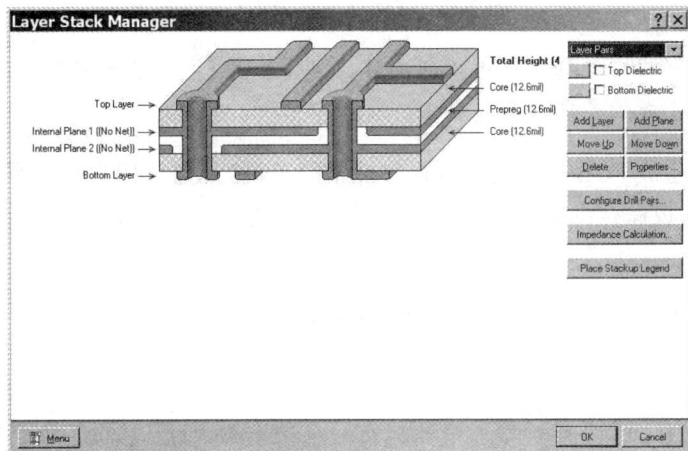

图 7-31　【电路板层堆栈管理】对话框

7.3.3　通过模板生成

Altium Designer Summer 09 还提供了通过 PCB 模板创建 PCB 文件的方式，其操作步骤如下。

Step 01　在工作面板中单击【Files（文件）】文件面板，选中【New from template（从模板创建）】，从模板创建选项栏，选中【PCB Templates…（PCB 模板）】，弹出如图 7-32 所示的【Choose existing Document（选择现有文件）】选择现有的文件对话框。

在该对话框中可以引入模板，默认的路径是 Altium Designer Summer 09 自带的模板路径，在该路径中为用户提供了很多个可用的模板。而 Altium Designer Summer 09 中没有为模板设置专门的文件形式，在该对话框中打开的都是扩展名为【PrjPCB】和【PcbDoc】的文件，它们包含了模板信息。

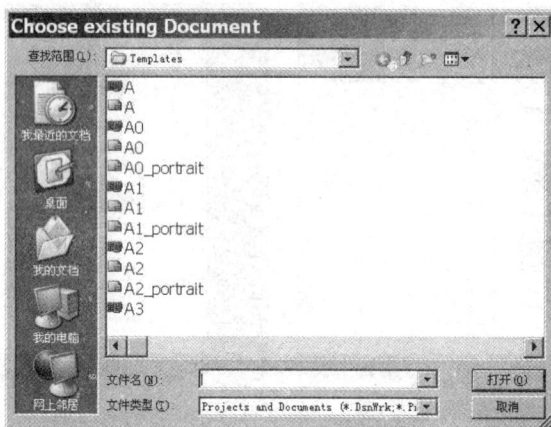

图 7-32 【选择现有文件】对话框

Step 02 从对话框中选择所需的模板文件，然后单击【打开】按钮即可生成一个 PCB 文件，生成的文件将显示在工作窗口中。

通过模板生成 PCB 文件的方式操作非常简单，因此建议用户在从事电子设计时将自己常用的 PCB 板保存为模板文件，方便以后的工作。

本章小结

在绘制 PCB 之前，用户要对电路板有一个初步的规划，该项工作是确定电路板设计的基础。通过本章的学习，读者熟悉印制电路板的基本组成、PCB 编辑器工作环境，创建 PCB 设计文件主要的方法，掌握 PCB 设计相关的基础知识，为后续进行 PCB 具体布局、布线设计奠定基础。

本章练习

1. 启动 Altium Designer Summer 09，建立名为 MYPROJECT 的 PCB 项目文件夹，并在项目文件夹中建立同名的原理图文件和 PCB 文件。

2. 使用手工生成 PCB 文件的方法，创建一块长为 2000mil，宽为 1000mil 的双面电路板，设置可视栅格样式为线状，设置信号层（顶层和底层）、机械 1 层、顶层丝印层、禁止布线层和多层为打开状态，其他层面关闭；要求在机械层画出电路板板框，并放置电路板尺寸标注，在禁止布线层画出电气边界。

3. 使用 PCB 制版向导创建一个电路板模型，要求：采用矩形板，长为 4000mil，宽为 3000mil，双面板，采用插针式元件，镀铜过孔，焊盘之间允许通过一根铜膜线。

第 8 章　印制电路板设计

【本章导读】

本章主要介绍如何在 PCB 文件中导入原理图的网络报表文件，进行元件布局、布线的操作，以及在布局、布线过程中所涉及的相关规则设置。同时，本章也介绍了 PCB 板一些后续处理工作，比如添加安装孔、覆铜、补泪滴等，以及 PCB 板的设计规则检查。

【学习目标】

> ➢ 掌握导入网络表的方法。
> ➢ 掌握元器件手动布局的方法。
> ➢ 掌握 PCB 板自动布线的规则设置。
> ➢ 掌握 PCB 板自动布线的操作。
> ➢ 熟悉 PCB 板手动布线的操作。
> ➢ 掌握覆铜操作。
> ➢ 掌握补泪滴操作。
> ➢ 掌握 DRC 检查及一般错误修改方法。

8.1　在 PCB 文件中导入原理图网络报表

网络表是原理图与 PCB 图之间的联系纽带，原理图的信息可以通过导入网络表的形式完成与 PCB 之间的同步。在导入网络表之前，需要装载元件的封装库及对同步比较器的比较规则进行设置。

由于 Altium Designer Summer 09 采用的是集成的元件库，因此对于大多数设计来说，在进行原理图设计的同时便装载了元件的 PCB 封装模型，一般可以省略该项操作。但 Altium Designer Summer 09 同时也支持单独的元件封装库，只要 PCB 文件中有一个元件封装不在集成的元件库中，用户就需要单独装载该封装所在的元件库。元件封装库的添加与原理图中元件库的添加步骤相同，这里不再赘述。

8.1.1　同步比较规则设置

同步设计是 Protel 系列软件中一个非常重要的概念。对同步设计概念最简单的理解就是原理图文件和 PCB 文件在任何情况下保持同步。也就是说，不管是先绘制原理图再绘制 PCB 图，还是同时绘制原理图和 PCB 图，最终要保证原理图中元件的电气连接意义必须和 PCB 图中的电气连接意义完全相同，这就是同步。同步并不是单纯的同时进行，而是原理图和 PCB 图两者之间电气连接意义的完全相同。实现这个目的的最终方法是用同步器来实现，这个概念就称之为同步设计。

要完成原理图与 PCB 图的同步更新，必须设置同步比较规则。

Step 01 单击菜单栏中的【Project（项目）】\【Project Options...（项目选项）】命令，系统弹出【Options for PCB Project...（PCB 项目选项）】对话框，然后单击【Comparator（比较器）】选项卡，在该选项卡中可以对同步比较规则进行设置，如图 8-1 所示。

Step 02 单击【Set To Installation Defaults（设置成安装默认值）】按钮将恢复该对话框中原来的设置。

Step 03 单击【OK】按钮，即可完成同步比较规则的设置。

同步器的主要作用是完成原理图与 PCB 图之间的同步更新，但这只是对同步器的狭义理解。广义上的同步器可以完成任何两个文档之间的同步更新，可以是两个 PCB 文档之间、网络表文件和 PCB 文件之间，也可以是两个网络表文件之间的同步更新。用户可以在【Differences（不同）】面板中查看两个文件之间的不同之处。

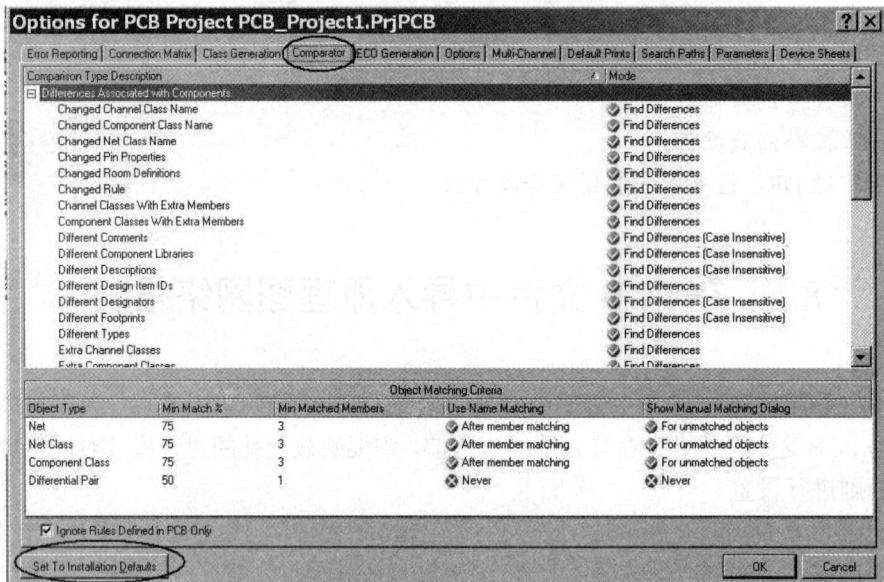

图 8-1 【Comparator】选项卡

8.1.2 导入网络表

完成同步比较规则的设置后，即可进行网络表的导入工作。将如图 8-2 所示的原理图的网络表导入当前的 PCB 文件中，该原理图为一个正负电源模块电路，所用到的元件及封装形式如表 8-1 所示。

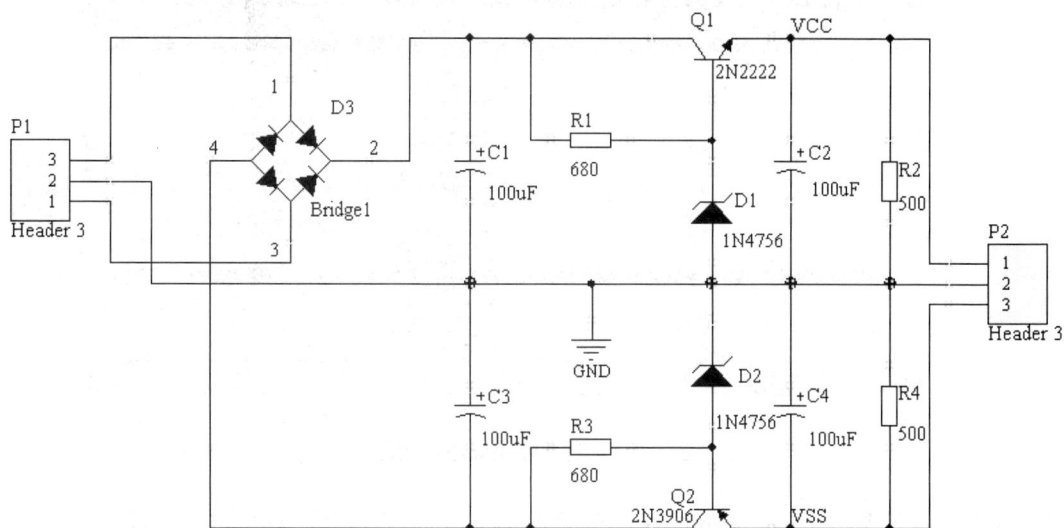

图 8-2　正负电源模块电路

表 8-1　元件属性清单

编号	元件名称	注释/参数值	封装形式
R1、R3	RES2	680	AXIAL-0.4
R2、R4	RES2	500	AXIAL-0.4
C1～C4	Cap Pol1	100uF	RB7.6-15
D3	Bridge1	Bridge1	E-BIP-P4/D10
Q1	2N2222	2N2222	TO-92A
Q2	2N3906	2N3906	TO-220
D1、D2	D Zener	1N4756	DIODE-0.4
P1、P2	Header3	Header3	HDR1×3

操作步骤如下。

Step 01　打开【正负电源电路.SchDoc】文件，使之处于当前的工作窗口中，同时应保证
【正负电源电路.PcbDoc】文件也处于打开状态。使这两个文件在同一个工程下。

Step 02　在原理图编辑器中，单击菜单栏中的【Design（设计）】\【Update PCB Document
PCB1.PcbDoc（更新 PCB 文件）】命令，系统将对原理图和 PCB 图的网络报表
进行比较并弹出一个【Engineering Change Order（工程更新操作顺序）】对话框，
如图 8-3 所示。

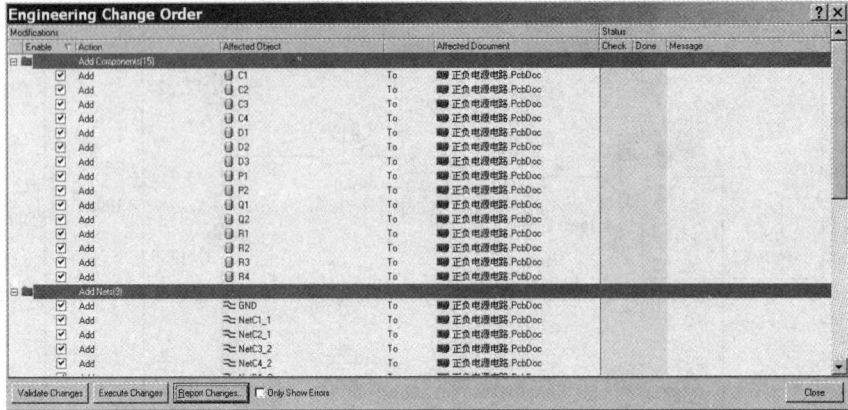

图 8-3　工程更新操顺序对话框

Step 03 单击【Validate Changes（确认更改）】按钮，系统将扫描所有的更改操作项，验证能否在 PCB 上执行所有的更新操作。随后在可以执行更新操作的每一项所对应的【Check（检查）】栏中将显示 ✅ 标记，如图 8-4 所示。✅ 标记：说明该项更改操作项都是合乎规则的。❌ 标记：说明该项更改操作是不可执行的，需要返回到以前的步骤中进行修改，然后重新进行更新验证。

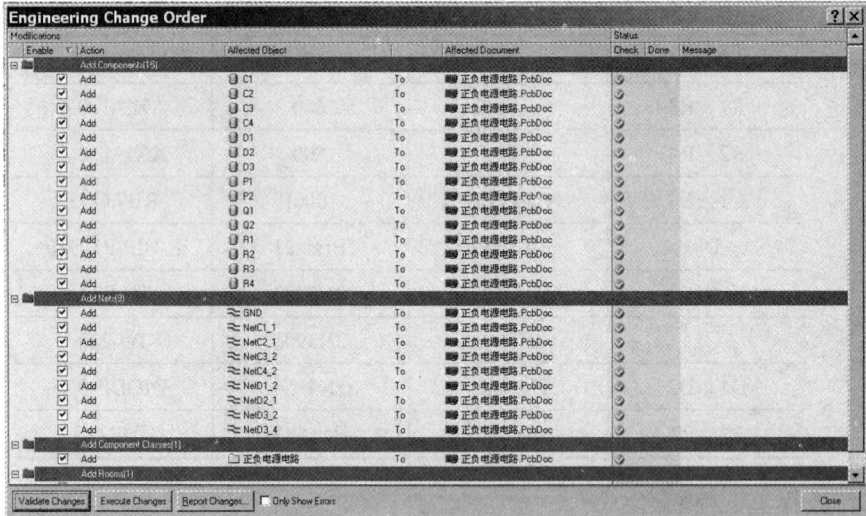

图 8-4　PCB 中能实现的合乎规则的更新

Step 04 进行合法性校验后单击【Execute Changes（执行更改）】按钮，系统将完成网络表的导入，同时在每一项的【Done（完成）】栏中显示 ✅ 标记提示导入成功，如图 8-5 所示。

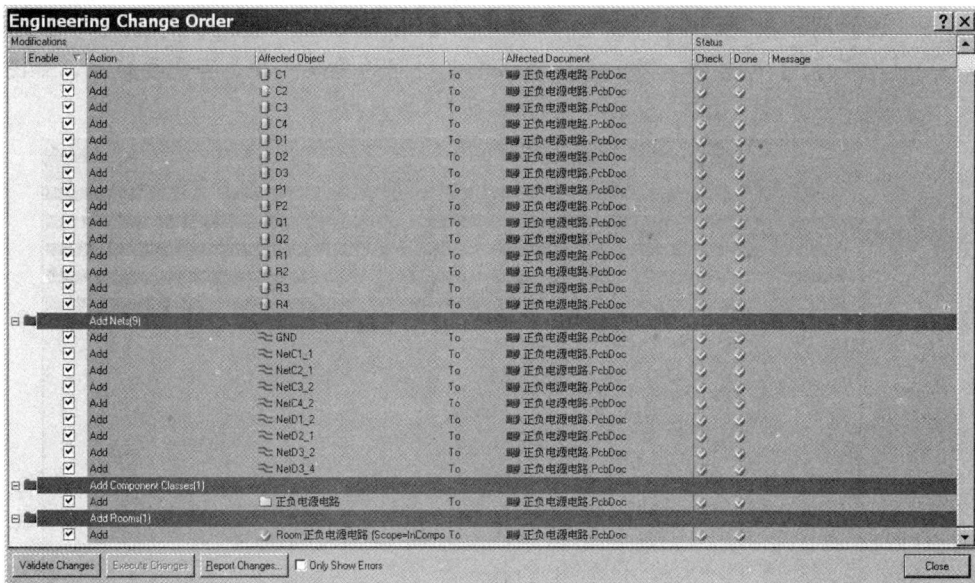

图 8-5　执行变更命令

Step 05　单击【Close（关闭）】按钮，关闭该对话框。此时可以看到在 PCB 图布线框的右侧出现了导入的所有元件的封装模型，如图 8-6 所示。

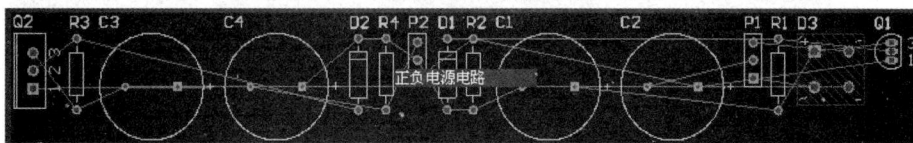

图 8-6　导入网络表后的 PCB 图

导入网络表时，原理图中的元件并不直接导入用户绘制的布线框内，而是位于布线框之外。通过随后执行的自动布局操作，系统自动将元件放置在布线框内。当然，用户也可以手动拖动元件到布线框内。

8.1.3　原理图与 PCB 图的更新

1. 由原理图更新 PCB

如果导入网络表后，又对原理图进行了修改，那么要使 PCB 图同时也完成更新，该如何实现。现仍以图 8-2 所示的【正负电源模块电路】为例，具体步骤如下。

Step 01　打开【正负电源电路.SchDoc】文件，以型号为 2N3904，封装形式为 BCY-W3/E4 的 NPN 型晶体管代替图 8-2 中的 Q1（2N2222）。

Step 02　在原理图编辑器的工作窗口中，单击菜单栏中的【Design（设计）】\【Update PCB Document 正负电源电路.PcbDoc（更新 PCB）】命令，系统将对原理图和 PCB

图的网络报表进行比较，并弹出一个【Engineering Change Order（工程更新操作顺序）】对话框，提示用户确认二者之间的更改，并是否需要建立，如图 8-7 所示。

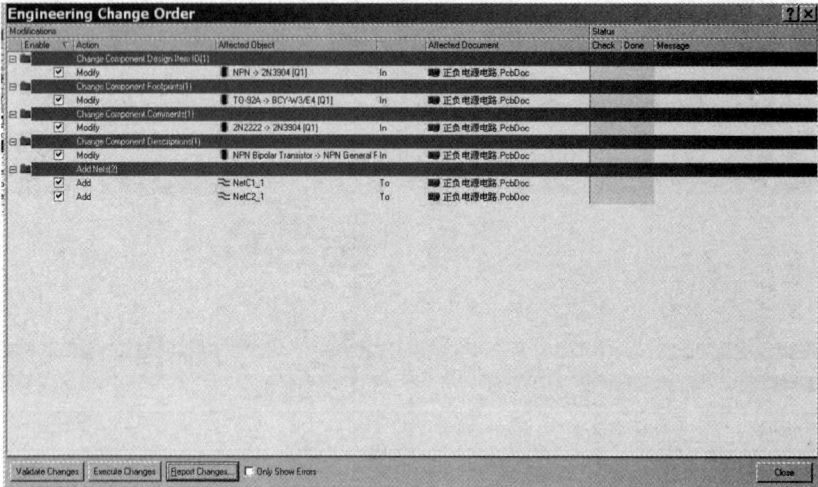

图 8-7　【工程更新操作顺序】对话框

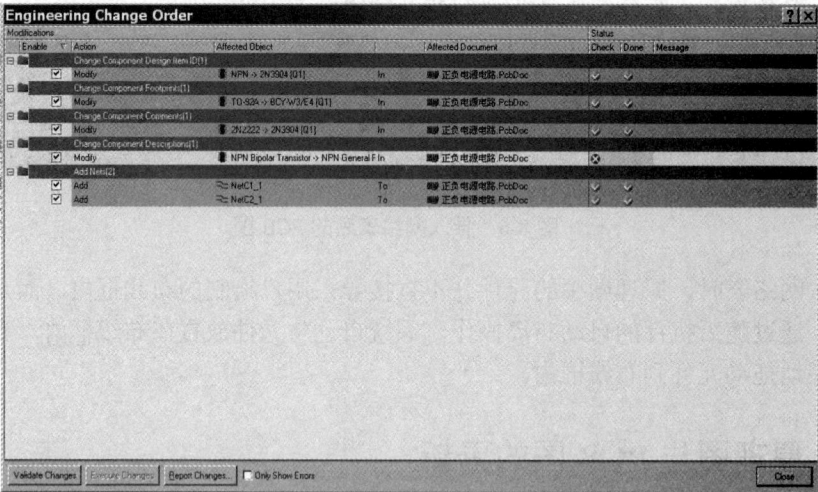

图 8-8　执行更新

Step 03　执行【Validate Changes（确认更改）】后，单击【Execute Changes（执行更改）】按钮，系统将完成新网络表的导入，如图 8-8 所示。单击【Close（关闭）】，完成该项操作。

Step 04　进入 PCB 编辑器环境下，双击元件 Q1，可以发现，晶体管元件型号及其封装完成了同步更新，如图 8-9 所示。

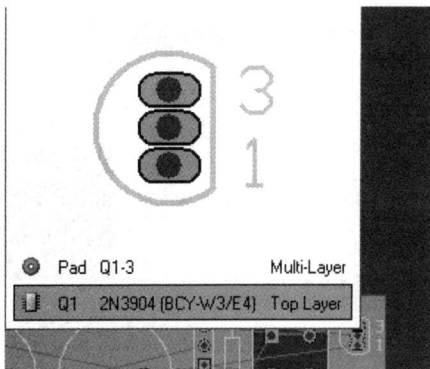

图 8-9　PCB 更新完成

2. 由 PCB 更新原理图

若对 PCB 图进行了修改，要使原理图完成更新，在 PCB 编辑器的工作窗口中，单击菜单栏中的【Design（设计）】\【Update Schematics in 正负电源电路.PrjPcb（更新原理图）】命令，这里不再赘述。

8.2　元件布局

在完成网络表的导入操作后，元件已经显示在工作窗口中了，此时就可以开始元件的布局。元件的布局是指将网络表中的所有元件放置在 PCB 板上，是 PCB 设计的关键一步。元件的布局有自动布局和手动布局两种方式，只靠自动布局往往达不到实际的要求，通常需要将两者结合以获得良好的效果。

8.2.1　自动布局

Altium Designer Summer 09 提供了强大的 PCB 自动布局功能，PCB 编辑器根据一套智能算法可以自动地将元件分开，然后放置到规划好的布局区域内并进行合理的布局。单击菜单栏中的【Tools（工具）】\【Component Placement（元件放置）】命令，其子菜单中包含了与自动布局有关的命令，如图 8-10 所示。

> ➢ 　**【Arrange Within Room（空间内排列）】命令:** 用于在指定的空间内部排列元件。单击该命令后，光标变为十字形状，在要排列元件的空间区域内单击，元件即自动排列到该空间内部。
> ➢ 　**【Arrange Within Rectangle（矩形区域内排列）】命令:** 用于将选中的元件排列到矩形区域内。使用该命令前，需要先将要排列的元件选中。此时光标变为十字形状，在要放置元件的区域内单击，确定矩形区域的一角，拖动光标，至矩形区域的另一角后再次单击。确定该矩形区域后，系统会自动将已选择的元件排列到矩形区域中来。

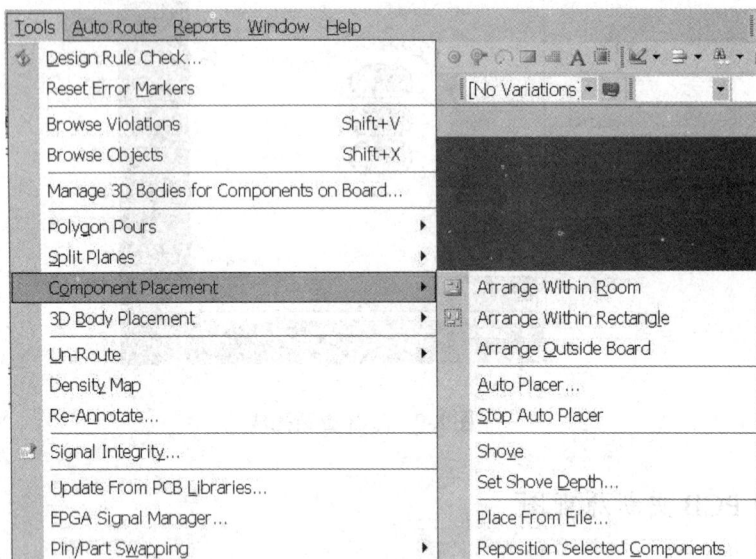

图 8-10　元件放置命令的子菜单

> 　　**【Arrange Outside Board（板外排列）】命令**：用于将选中的元件排列在 PCB
> 板的外部。使用该命令前，需要先将要排列的元件选中，系统自动将选择的元
> 件排列到 PCB 范围以外的右下角区域内。
> 　　**【Auto Placer（自动布局）】命令**：用于执行自动布局操作。
> 　　**【Stop Auto Placer（停止自动布局）】命令**：用于停止自动布局操作。
> 　　**【Shove（推挤）】命令**：用于推挤布局。推挤布局的作用是将重叠在一起的元
> 件推开。即选择一个基准元件，当周围元件与基准元件存在重叠的情况时，则
> 以基准元件为中心向四周推挤其他的元件；如果不存在重叠则不会执行推挤
> 命令。
> 　　**【Set Shove Depth（设置推挤深度）】命令**：用于设置推挤命令的深度，可以
> 为 1～1000 的任意一个数字。
> 　　**【Place From File（导入布局文件）】命令**：用于导入自动布局文件进行布局。

1. 自动布局约束参数

　　在自动布局前，首先要设置自动布局的约束参数，合理地设置自动布局参数，可以
使自动布局的结果更加完善，也就相对地减少了手动布局的工作量，节省了设计时间。
其步骤如下。

Step01　单击菜单栏中的【Design（设计）】\【Rules（规则）】。

Step02　系统将弹出【PCB Rules and Constraints Editor（PCB 规则和约束编辑器）】对话
　　　　框，在该对话框中可以进行自动布局参数设计。

Step03　单击该对话框中的【Placement（布局）】标签，逐项对布局规则中的各子规则
　　　　进行参数设置。

（1）【Room Definition（空间定义）】规则选项。用于在 PCB 板上定义元件布局区域，如图 8-11 所示为该选项的设置对话框。在 PCB 板上定义的布局区域有两种：一种是区域中不允许出现元件；一种则是某些元件一定要在指定区域内。在该对话框中可以定义该区域的范围（包括坐标范围与工作层范围）和种类。该规则主要用在线 DRC、批处理 DRC 和 Cluster Placer（分组布局）自动布局的过程中。

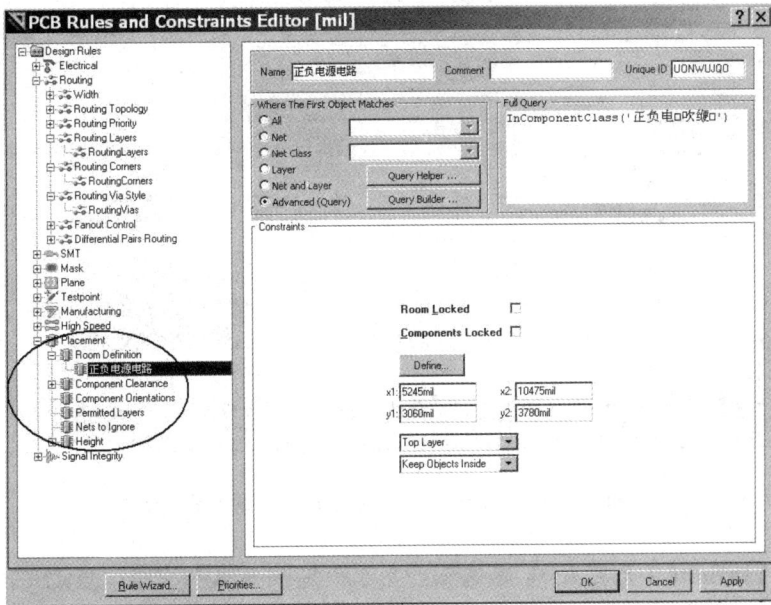

图 8-11　【Room Definition】规则设置对话框

其中各选项的功能如下。

➢ 　【Room Locked（区域锁定）】复选框：勾选该复选框时，将锁定 Room 类型的区域，以防止在进行自动布局或手动布局时移动该区域。

➢ 　【Component Locked（元件锁定）】复选框：勾选该复选框时，将锁定区域中的元件，以防止在进行自动布局或手动布局时移动该元件。

➢ 　【Define（定义）】按钮：单击该按钮，光标将变成十字形状，移动光标到工作窗口中，单击可以定义 Room（区域）的范围和位置。

➢ 　【x1、y1】：文本框，显示 Room（区域）最左下角的坐标。

➢ 　【x2、y2】：文本框，显示 Room（区域）最右上角的坐标。

最后两个下拉列表框中列出了该 Room（区域）所在的工作层及对象与此 Room（区域）的关系。

（2）【Component Clearance（元件间距）】限制规则选项。用于设置元件间距，如图 8-12 所示为该选项的设置对话框。在 PCB 板可以定义元件的间距，该间距会影响到元件的布局。

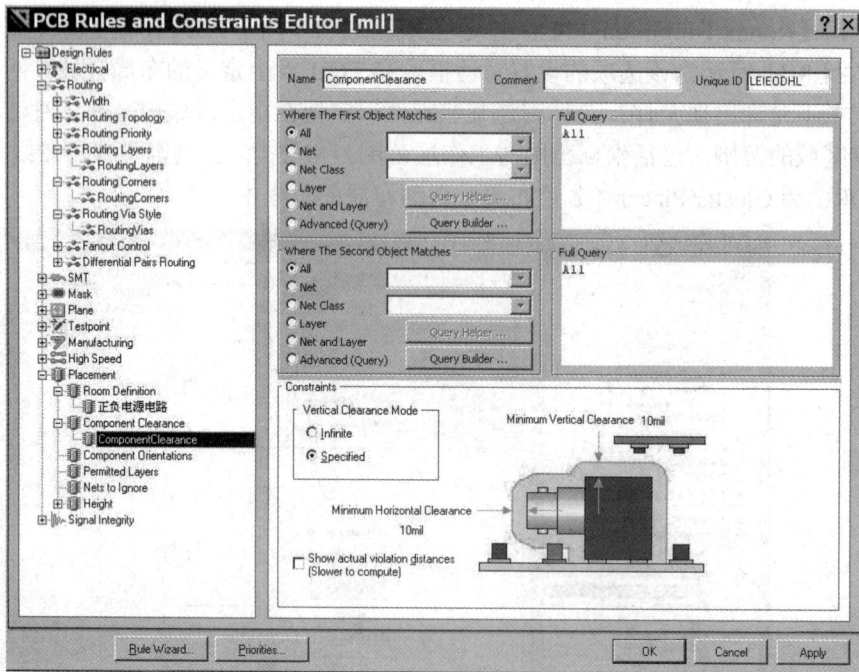

图 8-12 【Component Clearance】规则设置对话框

➢ **【Infinite（无穷大）】单选钮:** 用于设定最小水平间距，当元件间距小于该数值时将视为违例。

➢ **【Specified（设定）】单选钮:** 用于设定最小水平和垂直间距，当元件间距小于这个数值时将视为违例。

（3）【Component Orientations（元件布局方向）】规则选项。用于设置 PCB 板上元件允许旋转的角度。

（4）【Permitted Layers（电路板工作层设置）】规则选项。用于设置 PCB 板上允许放置元件的工作层。

（5）【Nets To Ignore（网络忽略）】规则选项。用于设置在采用【Cluster Placer（分组布局）】方式执行元件自动布局时需要忽略布局的网络。忽略电源网络将加快自动布局的速度，提高自动布局的质量。如果设计中有大量连接到电源网络的双引脚元件，设置该规则可以忽略电源网络的布局并将与电源相连的各个元件归类到其他网络中进行布局。

（6）【Height（高度）】规则选项。用于定义元件的高度。在一些特殊的电路板上进行布局操作时，电路板的某一区域可能对元件的高度要求很严格，此时就需要设置该规则。如图 8-13 所示为该选项的设置对话框，主要有 Minimum（最小高度）、Preferred（首选高度）和 Maximum（最大高度）3 个可选的设置选项。

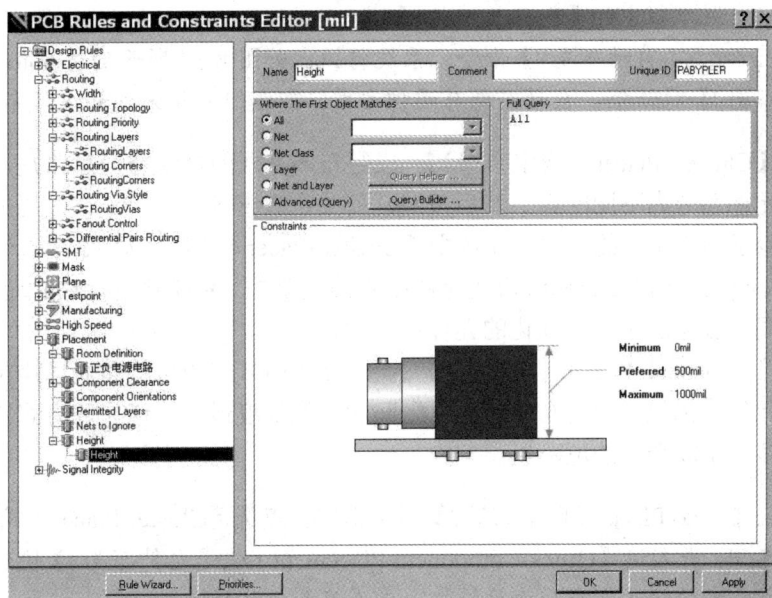

图 8-13 【Height】规则设置对话框

元件布局的参数设置完毕后，单击【OK】按钮，保存规则设置，返回 PCB 编辑环境。接着就可以采用系统提供的自动布局功能进行 PCB 板元件的自动布局了。

2. 元件的自动布局

以图 8-2 所示的【正负电源电路】为例来介绍元件自动布局的步骤。在导入网络表和元件封装的 PCB 编辑器内，设定布局参数，自动布局前的 PCB 图，如图 8-14 所示。

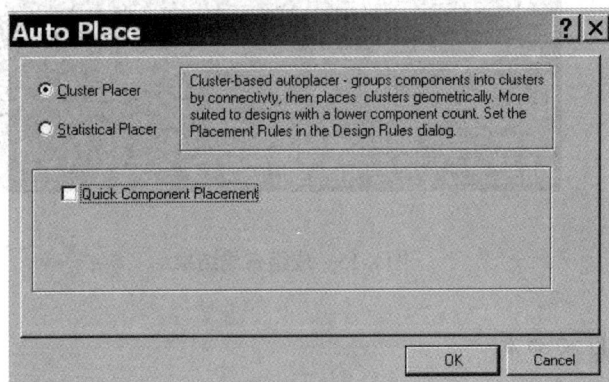

图 8-14 【自动布局】对话框

具体步骤如下。

Step 01 在【Keep-out Layer（禁止布线层）】设置布线区。

Step 02 单击菜单栏中的【Tools（工具）】\【Component Placement（元件布局）】\【Auto Placer...（自动布局）】命令，系统将弹出如图 8-14 所示的【Auto Placer（自动布局）】对话框。自动布局有两种方式，即成组布局方式和统计布局方式。

（1）【Cluster Placer（成组布局）】。成组布局方式的自动布局思路是，根据电气连接关系将元件划分为不同的组，然后按照几何关系放置各元件组。该布局方式适用于元件较少（少于 100 个）的电路。在选中【Cluster Placer（成组布局）】单选钮的同时勾选【Quick Component Placement（快速元件布局）】复选框，系统将进行快速元件自动布局，但快速布局一般无法达到最优化的元件布局效果。

（2）【Statistical Placer（统计布局）】。统计布局方式的自动布局思路是，根据统计算法放置元件，优化元件的布局使元件之间的导线长度最短。该布局方式比较适用于元件较多（多于 100 个）的电路。

Step 03 在【Auto Placer（自动布局）】对话框中，点选【Cluster Placer（成组布局）】单选钮，并勾选【Quick Component Placement（快速元件布局）】快速元件布局模式。在该模式下布局速度较快，但是布局效果较差。

Step 04 单击【OK】，自动布局需要经过大量的计算，因此需要耗费一定的时间。

Step 05 在项目中执行自动布局后，所有的元件进入了 PCB 的边框内，它们按照如图 8-15 所示被放置到合适的位置。所有的元件将按照分组的形式出现在 PCB 中，但是布局并不合理，PCB 的空间利用严重不合理，需要手动调整。

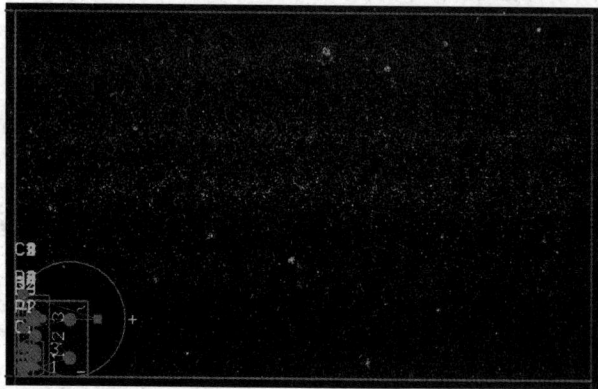

图 8-15　成组布局结果

3. 推挤式自动布局

推挤式自动布局并不是对整体进行布局，而是将元件按照一定的算法向四周推挤开，使元件分散排列。

Step 01 在执行推挤式自动布局前要先设置推挤深度，单击菜单栏【Tools（工具）】\【Component Placement（元件布局）】\【Set Shove Depth...（设置推挤深度）】命令，系统将弹出如图 8-16 所示的【Shove Depth（推挤深度）】对话框。设置完成后单击【OK】按钮，关闭该对话框。

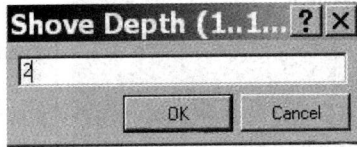

图 8-16　【推挤深度】对话框

Step 02 单击菜单栏中的【Tools（工具）】\【Component Placement（元件布局）】\【Shove（推挤）】命令，即可开始推挤式布局操作。此时光标变成十字形状，选择基准元件，移动光标到所选元件上，单击，系统将以用户设置的推挤深度，推挤基准元件周围的元件，使之处于安全间距之外。

Step 03 此时，光标仍处于激活状态，单击其他元件可继续进行推挤式布局操作。

Step 04 右击或者按<Esc>键退出该操作。

对于元件数目比较小的 PCB，一般不需要对元件进行推挤式自动布局操作。

8.2.2　手动布局

元件的手动布局是指手动确定元件的位置。在前面介绍的元件自动布局的结果中，虽然设置了自动布局的参数，但是自动布局只是对元件进行了初步的放置，自动布局中元件的摆放并不整齐，走线的长度也不是最短的，PCB 布线效果也不够完美，因此需要对元件的布局做进一步调整。

如果元件数目较少，则可以直接用鼠标将位于布线框外的元件拖动到 PCB 布线框内。手动布局需要经验，整体要求是整齐、美观、对称、元件密度均匀，这样才能使电路板的利用率最高，并且降低电路板的制作成本；同时设计者在布局时还要考虑电路的机械结构、散热、电磁干扰及将来布线的方便性等问题。以【正负电源电路】为例，具体步骤如下。

Step 01 手工初步调整。对图 8-6（导入网络表后的 PCB 图）直接用鼠标将元件拖入PCB 布线框中，如图 8-17 所示。

在 PCB 板上，可以通过对元件的移动来完成手动布局的操作，但是单纯的手动移动不够精细，不能非常整齐的摆放好元件。为此 PCB 编辑器提供了专门的手动布局操作，【Align（对齐）】命令。

Step 02 元件对齐操作。单击菜单栏中的【Edit（编辑）】\【Align（对齐）】\【Align…（对齐）】命令，系统将弹出如图 8-18 所示的【Align Objects（对齐对象）】对话框。其中【Space equally（空间等同）】选项用于在水平或垂直方向上平均分布各元件。如果所选择的元件出现重叠的现象，对象将被移开当前的格点直到不重叠为止。水平和垂直两个方向设置完毕后，单击【OK】按钮，即可完成对所选元件的对齐排列。

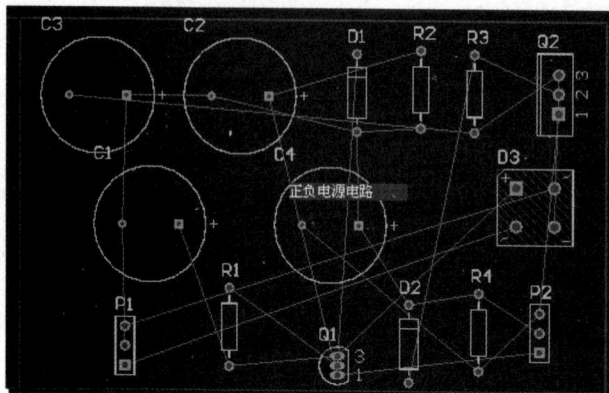

图 8-17 初步手动调整后的 PCB

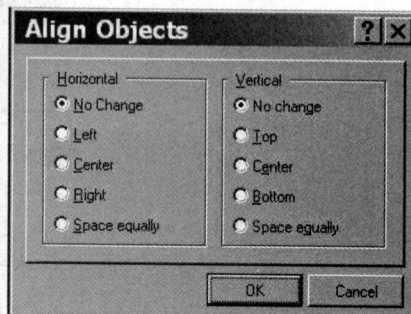

图 8-18 【对齐对象】对话框

> **【Align Left（左对齐）】命令**: 用于使所选的元件按左对齐方式排列。

> **【Align Right（右对齐）】命令**: 用于使所选的元件按右对齐方式排列。

> **【Align Horizontal Center（水平居中）】命令**: 用于使所选元件按水平居中方式排列。

> **【Align Top（顶部对齐）】命令**: 用于使所选元件按顶部对齐方式排列。

> **【Align Bottom（底部对齐）】命令**: 用于使所选元件按底部对齐方式排列。

> **【Align Vertical Center（垂直居中）】命令**: 用于使所选元件按垂直居中方式排列。

> **【Align To Grid（栅格对齐）】命令**: 用于使所选元件以格点为基准进行排列。

Step 03 元件间距调整。在手工调整元件布局过程中，除了元件布局的对齐调整操作外，还应对元件间距进行调整。元件间距的调整主要包括水平和垂直两个方向上间距的调整。执行菜单栏中的【Edit（编辑）】\【Align（对齐）】，如图 8-19 所示。

> **【Distribute Horizontally（水平分布）】命令**: 单击该命令，系统将以最左侧和最右侧的元件为基准，元件的 Y 坐标不变，X 坐标上的间距相等。当元件的间距小于安全间距时，系统将以最左侧的元件为基准对元件进行调整，直到各个元件间的距离满足最小安全间距的要求为止。

> **【Increase Horizontal Spacing（增大水平间距）】命令**: 用于将增大选中元件水平方向上的间距。增大量为【Board Options（电路板选项）】对话框中的【Component Grid（元件栅格）】的 X 参数。

> **【Decrease Horizontal Spacing（减少水平间距）】命令**: 用于将减少选中元件水平方向上的间距。减少量为【Board Options（电路板选项）】对话框中的【Component Grid（元件栅格）】的 X 参数。

> **【Distribute Vertically（垂直分布）】命令**: 单击该命令，系统将以最顶端和最底端的元件为基准，使元件的 X 坐标不变，Y 坐标上的间距相等。当元件的间距小于安全间距时，系统将以最底端的元件为基准对元件进行调整，直到各个元件间的距离满足最小安全间距的要求为止。

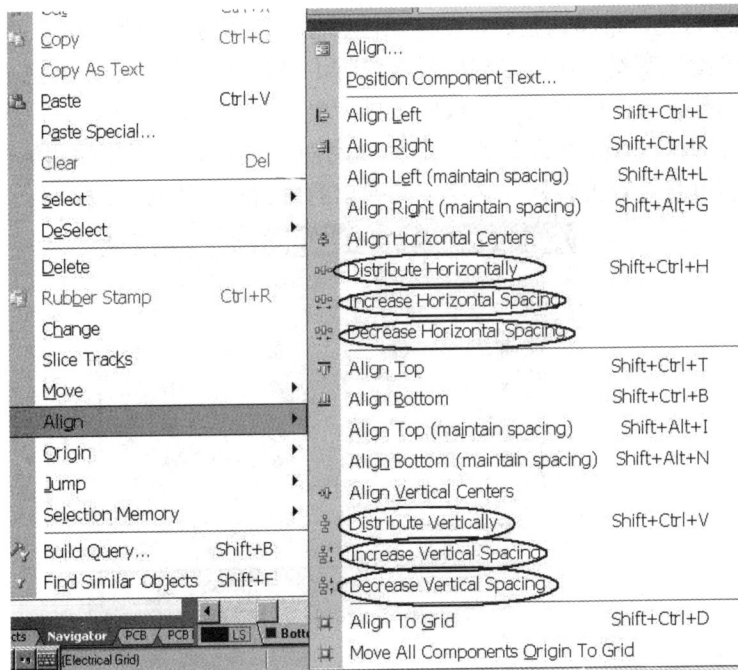

图 8-19 对齐命令子菜单

> **【Increase Vertical Spacing（增大垂直间距）】命令**：用于将增大选中元件垂直方向上的间距，增大量为【Board Options（电路板选项）】对话框中【Component Grid（元件栅格）】的 Y 参数。

> **【Decrease Vertical Spacing（减少垂直间距）】命令**：用于将减少选中元件垂直方向上的间距，减少量为【Board Options（电路板选项）】对话框中【Component Grid（元件栅格）】的 Y 参数。

经元件对齐，间距调整操作后的 PCB 如图 8-20 所示。

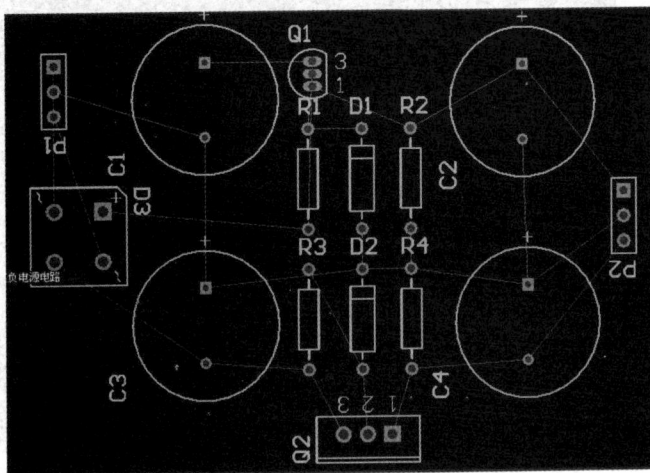

图 8-20 元件对齐、间距调整后的 PCB

由图 8-20 可见，布局调整后，往往元件标注的位置过于杂乱，尽管并不影响电路的正确性，但可读性变差，在电路装配或维修时不易识别元件，所以布局结束还必须对元件标注进行调整。元件标注文字一般要求排列要整齐，方向要一致，不能将元件的标注文字放在元件的框内或压在焊盘或过孔上。元件标注的调整采用移动和旋转的方式进行，修改标注内容可直接双击该标注文字，在弹出的对话框中进行修改。

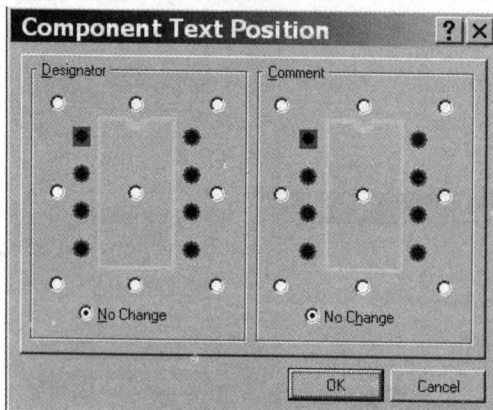

图 8-21   【元件文字位置】对话框

Step 04 元件说明文字的调整。除了手动操作外，还可以通过菜单命令实现。单击菜单栏中的【Edit（编辑）】\【Align（对齐）】\【Position Component Text（元件文字位置）】设置命令，系统将弹出如图 8-21 所示的【Component Text Position（元件文字位置）】对话框。在该对话框中，用户可以对元件说明文字（标号和说明内容）的位置进行设置。该命令是对所有元件说明文字的全局编辑，每一项都有 9 种不同的摆放位置。选择合适的摆放位置后，单击【OK】按钮，即可完成元件说明文字的调整，调整后的元件说明文字如图 8-22 所示。

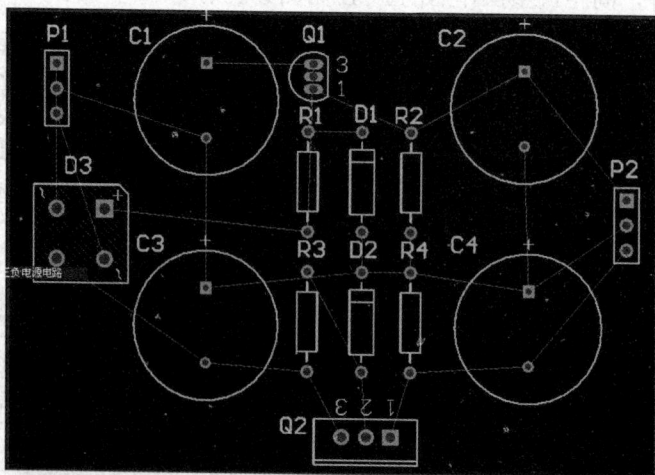

图 8-22   手动调整后的 PCB 板

Step 05 手动布局完毕后，可以通过 3D 效果图，直观地查看视觉效果，以检查手动布局是否合理。在 PCB 编辑器中，单击菜单栏中的【View（视图）】\【Switch to 3D（打开 3D 视图）】，则系统生成该 PCB 的 3D 效果图，加入该项目生成的文件夹中并自动打开。PCB 板生成的 3D 效果图如图 8-23 所示。

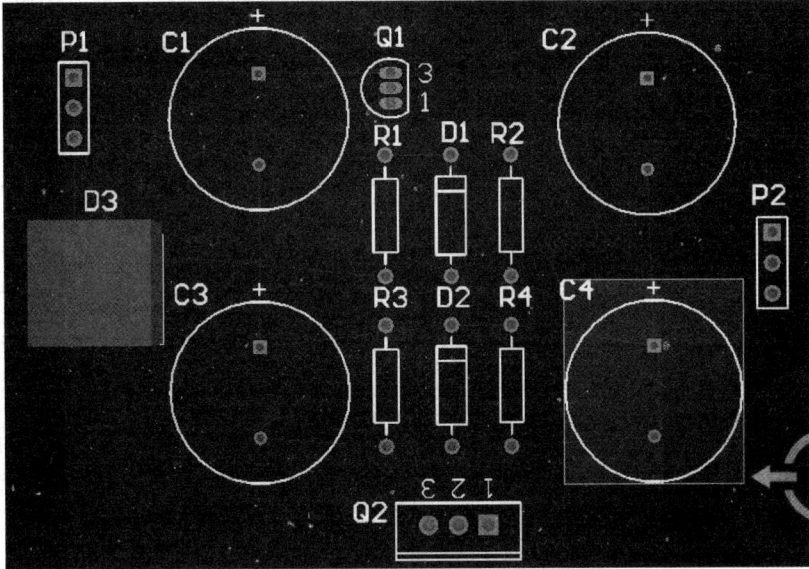

图 8-23　3D 效果图

8.3　PCB 布线

在完成电路板的布局工作以后，就可以开始布线操作了。PCB 布线的方式有自动布线和手动布线两种。如果自动布线无法达到电路的实际要求的，可以通过手动布线进行调整。

8.3.1　PCB 自动布线

1.　自动布线规则设置

Altium Designer Summer 09 在 PCB 电路板编辑器中为用户提供了 10 大类 49 种设计规则，覆盖了元件的电气特性、走线宽度、走线拓扑结构、表面安装焊盘、阻焊层、电源层、测试点、电路板制作、元件布局、信号完整性等设计过程中的各个方面。在进行自动布线之前，用户首先应对自动布线规则进行详细的设置。单击菜单栏中的【Design（设计）】\【Rules（规则）】，系统将弹出如图 8-24 所示的【PCB Rules and Constrains Editor（PCB 设计规则和约束编辑器）】对话框。

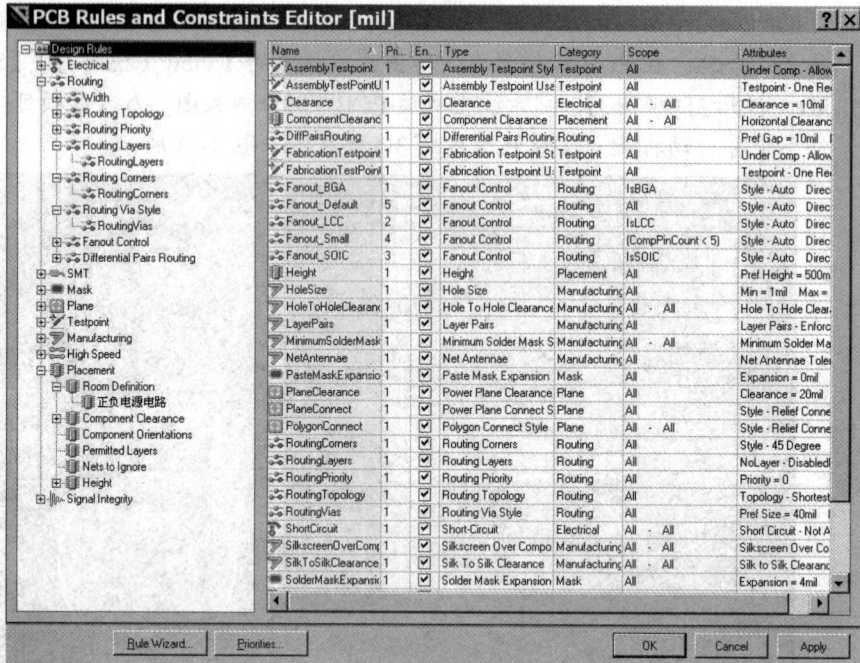

图 8-24 【PCB 设计规则和约束编辑器】对话框

（1）【Electrical（电气规则类）】设置。该类规则主要针对具有电气特性的对象，用于系统的 DRC 电气规则检查功能。当布线过程中违反电气特性规则（共有 4 种设计规则）时，DRC 检查器将自动报警提示用户。单击【Electrical（电气规则）】选项，对话框右侧将只列出该类的设计规则，如图 8-25 所示。

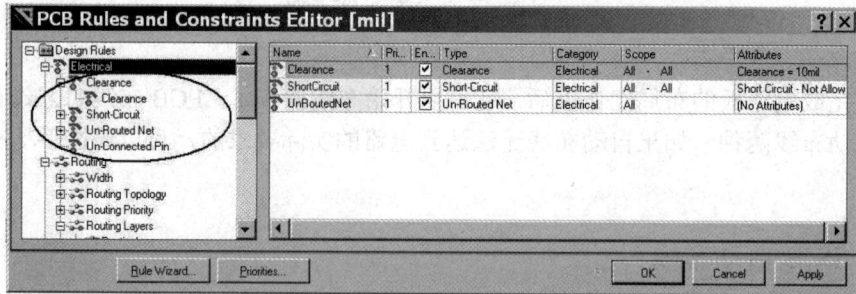

图 8-25 【Electrical】选项设置对话框

➤ 【Clearance（安全间距）】规则：单击该选项，对话框右侧将列出该规则的详细信息，如图 8-26 所示。

该规则用于设置具有电气特性的对象之间的间距。在 PCB 板上具有电气特性的对象包括导线、焊盘、过孔和铜箔填充区等。在间距设置中可以设置导线与导线之间、导线与焊盘之间、焊盘与焊盘之间的间距规则，在设置规则时可以选择使用该规则的对象和具体的间距值。通常安全间距越大越好，但是太大的安全间距会造成电路不够紧凑，同时也将提高制板成本。因此，安全间距通常设置在 10～20mil，根据不同的电路结构可以设置不同的安全间距。用户可以对整个 PCB 板的所有网络设置相同的布线安全间距，也可以对某一个或多个网络进行单独的布线安全间距设置。

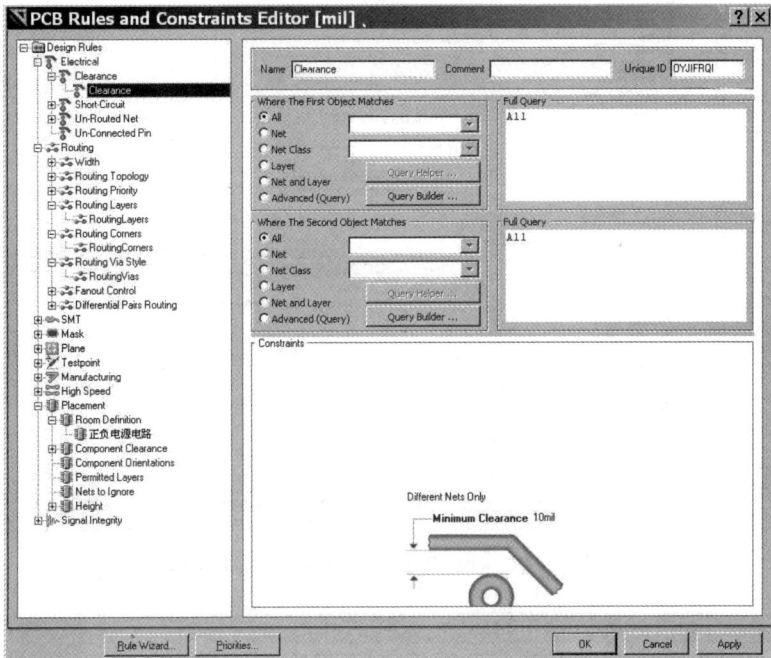

图 8-26　【Clearance】规则设置对话框

- ➢ 　**【Short-Circuit（短路）】规则**：用于设置在 PCB 板上是否可以出现短路，通常情况下是不被允许的。设置该规则后，拥有不同网络标号的对象相交时如有违反该规则，系统将报警并拒绝执行该布线操作。
- ➢ 　**【Un-Routed Net（取消布线网络）】规则**：用于设置在 PCB 板上是否可以出现未连接的网络。
- ➢ 　**【Un-Connected Pin（未连接引脚）】规则**：电路板中存在未布线的引脚时将违反该规则。默认无此规则。

（2）**【Routing（布线）】规则设置。**该类规则主要用于设置自动布线过程中的布线规则，如布线宽度、布线优先级、布线拓扑结构等。其中包括以下 8 种设计规则。

- ➢ 　**【Width（走线宽度）】：**用于设置走线宽度，如图 8-27 所示为该规则的设置界面。走线宽度是指 PCB 铜箔走线（即俗称的导线）的实际宽度值，包括最大值、最小值和首选值 3 个选项。与安全间距一样，走线宽度过大也会造成电路不够紧凑，从而使制板成本提高。因此，走线宽度通常设置在 10～20mil，应该根据不同的电路结构设置不同的走线宽度。用户可以对整个 PCB 板的所有走线设置相同的走线宽度，也可以对某一个或多个网络单独进行走线宽度的设置。添加新的布线规则，并单击对话框左下角**【Priorities（优先级）】**，对同时存在的多个线宽设计规则设置优先权，如图 8-28 所示。

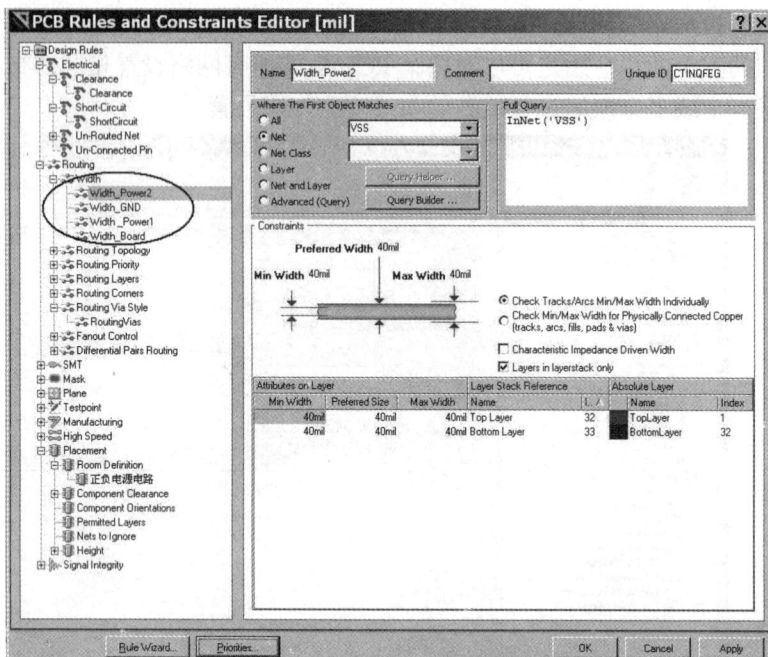

图 8-27　【Routing Width】规则设置对话框

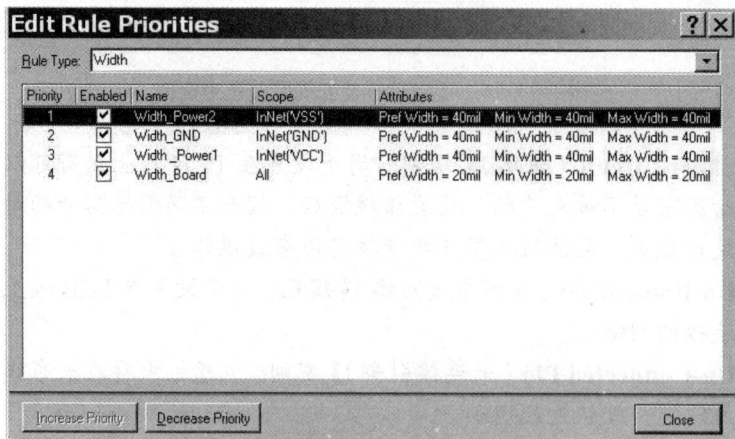

图 8-28　【多线宽设置优先权】对话框

- ➢ 【Routing Topology（走线拓扑结构）】规则：用于选择走线的拓扑结构。
- ➢ 【Routing Priority（布线优先级）】规则：用于设置布线优先级，PCB 板上的空间有限，可能有若干根导线需要在同一块区域内走线才能得到最佳的走线效果，通过走线的优先级设置可以决定导线占用空间的先后。设置规则时可以针对单个网络设置优先级。系统提供 0 ~ 100 种优先级，0 最低，100 最高。默认为所有网络布线的优先级均为 0。
- ➢ 【Routing Layers（布线工作层）】规则：用于设置布线规则可以约束的工作层，如图 8-29 所示。

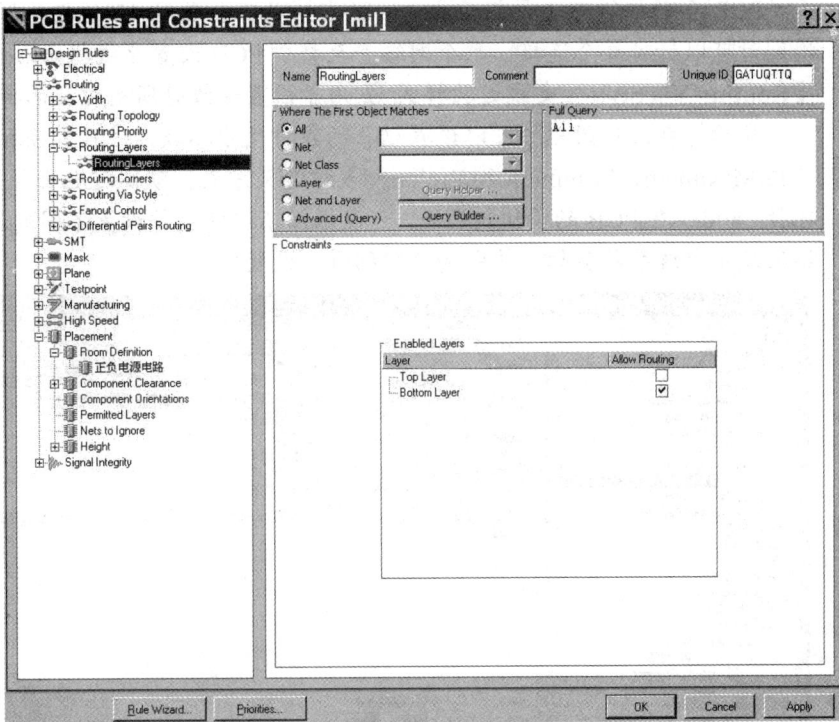

图 8-29　【Routing Layers】规则设置对话框

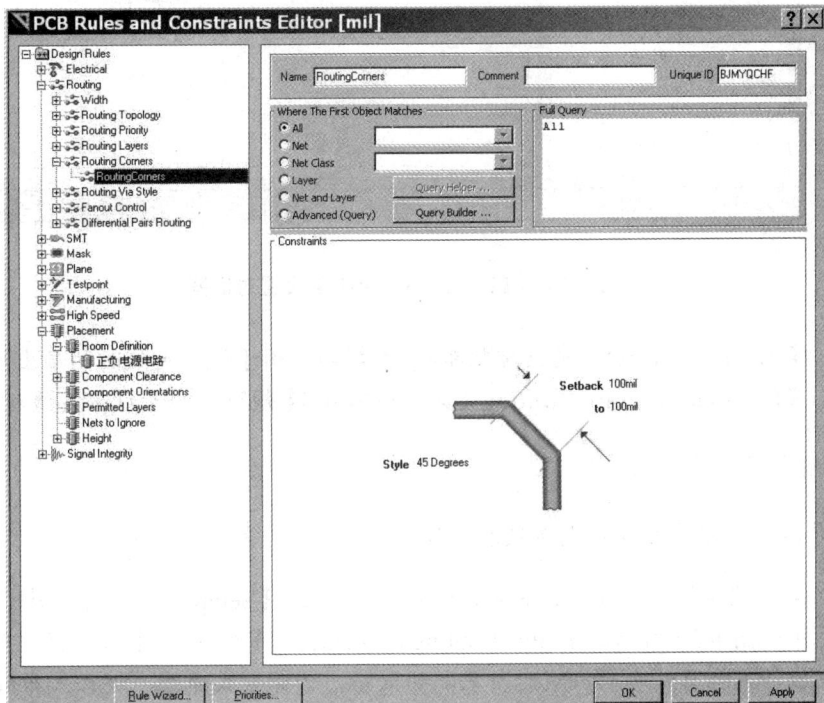

图 8-30　【Routing Corner】规则设置对话框

➤　**【Routing Corners（导线拐角）】规则：** 用于设置导线拐角形式，如图 8-30 所示。PCB 上的导线有 3 种拐角方式，通常情况下会采用 45°的拐角形式。设置规则时可以针对每个连接、每个网络直至整个 PCB 设置导线拐角形式。

➢ 【Routing Via Style（走线过孔样式）】用于设置走线时所用过孔的样式，如图 8-31 所示，在该对话框中可以设置过孔的各种尺寸参数。过孔直径和钻孔孔径包括 Maximum、Minimum 和 Preferred 3 种定义方式。默认过孔直径为 50mil，孔径 28mil。在 PCB 的编辑过程中，可以根据不同的元件设置不同的过孔大小，钻孔尺寸应该参考实际元件引脚的粗细进行设置。

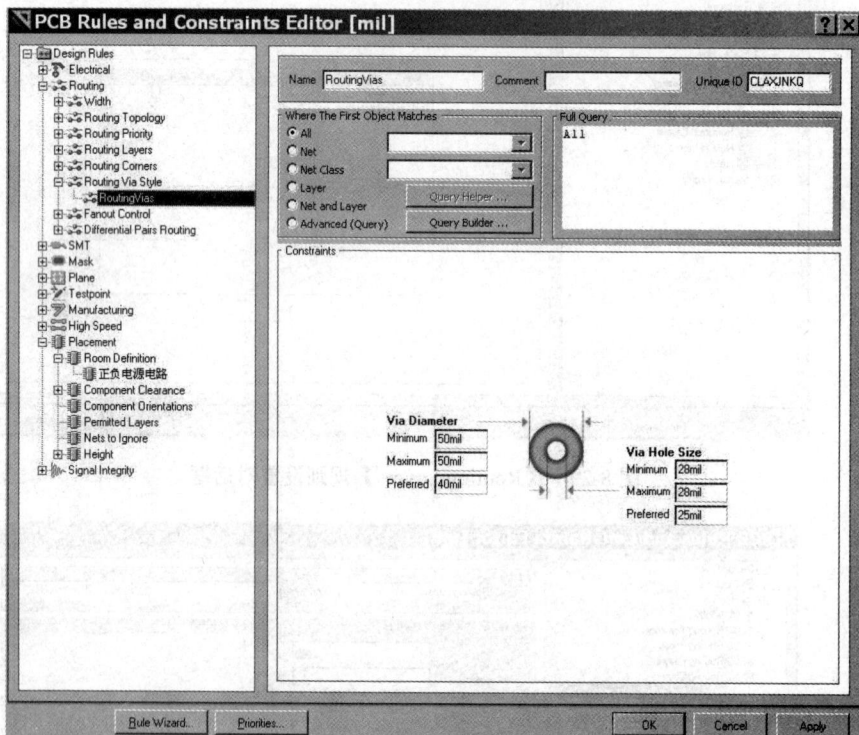

图 8-31　【Routing Via Style】设置对话框

➢ 【Fanout Control（扇出控制布线）】规则：用于设置走线时的扇出形式。
➢ 【Differential Pairs Routing（差分对布线）】规则：用于设置走线对形式。

2. 自动布线策略设置

设置 PCB 自动布线策略的主要步骤如下。

Step 01 单击菜单栏中的【Auto Route（自动布线）】\【Setup（建立）】命令，系统将弹出如图 8-32 所示的【Situs Routing Strategies（布线策略）】对话框。布线策略是指印制电路板自动布线时所采取的策略，如探索式布线、迷宫式布线、推挤式布线等。而自动布线的布通率依赖于良好的布局。

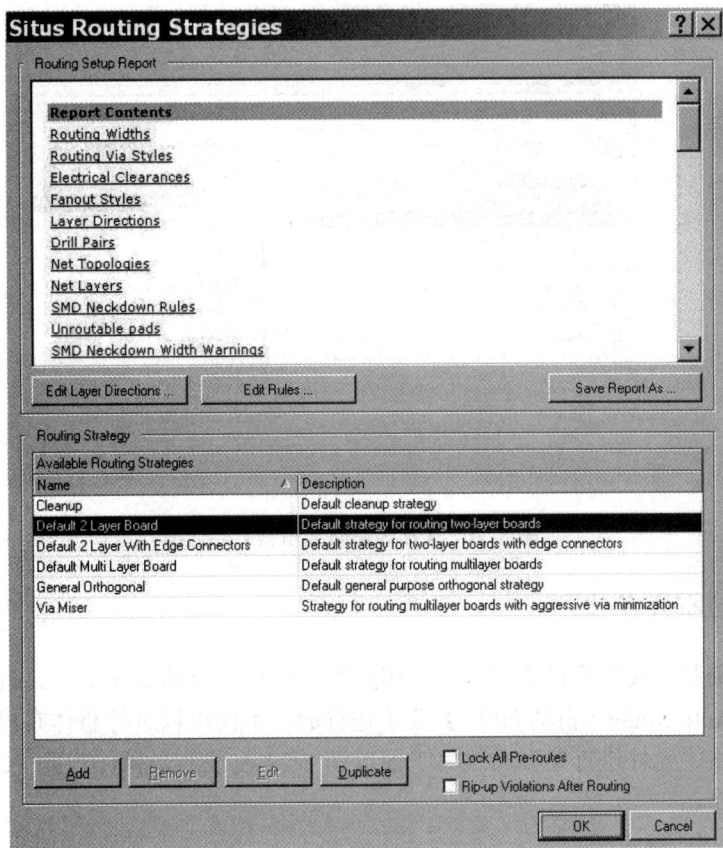

图 8-32　【布线策略】对话框

对话框中列有 5 种自动布线策略，不允许进行编辑和删除。

➤ 　【Cleanup（清除）】用于清除策略。

➤ 　【Default 2 Layer Board（默认双面板）】用于默认的双面板布线策略。

➤ 　【Default 2 Layer With Edge Connectors（默认具有边缘连接器的双面板）】用
于默认的具有边缘连接器的双面板布线策略。

➤ 　【Default Multi Layer Board（默认多层板）】用于默认的多层板布线策略。

➤ 　【Via Miser（少用过孔）】用于在多层板中尽量减少使用过孔策略。

Step 02　勾选【Lock All Pre-Routes（锁定所有先前的布线）】后，所有先前的布线将被
锁定，重新自动布线时将不改变这部分的布线。

Step 03　单击【Add（添加）】，系统将弹出如图 8-33 所示的【Situs Strategies Editor（布
线策略编辑器）】对话框，在该对话框中可以添加新的布线策略。

Step 04　单击【Situs Routing Strategies（布线策略）】对话框中的【Edit Rules（编辑规则）】
按钮，对布线规则进行编辑，与前面类似，不再赘述。

Step 05　单击【OK】，即可完成布线策略的设置。

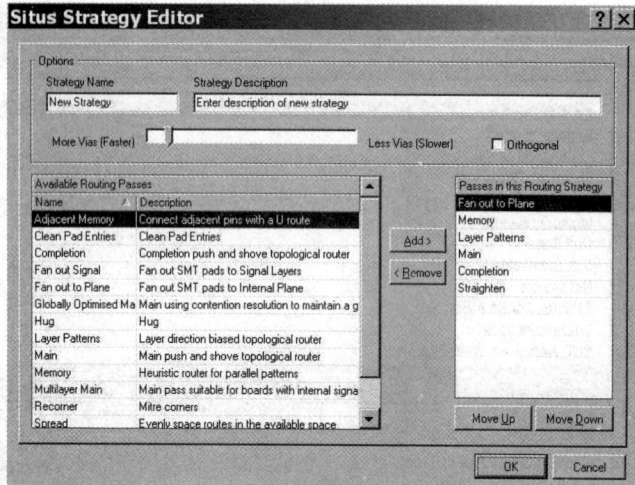

图 8-33 【布线策略编辑器】对话框

3. 自动布线操作

布线规则和布线策略设置完毕后，用户即可以进行自动布线操作。自动布线操作主要是通过【Auto Route（自动布线）】菜单进行的，不仅可以进行整体布局，也可对指定的区域、网络、元件进行单独布线。下面以图 8-22 完成布局操作后的 PCB 为例，介绍自动布线操作。

Step 01　【Auto Route（自动布线）】\【All...（全局）】，系统弹出【Situs Routing Strategies（布线策略）】对话框。

Step 02　选择一项布线策略，系统默认选择【Default 2 Layer Board（双面板布线）】策略。单击【Route all（全局布线）】，将对全局进行自动布线。

Step 03　布线过程中弹出【Messages（信息）】面板，提供布线的状态信息，如图 8-34所示，由最后一条信息可知，布线全部是否布通。

图 8-34 【自动布线信息】对话框

Step **04** 全局布线后的 PCB 如图 8-35 所示。

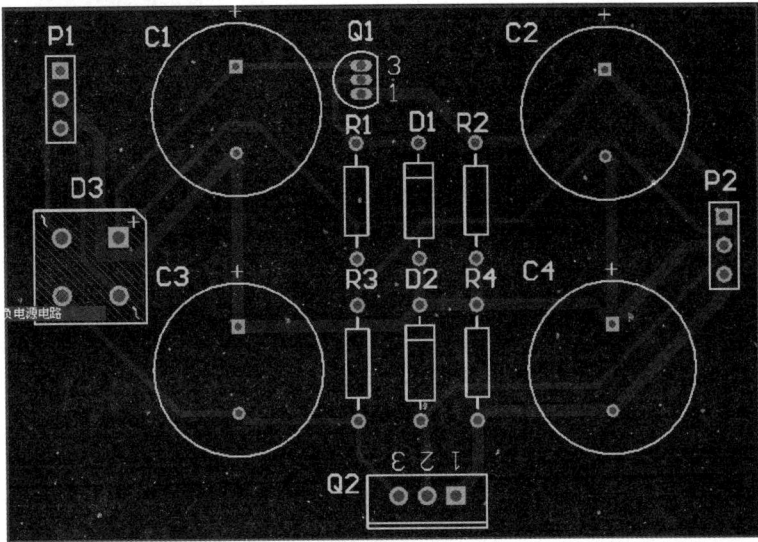

图 8-35　全局布线后的 PCB 图

当器件排列比较紧密或布线规则设置过于严格，自动布线可能不能完全布通，即使完全布通的 PCB 电路板有时也会有部分网络走线不合理的现象，如绕线过多，尖角拐弯等，此时需要进行手动调整。

8.3.2　PCB 手动布线

对 PCB 进行布线是个复杂的过程，需要考虑多方面的因素，包括美观、散热、干扰、是否便于安装和焊接等。而基于一定算法的自动布线会出现一些不合理的布线情况，例如有较多的绕线、走线不美观等。此时便需要借助手动布线的方法加以调整。对于元件网络较少的 PCB 板也可以完全采用手动布线。

1. 拆除不合理的自动布线

拆除不合理的自动布线的步骤如下。

Step **01** 对于自动布线结果中不合理的布线可以直接删除，在工作窗口选中导线，按【Delete（删除）】。也可以通过【Tools（工具）】\【Un-Route（拆除布线）】菜单命令来拆除，如图 8-36 所示。

➢ **【All（全部）】**：用于拆除 PCB 上的所有导线。
➢ **【Net（网络）】**：用于拆除指定网络的导线。
➢ **【Connection（连接）】**：用于拆除某段连接导线。
➢ **【Component（元件）】**：用于拆除某元件所有导线。
➢ **【Room（区域）】**：用于拆除某个 Room 区域内的导线。

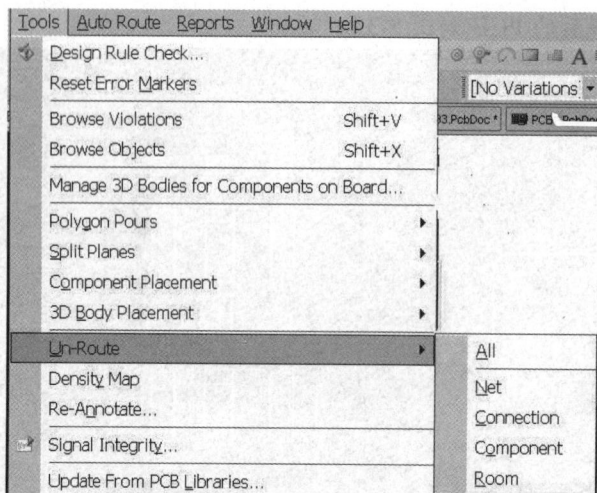

图 8-36　拆除布线子菜单

Step 02　取消布线后的连接又重新用飞线表示，如图 8-37 所示。

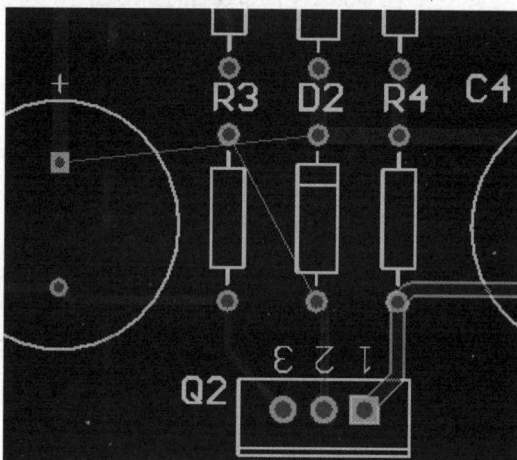

图 8-37　取消布线后的连接

2. 手动布线

用手动添加导线的方法对被拆除的导线进行重新布线，其步骤如下。

Step 01　在放置导线前首先选定准备放置导线的信号层。

Step 02　单击菜单栏中的【Place（放置）】\【Interactive Routing（交互式布线）】，此时光标变成十字形。

Step 03　移动光标到元件的一个焊盘上，单击放置布线的起点。

Step 04　连续多次单击鼠标左键可以确定导线的不同段，完成两个焊盘之间的布线。

Step 05　鼠标双击导线可以打开【Track（导线）】属性设置对话框。

手动布线的导线有 5 种转角模式：任意角度、90°拐角、90°弧形拐角、45°拐角和 45°弧形拐角。按<Shift>＋<Space>可以在模式间切换。

在进行交互式布线时，按<*>键可以在不同的信号层之间切换，在不同的层间进行走线时，系统将自动添加一个过孔。

8.4　添加安装孔

电路板布线完成之后可以添加安装孔，安装孔通常采用过孔形式，并和接地网络连接，以便于后期的调试工作。其操作步骤如下。

Step 01 单击【Place（放置）】\【Via（过孔）】或点击【Wiring（导线）】工具栏中的放置过孔按钮 ，此时光标将变成十字形状，并带有一个过孔图形。

Step 02 按<Tab>键，系统弹出如图 8-38 所示【Via（过孔）】对话框。

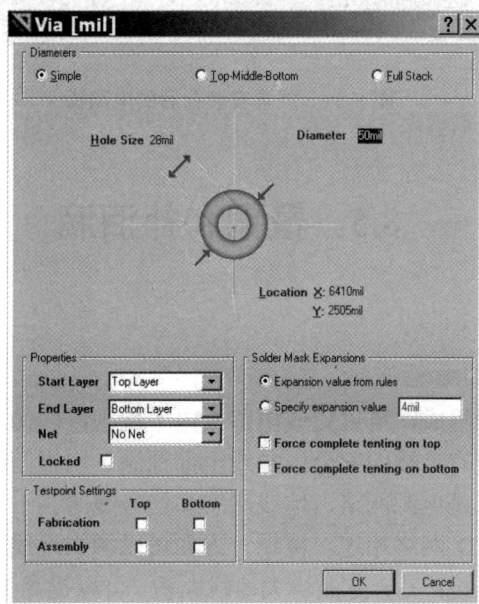

图 8-38　【过孔】对话框

➢ **【Hole Size（过孔内径）】**作为安装孔使用时孔内径较大，需根据实际需要设置。

➢ **【Diameter（过孔外径）】**外径比内径设置得要大。

➢ **【Location（过孔位置）】**通常放置在 4 个角上。

➢ **【Properties（过孔属性）】**过孔的属性设置，包括设置过孔起始层、网络标号、测试点等。通常默认设置即可。

Step 03 单击确认，光标即可放置过孔，右击退出。放置了安装孔后的电路板如图 8-39 所示。

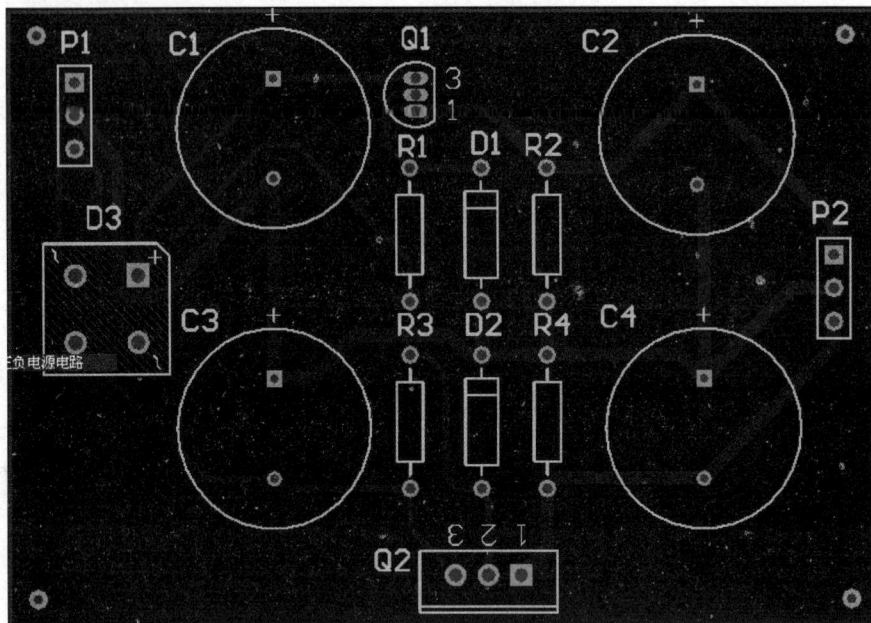

图 8-39　放置安装孔后的电路板

8.5　覆铜和补泪滴

8.5.1　覆铜

覆铜由一系列导线组成，可以完成电路板内不规则区域的填充。在绘制 PCB 图时，覆铜主要是指把空余没有走线的部分用导线全部铺满。用铜箔铺满部分区域和电路的一个网络相连，网络可以是电源网络、地线网络和信号线等。

多数情况是与 GND 网络相连。覆铜一方面可以增大地线的导电面积，降低电路由于接地而引入的公共阻抗；另一方面增大地线面积，可以提高 PCB 抗干扰性能和通过大电流的能力。经过覆铜处理后制作的印制板会显得十分美观，通常覆铜的安全间距应该在一般导线安全间距的两倍以上。

1. 执行覆铜命令

执行覆铜命令的步骤如下。

Step 01　单击菜单栏中的【Place（放置）】\【Polygon Pour...（多边形覆铜）】命令。

Step 02　系统弹出【Polygon Pour（多边形覆铜）】对话框如图 8-40 所示。

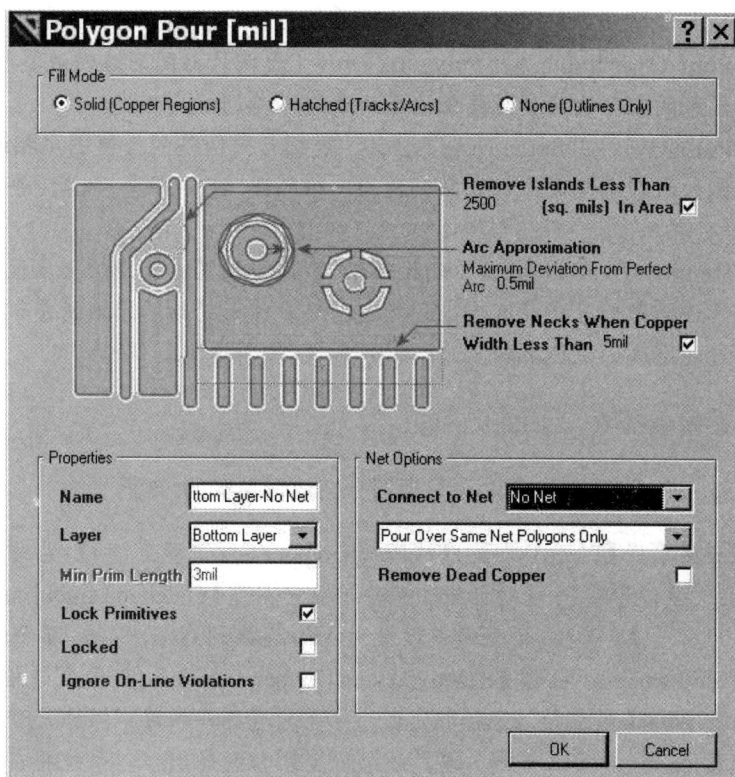

图 8-40　【多边形覆铜】对话框

2. 设置覆铜属性

执行覆铜命令后，双击已放置的覆铜，系统会弹出【覆铜属性】对话框，其中各项参数含义如下。

（1）【Fill Mode（填充模式）】。

➢ 【Solid（Copper Regions）】覆铜区域内位全铜敷设。

➢ 【Hatched（Tracks/Arcs）】向覆铜区域内填入网络状的覆铜。

➢ 【None（Outlines Only）】只保留覆铜边界，内部无填充。

（2）【Properties（属性选项）】。

➢ 【Layer（层）】下拉列表框用于设置覆铜所属的工作层。

➢ 【Min Prim Length（最小图元长度）】文本框用于设置最小图元的长度。

➢ 【Lock Primitives（锁定覆铜）】用于选择是否锁定覆铜。

（3）【Net Options（网络选项）】。

➢ 【Connect to Net（连接网络）】下拉列表框用于选择覆铜连接到的网络，通常选择连接到 GND。

➢ 【Don't Pour Over Same Net Objects（覆铜不与同网络的图元）】用于设置覆

铜的内部填充不与同网络的图元及覆铜边界线相连。

➢ **【Pour Over Same Net Polygons Only（覆铜只与同网络的边界相连）】**用于设置覆铜的内部填充只与覆铜边界线及同网络的焊盘相连。

➢ **【Pour Over All Same Net Objects（覆铜与同网络的任何图元相连）】**用于设置覆铜的内部填充与覆铜边界线及同网络的图元(如焊盘、过孔、导线等)   相连。

➢ **【Remove Dead Copper（删除死铜）】**用于设置是否删除孤立区域的覆铜。孤立区域的覆铜是指没有连接到指定网络元件上的封闭区域的覆铜，选择之后可将这些区域的覆铜去除。

3. 放置覆铜

下面以【正负电源电路.PcbDoc】为例介绍放置覆铜的步骤。

Step 01 单击菜单栏【Place（放置）】\【Polygon pour（多边形覆铜）】，系统弹出【Polygon pour（多边形覆铜）】对话框。在对话框中点选【Hatched（tracks/arcs）（填充（轨迹/圆弧））】单选项，填充模式设置为 45°，连接到 GND 网络，层面设置为 Bottom Layer（底层），勾选【Remove Dead Copper（删除死铜）】复选框。

Step 02 单击【OK】按钮后，光标即变成十字形，准备开始覆铜操作，用光标沿着 PCB 的 Keep-out（禁止布线）边界线画一个闭合的矩形框。系统将在框线内自动生成 Bottom Layer（底层）的覆铜。

PCB 覆铜效果如图 8-41 所示。

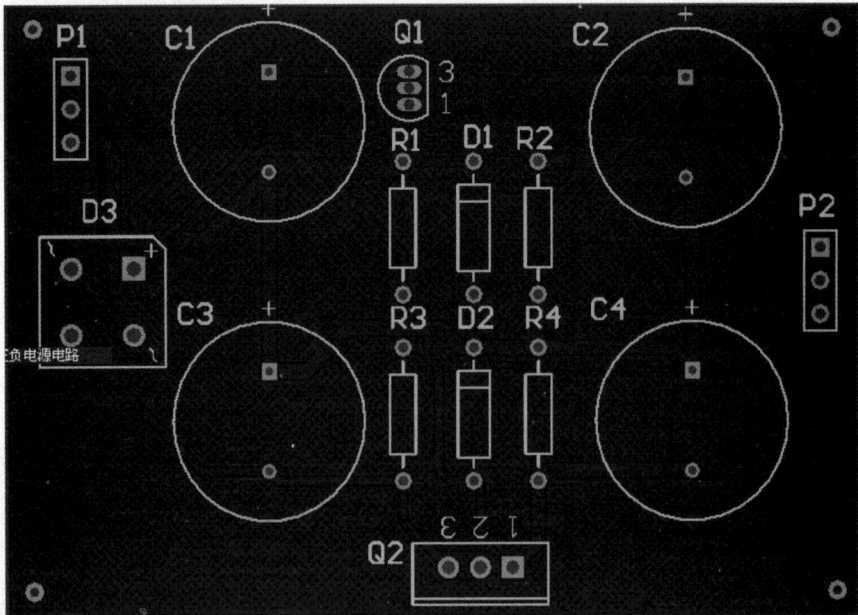

图 8-41 PCB 覆铜效果

8.5.2 补泪滴

在导线和焊盘或者过孔的连接处，通常需要补泪滴，以去除连接处的直角，加大连接面。其好处有以下两个：一是在 PCB 的制作过程中，避免因钻孔定位偏差导致焊盘与导线断裂；二是在安装和使用中可以避免因用力集中导致连接处断裂。其操作步骤如下。

Step 01 单击菜单栏【Tools（工具）】\【Teardrops（泪滴）】。

Step 02 系统弹出【Teardrop Options（泪滴选项）】对话框，如图 8-42 所示。

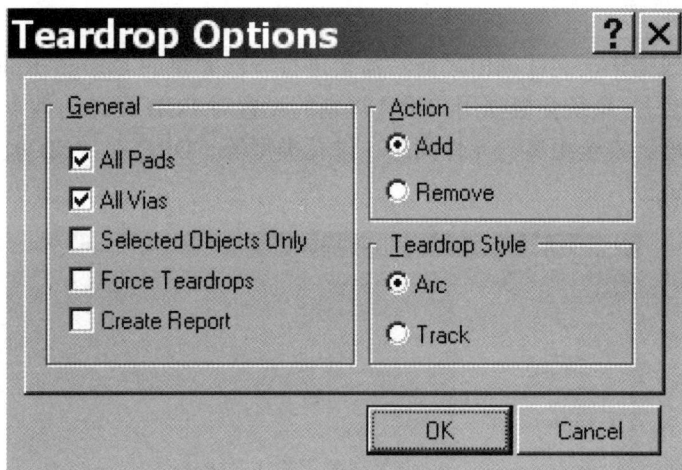

图 8-42 【泪滴选项】对话框

1. 【General】选项组

➤ 【All Pads】勾选后，将对所有的焊盘添加泪滴。
➤ 【All Vias】勾选后，将对所有过孔添加泪滴。
➤ 【Selected Objects Only】勾选后将对选中的对象添加泪滴。
➤ 【Force Teardrops】勾选后，将强制对所有焊盘或过孔添加泪滴，这样可能导致在 DRC 检测时出现错误信息。取消勾选，则对安全间距太小的焊盘不添加泪滴。
➤ 【Create Report（生成报表）】勾选后进行补泪滴操作后将生成一个报表文件。

2. 【Action】选项组

➤ 【Add】用于添加泪滴。
➤ 【Remove】用于删除泪滴。

3. 【Teardrop Style】选项组

➤ 【Arc】用弧线添加泪滴。

> 　【**Track**】用导线添加泪滴。

Step 03 　设置完成后单击确认，完成对象的补泪滴操作。

8.6　设计规则（DRC）检查和报表输出

8.6.1　DRC 检查

电路板布线完毕，文件输出之前，需要进行一次完整的 Design Rule Check（DRC）（设计规则检查）。系统会根据用户设计规则的设置对 PCB 设计的各个方面进行检查校验，如导线宽度、安全距离、元件间距、过孔类型等。DRC 是 PCB 板设计正确性和完整性的重要保证。

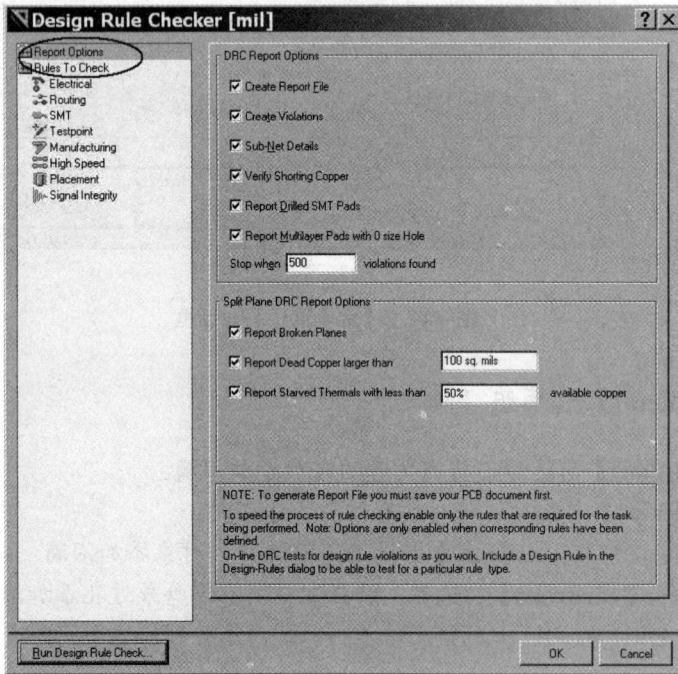

图 8-43　【设计规则检查】对话框

1. DRC 报表选项

在【Design Rule Checker（设计规则检查）】左侧列表中单击【Report Options（报表选项）】，即显示 DRC 报表选项的具体内容，如图 8-43 所示。这里的选项主要用于对 DRC 报表的内容和方式进行设置，一般保持默认设置。

> 　【**Create Report File（创建报表文件）**】如果规则检查时不勾选报告选项

（Report Options）中的创建报告文件（Create Report File）时，将只能看到弹出的消息面板。里面列出了警告等信息，同样可以通过双击来查看问题所在。

➢ **【Create Violations（创建违例）】**能在违规对象和违规消息之间建立连接，通过【Message（信息）】中的违规进行错误定位，找到违规对象。

➢ **【Sub-Net Details（网络细节）】**网络细节报告，对网络连接关系进行检查并生成报告。

➢ **【Verify Shorting Copper（确认覆铜短路）】**对覆铜或非网络连接造成的短路检测。

2．　DRC 规则列表

在【Design Rule Checker（设计规则检查）】对话框左侧列表单击【Rules To Check（检查规则）】，即可显示所有可进行检查的设计规则，其中包括了 PCB 制作中常见的规则，也包括高速电路板设计规则，如图 8-44 所示。在规则栏中通过【Online（在线）】和【Batch（批处理）】两个选项来选择进行在线 DRC 或批处理 DRC。单击【Run Design Rule Check…（运行规则检查）】，即可开始运行批处理 DRC。

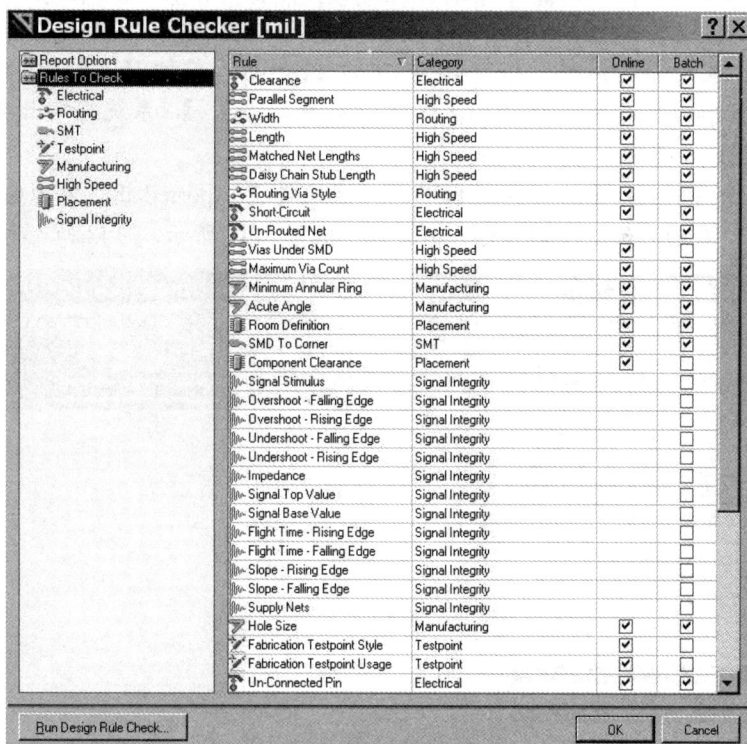

图 8-44　检查规则列表

单击菜单栏中的【Tools（工具）】\【Design Rule Check（设计规则检查）】，系统将弹出如图 8-43 所示的对话框。该对话框的左侧是该检查器的内容列表（DRC 报告选项和 DRC 规则列表），右侧是其对应的具体内容。

在线 DRC 在后台运行，设计者在设计过程中，系统随时进行规则检查，对违反规则的对象做出警示或自动限制违规操作的执行。

批处理 DRC 使用户可以在设计过程中的任何时候手动运行一次规则检查。在图 8-44 中可以看到，不同的规则有着不同的 DRC 运行方式。

8.6.2 电路板的报表输出

PCB 绘制完毕，可以生产一系列报表文件。这些报表文件具有不同的功能和用途，为 PCB 设计的后期制作、元件采购、文件交流提供了方便。在生成各种报表之前，首先要确保要生成报表的文件已经打开并被激活为当前文件。

1. PCB 图的网络表文件

前面介绍的 PCB 设计，采用的是从原理图生成网络表的方式，这也是通用的 PCB 设计方法。但是有些时候，设计者直接调入元件封装绘制 PCB 图，没有采用网络表，或者在 PCB 图绘制过程中，连接关系有所调整，这时 PCB 的真正网络逻辑和原理图的网络表会有所差异，此时就需要从 PCB 图生成一份网络表文件。其操作步骤如下。

Step 01 在 PCB 编辑器中，单击菜单栏中的【Design（设计）】\【Netlist（网络表）】\【Export Netlist From PCB（从 PCB 输出网络表）】，系统将弹出【Confirm（确认）】对话框。

Step 02 单击【Yes】，系统将生成 PCB 网络表文件【Exported 正负电源电路.Net】并在窗口自动打开，该文件为自由文件，如图 8-45 所示，可以加入项目文件中。

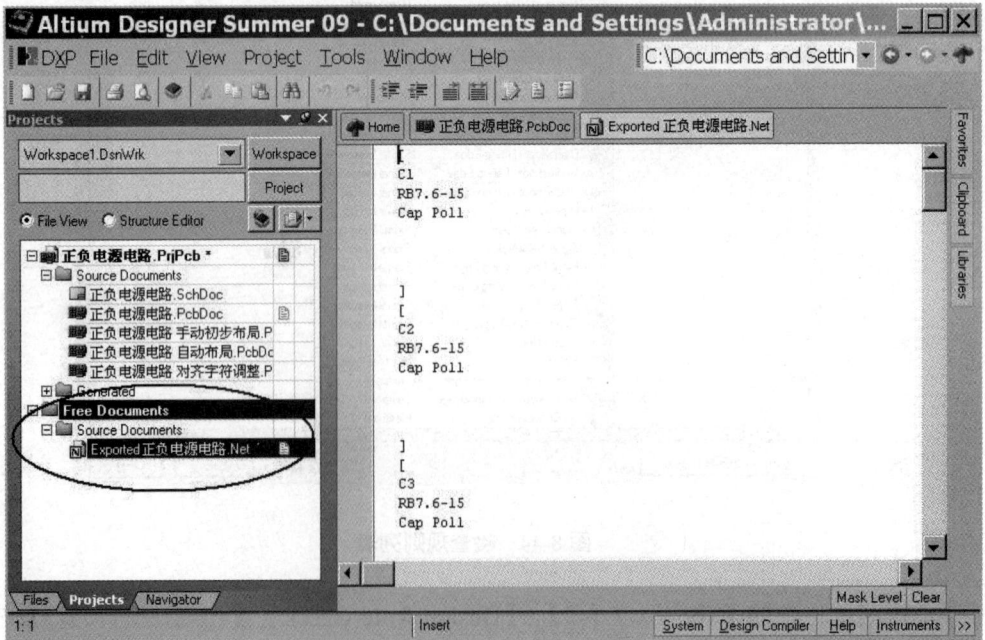

图 8-45　由 PCB 文件生成网络表

2. PCB 板信息报表

PCB 信息报表是对 PCB 板的元件网络和完整信息进行汇总的报表。单击菜单栏中的【Reports（报告）】\【Board Information（板信息）】，系统将弹出【PCB Information（PCB 信息）】对话框。在对话框中包含 3 个选项卡。

（1）【General（常规）】选项卡。该选项卡汇总了 PCB 上的各类图元，如导线、过孔、焊盘等的数量，报告了电路板的尺寸信息和 DRC 违例数量，如图 8-46 所示。

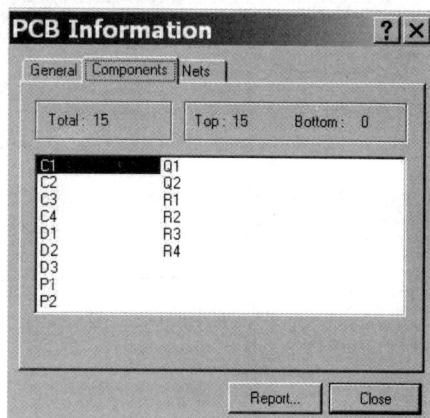

（2）【Components（元件）】选项卡。该选项卡报告了 PCB 上元件的统计信息，包括元件总数、各层放置数目和元件标号列表，如图 8-47 所示。

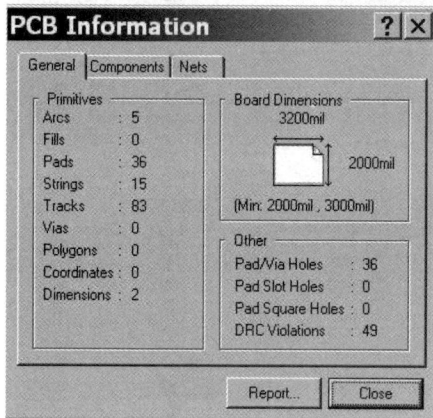

图 8-46　【General】选项卡　　　　图 8-47　【Components】选项卡

（3）【Nets（网络）】选项卡。该选项卡中列出了电路板的网络统计，包括导入网络总数和网络名称列表，如图 8-48 所示。

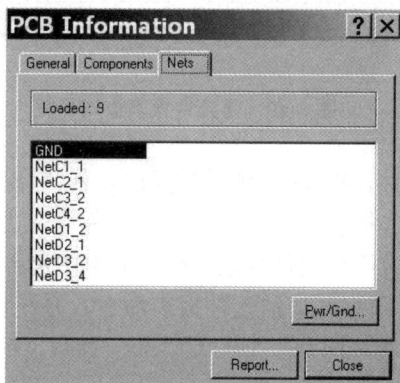

图 8-48　【Nets】选项卡

3. 元件报表

单击菜单栏中的【Reports（报告）】\【Bill of Materials（材料清单）】，系统将弹出相应的元件报表对话框，如图 8-49 所示。

在该对话框中，可以对要创建的元件清单进行选项设置。左侧有下列两个列表框。

> **【Grouped Columns(聚合纵队列表框)】**用于设置元件的归类标准。可以将"All Columns"中的某一属性信息拖到该列表框中，则系统将以该属性信息为标准，对元件进行归类，显示在元件清单中。

> **【All Columns (所有信息列表框)】**列出系统提供的所有元件属性信息，对应有需要查看的有用信息，勾选右侧与之对应的复选框，即可在元件清单中显示出来，在图 8-49 中使用了默认设置。

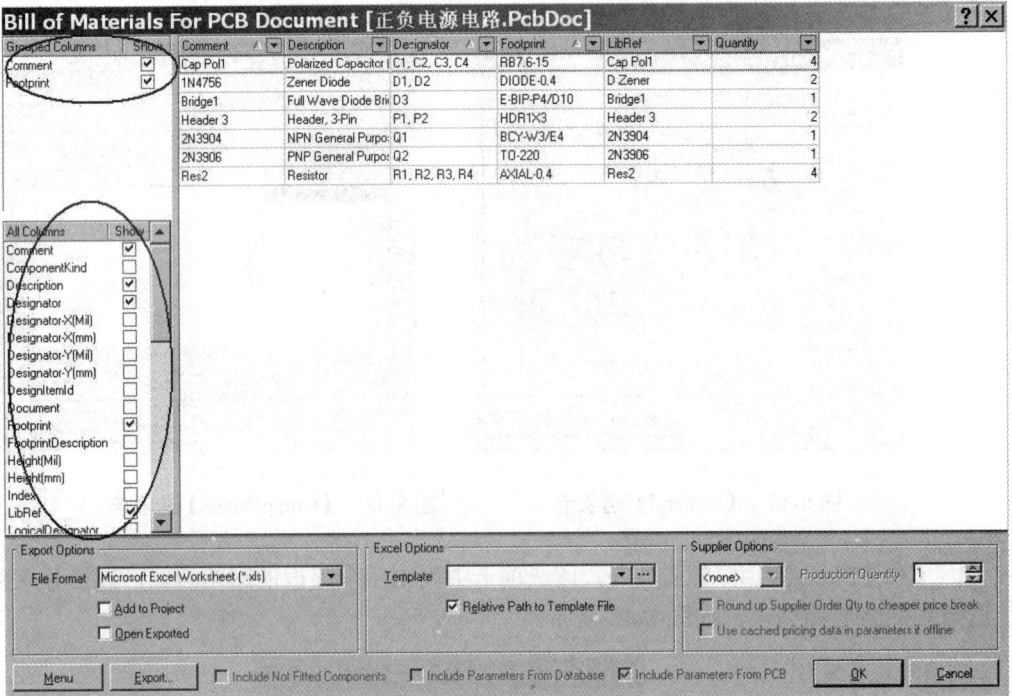

图 8-49 **【元件报表】**对话框

要生成并保存报表文件，单击对话框中的【Export（输出）】按钮，系统将弹出【Export For（输出为）】对话框。选择保存类型和保存路径保存文件。

另外，系统还可以生成简单元件报表，在主菜单中选择【Reports（报告）】\【Simple BOM（简洁元件报表）】，则打开简洁元件报表命令，系统自动生成两份当前 PCB 文件的元件报表。简单元件报表将同种类型的元件统一计数，简单明了。

4. 网络表状态报表

该报表列出了当前 PCB 文件中所有网络，并说明了它们所在工作层和网络中导线的总长度。单击菜单栏中的【Reports（报告）】\【Netlist Status（网络状态）】，即生成网络表状态报表。

8.7 操作实例

8.7.1 设计要求

完成如图 8-50 所示的单片机存储器扩展电路的原理图设计，各元件封装如表 8-2 所示。掌握通过手动创建 PCB 设计文件基本操作，实现元件的布局，掌握双面板自动布线及布线规则设置。

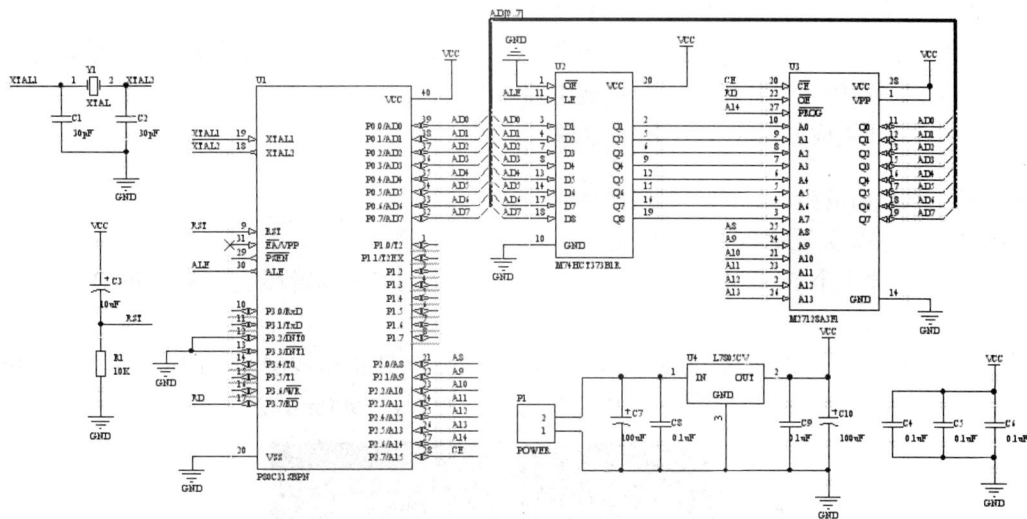

图 8-50 单片机存储器扩展电路原理图

表 8-2 元件属性清单

编号	元件名称	注释/参数值	封装形式
U1	P80C31SBPN	P80C31SBPN	SOT129-1
U2	M74HCT373B1R	M74HCT373B1R	DIP20
U3	M27128A3F1	M27128A3F1	FDIP28W
U4	L7805CV	L7805CV	TO220ABN
C1、C2	Cap	30pF	RAD-0.1
C3	Cap Pol1	10uF	CAPPR2-5×6.8
C4、C5、C6、C8、C9	Cap	0.1uF	RAD-0.1
C7、C10	Cap Pol1	100uF	CAPPR2-5×6.8
R1	Res2	10K	AXIAL-0.4
Y1	XTAL	XTAL	RAD-0.2
P1	Header2	POWER	HDR1×2

8.7.2 操作步骤

其操作步骤如下。

Step 01 新建项目并创建原理图文件。

(1)启动 Altium Designer Summer 09,单击菜单栏中的【File(文件)】\【New(新建)】\【Project(项目)】\【PCB Project(PCB 项目)】命令,创建一个 PCB 项目文件。

(2)单击菜单栏中的【File(文件)】\【Save Project As(项目另存为)】命令,将项目保存为【单片机存储器扩展电路.PrjPCB】。

(3)新建一个原理图文件,并打开原理图编辑环境。用保存项目文件的方法,将该原理图文件另存为【单片机存储器扩展电路.SchDoc】。

(4)设计完成如图 8-50 所示的原理图。

Step 02 原理图查错及编译,创建网络报表。

Step 03 通过手动创建 PCB 文件。

(1)新建一个 PCB 电路板文件,并自动切换到 PCB 编辑环境。保存 PCB 文件为【单片机存储器扩展电路.PcbDoc】。

(2)单击 PCB 编辑区下方的【Keep-Out Layer(禁止布线层)】标签,将其切换为当前工作层,绘制如图 8-51 所示的电路板边框,矩形,2900mil×2700mil。

图 8-51 电路板布线边框

Step 04 加载元件封装库。本例中的所有元器件都采用的是集成元件库,在进行原理图设计的同时便装载了元件的 PCB 封装模型,故可以省略该项操作。

Step 05 在 PCB 文件中导入原理图网络报表。

(1)打开【单片机存储器扩展电路.SchDoc】文件,使之处于当前的工作窗口中,同时应保证【单片机存储器扩展电路. PcbDoc】文件也处于打开状态。使这两个文件在同一个工程下。

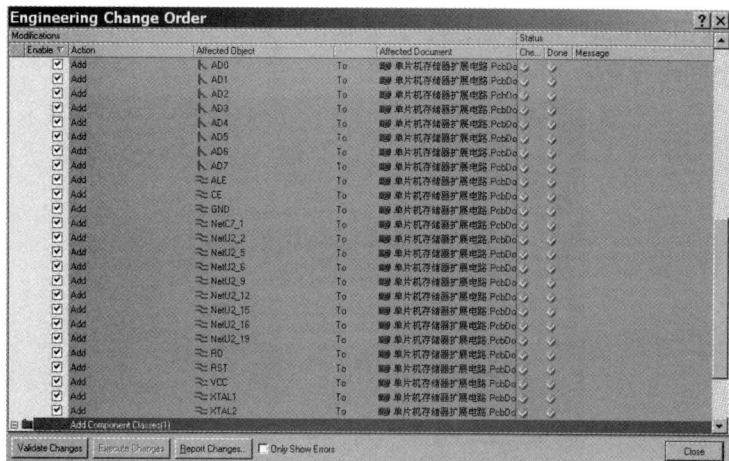

图 8-52 执行变更命令

（2）在原理图编辑器中，单击菜单栏中的【Design（设计）】\【Update PCB Document 单片机存储器扩展电路.PcbDoc（更新 PCB 文件）】命令，在【Engineering Change Order（工程更新操作顺序）】对话框中，单击【Validate Changes（确认更改）】按钮，每项的【Check（检查）】栏中将显示 ✅ 标记，单击【Execute Changes（执行更改）】按钮，系统将完成网络表的导入，同时在每一项的【Done（完成）】栏中显示 ✅ 标记提示导入成功，如图 8-52 所示。

Step 06 单击【Close（关闭）】按钮，关闭该对话框。此时可以看到在 PCB 图布线框的右侧出现了导入的所有元件的封装模型，如图 8-53 所示。

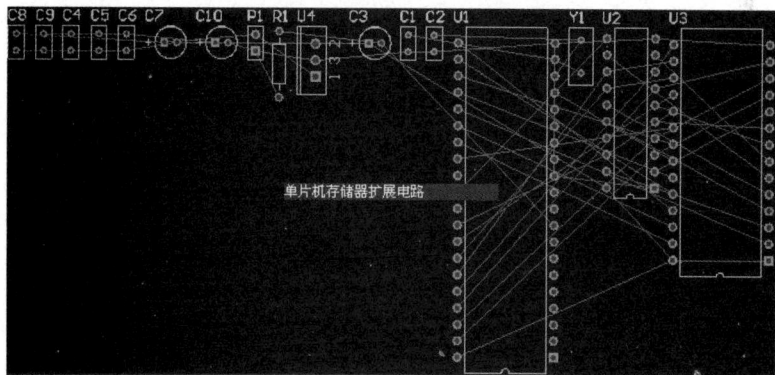

图 8-53 导入网络表后的 PCB 图

Step 07 采用自动布局与手动布局相结合的方法完成元件的布局，参考布局如图 8-54 所示。

Step 08 采用自动布线操作。

（1）在 PCB 编辑器中单击菜单栏中的【Design（设计）】\【Rules（规则）】，弹出【PCB Rules and Constrains Editor（PCB 设计规则和约束编辑器）】对话框,在该对话框中设置自动布线规则。

（2）在【Electrical（电气规则类）】设置栏，点击【Clearance（安全间距）】规则，本例中将安全间距设置为 10mil。

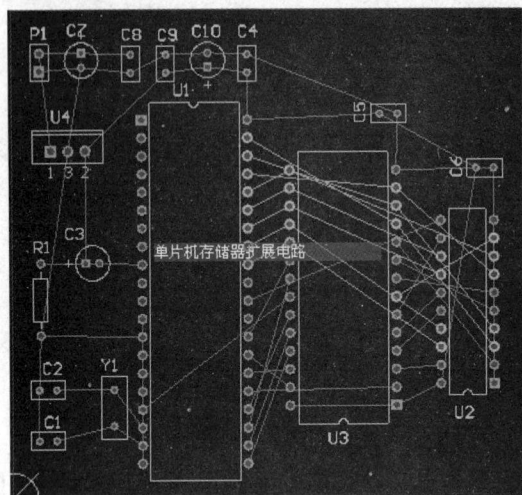

图 8-54　参考布局

（3）在【Routing（布线）】规则设置栏，点击【Width（走线宽度）】规则，设置导线宽度设计规则及布线优先级。将电源网络导线宽度设置为 25mil，其余导线宽度设置为 10mil。并单击对话框左下角【Priorities（优先级）】，电源线、地线、一般导线优先级别分别为 1、2、3。

（4）单击菜单【Auto Route】\【All】，系统弹出【Situs Routing Strategies（自动布线策略）】对话框，在策略列表框中选择【Default 2 Layer With Edge Connectors（默认具有边缘连接的双面板）】。

（5）单击【Route All】执行自动布线命令，结果如图 8-55 所示。

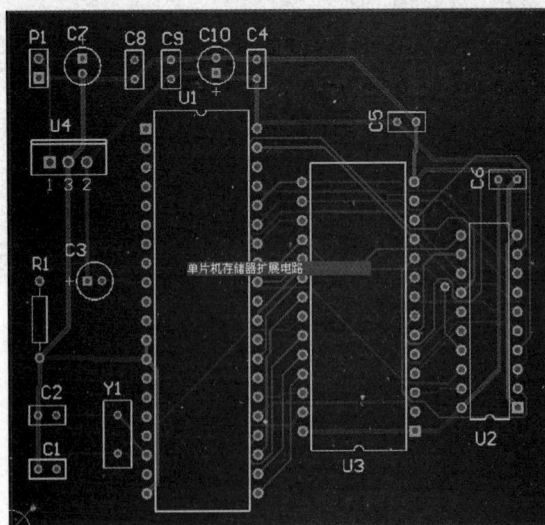

图 8-55　自动布线参考结果

Step09　手动调整不合理布线。

Step 10　进行覆铜和补泪滴操作。

（1）单击菜单栏中的【Place（放置）】\【Polygon Pour...（多边形覆铜）】命令，弹出【Polygon Pour（多边形覆铜）】对话框，在该对话框中的【Layer（层）】下拉列表框设定覆铜所属的工作层：【Top Layer（顶层）】和【Bottom Layer（底层）】；在【Connect to Net（连接网络）】栏中，选择连接到 GND 并勾选【Remove Dead Copper（删除死铜）】命令；其余选项可采用默认；用光标沿着 PCB 的【Keep-out（禁止布线）】边界线分别在顶层和底层画闭合的矩形框，进行覆铜操作。

（2）单击菜单栏【Tools（工具）】\【Teardrops（泪滴）】，进行补泪滴操作。

Step 11　DRC 检查及相关报表输出。

本章小结

本章主要介绍了 PCB 设计中的两个重要操作步骤：布局、布线，以及部分设计后期相关的操作：覆铜、补泪滴、添加安装孔、DRC 检查等。通过本章的学习，读者应该能够熟练地掌握网络报表的导入，布局、布线操作的规则设置，能结合软件自动布局、布线的功能，手动地调整 PCB 板布局、布线，达到最优化的布局、布线效果，同时为今后进行高密度 PCB 的布局、布线设计奠定基础。

本章练习

1. 各元件封装如表 8-3 所示，绘制如图 8-56 所示的门铃电路的原理图。生成网络表，掌握手工生成 PCB 设计文件基本操作，实现元件的布局，掌握布线规则设置及单面板自动布线操作，并在此基础上掌握覆铜和补泪滴操作。

表 8-3　元件属性清单

编号	元件名称	注释/参数值	封装形式
U1	SE555D	SE555D	D008_N
R1	RES1	47K	AXIAL-0.4
R2	RES1	30K	AXIAL-0.4
R3、R4	RES1	22K	AXIAL-0.4
D1、D2	DIODE	DIODE	SMC
C1	Cap Pol2	470uF	POLAR0.8
C2	CAP	0.05uF	RAD-0.3

（续表）

C3	Cap Pol2	50 uF	POLAR0.8
S1	SW-PB	SW-PB	SPST-2
LS	Speaker	Speaker	PIN2

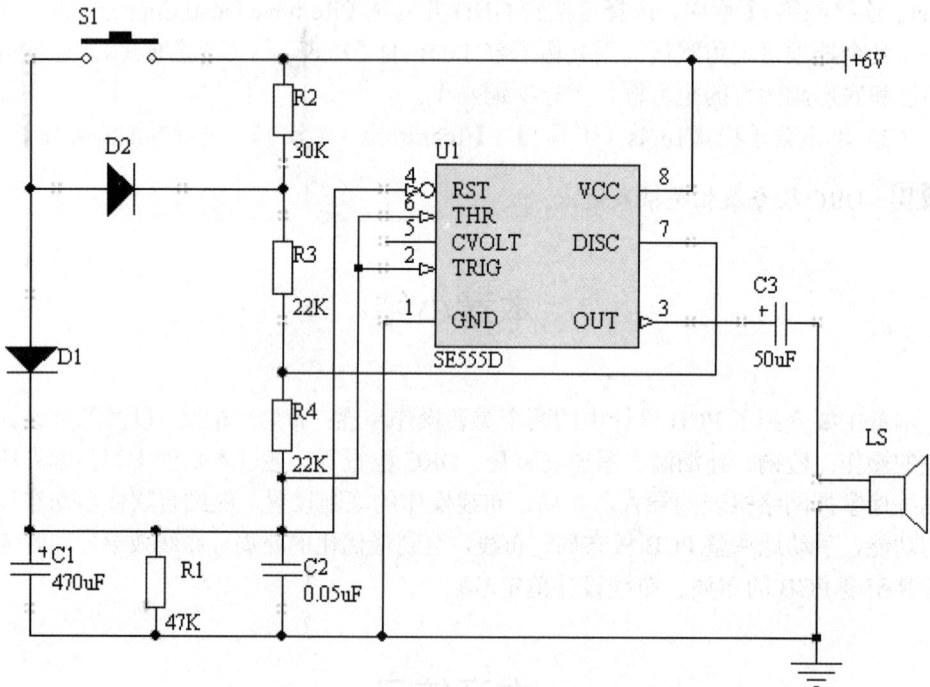

图 8-56　门铃电路原理图

（1）新建项目并创建原理图文件，绘制原理图。

（2）进行电气规则检查，创建网络报表。

（3）手工生成 PCB 电路板文件，并规划电路板。（矩形，禁止布线框尺寸：2000mil ×1200mil）

（4）加载元件封装库，导入网络表。

（5）采用自动布局与手动布局相结合的方法完成元件的布局，再根据实际元件在 PCB 中分布情况，重新调整物理及电气边框。

（6）采用自动布线操作，进行布线规则设置。（安全间距设置为 15mil，将电源和地网络导线宽度设置为 25mil，优先级分别为 1、2；其余导线宽度设置为 12mil，优先级为 3。采用单面板布线，布于顶层。）自动布线参考结果如图 8-57 所示。

（7）手动调整不合理布线。

（8）进行覆铜和补泪滴操作，覆铜结果如图 8-58 所示。

（9）DRC 检查及相关报表输出。

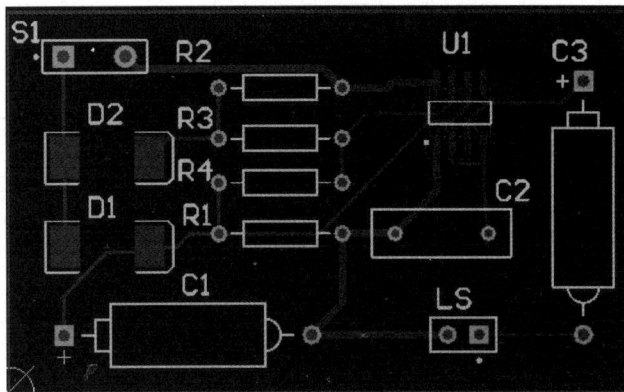

图 8-57　自动布线参考结果

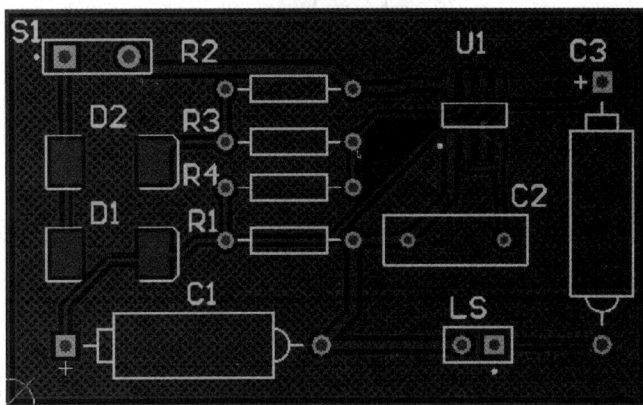

图 8-58　覆铜后的 PCB 图

2. 元件属性如表 8-4 所示，绘制如图 8-59 所示的 555 电路的 PCB 板。生成网络表，掌握利用向导生成 PCB 设计文件的基本操作，实现元件的布局，掌握布线规则设置及双面板的自动布线操作，并在此基础上掌握覆铜和补泪滴操作。

表 8-4　元件属性清单

编号	元件名称	注释/参数值	封装形式
U1、U2	SA555JG	SA555JG	JG008
R1、R2、R4	RES1	5K	AXIAL-0.4
R3	RES1	50K	AXIAL-0.4
C1、C3	CAP	1uF	RAD-0.1
C2	CAP	10uF	RAD-0.1
C4、C5	CAP	0.01uF	RAD-0.1
JP1	Header3	Header3	HDR1×3

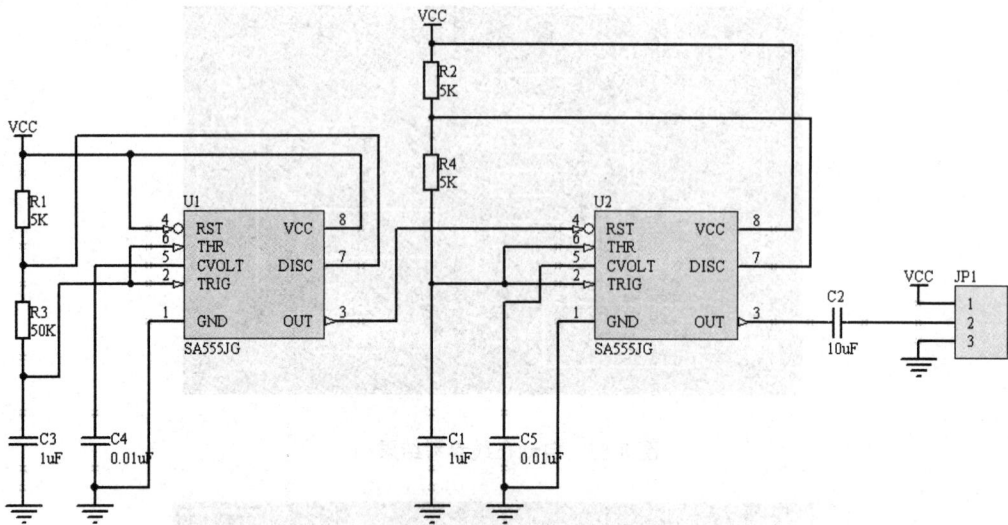

图 8-59　电路原理图

（1）新建项目并创建原理图文件，绘制原理图。

（2）进行电气规则检查，创建网络报表。

（3）利用 PCB 向导创建 PCB 设计文件。（具体要求：双面板，矩形，尺寸：1500mil×1000mil，在【Mechanical Layer1】上放置尺寸，穿透式过孔，针脚式元件，焊盘之间允许通过两根铜膜线，焊盘尺寸采用默认设置。）

（4）加载元件封装库，导入网络表。

（5）采用自动布局与手动布局相结合的方法完成元件的布局，再根据实际元件在PCB中分布情况，重新调整物理及电气边框。

（6）布线规则设置，自动布线。（安全间距设置为 15mil，将电源和地网络导线宽度设置为 25mil，优先级分别为 1、2；其余导线宽度设置为 12mil，优先级为 3。采用双面板布线。）

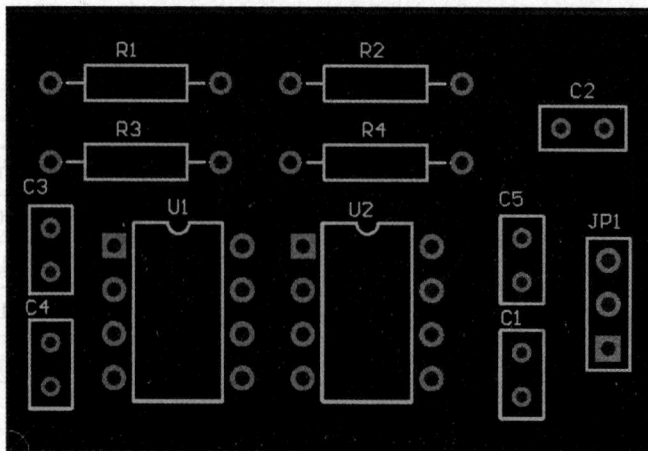

图 8-60　自动布线参考结果

（7）手工调整不合理布线。

（8）进行覆铜操作，补泪滴操作。覆铜后的结果如图 8-61 和图 8-62 所示。

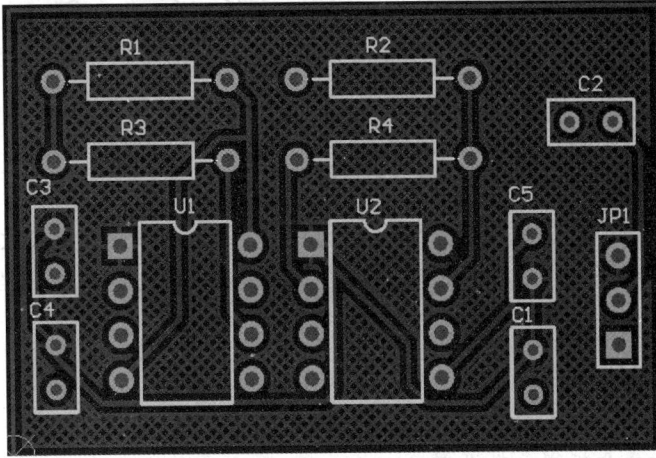

图 8-61　顶层覆铜

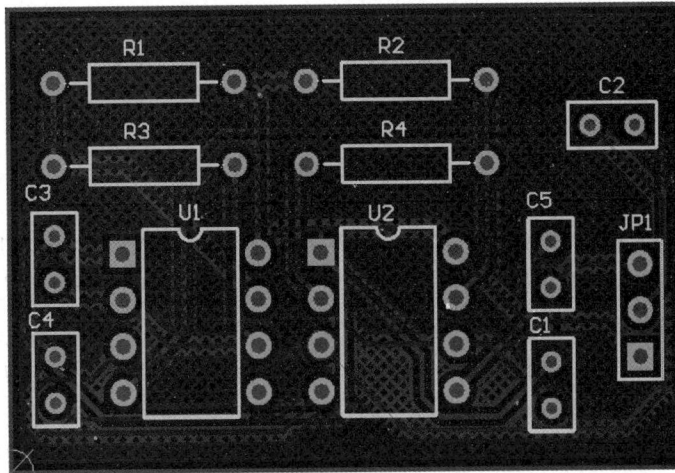

图 8-62 底层覆铜

（9）DRC 检查及相关报表输出。

第 9 章 电 路 仿 真

【本章导读】

本章主要介绍Altium Designer Summer 09电路仿真的概念、电路元件的仿真模型及其参数，以及使用软件进行仿真分析时相关的参数设置。同时以实例介绍电路仿真的具体操作步骤。

【学习目标】

➢ 掌握仿真分析得参数设置。
➢ 掌握电路仿真分析方法。

9.1 电路仿真基本知识

9.1.1 电路仿真的功能

在电子产品的整体开发过程中，由电路的理论绘制进入PCB 的实质制作，一般还要经历一个重要的过程，即电路仿真。电路仿真是研究电路性能的一个有力工具。在制作PCB之前，如果能够对原理图进行必要的仿真，以便明确把握系统的性能，并据此对各项参数进行适当的调整，将会尽可能地减少设计差错，节省大量的时间和财力。

在具有仿真功能的EDA软件出现之前，设计者为了对所设计电路进行验证，一般是使用面板来搭建模拟的电路系统，然后对一些关键的电路节点进行逐点测试，通过观察示波器上的测试波形来判断相应的电路部分是否达到了设计要求。如果没有达到，则需要对元器件进行更换甚至调整电路结构、重建电路系统，然后重新测试，直到达到设计要求为止，整个过程冗长而烦琐，工作量非常大。

Altium Designer系统把混合信号仿真完全集成到原理图的编辑环境中，用户可以直接从电路原理图进行大量的仿真分析，其仿真引擎不但支持SPICE 3F5、XSPICE 标准，还支持目前很多制造商使用的PSPISE 模型，为用户提供更广泛的器件仿真选择，并且支持仿真阵列，如同时使用PSPISE 和XSPISE 仿真模型，而且能够进行模拟数字混合电路分析。此外，仿真结果还可以在强大的波形浏览器中显示，用户可对生成的仿真数据进行充分的分析处理，以获得更详细、更准确的电路性能。

9.1.2 电路仿真的几个基本概念

仿真中涉及的几个基本概念如下。

1. 仿真元器件

不是任何元件都可以作为仿真元件出现在电路仿真原理图中的，用户进行电路仿真时使用的元器件，要求具备Simulation（仿真）属性，这在Type属性中可以看到，如图9-1所示。Altium Designer提供了大量具有仿真功能的模拟和数字元件。

Models for R2 - RES		
Name	Type ▽	Description
RESISTOR ▾	Simulation	RESISTOR

图 9-1　仿真元器件需要具有 Simulation 属性

2. 仿真原理图

仿真的对象是电路原理图，用户必须向Altium Designer软件提供仿真使用的原理图。电路仿真原理图与普通原理图的最大区别是，所有的元件都具备Simulation属性，以及仿真原理图中至少存在一个激励源为电路仿真提供信号输入。如图9-2所示为一个滤波电路仿真原理图，图中的电源、电阻、电容和运放都是具有Simulation属性的。

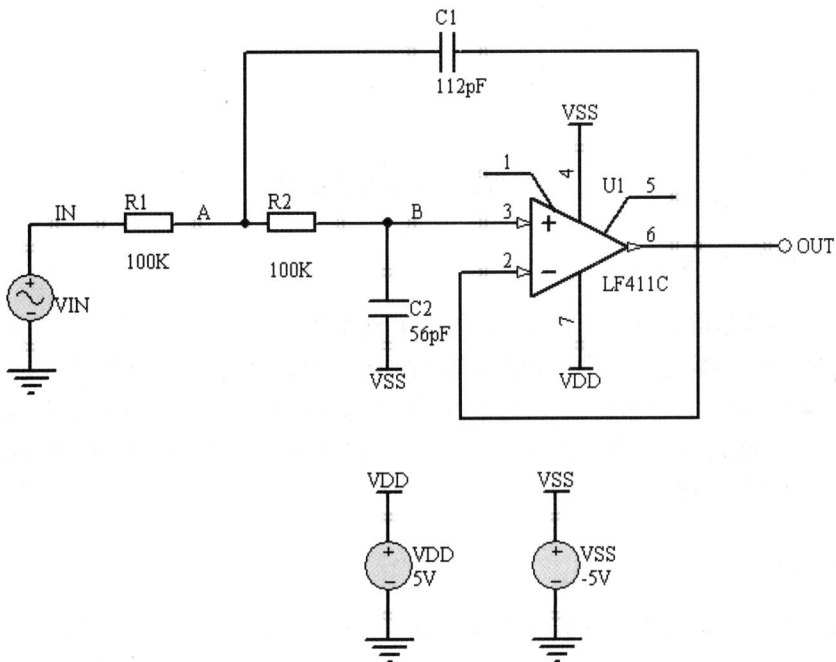

图 9-2　仿真原理图

3. 仿真激励源

仿真激励源是进行电路仿真所必须具备的，用于模拟实际电路中的激励信号，直接影响仿真工作的结果。如图9-2所示电路中，VDD和VSS就是激励源，为LF411C提供正负5V电源。所有的仿真激励源在【Altium Designer Summer 09】【Simulation】【Simulation Source. IntLib】元件库里。

4. 节点网络标号

节点网络标号就是在需要观测的节点上设置一个记号，便于明确察看该点的电压、电流及频率变化情况。如图9-2中的IN、A和B等均为节点网络标号。

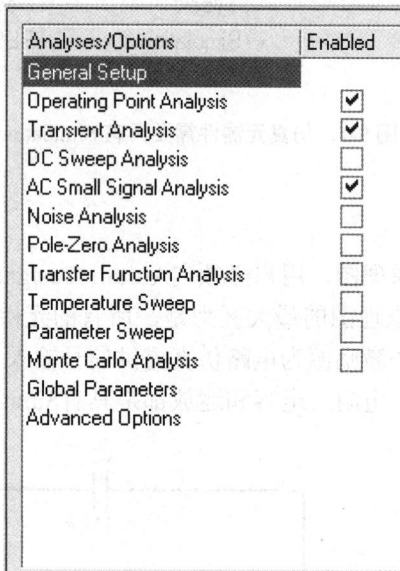

图 9-3　仿真方式的选择

5. 仿真方式

仿真方式是根据电路的具体情况及需要观察的信号种类而确定的，不同的仿真方式下相应有不同的参数设定，用户应根据具体的电路要求来选择设置仿真方式，如图9-3所示为仿真方式选择界面。例如，比较电路中两个节点之间的相位差，或者要观察某个节点的电压波形，就需要选择瞬态特性的分析方式；如果要检测电路的频率响应特性，就需要选择交流小信号特性分析方式。

6. 仿真结果

仿真结果一般是以波形的形式给出的，不仅仅局限于电压信号，每个元器件的电流及功耗波形都可以作为仿真结果加以显示。如图9-4为图9-2的仿真分析IN和OUT的仿真结果波形图。

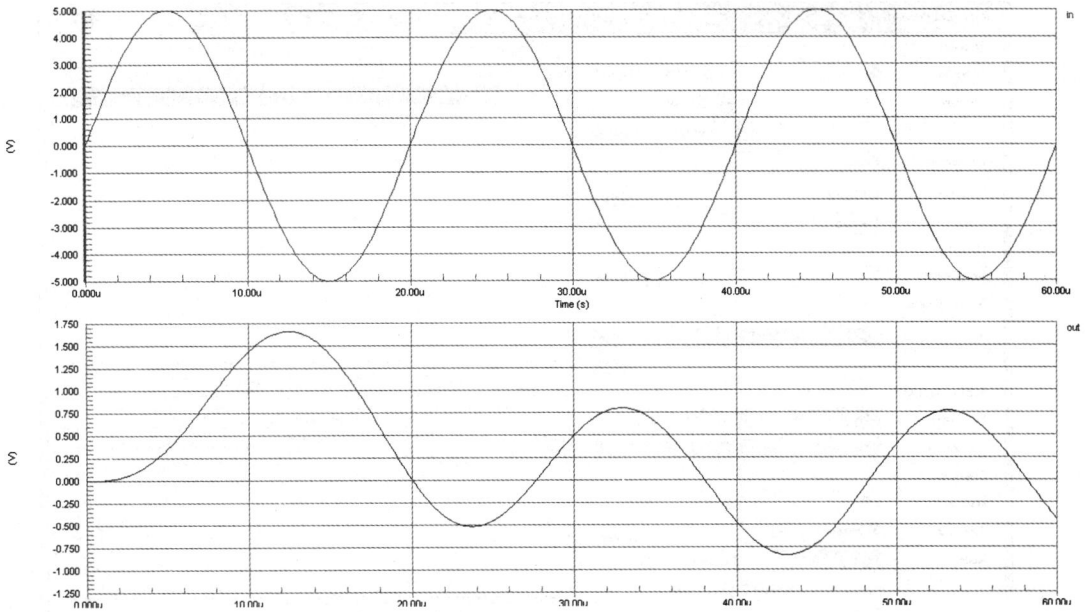

图 9-4 仿真结果

9.2 元件的仿真模型及参数

在绘制好电路仿真原理图，进行电路仿真之前，需要为仿真原理图中的各元件追加仿真模型、设置模型参数，这是必要而且关键的一步操作。

9.2.1 常用元件的仿真模型及参数

Altium Designer为用户提供一个常用元件库Miscellaneous Devices. IntLib，元件库中包括电阻、电感、振荡器、三极管、二极管、电池、熔断器等，在这个元件库中的所有元件都具有仿真属性。当这些元件放置在原理图中并进行属性设置以后，相应的仿真参数也同时被系统默认设置，可以直接用于仿真。

1．电阻

仿真元件库为用户提供了两种类型的电阻，名称分别是RES（Fixed Resistor ）固定电阻和RESSEMI（Semiconductor Resistor）半导体电阻。其中，固定电阻是阻值不随环境的温度、湿度的变化而变化的电阻；半导体电阻的阻值则由它的长度、宽度及环境温度共同决定。打开固定电阻的属性对话框，如图9-5所示。

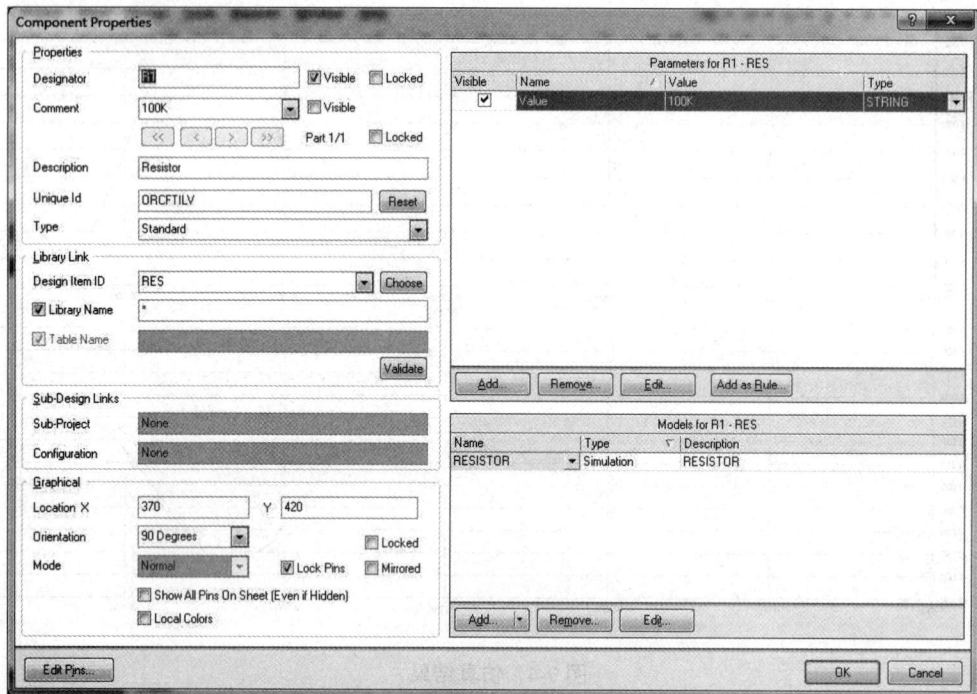

图 9-5 【固定电阻的属性】对话框

Step01 双击【Component Properties（元件属性）】对话框右下方的【Models for（模型）】选项区域。

Step02 选择【Simulation（激励）】选项，在弹出的对话框中选择【Parameters（属性）】选项卡，将打开如图 9-6 所示的对话框。

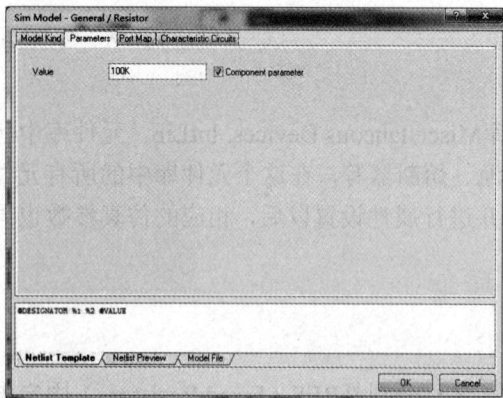

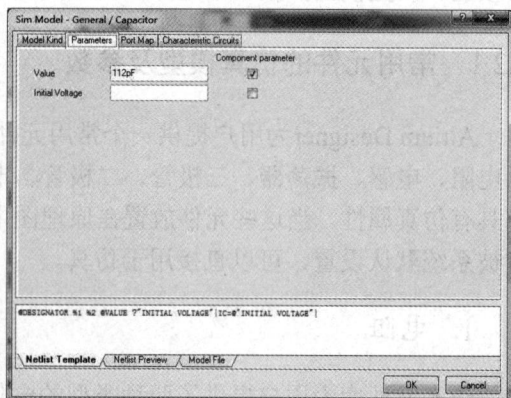

图 9-6 【电阻仿真属性】对话框   图 9-7 【电容的参数设置】对话框

在这个参数选项卡中，只有一个参数设置框，就是电阻的阻值。对于半导体电阻，由于其阻值是由长度、宽度及环境温度3个方面决定的，所以它具备以下几个参数。

➢ **Value:** 电阻的阻值。

➢ **length:** 电阻的长度。

- ➢ **Width:** 电阻的宽度。
- ➢ **Temperature:** 温度系数。

2. 电容

在Altium Designer的仿真元件库中提供了两种类型的电容：CAP（Fixed，Non-Polarized Capacitor）无极性的固定容值电容，如磁片电容；CAPPoi（Fixed，Polarized Capacitor）有极性的固定容值电容，如电解电容。电容的参数设置对话框如图9-7所示。

- ➢ **Value:** 电容值，如1μF、500pF等。
- ➢ **Initial Voltage:** 这个文本框内需要输入电路初始工作时刻电容两端的电压，电压值默认设置为0V。

3. 电感

在Altium Designer的仿真元件库中，电感的名称是Inductor。电感在很多特性上与电容有相似的地方，所以它们的元件参数也基本相同，电感也有如下两个基本参数。

- ➢ **Value:** 电感值，如11μH、200nH等。
- ➢ **Initial Current:** 这个文本框内需要输入电路初始工作时刻流入电感的电流，电流值默认设置为0A。

4. 晶振

在Miscellaneous Devices. IntLib库中选择XTAL晶振，其仿真属性参数共有以下4项。

- ➢ **FREQ:** 设置晶振的振荡频率。如果文本框为空，则系统默认为2.5MHz。
- ➢ **Rs:** 设置晶振的串联电阻。
- ➢ **C:** 设置晶振的等效电容值。
- ➢ **Q:** 设置晶振的品质因数。

5. 熔断丝

熔断丝可以防止芯片及其他器件在过流工作时受到损坏。在Altium Designer中有两种熔断丝的图标，但是其元件参数相同。

- ➢ **Current:** 设置熔断丝的熔断电流。
- ➢ **Resistance:** 设置熔断丝的电阻阻值。

6. 变压器

在Altium Designer中，有很多种变压器可供选择，它们中彼此的元件参数也不尽相同，如名称为Trans的普通变压器的元件参数如下。

- ➢ **Ratio:** 变压器原\副线圈匝数比，则系统默认值为0.1。
- ➢ **Rp:** 原边线圈电阻。
- ➢ **Rs:** 副边线圈电阻。

> **Leak:** 原\副边之间的漏感。

> **Mag:** 原\副边之间的互感。

而称为Trans Ideal的理想变压器的元件参数则比较简单，只有一项。

> **Ratio:** 理想变压器原\副线圈匝数比。系统默认值为0.1。

7. 二极管

二极管（Diode）的元件参数设置对话框如图9-8所示。从图中可以看出，二极管的参数有以下几项。

> **Area Factor:** 环境因数。

> **Starting Condition:** 起始状态，一般设置为OFF（关断）状态。

> **Initial Voltage:** 起始电压。

> **Temperature:** 工作温度。

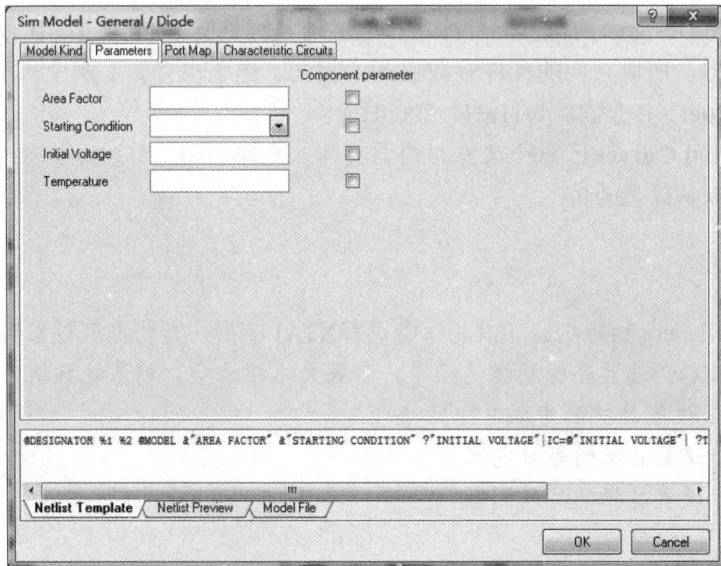

图9-8 【二极管元件参数设置】对话框

8. 三极管

三极管的参数与二极管有很多相同的地方。无论是NPN型还是PNP型的三极管，其元件参数彼此相同，共有5项，具体如下。

> **Area Factor:** 环境因数。

> **Starting Condition:** 起始状态，一般设置为OFF（关断）状态。

> **Initial B-E Voltage:** 起始BE端电压。

> **Initial C-E Voltage:** 起始CE端电压。

> **Temperature:** 工作温度。

9.2.2　特殊仿真元件及参数设置

在仿真过程中，有时还会用到一些专用于仿真的特殊元件，它们存放在系统提供的 Simulation Sources. IntLib集成库中。

1. 节点电压初值

节点电压初值.IC主要用于为电路中的某一节点提供电压初值，与电容中的参数Initial Voltage的作用类似。设置方法很简单，只要把该元件放在需要设置电压初值的节点上，通过设置该元件的仿真参数即可为相应的节点提供电压初值，如图9-9所示。

需要设置的.IC元件仿真参数只有一个，即节点的电压初值。双击节点电压初始值元件，系统弹出【Component Properties（元件属性）】对话框。修改【Designator（编号）】为IC1。双击【Model for IC（IC模型）】栏【Type（类型）】列中的【Simulation（仿真）】选项，系统弹出如图9-10所示对话框，在【Parameter（参数）】选项卡中，修改为电压初值10V。设置了有关参数后的.IC元件如图9-11所示。

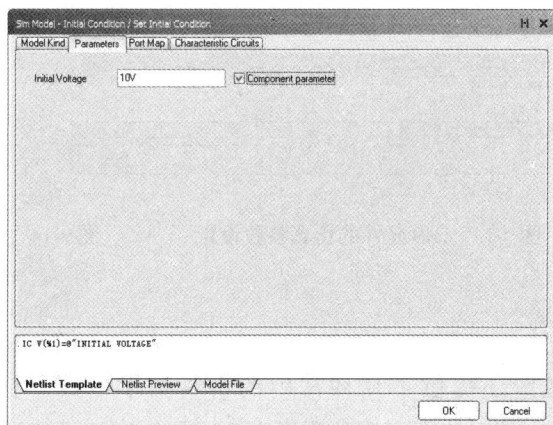

图 9-9　放置.IC 元件　　　　图 9-10　IC 元件的仿真参数设置　　　　图 9-11　设置好属性的.IC 元件

使用.IC元件为电路中的一些节点设置电压初值后，用户采用瞬态特性分析的仿真方式，若选中了【Use Initial Conditions（使用初始条件）】复选框，则仿真程序将直接使用 IC 元件所设置的电压初值作为瞬态特性分析的初始条件。

当电路中有储能元件（如电容）时，如果在电容两端设置了电压初始值，而同时在与该电容连接的导线上也放置了节点电压初值，并设置了参数值，此时进行瞬态特性分析，系统将使用电容两端的电压初始值，而不会使用节点电压的初始值，即一般元件的优先级高于节点电压初始值。

2. 节点电压

在对双稳态或单稳态电路进行瞬态特性分析时，节点电压.NS用来设定某个节点的电压预收敛值，如果仿真程序计算出该节点的电压小于预设的收敛值，则去掉.NS元件所设置的收敛值，继续计算，直到算出真正的收敛值为止，即.NS元件是求节点电压收敛值的一个辅助手段。

设置方法很简单，只要把该元件放在需要电压预收敛的节点上，通过设置该元件的仿真参数即可为相应的节点设置电压预收敛值，如图9-12所示。需要设置的.NS元件仿真参数只有一个，即节点的电压预收敛值，这里设置为0V，如图9-13所示。设置了有关参数后的.NS元件如图9-14所示。

若在电路的某一节点处，同时放置了.IC元件和.NS元件，则仿真时.IC元件的设置优先级将高于.NS元件。

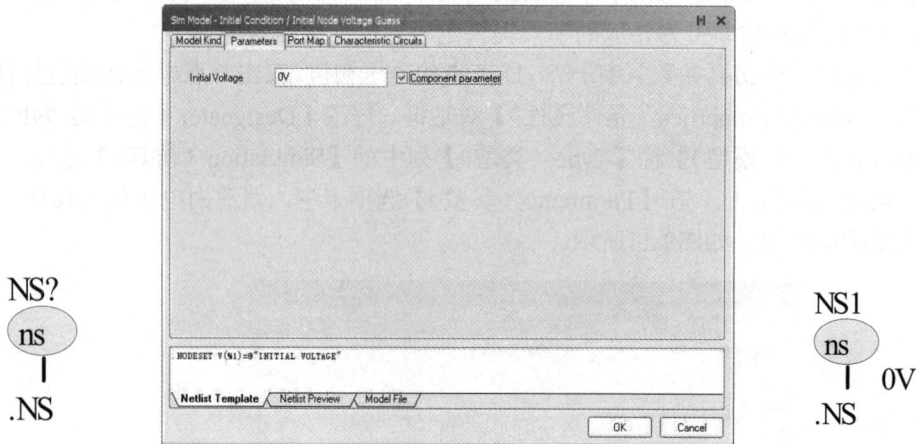

NS?
ns
.NS

NODESET V(%1)=@"INITIAL VOLTAGE"

NS1
ns
0V
.NS

图 9-12　放置.NS 元件　　　图 9-13　.NS 元件的仿真参数设置　　　图 9-14　设置好属性的.NS 元件

3. 仿真数学函数

Altium Designer系统还提供了几种常用的仿真数学函数，存放在仿数学元件库Simulation Math Function. IntLib中。仿真数学函数同样作为一种特殊的仿真，可以放置在电路仿真原理图中使用，主要用于对仿真原理图的两个节点信号进行各种合成运算，以达到一定的仿真目的，包括节点电压的加、减、乘、除，以及支路电流的加、减、乘、除等运算，也可以用于对一个节点信号进行各种变换，如正弦变换、余弦变换、双曲线变换等。

9.2.3　放置电源及仿真激励源

Altium Desigern提供了多种电源和仿真激励源，存放在Simulation Sources. IntLib集成库中，仿真时需要放置电源及激励源，就必须先加载Simulation Sources. IntLib集成库。在使用时，这些激励均被默认为理想的激励源，即电压源的内阻为零，而电流源的内阻为无穷大。

1. 电源

仿真电路中，常用的电源主要有直流电压源VSRC和直流电流源ISRC，分别用来提供一个不变的电压信号或不变的电流信号，符号形式如图9-15所示。

这两种电源通常在仿真电路上电时或需要为仿真电路输入一个阶跃激励信号时使用，以便观测电路中某一节点的瞬态响应波形，双击直流电压源或直流电流源的符号，在【Component Properties（元件属性）】对话框的右下方的【Models for（模型）】选项区域中选择【Simulation（激励）】选项，双击，在弹出的对话框中选择【Parameters（参数）】选项卡，如图9-16所示，需要设置的仿真参数只有3项。

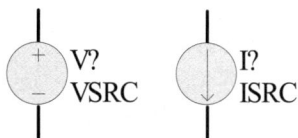

图 9-15　直流电压/电流源符号　　　　图 9-16　设置直流电压/电流源的参数

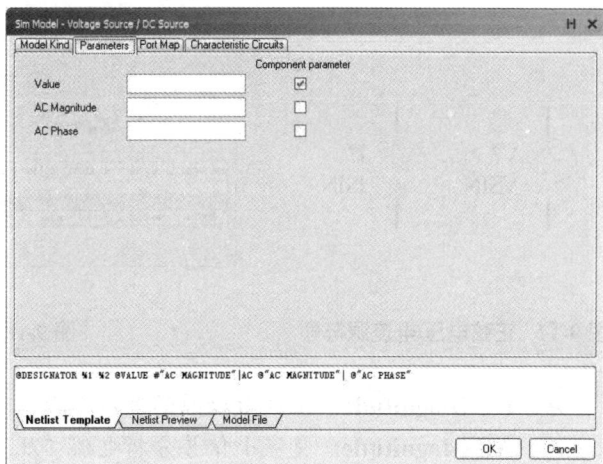

- **Value:** 直流电源的值。
- **AC Magnitude:** 交流小信号分析电压值。典型值为1V。
- **AC Phase:** 交流小信号分析时的电压相位，一般设置为0。

2. 仿真激励源

仿真激励源就是仿真时输入仿真电路中的测试信号，根据观察这些测试信号通过仿真电路后的输出波形，用户可以判断仿真电路中的参数设置是否合理。

（1）正弦信号激励源。在Simulation Sources. IntLib集成库中包含两个正弦信号激励源，正弦电压源VSIN和正弦电流源ISIN，用来为仿真电路提供正弦激励信号，符号形式如图9-17所示。双击正弦信号激励源的符号，在【Component Properties（元件属性）】对话框的右下方【Models for（模型）】选项区域中选择【Simulation（仿真）】选项，双击，在弹出的对话框中选择【Parameters（参数）】选项卡。在如图9-18所示的参数设置对话框中设置仿真参数。

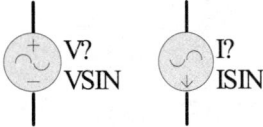

图 9-17　正弦电压/电流源符号　　　　　　图 9-18　正弦电压/电流源的参数

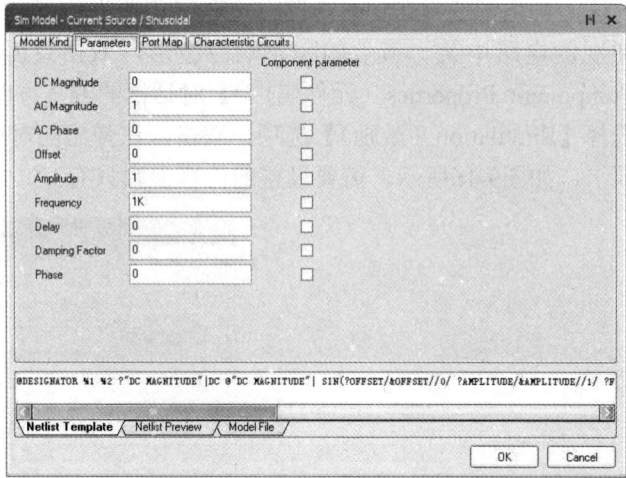

- ➤ **DC Magnitude:** 正弦激励源的直流参数，一般不做特殊设置，默认为0。
- ➤ **AC Magnitude:** 交流小信号分析电流（压）值，通常设置为1。如果不进行交流小信号分析，则可以设置为任意值。
- ➤ **AC Phase:** 交流小信号分析的电流（或电压）的初始相位，通常设置为0。
- ➤ **Offset:** 正弦电流或正弦电压信号上叠加的直流分量的大小。
- ➤ **Frequency:** 交流电压或电流的频率（Hz）。
- ➤ **Delay:** 正弦电源的延迟时间，单位为秒（s）。
- ➤ **Damping Factor:** 衰减指数，影响正弦波信号幅值的变化。设置为正值时，正弦波的幅值将随时间的增长衰减；设置为负值时，正弦波的幅值随时间的增长而增长；若设置为0，则正弦波的幅值不随时间而变化。
- ➤ **Phase:** 正弦波信号的初始相位。

（2）指数激励源。指数激励源通常在高频电流的仿真中用到。在Simulation Sources. IntLib集成库中，包含了指数激励源元件、VEXP、指数激励电压源和IEXP指数激励电流源，用来为仿真电路提供带有指数上升沿或下降沿的脉冲激励信号，符号形式如图9-19所示。

在【Component Properties属性】对话框的右下方的【Models for（模型）】选项区域中双击选择【Simulation（仿真）】选项，在弹出的对话框中选择【Parameters（参数）】选项卡，指数激励源的仿真参数的设置如图9-20所示。

- ➤ **DC Magnitude:** 指数激励源的直流参数，一般不做特殊设置，默认为0。
- ➤ **AC Magnitude:** 交流小信号分析电流（压）值，通常设置为1。
- ➤ **AC Phase:** 交流小信号分析的初始相位。
- ➤ **Initial Value:** 指数激励源初始电压或电流值。
- ➤ **Pulsed Value:** 指数激励源跃变电压或电流均幅值。
- ➤ **Rise Delay Time:** 电源从初始值向脉冲值变化前的延迟时间。
- ➤ **Rise Time Constant:** 电压或电流上升时间（s），必须大于0。

➢ **Fall Delay Time:** 电源从脉冲值向初始值变化前的延迟时间，单位为s。

➢ **Fall Time Constant:** 电压或电流下降时间（s），必须大于0。

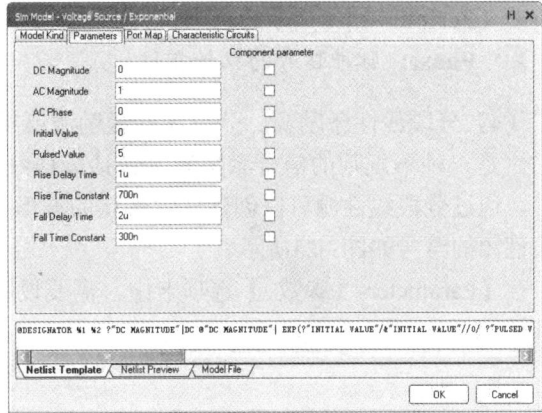

图 9-19　指数电压/电流源符号　　　　图 9-20　指数电压/电流源的参数

（3）周期脉冲激励源。周期脉冲激励源通常用来产生各种方波、三角波等波形。Simulation Sources. IntLib集成库中包含两个周期脉冲激励源元件：VPULSE电压周期脉冲激励源和 IPULSE电流周期脉冲激励源，利用这些激励源可以创建周期性的连续脉冲激励，两种周期脉冲激励源的符号形式如图9-21所示，在【Parameters（参数）】选项卡中需要设置的仿真参数如图9-22所示。

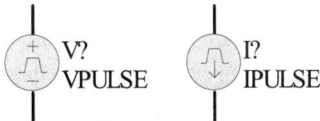

图 9-21　周期脉冲激励源符号　　　　图 9-22　周期脉冲激励源的参数

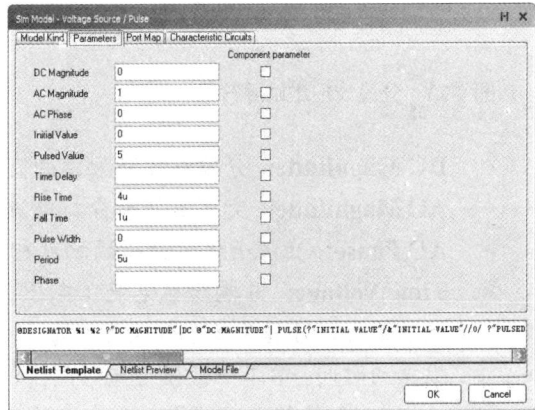

➢ **DC Magnitude:** 脉冲激励源的直流参数，一般不做特殊设置，默认为0。

➢ **AC Magnitude:** 交流小信号分析电流（压）值，通常设置为1。

➢ **AC Phase:** 交流小信号分析的初始相位。

➢ **Initial Value:** 脉冲信号的初始电压或电流值。

➢ **Pulsed Value:** 脉冲信号的幅值。

➢ **Time Delay:** 初始时刻的延迟时间。

➢ **Rise Time:** 脉冲信号的上升时间。

> **Fall Time:** 脉冲信号的下降时间。
> **Pulse Width:** 脉冲信号的高电平宽度。
> **Period:** 脉冲信号的周期。
> **Phase:** 脉冲信号的初始相位。

（4）分段线性激励源。分段线性激励源所提供的激励信号是由若干条相连的直线组成的，是一种不规则的信号激励源，包括分段线性电压源VPWL和分段线性电流源IPWL两种，通过分段线性源可以创建任意形状的波形，Simulation Sources. IntLib集成库中的分段线性源的符号如图9-23所示。

在【Parameters（参数）】选项卡中，需要设置的分段线性激励源的仿真属性参数如图9-24所示。

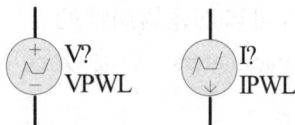

图 9-23　分段线性激励源符号　　　　图 9-24　分段线性激励源的参数

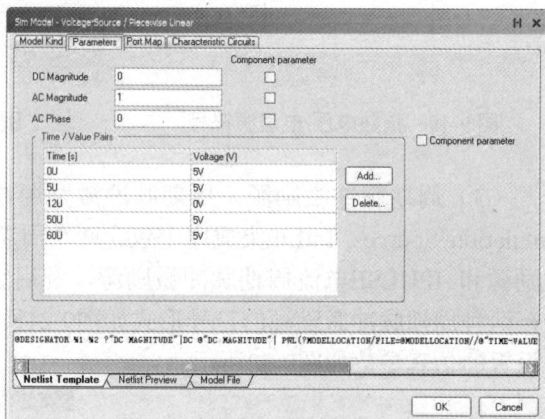

> **DC Magnitude:** 分段线性激励源的直流参数，一般默认为0。
> **AC Magnitude:** 交流小信号分析电流（压）值，通常设置为1。
> **AC Phase:** 交流小信号分析的初始相位。
> **Time\Voltage:** 分段线性电流（电压）信号在分段点处的时间值及电流（电压）幅值设置，可置为多个分段点，每个分段点对应一个数据对，数据对中的第一个数据为时间，第二个数据为该时间上的电压或电流的大小。单击一次右侧的【Add（添加）】按钮，可以添加一个分段点，单击一次【Delete（删除）】按钮，则可以删除一个分段点。

（5）单频调频激励源。单频调频激励源用来为仿真电路提供一个单频调频的激励波形，一般应用于高频电路的仿真分析过程中，Simulation Sources. IntLib集成库中的单频调频激励源元件包括单频调频电压源VSFFM和单频调频电流源ISFFM两种，符号如图9-25所示。在【Parameters（参数）】选项卡中，需要设置的单频调频激励源的仿真参数如图9-26所示。

> **DC Magnitude:** 单频调频激励源的直流参数，一般默认为0。
> **AC Magnitude:** 交流小信号分析电流（压）值，通常设置为1。

➢ **AC Phase:** 交流小信号分析的初始相位。

➢ **Offset:** 调频信号上叠加的直流分量，即幅值偏移量。

➢ **Amplitude:** 调频信号的载波幅值。

➢ **Carrier Frequency:** 载波频率（Hz）。

➢ **Modulation Index:** 调制系数。

➢ **Signal Frequency:** 调制信号的频率（Hz）。

图 9-25　单频调频激励源符号

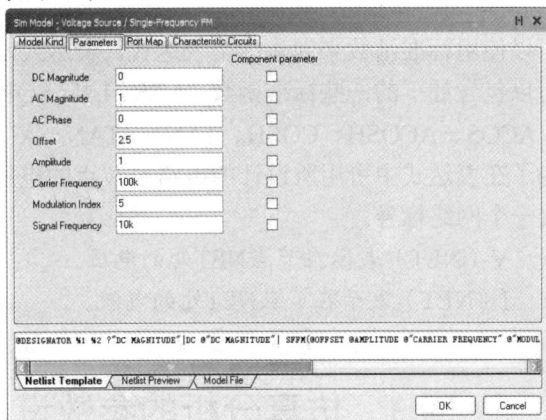

图 9-26　单频调频激励源的参数

（6）线性受控激励源。在Simulation Sources. IntLib库户，包含了4个线性受控激励源元件：HSRC线性电压控制电流源、GSRC线性电压控制电压源、FSRC线性电流控制电压源、 ESRC线性电流控制电流源。这些均是标准的Spice线性受控激励源，每个线性受控激励源都有两个输入节点和两个输出节点。输出节点间的电压或电流是输入节点间的电压或电流的线性函数，一般由激励源的增益、跨导等决定。Simulation Sources. IntLib库中的线性受控激励源符号如图9-27所示。

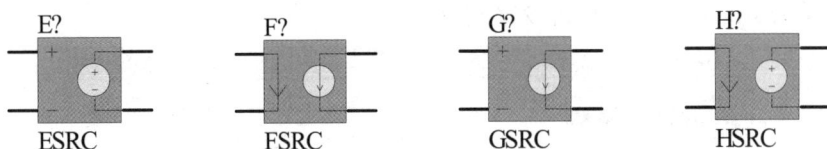

图 9-27　线性受控激励源的符号

（7）非线性受控激励源。在Simulation Sources. IntLib库中，还包含了两个非线性受控激励源元件，BVSRC非线性受控电压源、BISRC非线性受控电流源。这些均是标准的Spice非线性受控激励源，通常被称为议程定义源，因为它的输出由方程定义，并且经常引用电路中其他节点的电压或电流值。Simulation Sources. IntLib库中的非线性受控激励源的符号如图9-28所示。

图 9-28　非线性受控激励源的符号

可以使用标准函数来创建一个表达式，表达式是在定义函数属性时输入的方程。表达式中可以包含如下的一些标准函数：ABS、LN、SQRT、LOG、EXP、SIN、ASIN、ASINH、COS、ACOS、ACOSH、COSH、TAN、ATAN、ATANH。

为了在表达式中引用所设计的电路中节点的电压和电流，必须首先在原理图中为该节点定义一个网络标号。

➤　V（NET）表示在节点NET处的电压。

➤　I（NET）表示在节点NET处的电流。

9.3　仿真分析的参数设置与分析方法

9.3.1　仿真分析的参数设置

选择适当的仿真方式，并设置合理的仿真参数，是仿真能够正确运行并能获得良好仿真效果的关键保证。一般来说，仿真方式的设置包含两部分：一部分是各种仿真方式都需要的通用参数设置；另一部分是具体的仿真方式所需要的特定的参数设置，二者缺一不可。

在原理图编辑环境中，执行【Design（设计）】\【Simulate（仿真）】\【Mixed Sim（混合仿真）】菜单命令，或者从【Mixed Sim（混合）】工具栏中选择 按钮，系统弹出如图9-29所示的【Analyses Setup（分析设置）】对话框。

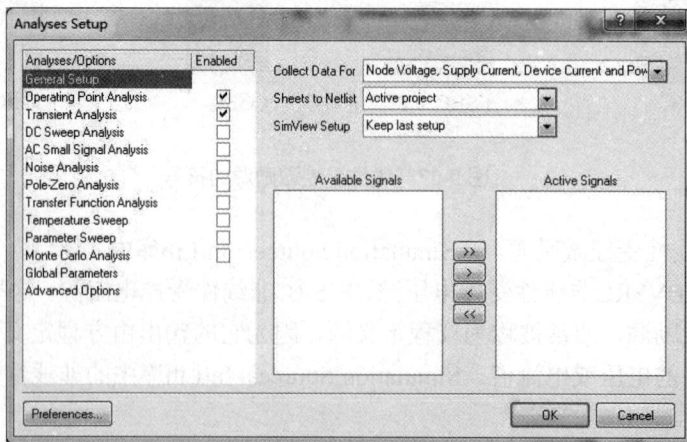

图 9-29　【Analyses Setup】对话框

该对话框主要包含以下几部分。

1. Analyses\Options 栏

Analyses\Options 栏的参数如下。

➢ **General Setup:** 勾选该项可以用来设置对话框右侧各种仿真方式的公共参数。

➢ **Operating Point Analysis:** 工作点分析。

➢ **Transient\Fourier Analysis:** 瞬态特性\傅立叶分析。

➢ **DC Sweep Analysis:** 直流扫描分析。

➢ **AC Small Signal Analysis:** 交流小信号分析。

➢ **Noise Analysis:** 噪声分析。

➢ **Pole-Zero Analysis:** 零—极点分析。

➢ **Transfer Function Analysis:** 传递函数分析。

➢ **Temperature Sweep:** 温度扫描。

➢ **Parameter Sweep:** 参数扫描。

➢ **Monte Carlo Analysis:** 蒙特卡罗分析。

➢ **Global Pararmeters:** 全局参数。

➢ **Advanced Options:** 高级选项。

2. Collect Data For 下拉列表框

Collect Data For下拉列表框如图9-30所示。

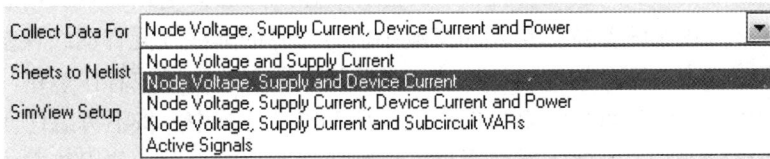

图 9-30　Collect Data For 下拉列表框

Collect Data For 下拉列表框的参数如下。

➢ **Node Voltages and Supply Current:** 保存节点电压和电源电流的数据。

➢ **Node Voltages，Supply and Device Current:** 保存节点电压，电源和元器件电流的数据。

➢ **Node Voltages，Supply Current. Device Current and Power:** 保存节点电压、电源电流、元器件电流和功率的数据。Node Voltages，Supply Current and Subcircuit VARs保存节点电压、电源电流和支路的电压和电流的数据。

➢ **Active Signals:** 保存Active Signals中列出的信号分析结果。

3. Sheet to Netlist 下拉列表框

Sheet to Netlist 下拉列表框中的参数如下。

➤ **Active Sheet:** 当前激活的仿真原理图。

➤ **Active Project:** 当前激活的整个工程。

4. Sim View Setup 下拉列表框

Sim View Setup 下拉列表框中的参数如下。

➤ **Keep last setup:** 忽略当前激活的信号菜单，只按上一次仿真操作的设置显示相应波形。

➤ **Show active signal:** 按照Active Signals菜单选择的变量显示仿真结果。

5. Available Signals Active Signals 列表框

Available Signals列表框中列出了所有可以仿真输出的变量，Active Signals列表框中列出了当前需要显示的仿真变量。单击 ⏩ 按钮和 ⏪ 按钮，可移入、移出所有变量；单击 ▶ 按钮和 ◀ 按钮，可移入、移出所选变量。

9.3.2 仿真分析方式和设置方法

1. Operating Point Analysis（工作点分析）

工作点分析是指静态工作点分析，这种方式是在分析放大电路时提出来的。当把放大器的输入信号短路时，放大器就处在了无信号输入的状态，即静态。若静态工作点选择不合适，则输出波形会失真，因此设置合适的静态工作点是放大电路正常工作的前提。它的计算结果往往被应用于瞬态特性仿真和交流小信号分时的非线性元件的线性参数的初值。

在该分析方式中，所有的电容将被看作是开路，所有的电感被看作短路，之后计算各个节点的对地电压及流过每一元器件的电流。在工作点分析中，将不考虑任何交流源的作用。由于方式比较固定，因此不需要用户再进行特定参数的设置，使用该方式时，只需要选中即可运行，如图9-31所示。

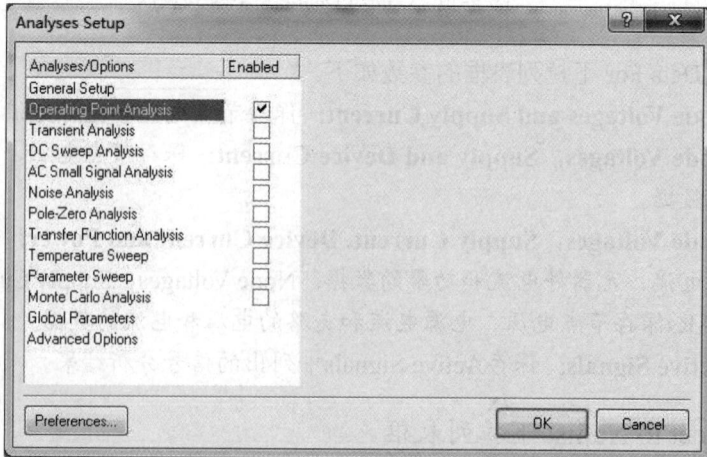

图 9-31 【工作点分析方式的参数设置】对话框

2. Transient\Fourier Analysis（瞬态特性分析与傅立叶分析）

瞬态特性分析是一种时域仿真分析方式，在时域中描述瞬态输出与输入的关系。通常由零时间开始，到用户规定的终止时间结束，在一个类似示波器的窗口中，显示出观测信号的时域变化波形。在【Analyses Setup（分析设置）】对话框中选中【Transient Analysis（瞬态分析）】选项，相应的参数设置如图9-32所示。

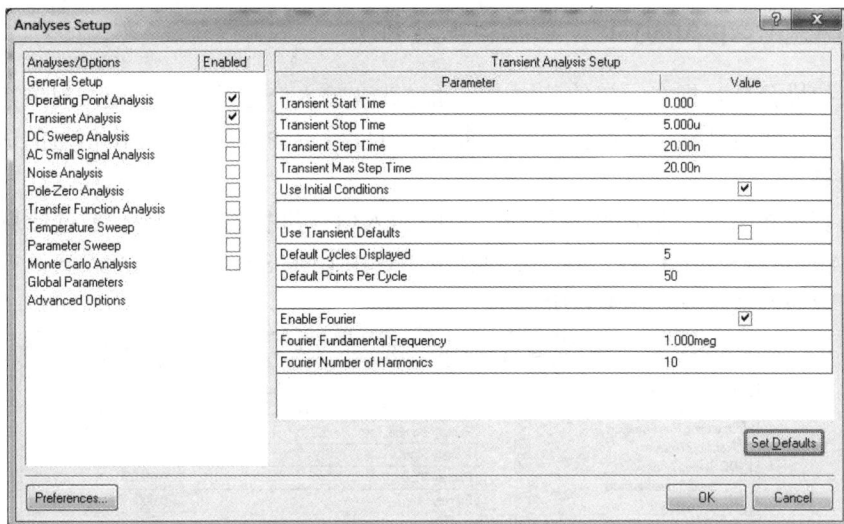

图 9-32 【瞬态分析和傅立叶分析参数设置】对话框

➤ **Transient Start Time:** 分析时设定的起始时间值（单位：秒）。
➤ **Transient Stop Time:** 分析时设定的终止时间值（单位：秒）。
➤ **Transient Step Time:** 仿真的时间步长值。
➤ **Transient Max Step Time:** 仿真的最大时间步长设置：默认状态下，其值可以是Transient Step Time或（Transient Stop Time –Transient Start Time）\50。
➤ **Use Initial Conditions:** 勾选此项后，瞬态分析将使用初始设置条件，即瞬态分析将从原理图定义的初始条件的直流工作点开始分析。
➤ Use Transient Default: 调用默认设定。
➤ **Default Cycles Displayed:** 默认显示的正弦波周期数，该值将由Transient Step Time决定。
➤ **Default Points Per Cycle:** 正弦波每个周期内显示数据点的个数。

如果用户不确定具体输入的参数值，建议使用默认设置，当使用原理图定义的初始化条件时，需要确定在电路设计内的每一个适当的元器件上已经定义了的初始化条件，或在电路中放置ＩＣ元件。

傅立叶分析则可以与瞬态分析同时进行，属于频域分析，用于计算瞬态分析结果的一部分，在仿真结果图中将显示出观测信号的直流分量、基波，以及各次谐波的振幅和相位。相应的参数设置如图9-32所示。

➤ **Enable Fourier:** 在仿真中执行傅立叶分析（默认值：Disable）。

➤ **Fourier Fundamental Frequency:** 由正弦曲线叠加近似而来的周期信号频率值。

➤ **Fourier Number of Harmonics:** 分析中的谐波数，每一个谐波均为基频的整数倍。

在执行傅立叶分析后，系统将自动创建一个*.sim数据文件，文件中包含了关于每一个谐波的幅度和相位的详细信息。

3. DC Sweep Analysis（直流扫描分析）

直流扫描分析是指在一定的范围内，通过改变输入信号源的电压值，对节点进行工作点的分析，从而得到输出直流传输特性曲线，可以确定输入信号、输出信号的最大范围及噪声容限等。

该仿真分析方式可以同时对两个节点的输入信号进行扫描分析，不过计算量会相当大。在【Analyses Setup（分析设置）】对话框中选中【DC Sweep Analysis（直流扫描分析）】选项，相应的参数设置如图9-33所示。

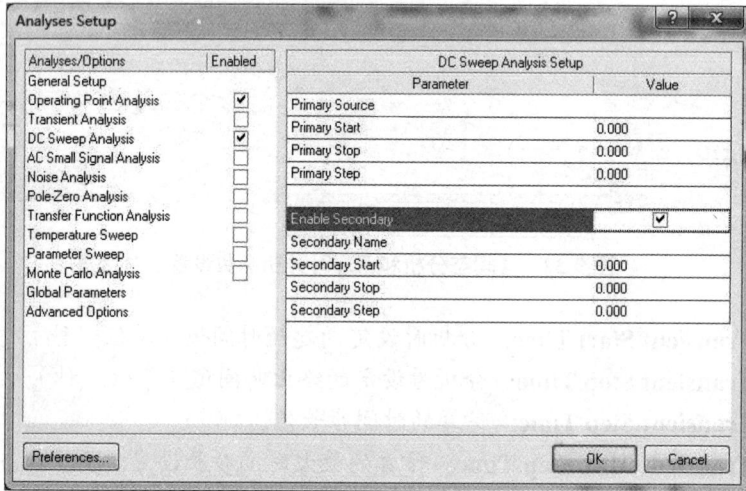

图9-33 【直流扫描分析参数设置】对话框

➤ **Primary Source:** 电路中主电源的名称。

➤ **Primary Start:** 主电源的起始电压值。

➤ **Primary Stop:** 主电源的终止电压值。

➤ **Primary Step:** 主电源在扫描范围内指定的增量值。

➤ **Enable Secondary:** 在主电源基础上，执行对每个"次电源"值的扫描分析。

➤ **Secondary Name:** 电路中次电源的名称。

➤ **Secondary Start::** 次电源的起始电压值。

➤ **Secondary Stop:** 次电源的终止电压值。

➤ **Secondary Step:** 电源在扫描范围内指定的增量值。

在直流扫描分析中必须设定一个主电源，而第二个电源为可选。通常主电源的扫描变量所覆盖的区间是内循环，次电源扫描区间是外循环。

4. AC Small Signal Analysis（交流小信号分析）

交流小信号分析主要用于分析仿真电路的频率响应特性，即输出信号随输入信号的频率变化而变化的情况，借助于该仿真分析方式，可以得到电路的幅频特性和相频特性。在【Analyses Setup（分析设置）】对话框中选中【AC Small Signal Analysis（交流小信号分析）】选项，相应的参数设置如图9-34所示。

> **Start Frequency**: 正弦波的初始频率（单位：Hz）。
> **Stop Frequency**: 正弦波的截止频率（单位：Hz）。
> **Sweep Types**: 扫描方式设置，可决定测试点的分布方式。Linear类型适用于带宽较窄的情况，全部测试点均匀线性地分布在测试范围内，从起始频率开始到终止频率的线性扫描。Decade用于带宽特别宽的情况，测试点以10倍频的对数形式分布。Octave常用于带宽较宽的情形，测试点以2的对数形式排列，频率以倍频程进行对数扫描。
> **Test Points**: 在扫描范围内，依据选择的扫描类型，定义增量值。
> **Total Test Point**: 显示全部测试点的数量，通常使用系统的默认值即可。

用于扫描的正弦波的幅度和相位需要在SIM模型中指定。输入的【电压（Volt）幅度值】和【相位值（角度Degrees）】不需输入单位值。设定交流量级为1，将使输出变量显示相关度为0dB。

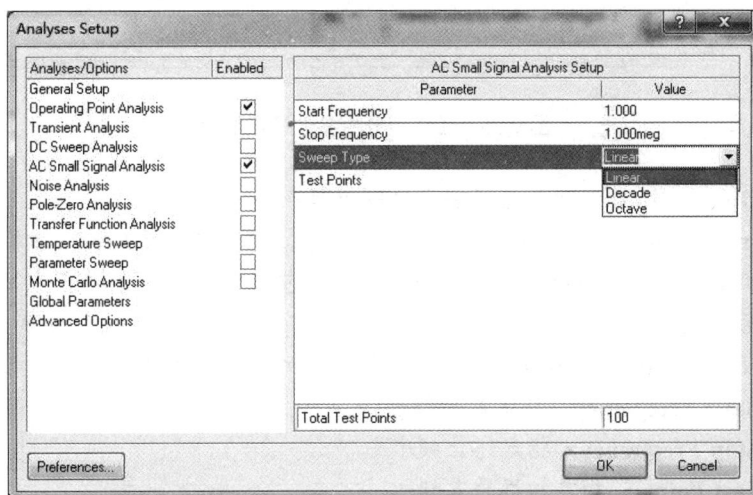

图9-34 【交流小信号分析参数设置】对话框

5. Noise Analysis（噪声分析）

噪声分析一般是与小信号分析一起进行的，在实际的电路中，由于各种因素的影响，总会存在各种各样的噪声，在这些噪声分布很宽的频带内，每个元器件对于不同频段上的噪声敏感程度是不同的。在噪声分析时，电容、电感和受控源应被视为无噪声的元器件。对交流小信号分析中的每一个频率，电路中的每一个噪声源（电阻或运算放大器）的噪声电平都会被计算出来,它们对输出节点的贡献通过将各均方值相加而得到。使用Altium Designer的仿真程序可以测量和分析以下几种噪声。

➤ **输出噪声:** 在某个特定的输出节点处测量得到的噪声。

➤ **输入噪声:** 在输入节点处测量得到的噪声。

➤ **器件噪声:** 每个器件对输出噪声的贡献。输出噪声的大小就是所有产生噪声的器件噪声的叠加。

在【Analyses Setup(分析设置)】对话框中选中【Noise Analysis(噪声分析)】选项,相应的参数设置如图9-35所示。

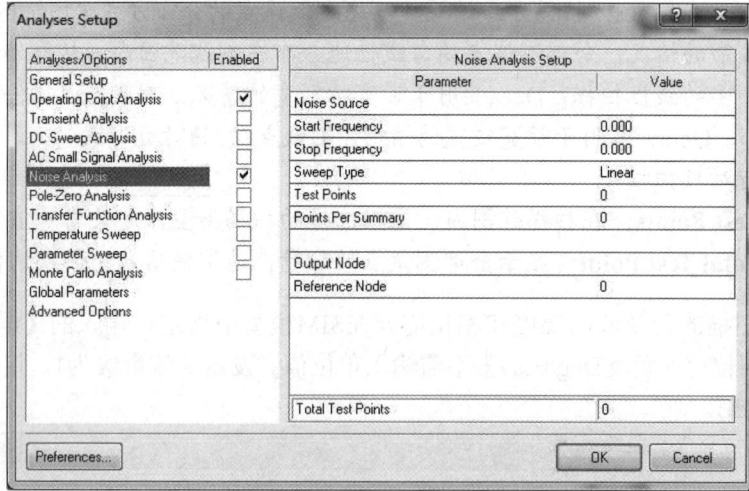

图9-35 【噪声分析参数设置】对话框

➤ **Output Noise:** 需要分析噪声的输出节点。

➤ **Input Noise:** 叠加在输入端的噪声总量,将直接关系到输出端输出噪声值。

➤ **Component Noise:** 电路中每个器件(包括电阻和半导体器件)的噪声乘以增益后在输出端得到的总和。

➤ **Noise Sources:** 选择一个用于计算噪声的参考电源(独立电压源或独立电流源)。

➤ **Start Frequency:** 指定起始频率。

➤ **Stop Frequency:** 指定终止频率。

➤ **Test Points:** 指定扫描的点数。

➤ **Points Per Summary:** 指定计算噪声范围。在此区域中,输入"0"则只计算输入和输出噪声;若输入"1"则同时计算各个器件噪声。后者适用于用户想单独查看某个器件的噪声并进行相应的处理(比如某个器件的噪声较大,则考虑使用低噪声的器件替换)。

➤ **Output Node:** 指定输出噪声节点。

➤ **Reference Node:** 指定输出噪声参考节点,此节点一般为"地"(也即为"0"),如果设置的是其他节点,通过V(Output Node)-V(Reference Node)得到总的输出噪声。

> **Sweep Type:** 指定扫描类型，这些设置和交流分析相似。通常独立的电压源中需要指定Noise Source参数。

6. Pole-Zero Analysis（零-极点分析）

零-极点分析主要用于对电路系统转移函数的零-极点位置进行描述。根据零-极点的位置与系统性能的对应关系，用户可以据此对系统性能进行相关的分析。在【Analyses Setup（分析设置）】对话框中选中【Pole-Zero Analysis（零-极点分析）】选项，相应的参数设置如图9-36所示。

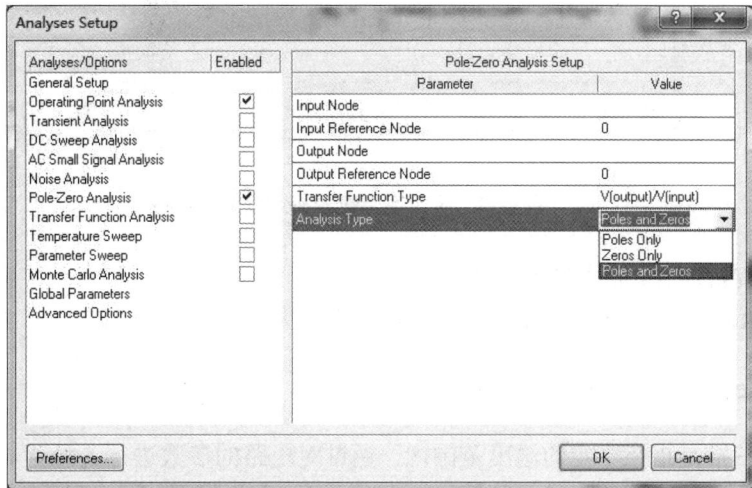

图9-36 【零—极点分析设置】对话框

> **Input Node:** 输入节点设置。
> **Input Reference Node:** 输入端的参考节点（默认值：0（GND））。
> **Output Node:** 输出节点设置。
> **Output Reference Node:** 输出端的参考节点（默认值：0（GND））。
> **Transfer Function Type:** 设定交流小信号传递函数的类型：V（output）\V（input）电压增益传递函数；V（output）\I（input）转移阻抗传递函数。
> **Analysis Type:** 可区分更精确的极点或零点分析。

零极点分析可用于对电阻、电容、电感、线性受控源、独立源、二极管、BJT管、MOSFET管和JFET管等的分析，但不支持传输线。对复杂的大规模电路设计进行零极点分析，需要耗费大量时间并且不一定能找到全部的极点和零点，因此将其拆分成部分电路再进行零极点分析将更有效。

7. Transfer Function Analysis（传递函数分析）

传递函数分析主要是用于计算电路的直流输入、输出阻抗和直流增益值。在【Analyses Setup（分析设置）】对话框中选中【Transfer Function Analysis（传递函数分析）】选项，相应的参数设置如图9-37所示。

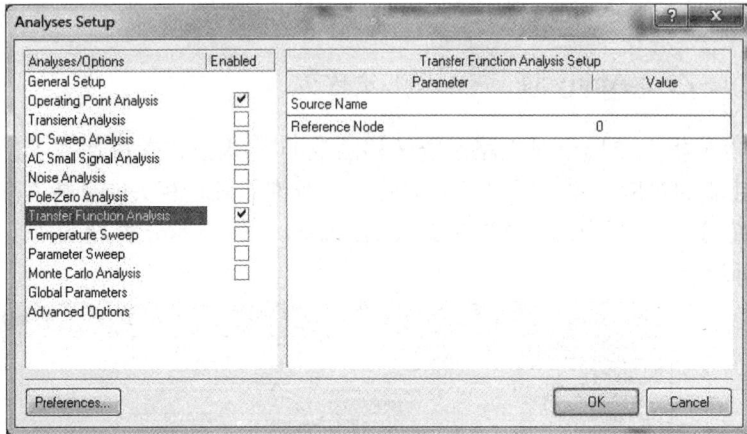

图 9-37　【传递函数分析设置】对话框

➢ **Source Name：** 指定小信号参考输入源。

➢ **Reference Node：** 指定参考节点（默认值为0）。

8. Temperature Sweep（温度扫描）

温度扫描是指在一定的温度范围内，通过对电路的参数进行各种仿真分析，从而确定电路的温度漂移等性能指标。在【Analyses Setup（分析设置）】对话框中选中【Temperature Sweep（温度扫描）】选项，相应的参数设置如图9-38所示。

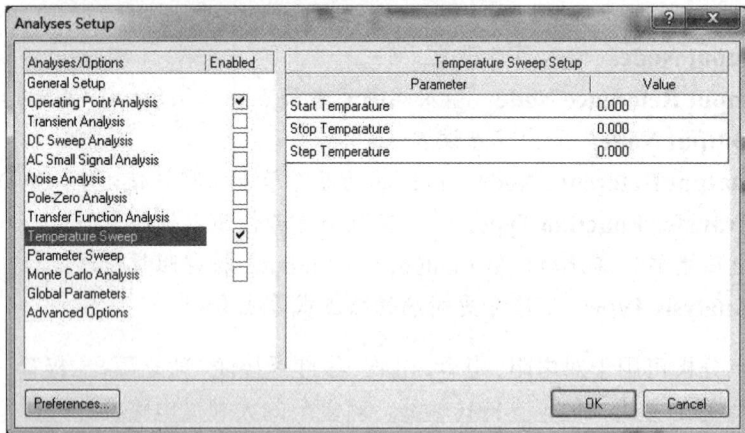

图 9-38　【温度扫描设置】对话框

➢ **Start Temperature：** 起始温度（单位：℃）。

➢ **Stop Temperature：** 截止温度（单位：℃）。

➢ **Step Temperature：** 在温度变化区域内温度递增量。

在温度扫描分析时，由于会产生大量的分析数据，因此需要将图9-29中【Analyses Setup（分析设置）】\【General Setup（通用设置）】\【Collect Data for（收集数据）】选择为Active Signals（活动信号）。

9. Parameter Sweep（参数扫描）

参数扫描分析主要用于研究电路中某一元件的参数发生变化时对整个电路性能的影响。借助于该仿真方式，用户可以确定某些关键元器件的最优化参数值，以获得最佳的电路性能，该分析与温度扫描分析类似，只有与其他的仿真方式中的一种或几种同时运行才有意义。在【Analyses Setup（分析设置）】对话框中选中【Parameter Sweep（参数扫描）】选项，相应的参数设置如图9-39所示。

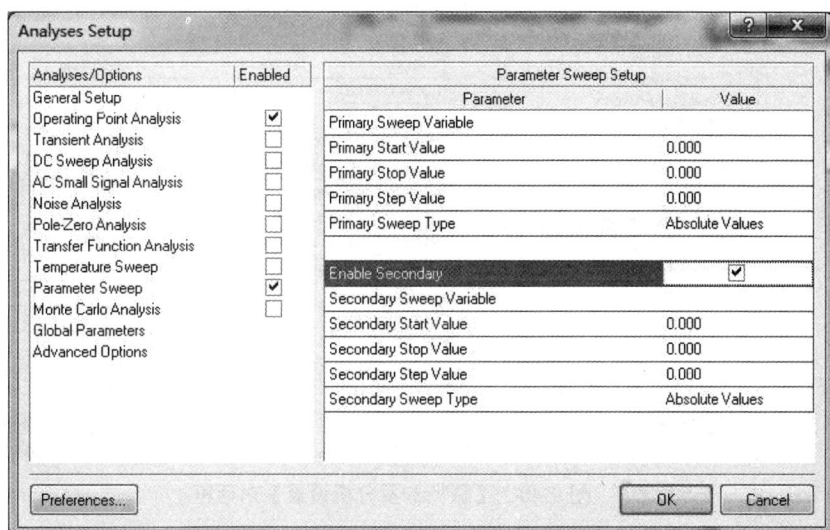

图 9-39　【参数扫描分析设置】对话框

> **primary Sweep Variable:** 被扫描的电路参数或器件，利用下拉列表框设定。
> **Primary Start Value:** 主扫描变量的初始值。
> **Primary Stop Value:** 主扫描变量的截止值。
> **Primary Step Value:** 主扫描变量的步长。
> **Primary Sweep Type:** 设定步长的绝对值（Absolute Values）或相对值（Relative Values）。
> **Enable Secondary:** 允许确定第二个扫描变量。
> **Secondary Sweep Variable:** 第二个被扫描的电路参数或器件，利用下拉列表框进行设置。
> **Secondary Start Value:** 第二个被扫描变量的初始值。
> **Secondary Stop Value:** 第二个被扫描变量的截止值。
> **Secondary Step Value:** 第二个被扫描变量的步长。
> **Secondary Sweep Type:** 设定第二个扫描变量的步长的绝对值或相对值。

参数扫描至少应与标准分析类型中的一项同时执行，另外可以观察到不同的参数值所画出来不一样的曲线，曲线之间偏离的大小表明此参数对电路性能影响的程度。

10. Monte Carlo Analysis（蒙特卡罗分析）

蒙特卡罗分析是一种统计分析方法，借助于随机数发生器按元器件值的概率分布来选择元器件，然后对电路进行直流、交流小信号、瞬态特性等仿真分析。通过多次的分析结果估算出电路性能的统计分布规律，从而可以对电路生产时产生的成品率，以及成本进行预测。在【Analyses Setup（分析设置）】对话框中选中【Monte Carlo Analysis（蒙特卡罗分析）】选项，相应的参数窗口如图9-40所示。

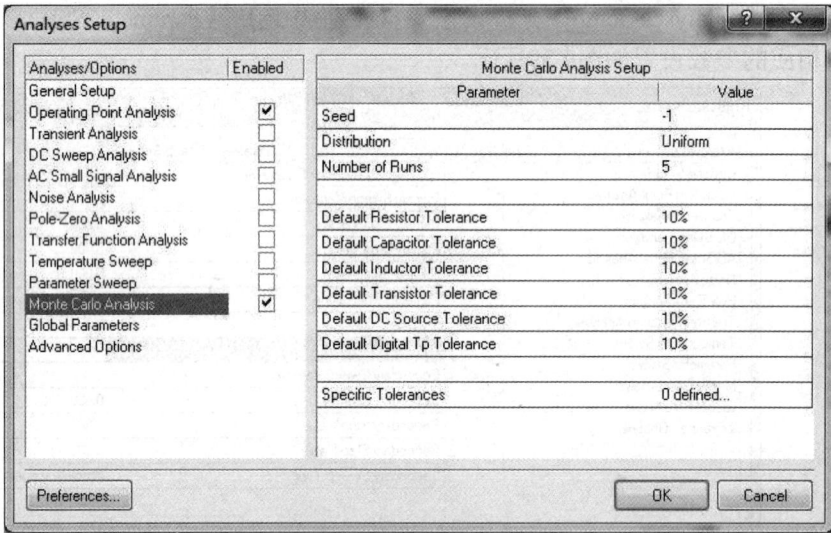

图9-40　【蒙特卡罗分析设置】对话框

➢ **Seed:** 该值是仿真中随机产生的。如果用随机数的不同序列执行一个仿真，需要改变该值（默认值：－1）。

➢ **Distribution:** 容差分布参数。Uniform（默认）表示单调分布，在超过指定的容差范围后仍然保持单调变化；Gaussian（高斯）曲线分布（即Bell-Shaped铃形），定义中与指定容差有±3的差异；Worst Case表示最坏情况，与单调分布类似，但却是容差范围内最差的点。

➢ **Number of Runs:** 在指定容差范围内执行仿真，运用不同器件的数值（默认值：5）。

➢ **Default Resistor Tolerance:** 电阻器件默认容差（默认值为10%）。

➢ **Default Capacitor Tolerance:** 电容器件默认容差（默认值为10%）。

➢ **Default Inductor Tolerance:** 电感器件默认容差（默认值为10%）。

➢ **Default Transistor Tolerance:** 三极管器件默认容差（默认值为10%）。

➢ **Default DC Source Tolerance:** 直流源默认容差（默认值为10%）。

➢ **Default Digital Tp Tolerance:** 数字器件传输延时默认容差（默认值为10%），该容差将用于设定随机数发生器产生数值的间隔。对于一个定义值为ValNom的器件，其该容差区间为：ValNom-（Tolerance×ValNom）< RANGE< ValNom +

（Toleance×Va1Nom）。

9.4 操作实例

9.4.1 电路仿真的步骤

使用Altium Designer仿真的基本步骤如下。

Step 01 绘制电路的仿真原理图。
(1) 创建原理图文件
(2) 装载与电路仿真相关的元件库
(3) 电路上放置仿真元器件（该元件必须带有仿真模型）
(4) 绘制仿真电路图，方法与绘制原理图一致
(5) 在仿真原理图中添加仿真测试点
Step 02 设置元件的仿真参数
Step 03 设置仿真电源和仿真激励源
Step 04 对仿真电路原理图进行 ERC 检查，并纠正错误
Step 05 设置仿真分析的参数
Step 06 运行电路仿真得到仿真结果
Step 07 修改仿真参数或更换元器件，重复 2～7 的步骤，直至获得满意结果。

9.4.2 电路原理图仿真实例

下面通过积分运算电路为具体实例来介绍电路仿真的整个过程。
(1) 绘制电路的仿真原理图。

Step 01 创建新项目文件盒电路原理图文件。执行菜单命令【File（文件）】\【New（新建）】\【Project（工程）】\【PCB Project（PCB 工程）】，创建一个新的 PCB 项目文件，并保存更名为 Amplifier.SchDoc，进入原理图编辑环境。
Step 02 加载电路仿真原理图的元件库，加载 Miscellaneous Devices. Intlib 和 Simulation Sources. Intlib 两个集成库。
Step 03 绘制如图 9-41 所示的电路仿真原理图。
Step 04 在仿真原理图中添加仿真测试点，如图 9-41 所示。IN 表示输入信号，B1、B2 是两个三极管基极观测信号，C1、C2 是两个三极管集电极观测信号，E1、E2 是两个三极管发射级观测信号，OUT 表示经过放大后的输出信号。

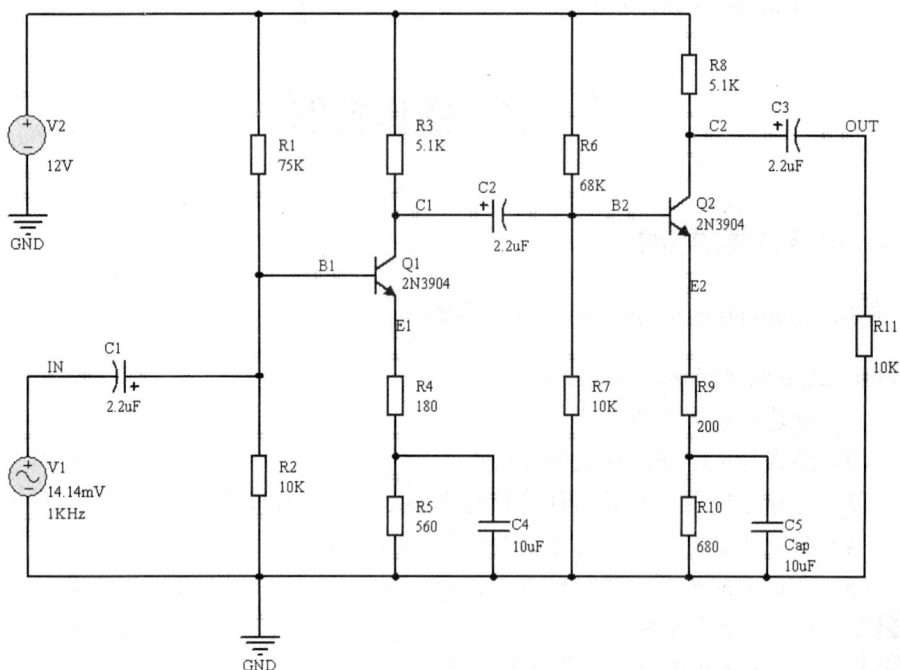

图 9-41　阻容耦合放大电路的原理图

（2）设置元件的仿真参数。设置电阻元件的仿真参数。在电路仿真原理图中，双击 R2 电阻，弹出电阻的属性设置对话框，在对话框的【Models（模型）】栏中，双击【Simulation（仿真）】属性，弹出【电阻 R1 仿真属性设置】对话框，如图 9-42 所示，在该对话框的【Value（值）】栏中输入电阻 R1 的阻值即可。采用同样的办法为其他器件设置仿真参数。

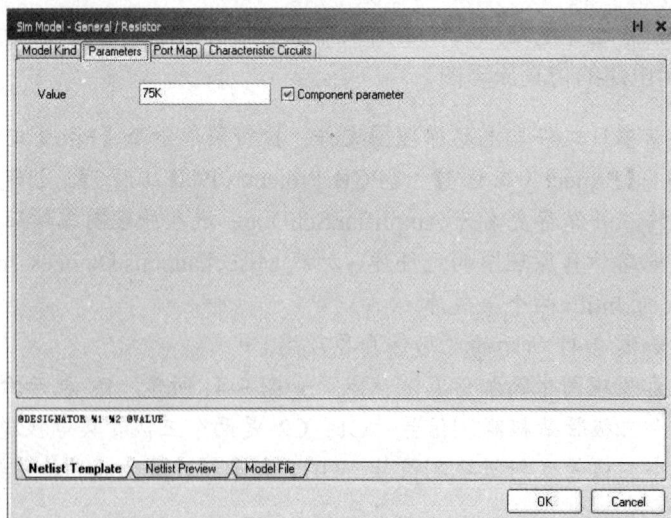

图 9-42　【电阻 R1 仿真属性设置】对话框

（3）设置仿真电源和仿真激励源。

Step 01　设置电源。将 V2 设置为 12V，打开电源的属性设置对话框，如图 9-43 所示，设置【Value（值）】的值。由于 V2 只是供电电源，在交流小信号分析时不提供信号，因此它们的【AC Magnitude（交流电压）】和【AC Phase（交流相位）】可以不设置。

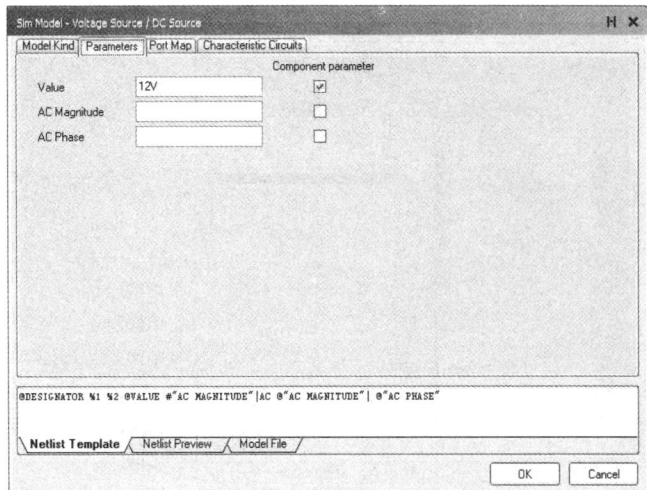

图 9-43　【电源仿真属性设置】对话框

Step 02　设置仿真激励源。在电路仿真原理图中，正弦电压源为电路提供激励信号，在其仿真属性设置对话框中设置的仿真参数如图 9-44 所示。

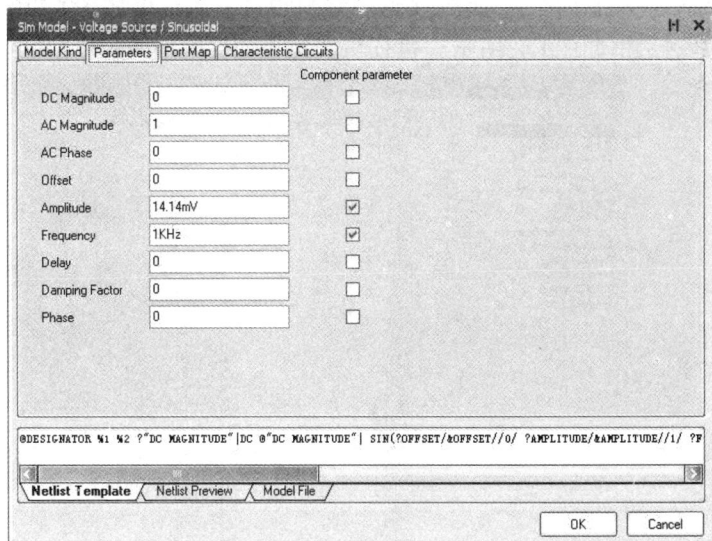

图 9-44　【正弦信号源仿真属性设置】对话框

（4）设置仿真分析的参数。执行菜单命令【Design（设计）】\【Simulate（仿真）】\【Mixed Sim（混合仿真）】，弹出仿真分析对话框，在本例中设置【General Setup（通用参数设置）】和【Operating Point Analysis（工作点分析）】两个选项卡。通用参数设置对话框如图9-45所示。

（5）运行仿真。参数设置完成后，单击【OK】按钮，系统开始执行电路仿真，如图9-46为工作点仿真结果。保存仿真结果，然后返回原理图编辑环境。

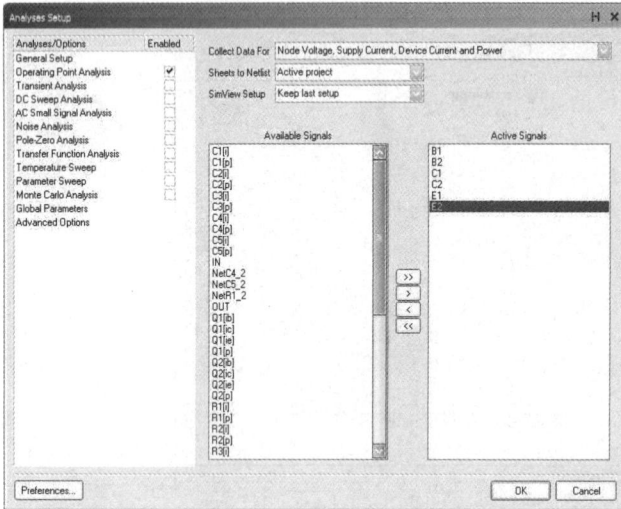

q1[ib]	7.914uA
q1[ic]	935.3uA
q1[ie]	-943.2uA
q2[ib]	7.888uA
q2[ic]	930.6uA
q2[ie]	-938.5uA

图 9-45　【通用参数设置】对话框　　　　　图 9-46　工作点仿真结果

还可以修改仿真模型参数，再次进行仿真。单击菜单栏中的【Design（设计）】\【Simulate（仿真）】\【Mixed Sim（混合仿真）】，选择【General Setup（通用参数设置）】和【Transient Analysis（瞬态分析）】两个选项卡。【通用参数设置】对话框如图9-47所示，【瞬态分析仿真参数设置】对话框如图9-48所示。执行仿真结果如图9-49所示。

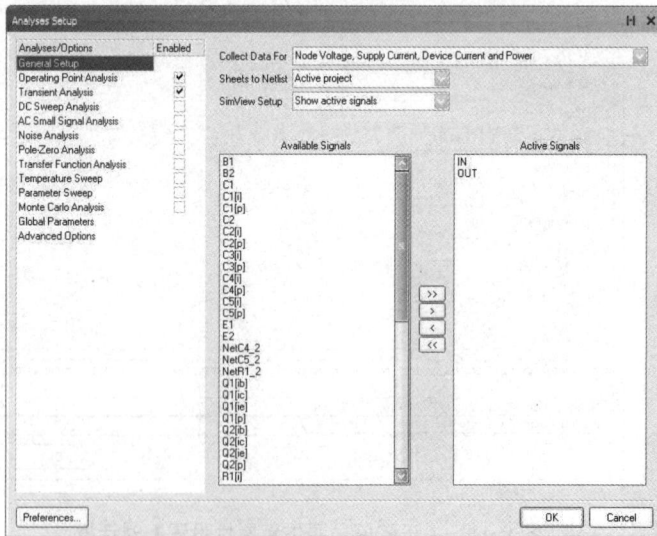

图 9-47　【通用参数设置】对话框

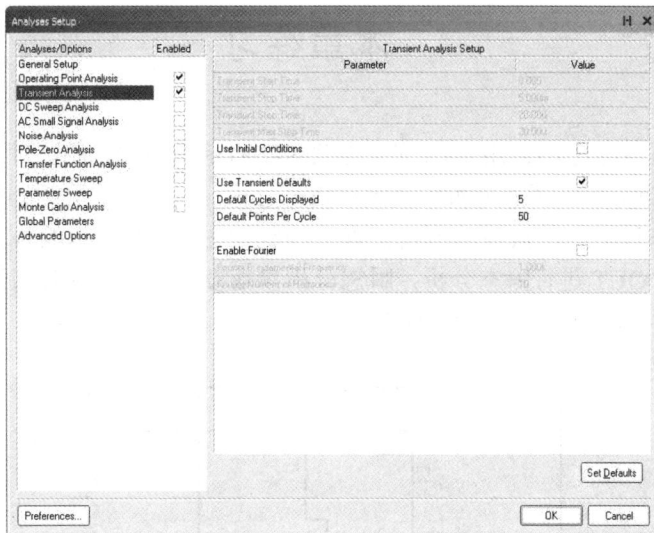

图 9-48 【瞬态分析仿真参数设置】对话框

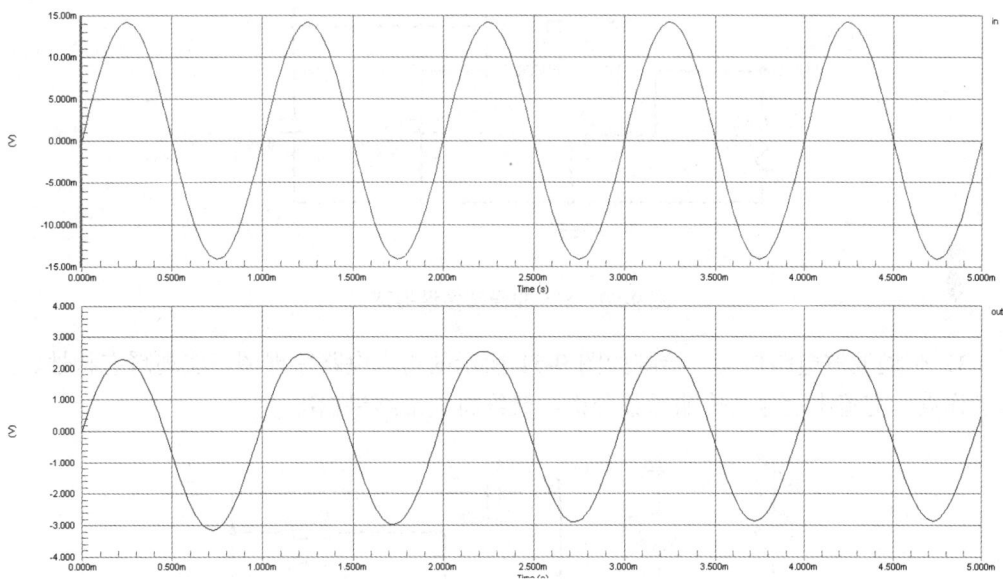

图 9-49 瞬态分析仿真结果

本章小结

Altium Designer Summer 09 提供了一个较为完善的电路仿真组建，该组件可以根据设计的原理图进行电路仿真。通过本章的学习，使读者对电路仿真的知识有个基本的认识，能够较好地使用仿真方法进行电路性能的分析并据此对各参数进行适当的调整。

本章练习

1. 滤波电路仿真。绘制如 9.1 节中的图 9-2 所示的滤波电路，对 IN 和 OUT 端信号进行静态工作点分析、瞬态分析和交流小信号分析。

2. 555 非稳态多谐振荡器电路仿真。绘制如图 9-50 所示的仿真电路，对工作点 TRRIGGER 和 OUT 进行瞬态分析，瞬态分析参数设置为：开始时间为 0s，截止时间为 1.5ms，步进时间和最大步进时间为 5us。

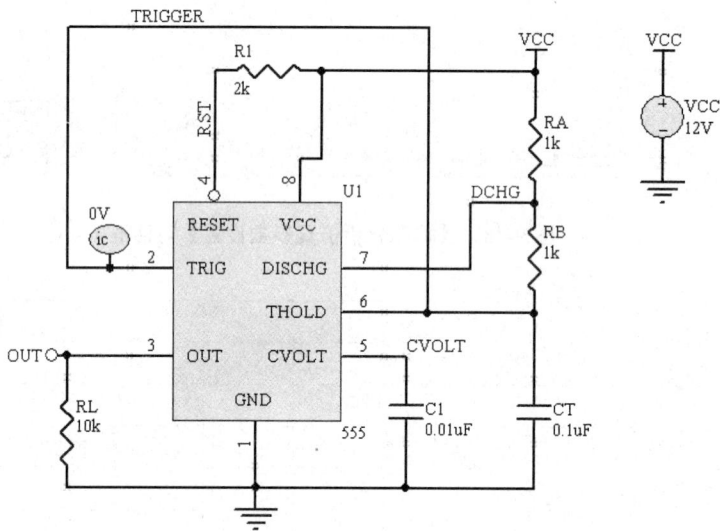

图 9-50　555 非稳态多谐振荡器

3. 带通滤波电路仿真。绘制如图 9-51 所示的仿真电路原理图，实现瞬态特性、直流工作点、交流小信号及传输函数分析，最终将波形结果输出。

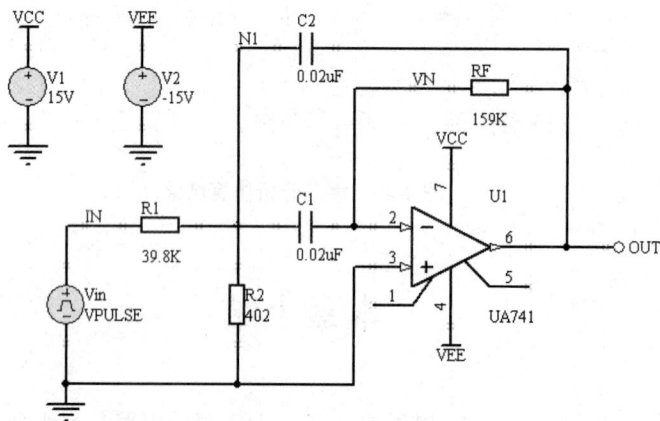

图 9-51　带通滤波电路

4．模拟放大电路仿真。绘制如图 9-52 所示的仿真电路原理图。同时完成正弦仿真激励源的设置及仿真方式的设置，实现瞬态分析、直流工作点、交流小信号、直流传输特性分析及噪声分析，最终将波形结果输出。

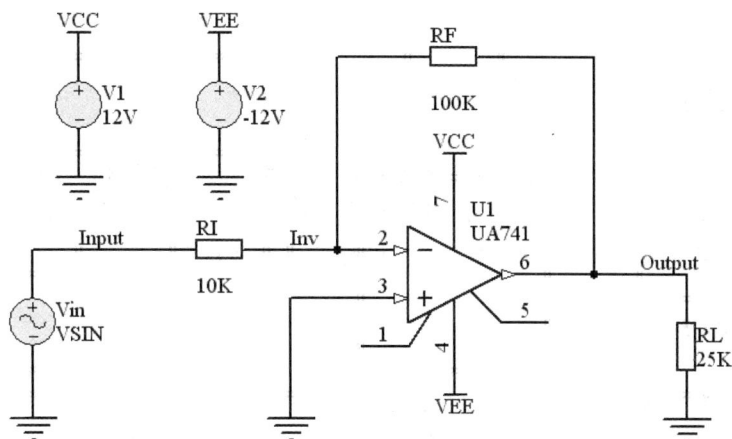

图 9-52　模拟放大电路

5．数字振荡器电路仿真。绘制如图 9-53 所示的数字振荡器仿真电路，对工作点 A、B、C、D 进行瞬态分析，瞬态分析参数设置为：开始时间为 0s，截止时间为 5ms，步进时间和最大步进时间为 10us。

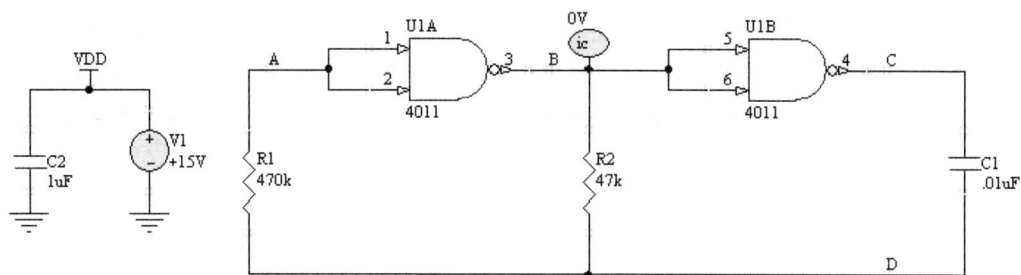

图 9-53　振荡器电路

第 10 章　信号完整性分析

【本章导读】

在高速电路系统中，数据的传送速率、时钟的工作频率都相当高，为了保证电路板的可靠工作，还应对信号的完整性问题给予充分的考虑。本章主要介绍了影响信号完整性的因数，结合实例对信号完整性分析方法进行了详细的说明。

【学习目标】

➢ 掌握信号完整性分析规则设置。
➢ 掌握信号完整性分析器设置。

10.1　信号完整性基本知识

10.1.1　信号完整性的内容

信号完整性（Signal Integrity，简称SI）是指在信号线上传输的信号质量。差的信号完整性不是由某一单一因素导致的，而是由板级设计中多种因素共同引起的。主要的信号完整性问题包括反射、振铃、地弹、串扰等。信号完整性分析工具能够提供精确的仿真模型并分析布局状况。

1.　反射（Reflection）

反射是指信号在传输线上的回波现象。在高频信号的PCB设计中导线等效为传输线，信号功率（电压和电流）的一部分传输到线上并到达负载处，但有一部分被反射了。按照电磁波传输理论，如果源端与负载端具有相同的阻抗，反射就不会发生了。如果负载阻抗小于源阻抗，反射电压为负；反之，如果负载阻抗大于源阻抗，发射电压为正。布线的几何形状、不正确的线端接、经过连接器的传输及电源平面的不连续等因素变化均会导致此类反射。

2.　过冲和下冲

过冲（Overshoot）是由于信号切换速度过快以及反射所引起的信号跳变，使信号超过了设定的峰值或谷值的第一个峰值电压（对于上升沿是指最高电压，对于下降沿是指最低电压）。下冲（Undershoot）是指下一个谷值或峰值。过分的过冲能够使保护二极管击穿，严重的还会损坏器件；过分的下冲还能够引起时钟或数据错误。它们可以通过增加适当的端接予以减少或消除。

3. 振铃（ringing）

振荡就是反复出现过冲和下冲。信号的振荡和环绕振荡由线上过度的电感和电容引起，振荡属于欠阻尼状态，环绕振荡属于过阻尼状态。信号完整性问题通常发生在周期性信号中，如时钟等。振荡和环绕振荡同反射一样也是由多种因素引起的，振荡可以通过适当的端接予以减小，但是不可能完全消除。

4. 地弹（Ground Bounce）

接地反弹简称地弹，是指由于电路中较大的电流涌动而在电源与接地平面间产生大量噪声的现象。如大量芯片的输出同时开启时，会产生一个较大的瞬态电流在芯片与板的电源平面流过，芯片封装与电源平面的电感和电阻会引发电源噪声，这样会在零电位平面上产生较大的电压波动，足以造成其他元件的误动作。负载电容的增大、负载电阻的减小、地电感的增大、同时开关器件数目的增加均会导致接地反弹的增大。

由于接地平面（包括电源和地）的分割，如底层被分割为数字接地、模拟接地、屏蔽接地等，当数字信号直到模拟地线区域时，就会产生接地平面回流噪声。同样电源平面也可能会被分割。因此在多电压PCB设计中，接地平面反弹噪声和回流噪声需要特别关心。

5. 串扰（Crosstalk）

串扰是相邻两条信号线之间的不必要的耦合，信号线之间的互感和互容引起线上的噪声。因此也就把它分为感性串扰和容性串扰，分别引发耦合电流和耦合电压。当信号的边沿速率低于1ns时，串扰问题就应该考虑了。如果信号线上有交变的信号电流通过时，会产生交变的磁场，处于磁场中的相邻的信号线会感应出信号电压。一般PCB板层的参数、信号线间距、驱动端和接收端的电气特性及信号线的端接方式对串扰都有一定的影响。

6. 信号延迟（Delay）

电路中只能按照规定的时序接收数据，过长的信号延迟可能导致时序和功能的混乱，在低速的系统中不会有问题，但是信号边缘速率加快，时钟速率提高，信号在器件之间的传输时间以及同步时间就会缩短。驱动过载、走线过长都会引起延时。必须在越来越短的时间预算中满足所有的延时，包括建立时间，保持时间，线延迟和偏斜。

除此之外，还有其他一些与电路功能本身无关的信号完整性问题，如高速、高密元器件的封装互联延迟，电路板上的网络阻抗，电磁兼容性等。因此，掌握信号完整性分析的基本运行方式，并将其紧密地贯穿在高速电路的整体设计流程中，对于提高设计的可靠性，降低设计的成本，应该说是非常重要和必要的。

10.1.2 信号完整性分析过程

信号完整性分析过程主要包括分析准备、布线前分析和布线后分析。

1. 分析准备

无论是在原理图或是在PCB环境下，进行信号完整性分析的设计文件必须保存在【Project（工程）】中，若处在Free Document中则不能运行信号完整性分析。进行信号完整性分析的设计电路需具备以下几点。

（1）电路中需要至少一块集成电路，因为集成电路的管脚可以作为激励源输出到被分析的网络上。像电阻、电容、电感等被动元件，如果没有源的驱动，是无法给出仿真结果的。

（2）针对每个元件的信号完整性模型必须正确。信号完整性模型可以在Model Assignment对话框中进行设置，也可以在对原理图中的元件编辑其信号完整性模型时在Signal Integrity Model 对话框中的Type区域内人为地对入口通路进行设置。如果这个入口没有定义，Model Assignment对话框将根据元件的特性来猜测信号完整性的模型。

（3）设计中的每个电源网络的规则必须设定。通常至少要有两个规则：一个用于电源网路；一个用于接地网络。这些规则适用的范围可以是网路也可以是网路组。

（4）必须设置激励源。定义一个信号激励设计规则、PCB上的标准规则和原理图上的文件级参数。激励是待分析网络上每个输出（驱动）引脚上注入的信号。

（5）用于PCB的层堆栈必须设置正确，信号完整性分析需要连续的电源平面，而间断的电源平面将无法运行信号完整性分析仪，因此需要使用与平面层相关的网络，如果不存在则假定其存在，最好添加这样的网络并且正确的设置。另外，要正确设置所有层的厚度。在PCB编辑器中，可以在Layer Stack Manager对话框中进行设置。

Altium Designer的SI功能包含了布线前（即原理图设计阶段）及布线后（PCB版图设计阶段）两部分SI分析功能；采用成熟的传输线计算方法，以及I\O缓冲宏模型IBIS（Input\Output buffer information specification）进行仿真。基于快速反射和串扰模型，信号完整性分析器使用完全可靠的算法，从而能够产生出准确的仿真结果。

2. 布线前分析

布线前的阻抗特征计算和信号反射的信号完整性分析，设计者可以在原理图环境下运行SI仿真功能，对电路潜在的信号完整性问题进行分析，如阻抗不匹配等因素。

设计者如需对项目原理图设计进行SI仿真分析，Altium Designer要求必须建立一个工程项目名称。在原理图SI分析中，系统将采用在SI Setup Option对话框设置的传输线平均线长和特征阻抗值；仿真器也将直接采用规则设置中信号完整性规则约束，如激励源和供电网络等，同时，允许设计者直接在原理图编辑环境下放置PCB Layout图标，直接对原理图内网络定义规则约束。

当建立了必要的仿真模型后，在原理图编辑环境的菜单中选择【Tools（工具）】\【Signal Integrity（信号完整性）】命令，运行仿真。

3．布线后分析

更全面的信号完整性分析是在布线后PCB版图上完成的，它不仅能对传输线阻抗、信号反射和信号间串扰等多种设计中存在的信号完整性问题以图形的方式进行分析，而且还能利用规则检查发现信号完整性问题，同时，Altium Designer还提供一些有效的终端选项，来帮助设计者选择最好的解决方案。

设计者如需对项目PCB版图设计进行SI仿真分析，Altium Designer要求必须在项目工程中建立相关的原理图设计。此时，当设计者在任何一个原理图文档下运行SI分析功能将与PCB版图设计下允许SI分析功能得到相同的结果。

当建立了必要的仿真模型后，在PCB编辑环境的菜单中选择【Tools（工具）】\【Signal Integrity（信号完整性）】命令，运行仿真。

当遇到个别原理图元器件符号并未放置在PCB版图设计，设计者可以利用Altium Designer提供的器件关联功能，即菜单【Project（工程）】\【Component Links（组件的链接）】命令；在PCB版图设计SI分析中，未布线的网络将采用Manhattan（曼哈顿）长度算法计算引脚间的传输线长度。

10.2 操作实例

Altium Designer Summer 09中有许多范例项目，演示了信号完整性分析仪的功能。这些范例都可以在安装目录的【Altium Designer Summer09】\【Example】\【Signal Integrity】文件夹中找到。

➢ **Differential Pair差分对：** 这个例子（DifferentialPair. Prjpcb）演示了一个简单差分对传输线的反射分析。

➢ **Nbp-28：** 这个例子（Nbp-28. Prjpcb）演示了如何使用信号完整性为特定FPGA器件找到最优的驱动值。

➢ **Simple FPGA：** 这个例子（SimpleFPGA_SI_Demo. Prjpcb）演示了如何在非常简单的FPGA设计中使用信号完整性分析。尤其演示了如何使用各种终端类型，减少连接到不同物理FPGA器件（Spartan IIE）的传输线反射。

➢ **Spirit Level：** 这个例子实际上是各阶段项目的集合，在真正的设计生命期中使用信号完整性分析。每个项目阶段都会发现信号完整性问题及其解决方法，首先在设计输入阶段（SCH Issues. Prjpcb和SCH Issues Resolved. Prjpcb）然后是板卡版图阶段（PCB Issues. Prjpcb和PCB Issues Resolved. Prjpcb）。

下面以SimpleFPGA_SI_Demo. Prjpcb为例说明信号完整性分析的方法。

Step**01** 为了方便读者操作，【Altium Design Summer 09】\【Example】\【Signal Integrity】\【Simple FPGA】文件夹保存到桌面【Example】文件夹中。运行【File】\【Open Project】，选择源文件目录【桌面】\【Example】\【SimpleFPGA_SI_Demo. Prjpcb】，进入 PCB 编辑环境，如图 10-1 所示。

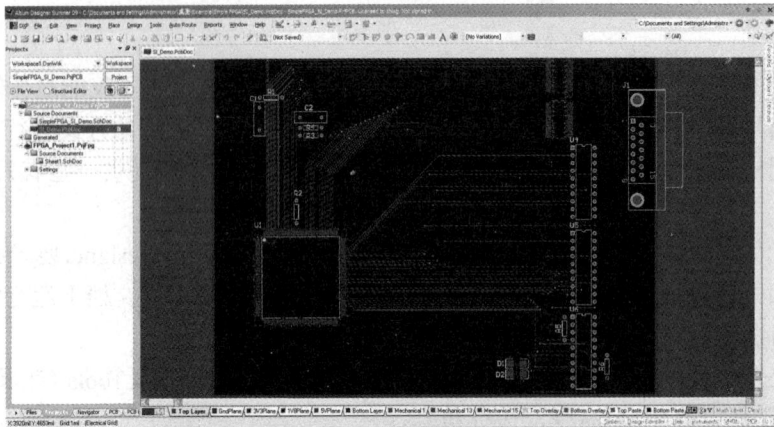

图 10-1　打开系统自带范例工程文件

Step 02 选择【Design（设计）】\【Layer Stack Manager（层叠管理）】，配置好相应的层后，由于用 SI 分析必须为 4 层或 4 层以上的 PCB 板，本例设计为 4 层。单击按钮【Impedance Calculation（阻抗计算）】，配置板材的相应参数如图 10-2 所示，本例中为默认值。

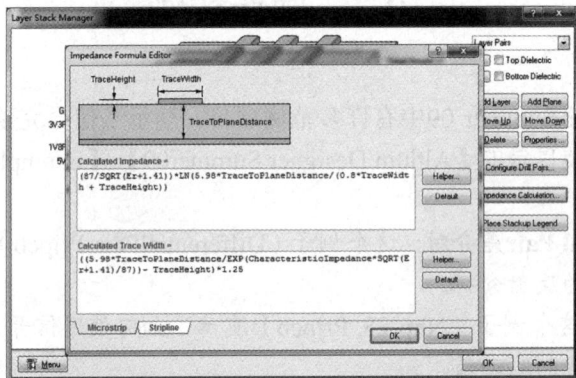

图 10-2　选择相应的层并配置板材的相应参数

Step 03 选择【Design（设计）】\【Rules（规则）】菜单命令，在该对话框 Signal Integrity 选项中包括以下各项。

> **Signal Stimulus：** 对激励信号的有关规则的设置。
> **Overshoot-Falling Edge：** 对信号过冲下降沿的设置。
> **Overshoot-Rising Edge：** 对信号过冲上升沿的设置。
> **Undershoot-Falling Edge：** 对信号下冲下降沿的设置。
> **Undershoot-Rising Edge：** 对信号下冲上升沿的设置。
> **Impedance：** 对阻抗约束的设置。
> **Signal Top Value：** 对信号高电平的设置。
> **Signal Base Value：** 对信号基值的设置。
> **Flight Time-Rising Edge：** 对飞行时间上升沿的设置。

> ➤ **Flight Time-Falling Edge：** 对飞行时间下降沿的设置。
> ➤ **Slope-Rising Edge：** 对上升边沿斜率的设置。
> ➤ **Slope- Falling Edge：** 对下降边沿斜率的设置。
> ➤ **Supply Nets：** 对电源网络的设置。

首先设置Signal Stimulus（信号激励），右键点击【Signal Stimulus（激励信号）】，选择【New rule（新规则）】，如图10-3所示。单击新建的Signal Stimulus选项，将出现如图10-4所示的【激励信号参数设置】对话框，可以在该对话框中设置相应的参数，本例为默认值。

图 10-3　New Rule 命令

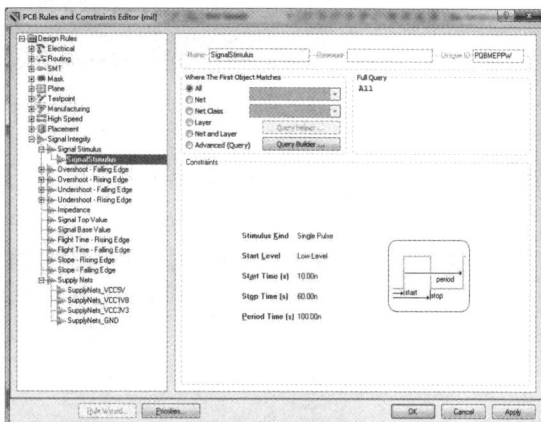

图 10-4　设置信号激励源

Step 04　设置电源和地网络，右键点击【Supply Set（电源设置）】，选择【New Ruler（新规则）】，在新出现的 Supplynets（电源网络）界面下，将 GND 网络的 Voltage 设置为 0，如图 10-5 所示。按相同万法再添加 Rule，将 VCC 网络的 Voltage 设置为 5，如图 10-6 所示。其余的参数按实际需要进行设置。最后点击【OK】退出。

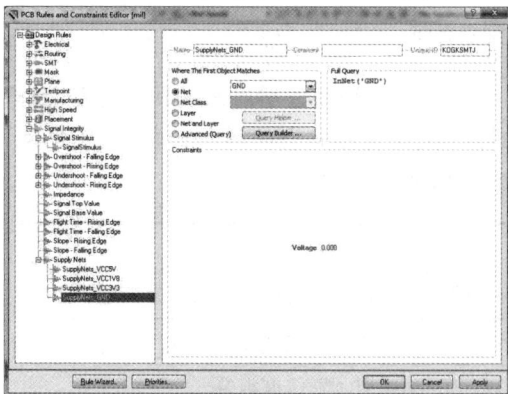

图 10-5　设置地网络

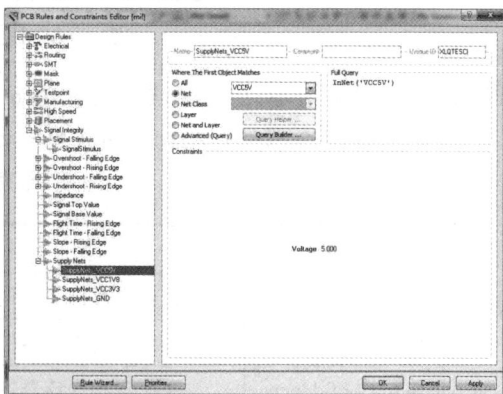

图 10-6　设置电源

Step 05　选择【Tools（工具）】\【Signal Integrity（信号完整性）】菜单命令，弹出【Signal

Integrity（信号完整性）】窗口，如图 10-7 所示。

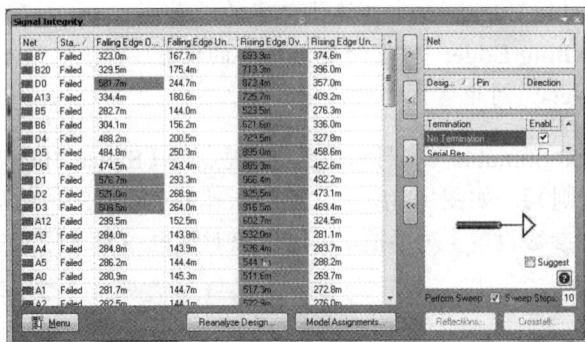

图 10-7　信号完整性窗口

Step06 单击【Model Assignments（模型配置）】按钮，就会进入模型配置的界面，如图 10-8 所示。

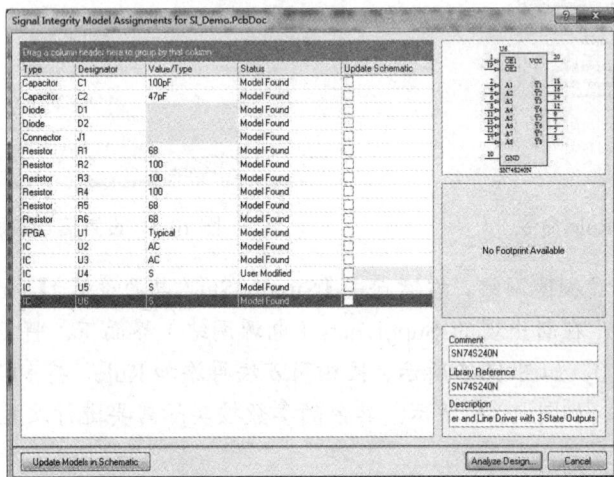

图 10-8　模型配置界面

Step07 在如图 10-8 所示的模型配置界面下，能看到每个器件所对应的信号完整性模型，且每个器件都有相应的状态与之对应，关于这些状态的解释如表 10-1 所示。

表 10-1　信号完整性模型说明

状态	说明
No match	目前没有与该器件相关的信号完整性分析模型，需人为指定
Low Confidence	系统自动为该器件指定了一种模型，但置信度较低
Medium Confidence	系统自动为该器件指定了一种模型，置信度中等
High Confidence	系统自动为该器件指定了一种模型，置信度较高
Model Found	与器件相关的模型已经存在

（续表）

-326-

User ModiFied	用户修改了模型的有关参数
Model Added	用户创建了新的模型

Step 08 修改器件模型的步骤如下：双击需要修改模型的器件（UI）的 Status 部分，弹出相应的窗口，如图 10-9 所示。在【Type（类型）】选项中选择器件的类型，元件的类型共有 7 种：Resistor、Capacitor、Inductor、Diode、BJT、Connector 和 IC。在【Technology（技术）】选项中选择相应的驱动类型，也可以从外部导入与器件相关联的 IBIS 模型，点击【Import IBIS（导入 IBIS）】，选择从器件厂商那里得到的 IBIS 模型即可。模型设置完成后选择【OK】，退出。

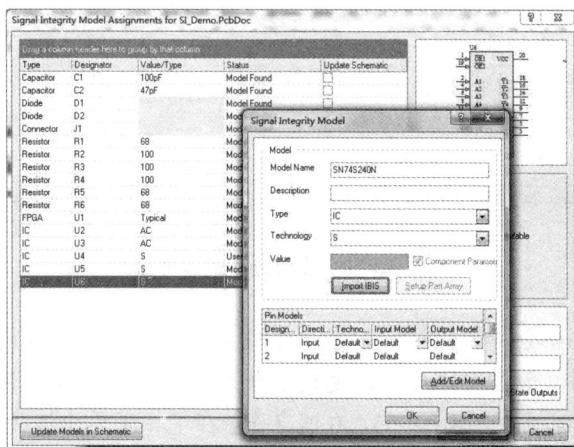

图 10-9　修改器件模型

Step 09 在如图 10-8 所示的窗口，选择左下角的【Update Models in Schematic（升级原理图模型）】按钮，将修改后的模型更新到原理图中。

Step 10 在如图 10-8 所示的窗口，选择右下角的【Analyze Design（分析设计）】按钮，系统开始进行分析。如图 10-10 所示为分析后的信号完整性窗口，单击选择需要分析的网络 D5，单击按钮，将其导入窗口的右侧。

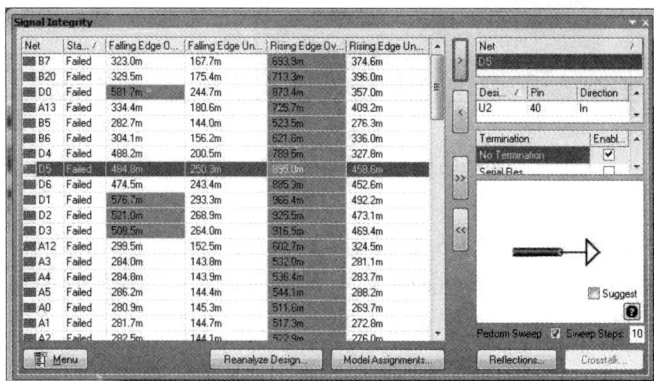

图 10-10　分析后的信号完整性

Step 11 单击窗口右下角的按钮【Reflections（反射）】，反射分析的波形结果将会显示出来，如图 10-11 所示。

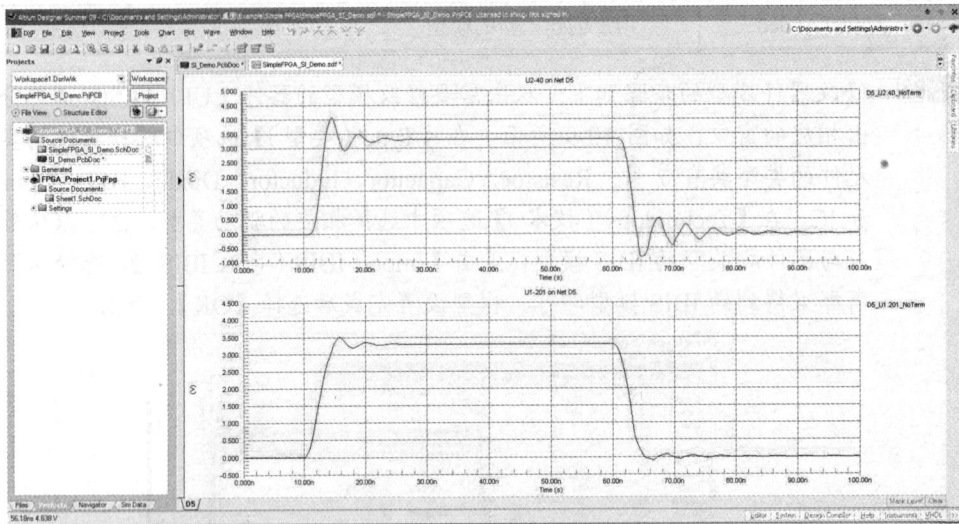

图 10-11　反射分析的波形结果

Step 12　在图 10-10 分析后的信号完整性窗口中，左侧部分可以看到网络是否通过了相应的规则，如过冲幅度等，通过右侧的设置，可以以图形的方式显示过冲和串扰结果。选择左侧网络 D5，右键点击，在下拉菜单中选择【Details（详细信息）】命令，在弹出的如图 10-12 所示窗口中可以看到针对此网络分析的详细信息。

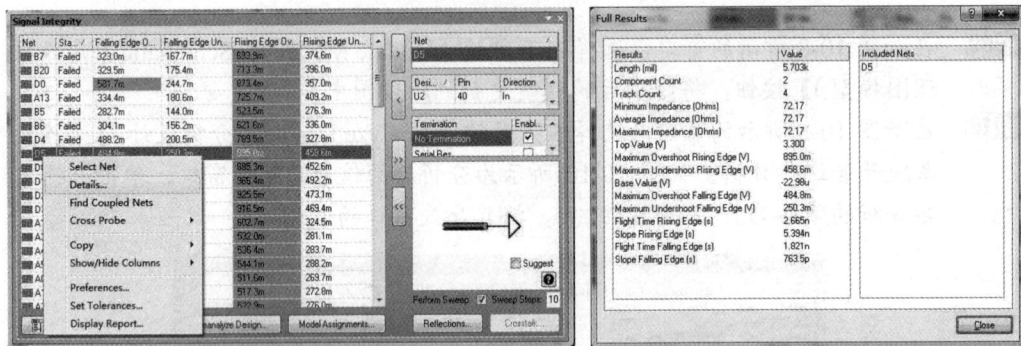

图 10-12　D5 关于网络分析的详细信息

Step 13　右键单击图 10-11 中 D5_U1.201_NoTerm，如图 10-13 所示。

Step 14　在弹出的列表中选择 Cursor A 和 Cursor B，可以利用它们来测量确切参数。测量结果在 Sim Data 窗口显示，如图 10-14 所示。

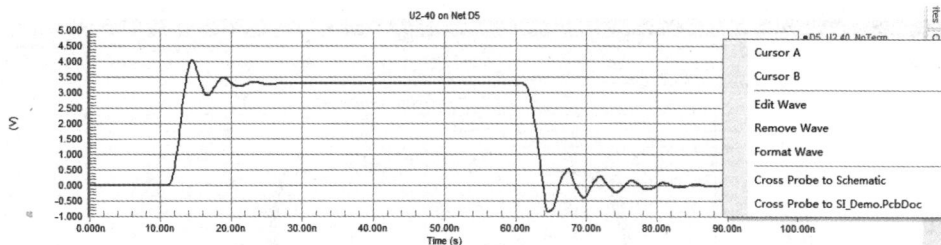

图 10-13　波形属性

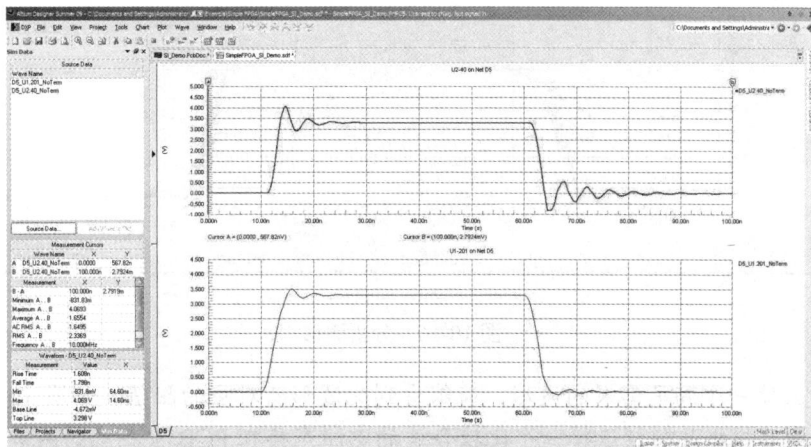

图 10-14　测量结果显示在 Sim Data 窗口中

Step 15　返回到如图 10-10 所示的界面下，窗口右侧给出了几种端接的策略来减小反射所带来的影响，选择【Serial Res（串阻补偿）】复选框，如图 10-15 所示，将最小值和最大值分别设置为 25 和 125，选中【Perform Sweep（执行扫描）】复选框，在【Sweep steps（扫描设置）】选项中填入 10，然后，单击按钮【Reflections（反射）】，将会得到如图 10-16 所示的分析波形。

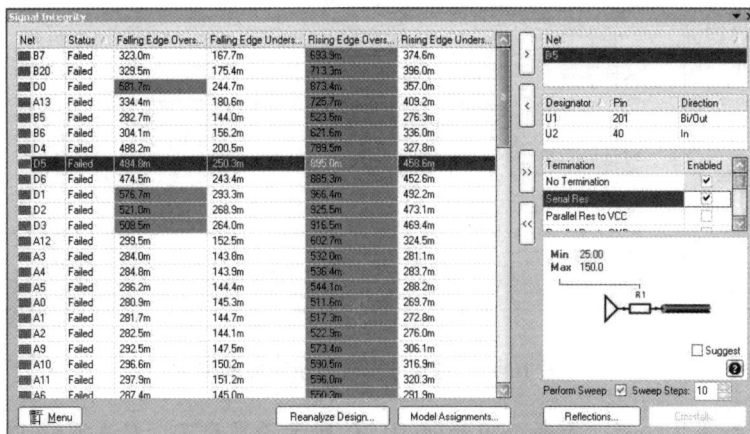

图 10-15　设置 Serial Res 的数值

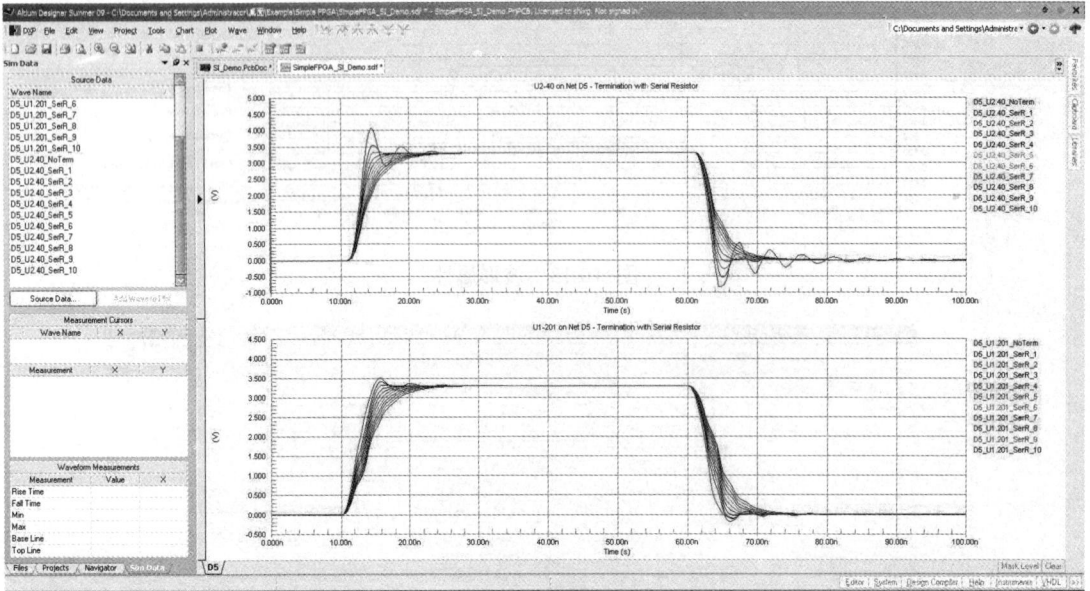

图 10-16　分析波形

Step 16　选择一个满足需求的波形，能够看到此波形所对应的阻值，如图 10-17 所示，最后根据此阻值选择一个比较合适的电阻串接在 PCB 中相应的网络上即可。

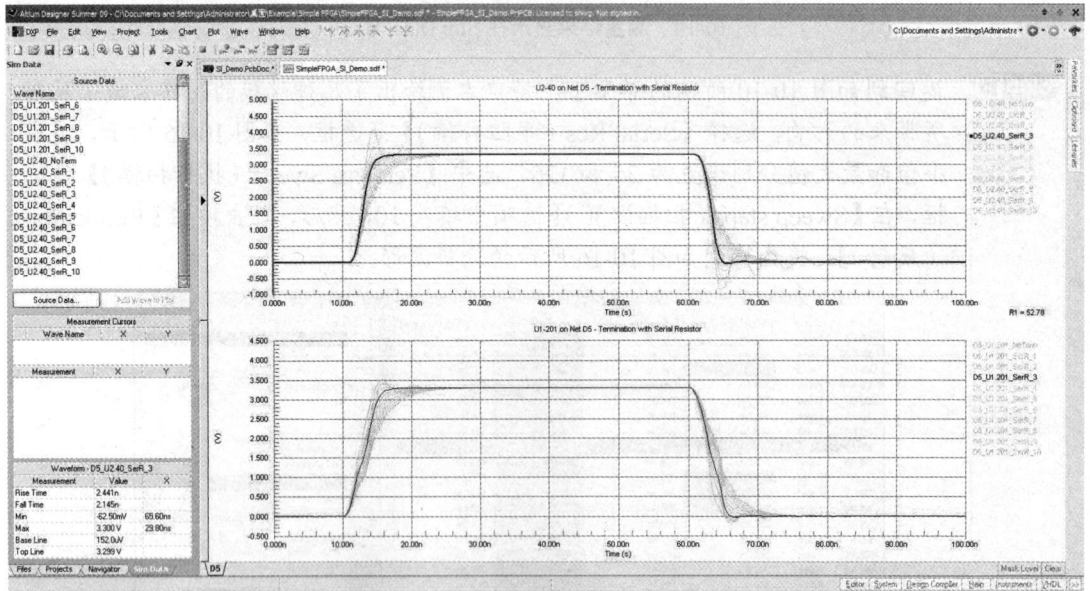

图 10-17　选择波形观察所对应的阻值

Step 17　进行串扰分析，重新返回如图 10-10 所示的界面下，双击网络 D6 将其导入右面的窗口，右键单击 D5，在弹出菜单中选择【Set Aggressor（设置干扰）】设置干扰源，如图 10-18 所示，结果如图 10-19 所示。

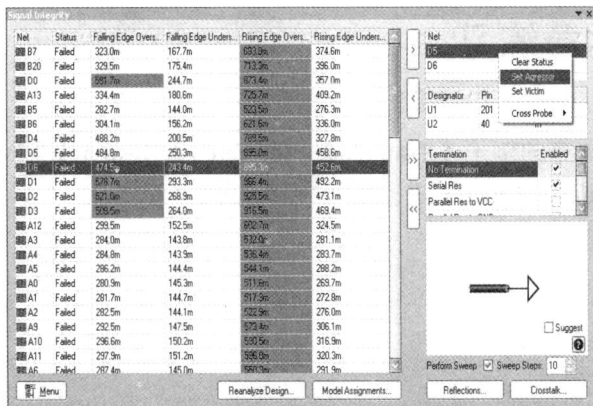

图 10-18　设置 D5 为干扰源　　　　　图 10-19　设置 D5 为干扰源结果

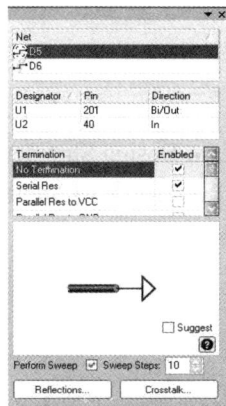

Step 18　选择图 10-17 右下角的按钮【Crosstalk Waveforms （串扰分析波形）】，经过一段漫长时间的等待之后就会得到串扰分析波形，如图 10-20 所示。

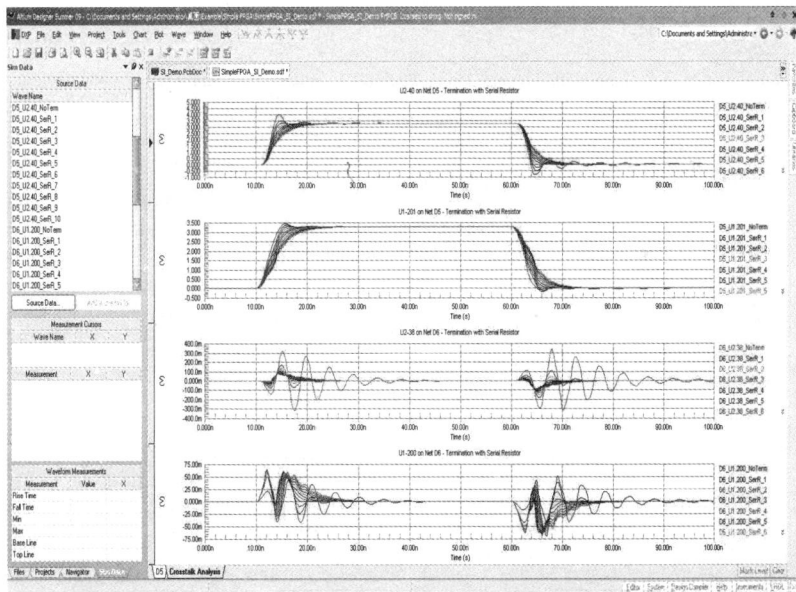

图 10-20　串扰分析波形

Step 19　将完成的项目文件保存到【桌面】\【Example】\【Result】文件夹下。

本章小结

通过本章的学习，使读者对信号完整性基本概念有个初步的了解，并能够结合项目进行分析规则的设置，实现电路的信号完整性的分析。

本章练习

对Altium Design Summer 09系统中自带的例子【Example】\【Reference Designs】\【4 Port Serial Interface】\【4Port Serial Interface. Prjpcb】进行信号完整性分析。

第11章 综合实例

【本章导读】

通过前面章节的讲解，系统全面学习了Altium Designer Summer 09相关知识，读者初步掌握了利用Altium Designer Summer 09进行电路设计方法和思路。本章通过两个实例的学习，让读者掌握电路设计的一般步骤和方法。设计中涉及PCB制作前的元件绘制，元件的封装添加，PCB规则设置，原理图元件的放置，PCB板设置，PCB导入元件，PCB的布局，布线，添加泪滴等。

【学习目标】

➢ Altium Designer Summer 09知识综合应用。
➢ Altium Designer Summer 09工程开发设计过程。

11.1 12位高速 D/A 转换电路

本例中要设计的实例是一个12位的高速D/A转换电路。U1为D/A转换芯片DAC7821，输出模拟量为电流。U2为LM358运算放大器，U2A进行电流/电压转换，U2B进行低通滤波。U3为TL431，为DAC提供2.4999V的基准电压。JP4为12位数据总线，JP3为电源插针，JP2为控制线。如图11-1所示为12位高速D/A转换电路的原理图。

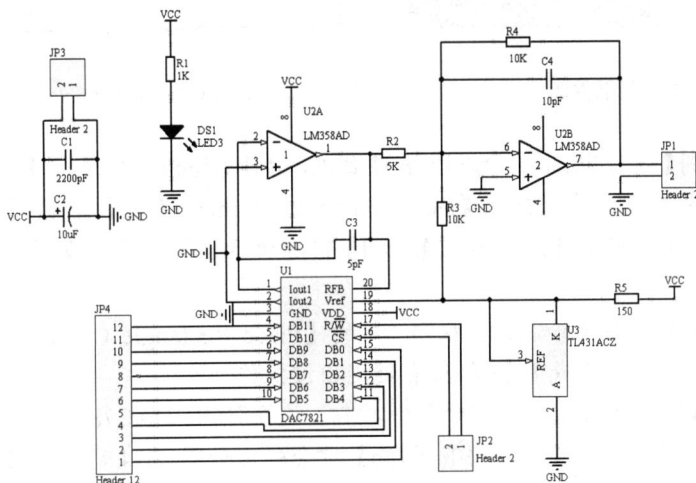

图 11-1 12 位高速 D/A 转换电路原理图

11.1.1　创建工程文件

Altium Designer Summer 09主界面中，选择【File（文件）】\【New（新建）】\【PCB Project（印制电路板工程）】菜单命令，然后右击选择【Save Project As（保存工程）】菜单命令，将新建的工程文件保存为【12位高速DAC. PrjPcb】。

11.1.2　制作元器件

由于Altium Designer Summer 09的自带库中没有DAC7821，因此需要建立元器件库。

Step 01　选择【File（文件）】\【New（新建）】\【Library（库）】\【Schematic Library（原理图库）】，在工程【12位高速DAC】新建默认名称为Schlib1.SchLib的原理图库文件，同时启动原理图库文件编辑器，如图11-2所示。

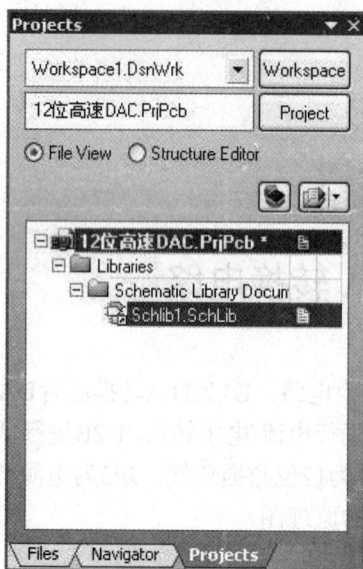

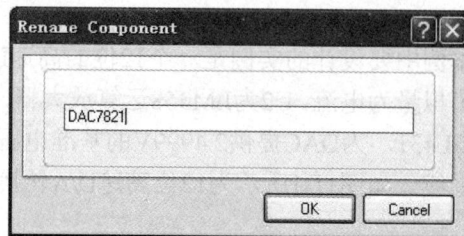

图 11-2　建立元器件库　　　　图 11-3　【New Component Name】对话框

Step 02　切换到【SCH library（原理图库）】面板，选择【Tools（工具）】\【New Component（新器件）】命令，弹出【New Component Name（新器件名称）】对话框。输入新元件的名称为【DAC7821】。如图11-3所示，单击【OK】进入库元件编辑器界面。

Step 03　单击原理图符号绘制工具栏中的【Place Rectangle（放置矩形）】按钮，放完矩形，右击或者按【Esc】键退出该操作。

Step 04　单击【Place Pin（放置引脚）】按钮，放置引脚。DAC7821一共有20个引脚，在放置引脚的过程中，按下【Tab】键会弹出如图11-4所示的【（引脚特性）】对话框。在该对话框中可以设置引脚标识符的起始编号、电气类型等。其余引脚按照DAC7821元件数据手册中的引脚形式，结合原理图的绘制布局，将元

器件按照如图 11-5 所示的形式进行绘制。电路图 11-1 中，DAC7821 芯片的 2
号引脚接地，所以该引脚的电气特性设置为 GND。

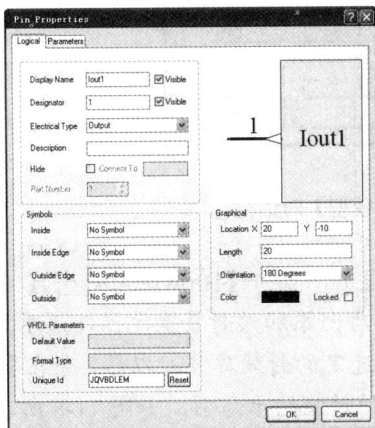

图 11-4 【引脚的特性】对话框

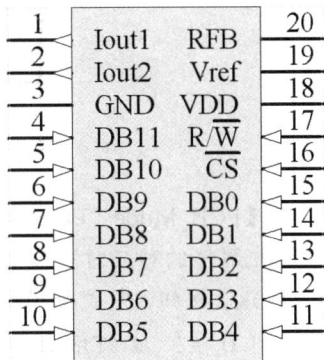

图 11-5 绘制 DAC7821

Step 05 在【SCH library】面板中选定创建的元件，然后单击右下角的【Edit（编辑）】
按钮，弹出如图 11-6 所示【Component Properties（库元件属性）】对话框中，
分别将元器件的序号、注释、描述和元器件名称填写完整。

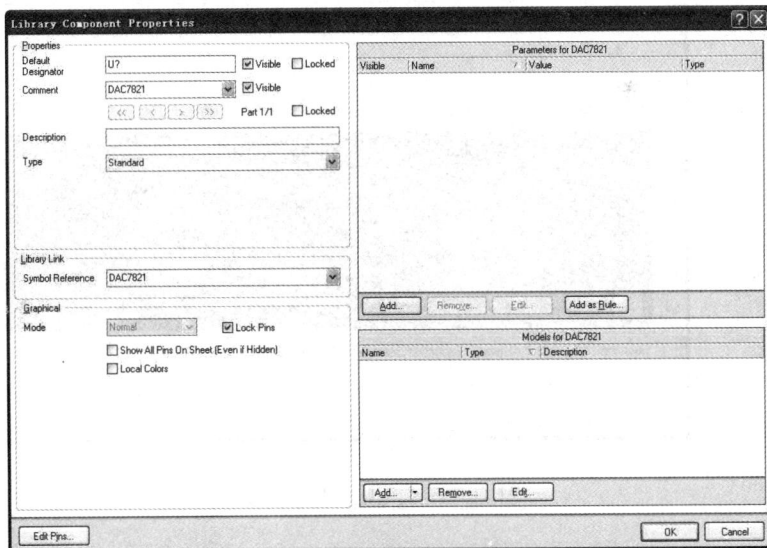

图 11-6 【元器件属性】对话框

Step 06 为元器件添加封装模型，单击【Models for Component_1（元器件模型）】分组
框中的【Add（添加）】按钮。弹出如图 11-7 所示的【添加新模型】对话框。
点击【OK】按钮。

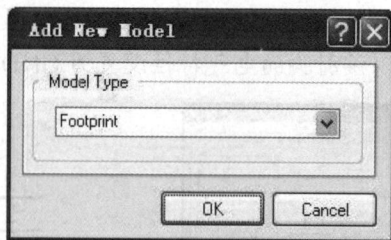

图 11-7　【添加新模型】对话框

Step 07　在【PCB Mode（PCB 模型）】对话框中，点击【Browse（浏览）】按钮，查找到元器件的对应封装模型 TSSOP20 后，添加该封装至元器件库中，最后单击【OK】按钮，完成新模型的添加。把选定的封装库装入以后，会在【PCB Mode（PCB 模型）】对话框中看到被选定的封装的示意图，如图 11-8 所示。

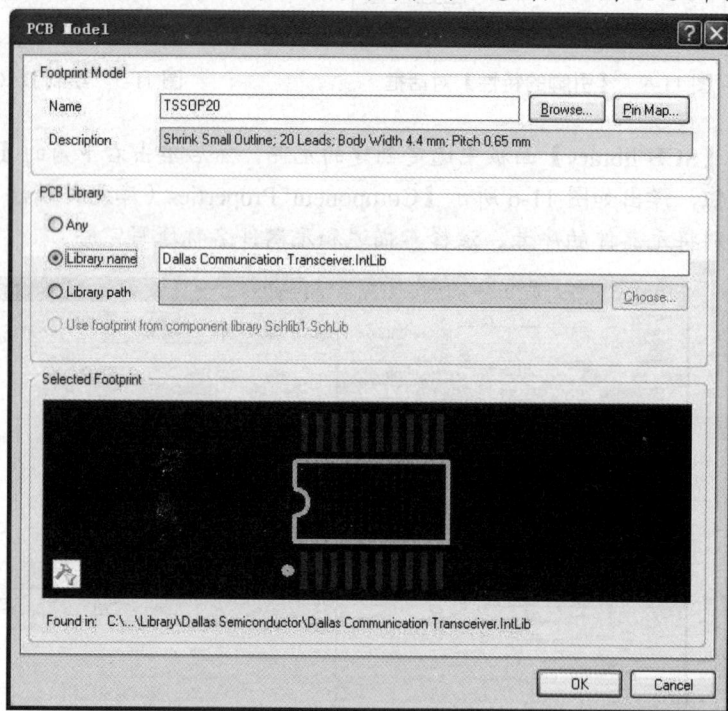

图 11-8　【PCB 模型】对话框

11.1.3　绘制原理图

绘制原理图的操作步骤如下。

Step 01　建立原理图文件。选择【File（菜单）】\【New（新建）】\【Schematic（原理图）】命令，然后单击右键，选择【Saves As（另存为）】菜单命令，将新建的原理图文件保存为【12 位高速 DAC. SchDoc】。

Step 02　加载元件库。选择【Design（设计）】\【Add/Remove Library...（添加/移去库）】菜单命令，打开【Available Libraries（可利用的库）】对话框，然后在其中加载需要的元件库。本例中需要加载的元件库为 Miscellaneous Devices. IntLib，Miscellaneous Connectors. IntLib，TI Operational Amplifier. IntLib，ST Power Mgt Voltage Reference.IntLib 和自建元器件库 Schlib1.SchLib。

Step 03　设置图纸参数。选择【Design（设计）】\【Document Options...（文档选项）】菜单命令，打开如图 11-9 所示的【图纸参数设置】对话框，设置电路图纸大小为 A4、横向放置、标题栏选用标准标题栏，捕获栅格和可视栅格均设置为 10mil。

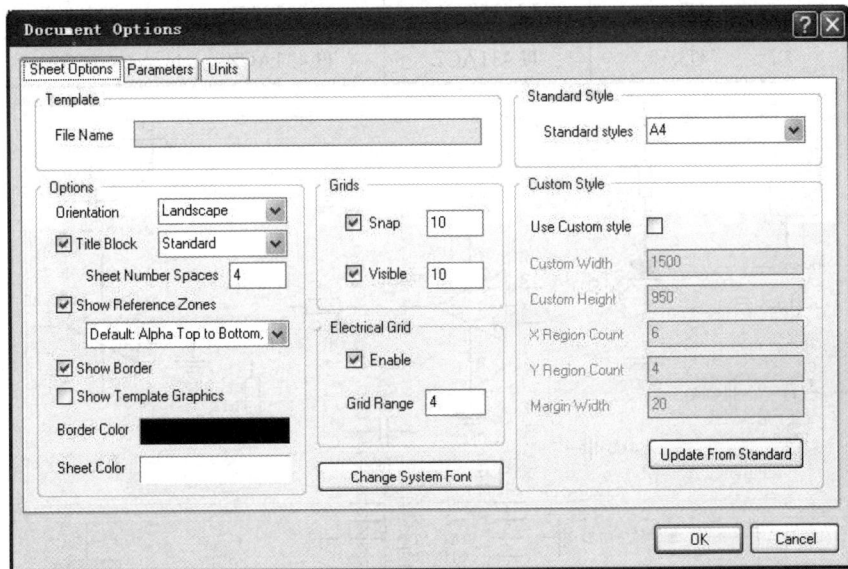

图 11-9　【图纸参数设置】对话框

Step 04　元件放置和布局。选择【Libraries（元件库）】面板，按照表 11-1 所示的元件属性清单在其中浏览电路需要的元件，然后将其放置在图纸上。然后按照电路中元件的大概位置摆放元件，布局结果如图 11-10 所示。

表 11-1　元件属性清单

编号	元件名称	注释/参数值	封装形式
C1	Cap	2200pF	RAD-0.1
C2	Cap Pol1	10uF	CAPPR2-5x6.8
C3	Cap	5pF	RAD-0.1
C4	Cap	10pF	RAD-0.1
DS1	LED3	LED3	DSO-C2/D5.6
JP1，JP2，JP3	Header 2	Header 2	HDR1X2
JP4	Header 12	Header 12	HDR1X12

（续表）

R1	Res2	1K	AXIAL-0.4
R2	Res2	5K	AXIAL-0.4
R3	Res2	10K	AXIAL-0.4
R4	Res2	10K	AXIAL-0.4
R5	Res2	150	AXIAL-0.4
U1	DAC7821	DAC7821	TSSOP20
U2	LM358AD	LM358AD	D008_L
U3	TL431ACZ	TL431ACZ	TO92

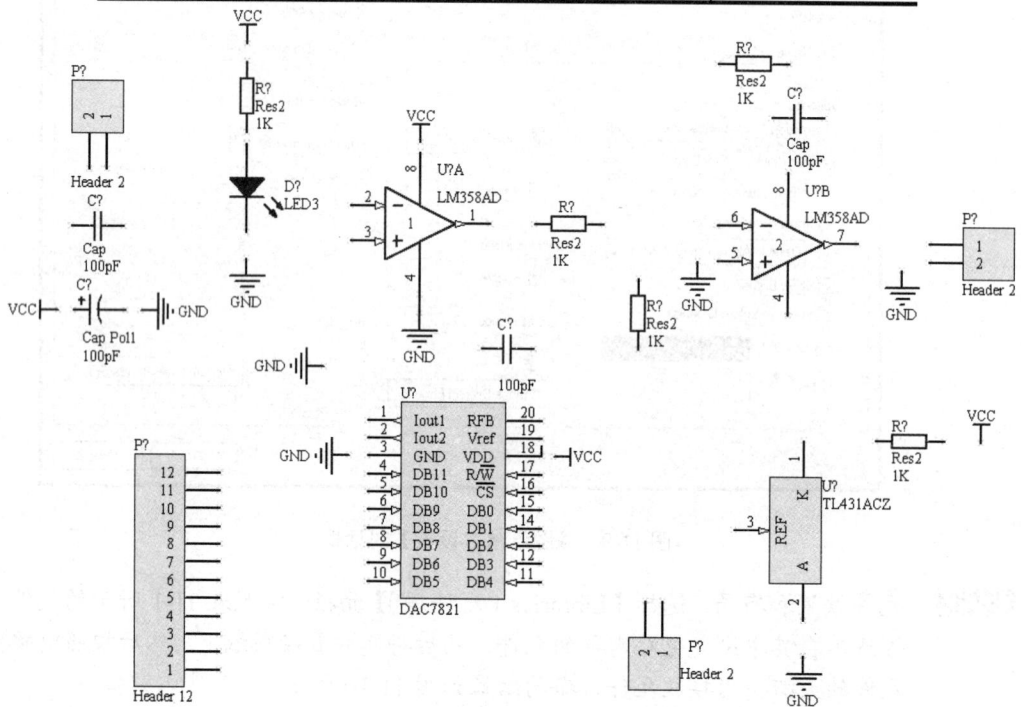

图 11-10 元件的布局

Step 05 元件属性的设置和元件布局。双击每个元器件，弹出【Component Properties（元件属性）】对话框，完成元器件的基本属性、元器件的封装等信息的修改。元件属性的设置也可以在选择元器件后，按下【Tab】键进行设置。完成后选择【Place（放置）】\【Wire（导线）】命令，或单击工具栏中的按钮，鼠标光标变成十字形，移动光标到图纸中，完成元器件之间的连接，绘制完成。

Step 06 生成各种报表及网络表。

（1）生成网络表。执行菜单命令【Design（设计）】\【Netlist For Project（工程的网络表）】\【Protel】，则系统自动生成了网络表文件【12位高速DAC.NET】，并存放在当前工程下的【Netlist Files】文件夹中。双击打开该工程网络表文件，如图11-11所示。

（2）报表菜单。Altium Designer Summer 09提供专门的工具来完成元件的统计和报表的生成、输出，这些命令主要集中在【Reports】菜单里如图11-12所示。

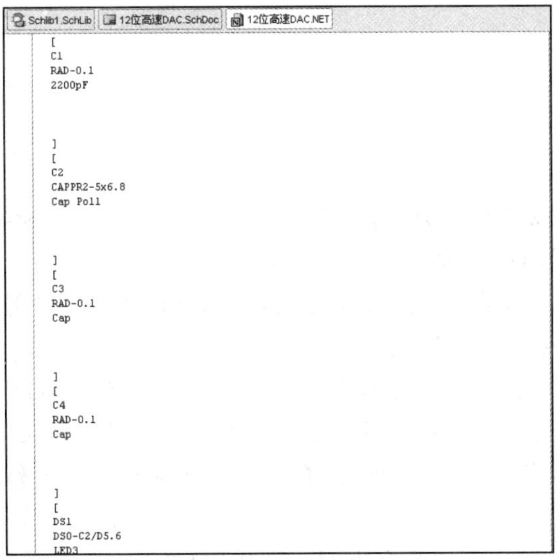

图 11-11　12 位高速 DAC.NET

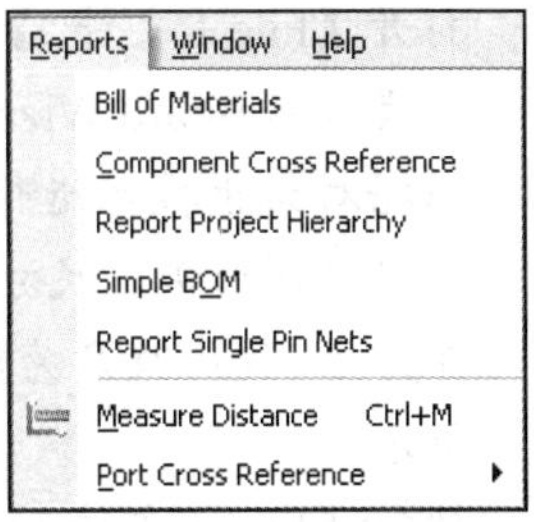

图 11-12　【Report】菜单

（3）材料清单报表。执行菜单命令【Reports（报告）】\【Simple BOM】，生成简易材料清单报表。默认设置时生成两个报表文件，【12位高速DAC.BOM】和【12位高速DAC.CSV】，被保存在当前项目中，同时文件名添加到【Projects】面板，如图11-13所示。内容有元件名称、封装、数量、元件标识等。

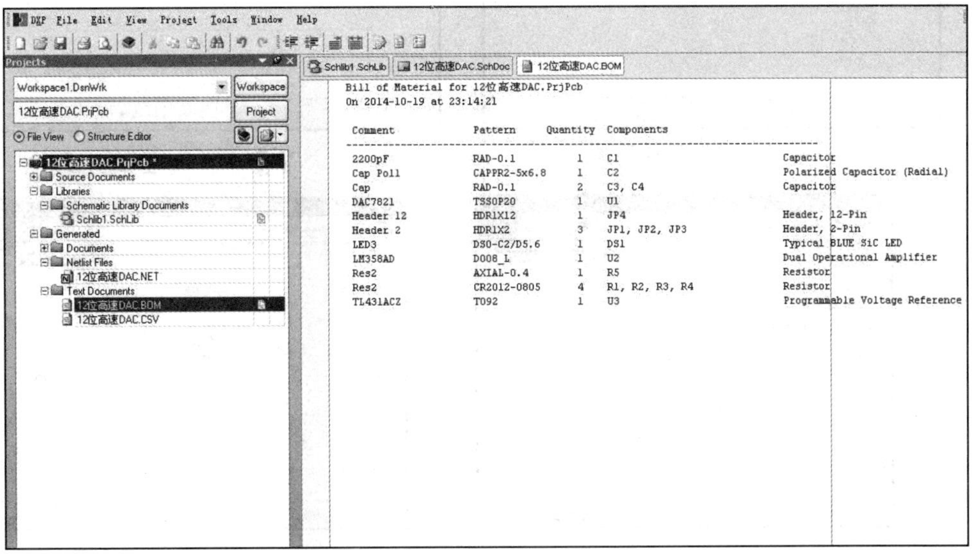

图 11-13　简易材料清单（.BOM）

11.1.4 设计 PCB

1. 创建 PCB 文件

创建 PCB 文件的操作步骤如下。

Step 01 执行【File（文件）】\【New（新建）】\【PCB（印制电路板）】菜单命令，新建一个 PCB 文件，本例采用新版向导创建一个 PCB 设计文件。

Step 02 打开【File（文件）】面板，从【New from template（从模板新建文件）】栏中选择【PCB Board Wizard（PCB 板向导）】选项。

Step 03 根据对话框提示进行参数的设置，本板自定义参数为：尺寸为 1700×1500mil 的双层矩形板，尺寸信息设置在机械 1 层，过孔类型为仅通过的过孔，表贴元件为主，最后改名为【12 为高速 DAC.PcbDoc】。主要参数设置对话框如图 11-14 所示。

Step 04 执行【File（文件）】\【Save as…（另存为）】，将 PCB1.PcbDoc 更名为【12 为高速 DAC.PcbDoc】。

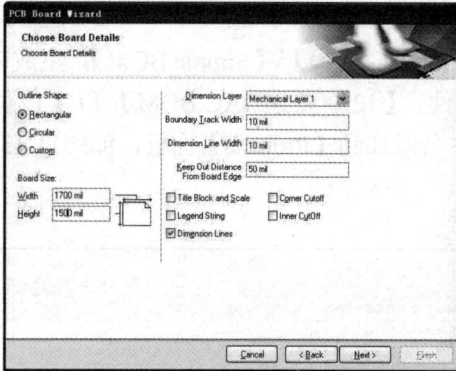

（a）PCB详细参数配置　（b）设置过孔类型

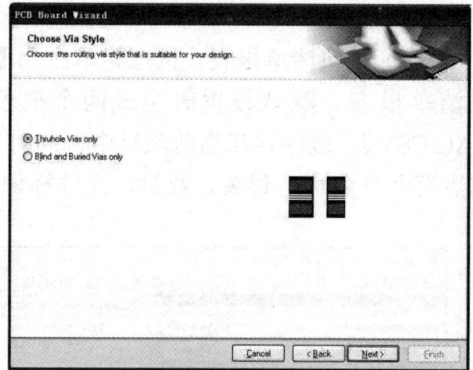

（c）选择组件和布线工艺界面　（d）选择默认线和过孔尺寸

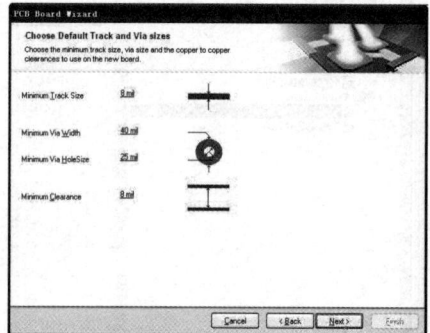

图 11-14　主要参数设置过程

2. 设置电路板参数

设置电路板参数的操作步骤如下。

Step 01 单击【Design（设计）】\【Board Options（板选项）】菜单命令,打开【Board Options】对话框。

Step 02 在对话框中设置 PCB 设计的工作环境,各种栅格等,如图 11-15 所示。

Step 03 完成设置后,单击【OK】按钮。

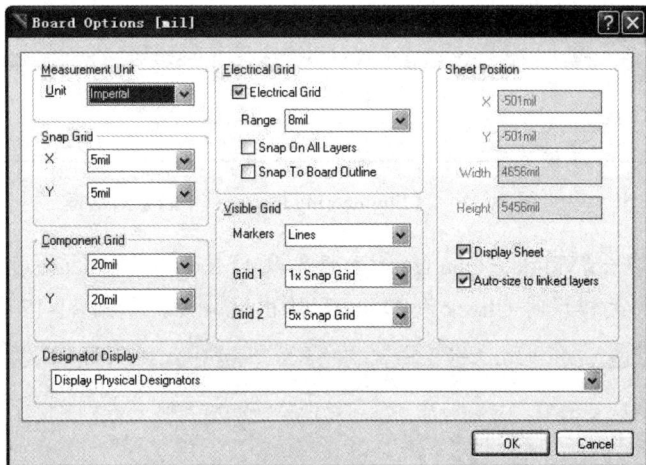

图 11-15 设置电路板工作环境

3. 加载元件封装库

由于 Altium Designer Summer 09 采用的是集成的元件库,因此对于大多数的设计来说,在进行原理图设计的同时便加载了元件的 PCB 封装模型,一般可以省略该项操作。Altium Designer Summer 09 同时也支持单独的元件封装库,只要 PCB 文件中有一个元件封装不在集成的元件库中,用户就需要单独加载该封装所在的元件库。元件封装库的添加与原理图中元件库的添加步骤相同。

4. 装入网络表和元件

网络表和元件的装入过程实际上是将原理图的设计数据装入 PCB 的过程。其具体操作步骤如下。

Step 01 在【Projects（工程）】面板中,在项目名称上执行右键菜单命令【Compile PCB Project 12 位高速 DAC.PrjPcb】,编译 PCB 工程文件并保存工程。

Step 02 在当前的 PCB 编辑器环境下,执行菜单命令【Design（设计）】\【Import Changes From 12 位高速 DAC.PrjPcb】,打开【Engineering Change Order（工程更改顺序）】对话框,显示了参与 PCB 设计的受影响元器件、网络、Room 等,以及受影响文档信息,如图 11-16 所示。

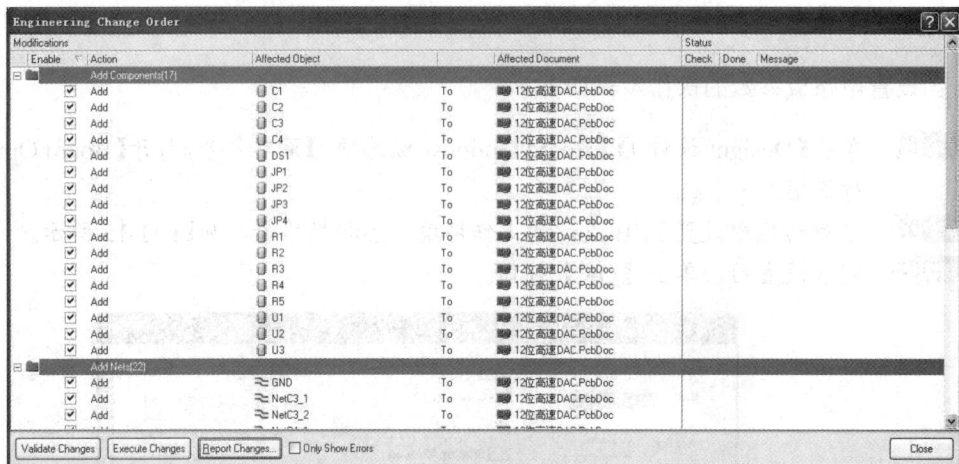

图 11-16 【Engineering Change Order】对话框

Step 03 依次单击【Validate Changes（生效更改）】按钮和【Execute Changes（执行更改）】按钮，无错误时 Check 和 Done 栏均出现✓号，如图 11-17 所示。

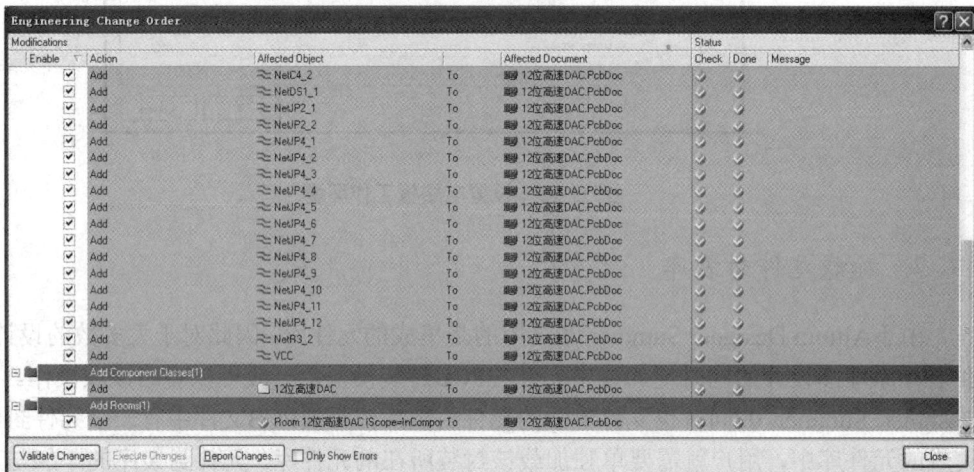

图 11-17 加载项目后的【Engineering Change Order】对话框

Step 04 单击【Close（关闭）】按钮，关闭对话框。更新后的 PCB 图如图 11-18 所示。

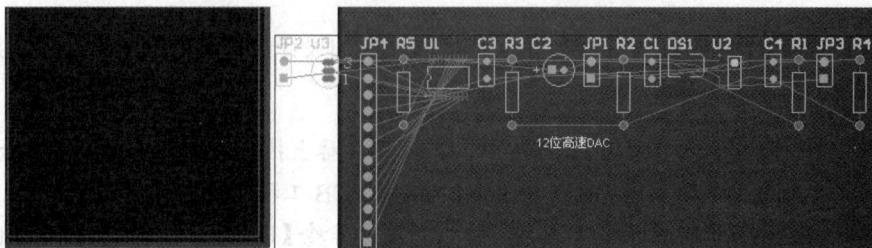

图 11-18 更新后的 PCB 图

5. 元件布局

把网络表和元件装入PCB文件后，就要对各元件进行布局，元件的布局有自动布局和手工布局两种方式，一般情况下需要两者结合才能达到很好的效果。先进行自动布局，执行菜单命令【Tools（工具）】\【Component Placement（器件布局）】\【Auto Placer（自动布局）】，如图11-19所示为自动布局的结果。再进行手工调整布局，调整后的结果如图11-20所示。

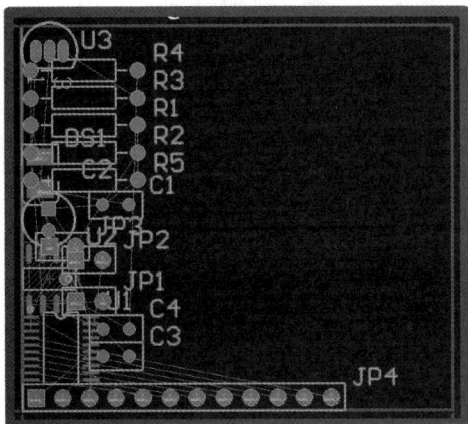

图 11-19 自动布局后的 PCB

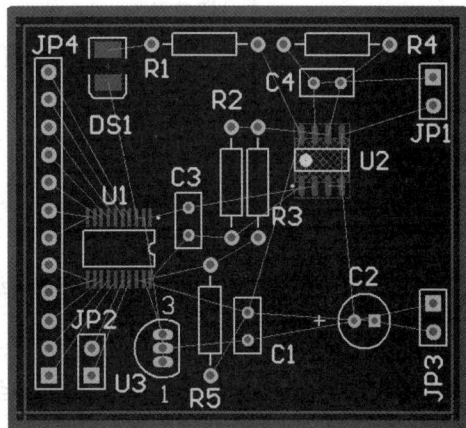

图 11-20 手动调整后的 PCB

6. 元件布线

（1）设置自动布线规则。执行【Design（设计）】\【Rules（规则）】命令，打开【PCB Rules and Constraints Editor（PCB规则及约束编辑器）】对话框，对电源和地的布线规则进行设置，使其线宽加粗为20mil，如图11-21所示为设置规则适用的网络，图11-22为完成导线宽度规则设置后的对话框。

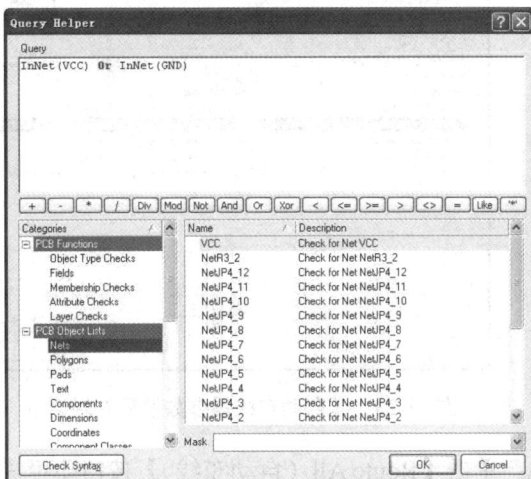

图 11-21 设置规则的网络

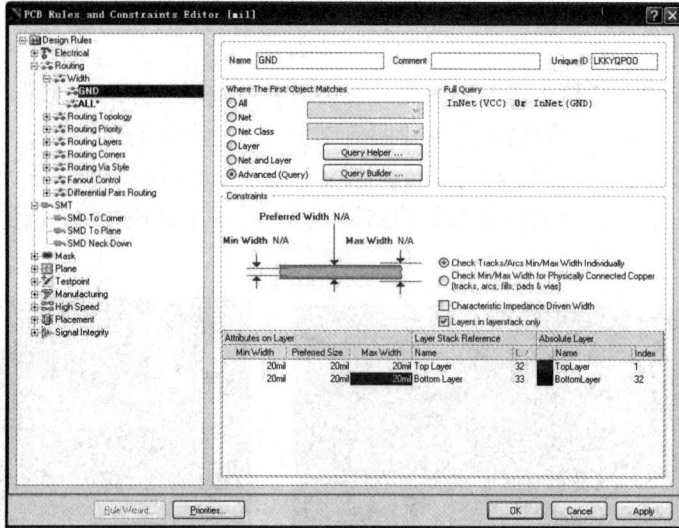

图 11-22　完成导线宽度规则设置后的对话框

（2）设置自动布线策略。执行菜单命令【Auto Route（自动布线）】\【Setup（设置）】，进入【Situs Routing Strategies（自动布线器参数设置）】对话框，如图11-23所示，本例选用默认双层的电路板布线。

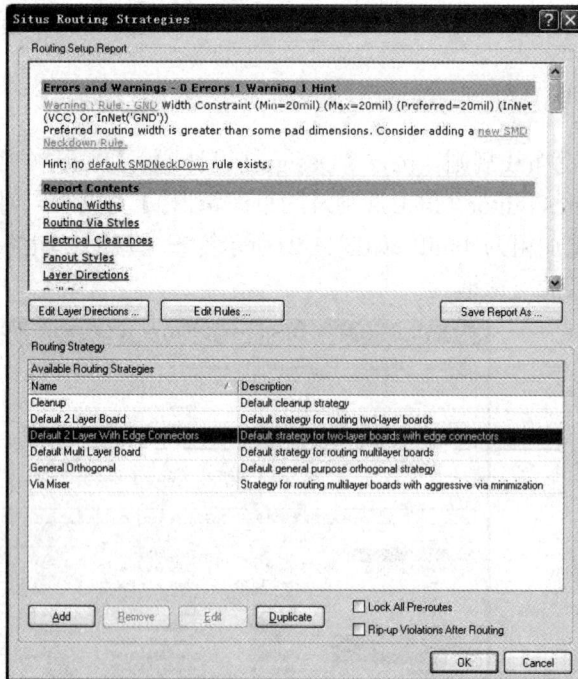

图 11-23　【自动布线器参数设置】对话框

（3）自动布线。单击【Route All（自动布线）】按钮即可进入自动布线状态。可以看到PCB上开始自动布线，同时弹出Messages面板，自动布线结果如图11-24所示。

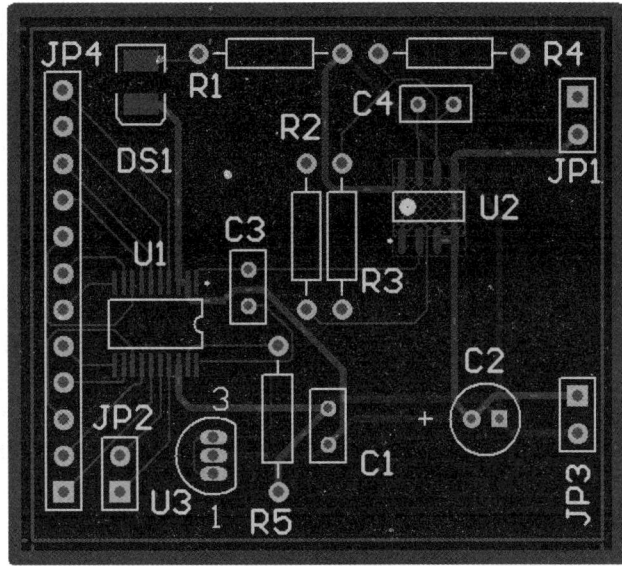

图 11-24 自动布线结果

（4）手动布线。图11-21中U1的20脚和C3的2脚之间走线过长容易引入干扰，需要手动调节优化走线。其具体调整如下。

Step01 将 U1 的 19 引脚到 R5 的 1 脚之间的走线向下移动。

Step02 将 U1 的 20 脚走线直接走线至 C3 的 2 脚。

手动调整之后的布线如图11-25所示。

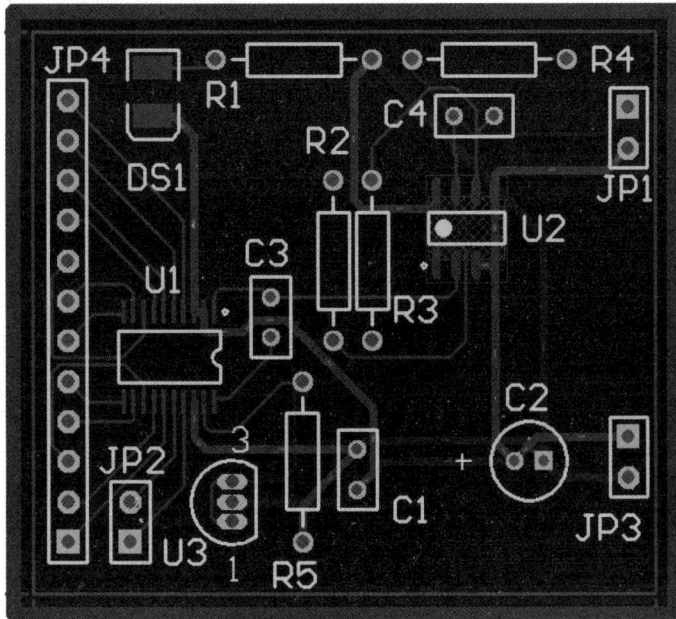

图 11-25 手动调整后的布线

11.2　高精度电压/电流变换器 PCB 设计

一些微弱的电压（例如来自传感器）信号，实现较长距离的传输比较困难，该电路可将传感器测得的电压信号转变为电流信号，再进行长线传输，这样可得到较好效果。如图11-26所示为高精度电压/电流变换器的原理图。

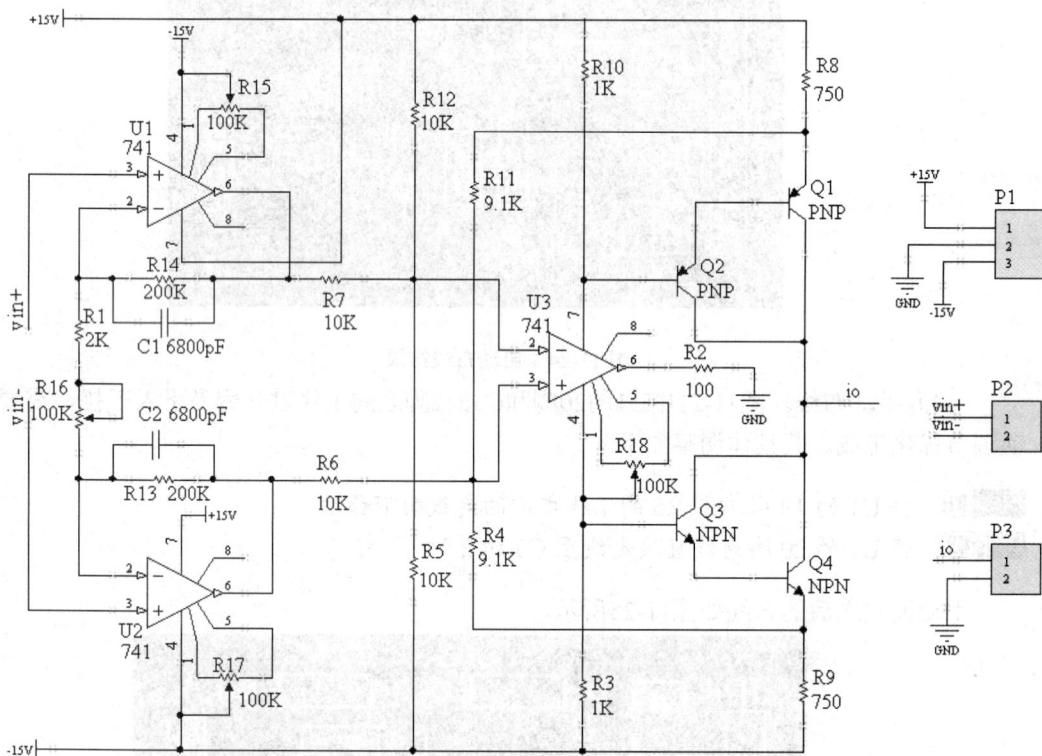

图 11-26　高精度电压/电流变换器原理图

11.2.1　创建工程文件

Altium Designer Summer 09主界面中，选择【File（文件）】\【New（新建）】\【PCB Project（印制电路板工程）】菜单命令，然后右击选择【Save Project As（保存工程）】菜单命令，将新建的工程文件保存为【VIC. PrjPcb】。

11.2.3　制作元器件

由于Altium Designer Summer 09的自带库中运算放大器ADOP07AH的引脚不利于本例中的连线需求，所以可以通过在已有元件基础上进行修改，来新建一个元器件。

Step 01　选择【File（文件）】\【New（新建）】\【Library（库）】\【Schematic Library（原理图库）】，运行【File（文件）】\【Save as（另存为）】，新元件库名称为

【741.SchLib】。

Step 02 运行【File（文件）】\【Open（打开）】\【AD Operational Amplifier. IntLib】如图 11-27 所示，从 AD Operational Amplifier. IntLib 库中查找元件到元件 AD741H，双击进入其编辑界面。

图 11-27 运放所在的集成库

Step 03 复制元件 AD741H 到自定义的新元件文件 741.SchLib 中，按电路需求进行修改，修改后的元件如图 11-28 所示。

Step 04 在【SCH library】面板中选定创建的元件，然后单击右下角的【Edit】按钮，在弹出的【Component Properties（库元件属性）】对话框中，分别将元器件的序号、注释、描述和元器件名称填写完整。

Step 05 在【PCB Mode（PCB 模型）】对话框中，点击【Browse（浏览）】按钮，查找到元器件的对应封装模型 DIP-8，如图 11-29 所示。

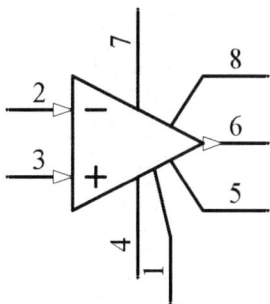

图 11-28 修改完成后的元件 741   图 11-29 查找元件封装 H-08A_D

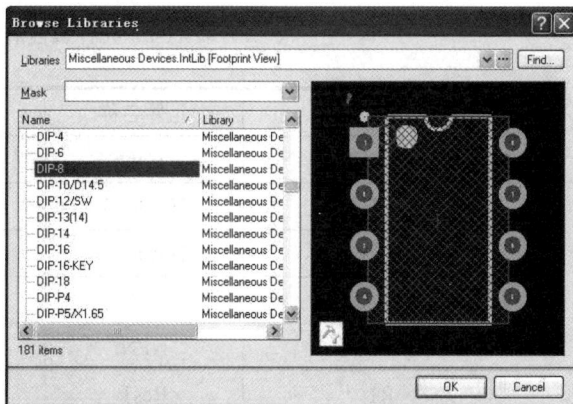

Step 06 添加该封装至元器件库中，最后单击【OK】按钮，完成新模型的添加。如图 11-30 所示为【设置完成后的库元件属性】对话框。

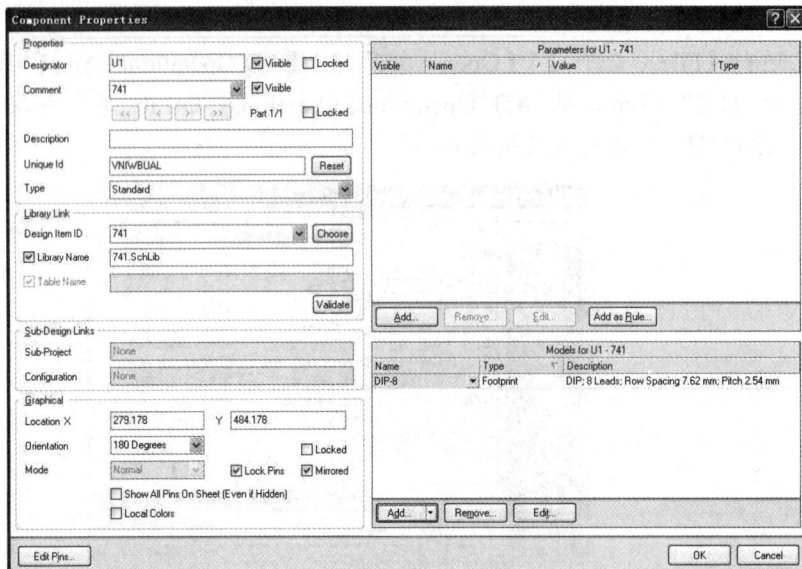

图 11-30 【设置完成后的库元件属性】对话框

11.2.4 绘制原理图

绘制原理图的操作步骤如下。

Step 01 建立原理图文件。选择【File（菜单）】\【New（新建）】\【Schematic（原理图）】命令，然后单击右键，选择【Saves As（另存为）】菜单命令，将新建的原理图文件保存为【VIC. SchDoc】。

表 11-2 元件属性清单

编号	元件名称	注释/参数值	封装形式
C1，C2	Cap	6800pF	RAD-0.1
P1	Header 3	Header 3	HDR1X3
P2，P3	Header 2	Header 2	HDR1X2
Q1，Q2	PNP	PNP	TO-92A
Q3，Q4	NPN	NPN	TO-92A
R1	Res1	2K	AXIAL-0.4
R2	Res1	100	AXIAL-0.4
R3，R10	Res1	1K	AXIAL-0.4
R4，R11	Res1	9.1K	AXIAL-0.4
R5，R6，R7，R12	Res1	10K	AXIAL-0.4
R8，R9	Res1	750	AXIAL-0.4

（续表）

R13，R14	Res1	200K	AXIAL-0.4
R15，R16，R17，R18	Rpot	100K	VR5
U1，U2，U3	741	741	DIP-8

Step 02 加载元件库。选择【Design（设计）】\【Add/Remove Library...（添加/移去库）】菜单命令，打开【Available Libraries（可利用的库）】对话框，然后在其中加载需要的元件库。本例中需要加载的元件库为 Miscellaneous Devices. IntLib，Miscellaneous Connectors. IntLib，FSC Discrete BJT.IntLib，AD Operational Amplifier.IntLib 和自建元器件库 741.SchLib。

Step 03 元件摆放与属性设置。图纸参数设置采用默认形式。查找元器件选择【Libraries（元件库）】面板，按照表 11-2 所示的元件属性清单在其中查找，双击将其放置在图纸上，在放置过程中按下【Tab】键进行元件属性设置。然后按照电路中元件的大概位置摆放元件。

Step 04 全局编辑和连线。在任意一个元件上右击，执行【Find Similar Object（查找相似元件）】，弹出【Find Similar Objects】对话框，如图 11-31 所示。单击【Apply（执行）】按钮，再单击【OK】按钮，打开【SHC Inspector（原理图检查器）】，如图 11-32 所示。点击其上的【Component Designator（元件编号）】打开具体设置对话框，在【Fontld（字体）】中修改元件编号大小为四号字体，如图 11-33所示。此时电路图中所有元件编号大小也将同时改变，同理点击【Part Comment】\【Fontld】可以同时改变电路图中所有元件的注释/参数值大小为四号。全局修改后的电路再进行线路连接，完成原理图的绘制。

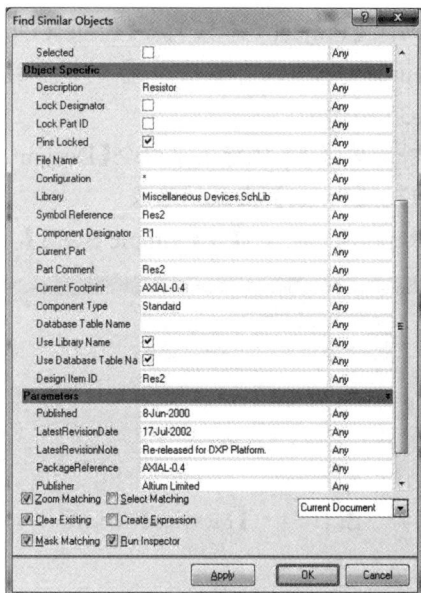

图 11-31　【Find Similar Objects】对话框

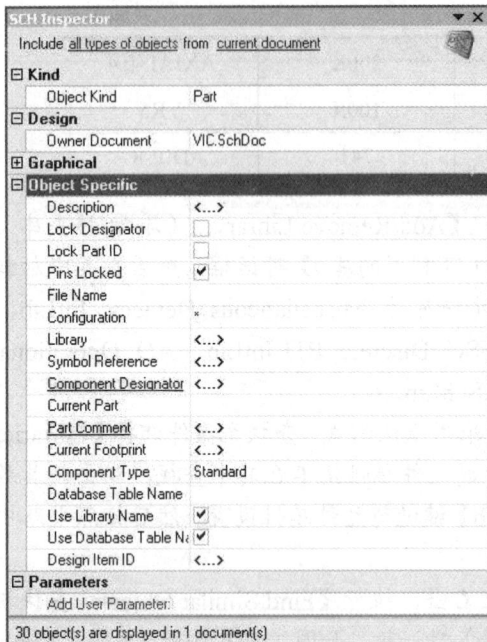

图 11-32 【SHC Inspector】对话框   图 11-33 【修改字体大小】对话框

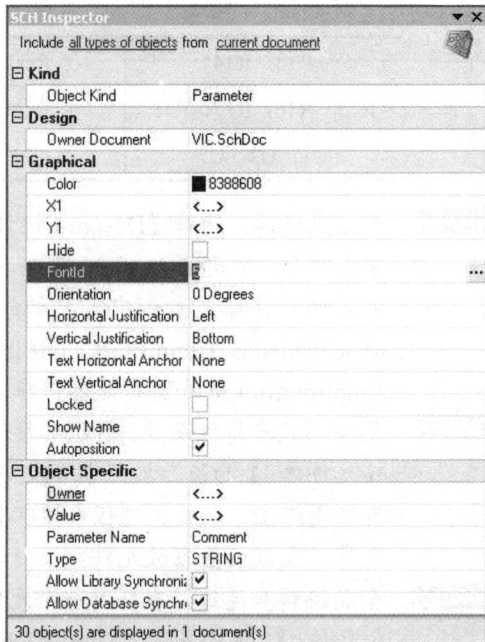

Step 05 电气规则检查。执行【Project（工程）】\【Compile PCB Project VIC. PrjPcb】来进行 ERC 检查。可以单击面板标签本例在进行规则检查时，【Message】提示警告信息，如图 11-34 所示。本例 7 个错误信息提示都没有信号驱动源，因为本例中的信号源要是都过 P1 插座外接的，元件是否有驱动来源并不影响，所以可以忽略不计。执行【Project（工程）】\【Project Options（工程选项）】\【Nets with no driving source（网络没有驱动源）】的报告类型设置为【No Report（无报告）】，如图 11-35 所示。

Step 06 生成网络表和材料清单报表。执行菜单命令【Design（设计）】\【Netlist For Project（工程的网络表）】\【Protel】生成网络表。

Step 07 执行菜单命令【Reports（报告）】\【Simple BOM】，生成简易材料清单报表。

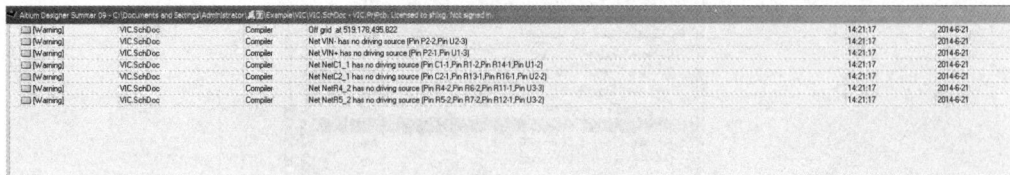

图 11-34 【Message】对话框

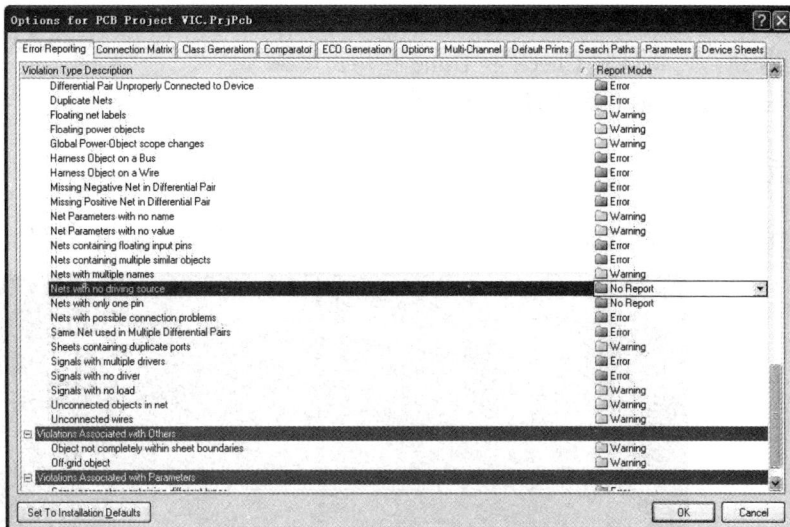

图 11-35 【Error Reporting】对话框

11.2.5 设计 PCB

1. 创建 PCB 文件

创建PCB文件的操作步骤如下。

Step 01 通过制版向导创建 PCB 文件，打开【File（文件）】面板，从【New from template （从模板新建文件）】栏中选择【PCB Board Wizard（PCB 板向导）】选项。

Step 02 根据对话框提示进行参数的设置。具体要求：双面板，矩形，尺寸：2970mil×1720mil，在【Mechanical Layer1】上放置尺寸，穿透式过孔，针脚式元件，焊盘之间允许通过两根铜膜线，焊盘尺寸采用默认设置。

2. 加载元件封装库

由于Altium Designer Summer 09采用的是集成的元件库，前面在进行原理图设计的同时便加载了元件的PCB封装模型，这里可以省略该项操作。

3. 在 PCB 文件中导入原理图网络报表

在 PCB 文件中导入原理图网络报表的操作步骤如下。

Step 01 在【Projects（工程）】面板中，在项目名称上执行右键菜单命令【Compile PCB Project VIC. PrjPcb】，编译 PCB 工程文件并保存工程。

Step 02 在当前的 PCB 编辑器环境下，执行菜单命令【Design（设计）】\【Import Changes From VIC. PrjPcb】，打开【Engineering Change Order（工程更改顺序）】对话框，显示了参与 PCB 设计的受影响元器件、网络、Room 等，以及受影响文档信息。

Step03 依次单击【Validate Changes（生效更改）】按钮和【Execute Changes（执行更改）】按钮，无错误时 Check 和 Done 栏均出现✔号。

Step04 点击【Close（关闭）】完成加载。

4. 元件布局

采用自动布局与手动布局相结合的方法完成元件的布局，参考布局如图11-36所示。

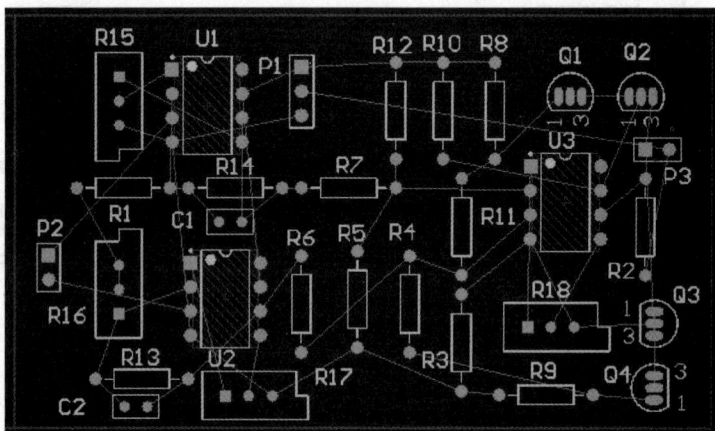

图 11-36　元件布局

5. PCB 布线

采用自动布线操作，进行布线规则设置。双面板布线，一般布线的宽度为12mil，电源线和地线宽度为48mil；走线方式选择45°转折，避免直角拐弯，布线完成图如图11-37所示。执行自动布线，布线结果如图11-38所示。

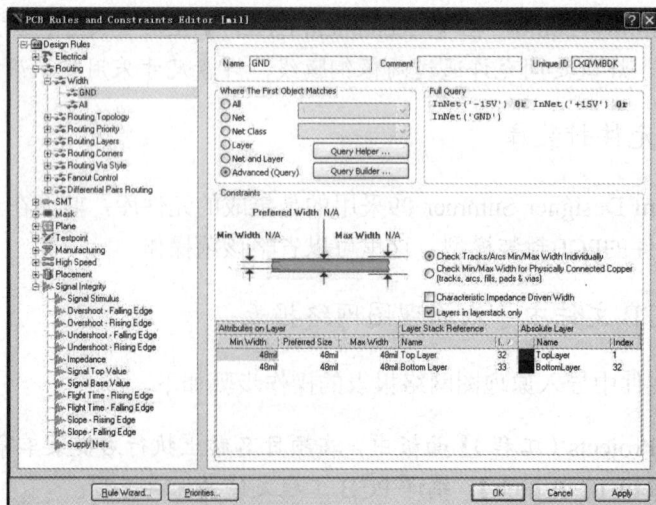

图 11-37　布线设置

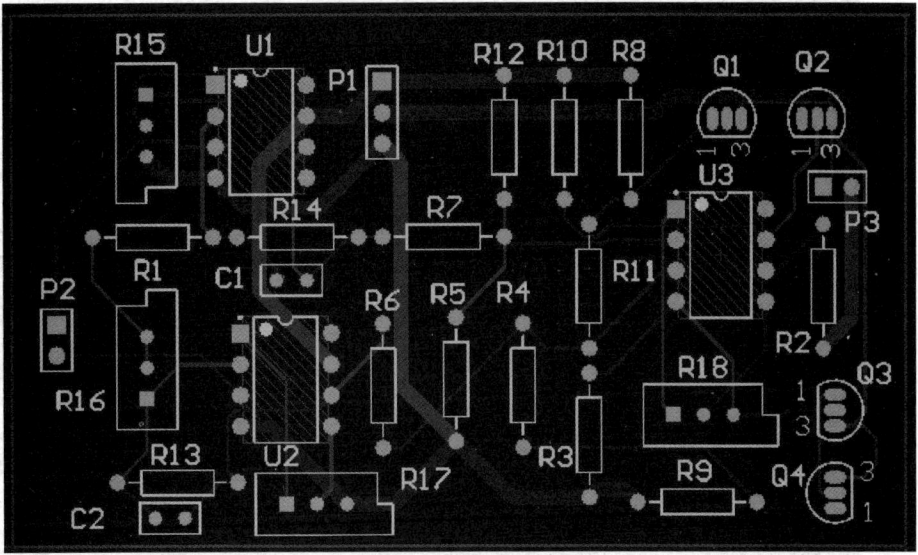

图 11-38 自动布线后的 PCB

6. 补泪滴

自动布线后，可以选择【Tools（工具）】\【Teardrops...（泪滴）】命令，在弹出的【Teardrop（泪滴选项）】对话框中，选择泪滴位置、行为和类型，如图11-39所示。添加泪滴后，PCB板如图11-40所示。

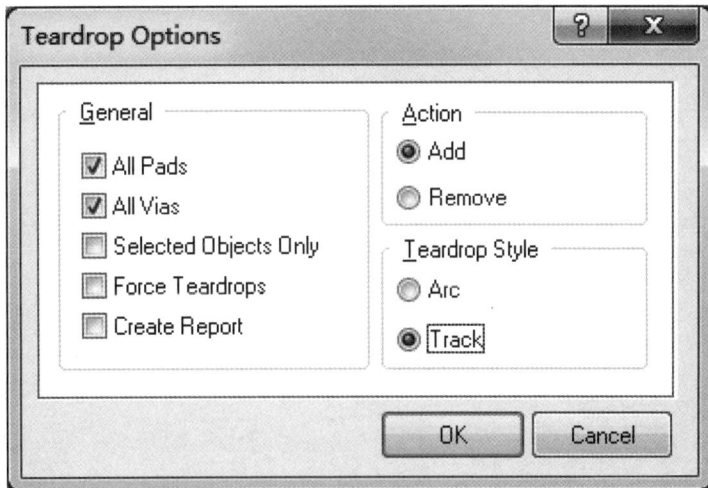

图 11-39 【泪滴选项】对话框

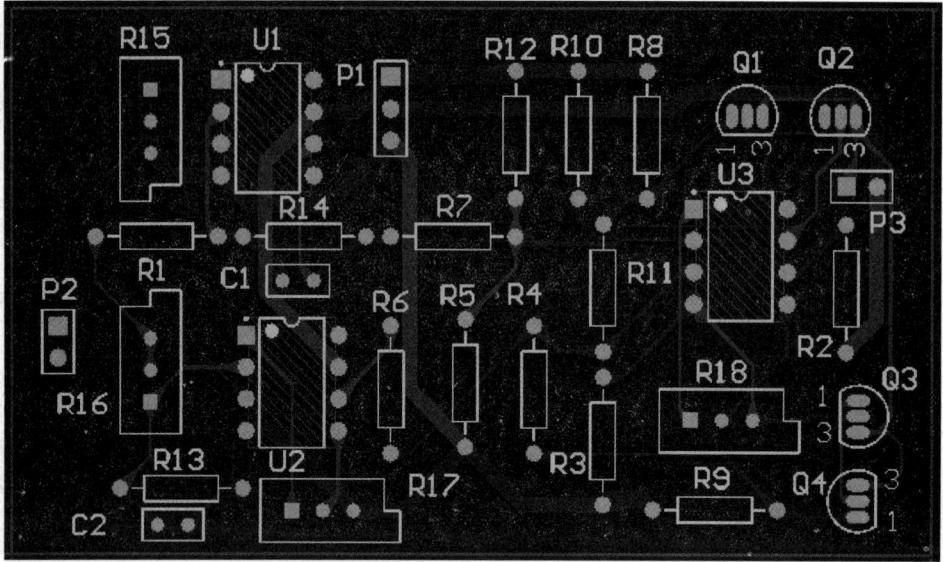

图 11-40   添加泪滴后的 PCB

附录 A 常用原理图元器件符号与 PCB 封装形式

本附录详细介绍了36种常用原理图器件符号与PCB封装形式，包括元器件名称、封装名称、原理图符号和PCB封装形式，有助于读者更好地查找有关资料，如表A所列。

表 A 常用原理图元器件符号与 PCB 封装形式

序号	元器件名称	封装名称	原理图符号	PCB 封装形式
1	Bettery（电池）	BAT-2		
2	Bell（钟）	PIN2		
3	Bridge1（电桥）	E-BIP-P4/D		
4	Bridge2（电桥）	E-BIP-P4/X		
5	Buzzer（蜂鸣器）	PIN2		
6	Cap（电容）	RAD-0.3		

（续表）

7	Connector （连接器）	CHAMP1.2-2H14A		
8	D Zener （齐纳二极管）	DIODE-0.7		
9	Diode （二极管）	DSO0C2/X		
10	Dpy RED-CA （数码管）	DIP10		
11	Inductor （电感器）	C1005-0402		
12	JFET-P （P 型结型场效应 管）	CAN-3/D		
13	Header5 （5 头排针）	HDR1X5		
14	Lamp （灯）	PIN2		

（续表）

15	LED3 （发光二极管）	DFO-F2/D		
16	MHDR1X7 （1X7 插针）	MHDR1X7		
17	MHDR2X4 （2X4 插针）	MHDR2X4		
18	Mic2 （麦克风）	DIP2		
19	Motor Servo （伺服电机）	RAD-0.4		
20	NPN （NPN 三极管）	BCY-W3		
21	Op Amp （运放）	CAN-8/D		
22	Phonejack2 （电话插孔）	PIN2		

（续表）

23	Photo Sen （光敏三极管）	PIN2		
24	PNP （PNP 三极管）	SO-G3/C		
25	Res2 （电阻）	AXIAL-0.4		
26	Res Adj2 （可变电阻）	AXIAL-0.6		
27	Res Bridge （桥式电阻）	SFM-T4/A		
28	RPot2 （点触式变阻器）	VR2		
29	Speaker （扬声器）	PIN2		

（续表）

30	SW-DIP4 （4 通道开关）	DIP-8		
31	SW-PB （按钮）	SPST-2		
32	SW-SPDT （单刀双掷开关）	SPDT-3		
33	SW-SPST （单刀单掷开关）	SPST-2		
34	Trans CT （带铁芯变压器）	TRF-5		
35	Triac （晶闸管）	SFM-T		
36	Trans （变压器）	TRANS		

附录 B 相关快捷方式

原理图编译器和PCB编译器共用的快捷方式如表B.1所示。

表 B.1　原理图编译器和 PCB 编译器共用的快捷方式

快捷方式	相关操作
PgUp 或 Ctrl＋滚轮上滑	放大窗口显示比例
PgDn 或 Ctrl＋滚轮下滑	缩小窗口显示比例
Delete	删除选取的元件（1 个）
Shift＋Delete	删除选取的元件（2 个或 2 个以上）
X＋A	取消所有被选取图件的选取状态
X	将浮动图件左右翻转
Y	将浮动图件上下翻转
Space	将浮动图件旋转 90°
alt＋backspace 或 Ctrl＋Z	恢复前一次的操作
ctrl＋backspace 或 Ctrl＋Y	取消前一次的恢复
v＋d	缩放视图，以显示整张电路图
v＋f	缩放视图，以显示所有电路部件
Esc 或右击	终止当前正在进行的操作，返回待命状态
Backspace 或 Delect	放置导线或多边形时，删除最末一个顶点
滑轮滚动	上下移动画面
Shift＋滑轮滚动	左右移动画面
按住鼠标右键	平移图纸
Shift＋Ctrl＋L	将选定对象以左边缘为基准左对齐
Shift＋Ctrl＋R	将选定对象以右边缘为基准右对齐
Shift＋Ctrl＋T	将选定对象以上边缘为基准上对齐
Shift＋Ctrl＋B	将选定对象以下边缘为基准下对齐
Shift＋Ctrl＋H	将选定对象在左右边缘之间，水平均布
Shift＋Ctrl＋V	将选定对象在上下边缘之间，垂直均布
End	刷新屏幕

原理图文件编译快捷键如表B.2所示。

表 B.2　原理图文件编译快捷键

快捷方式	相关操作
P+W	放置导线
P+N	放置网络节点
P+O	放置电源或地
P+B	放置总线
P+T	插入文本框
P+P	原理图库时放置引脚
P+R	原理图库时放置方形图

PCB 文件编译快捷键如表 B.3 所示。

表 B.3　B 文件编译快捷键

快捷方式	相关操作
Ctrl+左键	PCB 相关网络高亮显示
[ ]	高亮情况下调整对比度
P+P	放置焊盘
P+T	放置网络导线
Shift+s	显示单层或多层网络
Shift+Space	放置导线时设置拐角模式
Ctrl+H	选择连接的导线
Ctrl+M	测量距离
Q	切换单位

参 考 文 献

[1] 王宏臣. 机械设计基础[M]. 北京：机械工业出版社，2015.

[2] 卢占秋. 电子电路设计快速入门[M]. 北京：中国电力出版社，2014.

[3] 陈梓城. 实用电子电路设计与调试：模拟电路[M]. 北京：中国电力出版社，2011.

[4] 傅贵兴. 实用电工电子技术[M]. 北京：机械工业出版社，2016.

[5] 周润景. 常用控制电路设计及应用[M]. 北京：电子工业出版社，2017.

[6] 张群慧，侯小毛. Altium Designer 印制电路板设计与制作教程[M]. 北京：中国电力出版社，2016.

[7] 梅开乡，梅军进，张健. 电子电路设计与制作[M]. 北京：北京理工大学出版社，2016.

[8] 陈学平. 印制电路板设计与制作[M]. 北京：电子工业出版社，2016.

[9] 高锐. 印制电路板的设计与制作[M]. 北京：机械工业出版社，2012.

[10] 赵英. 印制电路板设计与制作[M]. 北京：机械工业出版社，2015.

[11] 李晓冬. 电路分析基础实验设计与应用教程[M]. 西安：西安电子科技大学出版社，2016.

[12] 卢占秋. 电子电路设计快速入门[M]. 北京：中国电力出版社，2014.

[13] 刘陈. 电路分析基础[M]. 北京：人民邮电出版社，2015.